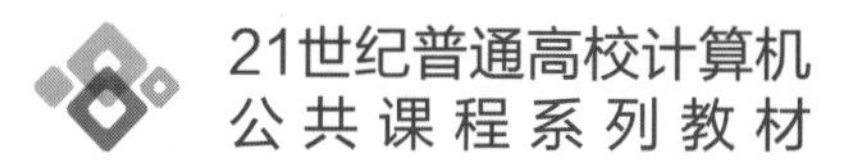

21世纪普通高校计算机
公共课程系列教材

大学计算机应用基础教程 第二版

◎ 肖利群 兰海涛 主编

清華大學出版社
北京

内 容 简 介

本书紧扣教育部高等学校大学计算机课程教学指导委员会发布的最新版《大学计算机基础课程教学基本要求》，同时参照了全国计算机等级考试大纲，符合大学应用型人才培养的目标。

全书共分3篇，共10章。第一篇为计算机基础知识篇，讲述了计算机概述、计算机数字化基础、计算机系统的组成，共3章内容；第二篇为现代办公平台篇，以Windows 10操作系统为平台，介绍了Microsoft Office 2016中的文字处理软件Word 2016、电子表格处理软件Excel 2016和演示文稿创作软件PowerPoint 2016，共4章内容；第三篇为应用技术篇，介绍了网络基础知识及Internet应用、计算机信息安全、常用工具软件简介，共3章内容。为方便教学，每章后均配有本章小结与习题。

本书适合作为高等学校"大学计算机基础"课程的教材，也可作为计算机爱好者的自学教材。

图书在版编目(CIP)数据

大学计算机应用基础教程/肖利群，兰海涛主编. —2版. —北京：清华大学出版社，2023.3(2025.1重印)
21世纪普通高校计算机公共课程系列教材
ISBN 978-7-302-62992-4

Ⅰ. ①大… Ⅱ. ①肖… ②兰… Ⅲ. ①电子计算机－高等学校－教材 Ⅳ. ①TP3

中国国家版本馆CIP数据核字(2023)第037197号

责任编辑：贾 斌
封面设计：刘 键
责任校对：徐俊伟
责任印制：曹婉颖

出版发行：清华大学出版社
网 址：https://www.tup.com.cn，https://www.wqxuetang.com
地 址：北京清华大学学研大厦A座 **邮 编**：100084
社 总 机：010-83470000 **邮 购**：010-62786544
投稿与读者服务：010-62776969，c-service@tup.tsinghua.edu.cn
质量反馈：010-62772015，zhiliang@tup.tsinghua.edu.cn
课件下载：https://www.tup.com.cn，010-83470236
印 装 者：大厂回族自治县彩虹印刷有限公司
经 销：全国新华书店
开 本：185mm×260mm **印 张**：20 **字 数**：503千字
版 次：2015年8月第1版 2023年3月第2版 **印 次**：2025年1月第5次印刷
印 数：13001～15800
定 价：59.80元

产品编号：098355-01

前　言

21 世纪，是信息技术高速发展的时期。在信息时代，计算机的应用已经渗透了社会的各行各业，人们的工作、学习和生活越来越依赖计算机，这就促使了计算机学科的不断发展，同时也对高等学校各个专业计算机应用知识的教学提出了更高的要求。计算机应用水平已经成了衡量学生综合素质的重要标志之一。

“大学计算机基础”是应用型高校面向全校各专业开设的公共必修课程，通过对本课程的学习，学生可以理解计算机的基本工作原理、常用操作技术和方法，了解计算机领域的新技术和发展趋势，拓宽与计算机基础相关的知识面，掌握计算机的基本使用技能及网络技术、多媒体技术等，理解信息安全方面的基本知识，提高对计算机的综合应用能力。本书旨在通过实践培养学生的创新意识和动手能力，为其后续课程的学习夯实基础，培养学生在各自专业领域中应用计算机解决问题的意识和能力。

本书紧扣教育部高等学校大学计算机课程教学指导委员会发布的最新版《大学计算机基础课程教学基本要求》，符合大学应用型人才培养的目标。

本书具有以下几个突出的特点：

- 内容丰富，知识体系新颖；
- 层次清晰，图文并茂；
- 案例驱动，步骤清晰，通俗易懂，简单易学；
- 精编习题练习。

本书分 3 篇，共 10 章，均由具有丰富教学经验的一线教师编写。全书由肖利群、兰海涛主编，其中第 1～4、9、10 章由肖利群编写，第 5～8 章由兰海涛编写，肖利群负责全书内容的组织、审校和统稿。本书在编写的过程中，得到了四川工商学院领导们的大力支持，同时得到了许多同行、专家的指导和帮助，在此表示衷心的感谢。

本书覆盖的知识面广，不足之处难免，敬请各位专家读者批评指正。

编　者

2023.1

目录

第一篇　计算机基础知识篇

第1章　计算机概述 ………………………… 3
1.1　认识计算机 ………………………… 3
1.1.1　计算机的定义 ………………………… 3
1.1.2　计算机的特点 ………………………… 3
1.1.3　计算机的分类 ………………………… 4
1.1.4　计算机的应用 ………………………… 6
1.1.5　计算机的性能指标 ………………………… 9
1.2　计算机的发展 ………………………… 10
1.2.1　早期的计算工具 ………………………… 10
1.2.2　第一台电子计算机的诞生 ………………………… 13
1.2.3　计算机的发展阶段 ………………………… 14
1.2.4　计算机在中国的发展 ………………………… 15
1.2.5　计算机的发展趋势 ………………………… 16
1.2.6　未来的新型计算机 ………………………… 17
1.2.7　计算机软件的发展 ………………………… 19
1.2.8　大数据、云计算、物联网 ………………………… 20
本章小结 ………………………… 21
习题1 ………………………… 22

第2章　计算机数字化基础 ………………………… 23
2.1　信息数字化基础 ………………………… 23
2.1.1　数制系统 ………………………… 23
2.1.2　计算机采用二进制 ………………………… 24
2.1.3　不同进位计数制间的转换 ………………………… 25
2.2　数据存储和存储单元 ………………………… 28
2.2.1　数据存储 ………………………… 28
2.2.2　数据存储单元 ………………………… 28
2.3　计算机中信息的二进制编码 ………………………… 29

2.3.1 数值在计算机中的编码 …… 30
2.3.2 字符在计算机中的编码 …… 32
2.3.3 图像的数字化处理 …… 36
2.3.4 声音的数字化处理 …… 39
2.3.5 视频的数字化处理 …… 41
2.4 计算机中二维码的应用 …… 43
本章小结 …… 45
习题 2 …… 45

第 3 章 计算机系统的组成 …… 47

3.1 计算机系统概述 …… 47
3.2 计算机的基本组成及工作原理 …… 48
3.2.1 冯·诺依曼计算机体系结构 …… 48
3.2.2 计算机硬件系统基本组成 …… 49
3.2.3 计算机的工作原理 …… 51
3.3 微型计算机的基本结构 …… 52
3.3.1 微型计算机概述 …… 52
3.3.2 总线 …… 52
3.3.3 主板 …… 54
3.3.4 CPU …… 54
3.3.5 存储器 …… 55
3.3.6 外部设备 …… 58
3.4 微机的软件系统 …… 62
3.4.1 软件的概念及分类 …… 63
3.4.2 系统软件 …… 63
3.4.3 应用软件 …… 65
本章小结 …… 65
习题 3 …… 65

第二篇 现代办公平台篇

第 4 章 Windows 10 操作系统 …… 71

4.1 操作系统和 Windows 10 …… 71
4.1.1 操作系统概述 …… 71
4.1.2 Windows 10 的特性 …… 72
4.2 Windows 10 的基本元素和基本操作 …… 73
4.2.1 Windows 10 的启动与关闭 …… 73
4.2.2 Windows 10 桌面 …… 74
4.2.3 Windows 10 窗口和对话框 …… 79

4.2.4 Windows 10 菜单 …… 82
4.3 Windows 10 的文件管理 …… 83
4.3.1 文件和文件夹的概念 …… 83
4.3.2 文件资源管理器 …… 86
4.3.3 对文件与文件夹的操作 …… 89
4.4 Windows 10 的系统设置和磁盘维护 …… 95
4.4.1 Windows 10 的系统设置 …… 95
4.4.2 磁盘维护 …… 103
本章小结 …… 106
习题 4 …… 107

第 5 章 Word 2016 文字处理软件 …… 108

5.1 Office 2016 简介 …… 108
5.2 Word 2016 概述 …… 108
5.2.1 Word 2016 的新增功能 …… 108
5.2.2 Word 2016 操作界面 …… 110
5.2.3 Word 2016 的启动和退出 …… 112
5.2.4 Word 2016 文档格式和视图方式 …… 113
5.3 Word 2016 的基本操作 …… 116
5.3.1 创建新文档 …… 116
5.3.2 保存文档 …… 117
5.3.3 打开和关闭文档 …… 118
5.4 Word 2016 文档编辑 …… 119
5.4.1 在文档中输入文本 …… 119
5.4.2 编辑文档 …… 123
5.4.3 查找替换和定位 …… 127
5.4.4 多窗口操作 …… 129
5.5 Word 2016 文档格式的设置 …… 131
5.5.1 设置字符格式 …… 131
5.5.2 设置段落格式 …… 136
5.5.3 设置页面格式 …… 142
5.6 Word 2016 文档的高级排版 …… 146
5.6.1 分栏 …… 146
5.6.2 设置首字下沉 …… 147
5.6.3 批注、脚注和尾注 …… 148
5.6.4 编辑长文档 …… 149
5.6.5 邮件合并技术 …… 151
5.7 Word 2016 图文混排 …… 156
5.7.1 插入图片 …… 156

5.7.2 插入形状…………………………………………………………… 159
5.7.3 插入 SmartArt 图形 …………………………………………………… 159
5.7.4 插入艺术字…………………………………………………………… 161
5.7.5 插入文本框…………………………………………………………… 163
5.7.6 设置水印…………………………………………………………… 164
5.8 Word 2016 表格 ………………………………………………………… 165
5.8.1 插入表格…………………………………………………………… 165
5.8.2 编辑表格…………………………………………………………… 166
5.8.3 表格的数据处理…………………………………………………… 172
本章小结……………………………………………………………………… 173
习题 5 ……………………………………………………………………… 173

第 6 章 Excel 2016 电子表格处理软件 ………………………………………… 176

6.1 Excel 2016 简介 ………………………………………………………… 176
6.1.1 Excel 的功能与特点 …………………………………………………… 176
6.1.2 Excel 2016 的启动与退出……………………………………………… 176
6.1.3 Excel 2016 的窗口组成………………………………………………… 177
6.1.4 Excel 电子表格的结构 ………………………………………………… 178
6.2 工作簿的基本操作 ……………………………………………………… 179
6.2.1 工作簿的创建…………………………………………………………… 179
6.2.2 工作簿的保存…………………………………………………………… 180
6.2.3 工作簿的打开…………………………………………………………… 183
6.2.4 工作簿的关闭…………………………………………………………… 184
6.3 工作表的基本操作 ……………………………………………………… 184
6.3.1 工作表的创建…………………………………………………………… 184
6.3.2 工作表的数据输入……………………………………………………… 184
6.3.3 工作表的插入、删除、重命名等操作………………………………… 185
6.3.4 工作表的移动、复制 …………………………………………………… 186
6.3.5 自动套用格式…………………………………………………………… 187
6.3.6 工作表窗口的拆分和冻结……………………………………………… 187
6.4 单元格的基本操作 ……………………………………………………… 189
6.4.1 数据的编辑…………………………………………………………… 189
6.4.2 单元格格式的设置……………………………………………………… 192
6.4.3 数据的复制和移动……………………………………………………… 196
6.4.4 数据填充…………………………………………………………… 196
6.4.5 单元格、行、列的格式化………………………………………………… 198
6.5 Excel 2016 的数据运算 ………………………………………………… 201
6.5.1 简单运算…………………………………………………………… 201
6.5.2 使用公式计算…………………………………………………………… 201

6.5.3 单元格引用 …… 202
6.5.4 条件格式的设置 …… 203
6.5.5 函数使用 …… 204
6.5.6 常见出错信息及解决方法 …… 206
6.6 制作 Excel 图表 …… 208
6.6.1 创建图表 …… 208
6.6.2 编辑图表 …… 210
6.7 数据清单的管理 …… 214
6.7.1 数据清单的建立和编辑 …… 214
6.7.2 数据排序 …… 214
6.7.3 数据筛选 …… 216
6.7.4 分类汇总 …… 220
6.7.5 数据透视表 …… 222
6.8 数据保护 …… 224
6.8.1 保护工作簿 …… 224
6.8.2 保护工作表 …… 225
6.9 工作表和图的打印 …… 225
本章小结 …… 226
习题 6 …… 226
第 7 章 PowerPoint 2016 演示文稿 …… 229
7.1 初识 PowerPoint 2016 …… 229
7.1.1 PowerPoint 2016 的简介 …… 229
7.1.2 PowerPoint 2016 的主要功能 …… 229
7.1.3 PowerPoint 2016 的启动和退出 …… 230
7.1.4 PowerPoint 2016 的窗口组成 …… 230
7.2 演示文稿的基本操作 …… 232
7.2.1 新建演示文稿 …… 232
7.2.2 打开演示文稿 …… 234
7.2.3 保存与关闭演示文稿 …… 235
7.2.4 查看演示文稿 …… 235
7.3 幻灯片的基本操作 …… 238
7.3.1 选择幻灯片 …… 238
7.3.2 新建幻灯片 …… 239
7.3.3 复制幻灯片 …… 239
7.3.4 移动幻灯片 …… 239
7.3.5 删除幻灯片 …… 239
7.3.6 隐藏幻灯片 …… 240
7.4 幻灯片内容的添加 …… 240

7.4.1 添加与编辑文本 …… 240
7.4.2 添加图像 …… 240
7.4.3 添加表格和图表 …… 241
7.4.4 添加 SmartArt 图形和形状 …… 241
7.4.5 添加音频和视频 …… 243
7.5 幻灯片外观的设计 …… 243
7.5.1 幻灯片的主题 …… 243
7.5.2 幻灯片的背景 …… 244
7.5.3 幻灯片的版式 …… 244
7.5.4 幻灯片的母版 …… 244
7.6 动画和超链接的设置 …… 246
7.6.1 动画效果设置 …… 246
7.6.2 幻灯片切换效果设置 …… 246
7.6.3 超链接与动作按钮设置 …… 247
7.7 演示文稿的放映、打印与打包 …… 247
7.7.1 演示文稿放映 …… 247
7.7.2 演示文稿打印 …… 249
7.7.3 演示文稿打包 …… 249
本章小结 …… 249
习题 7 …… 250

第三篇 应用技术篇

第 8 章 网络基础知识及 Internet 应用 …… 255
8.1 计算机网络基础知识 …… 255
8.1.1 计算机网络的定义 …… 255
8.1.2 计算机网络的发展 …… 255
8.1.3 计算机网络的组成 …… 257
8.1.4 计算机网络的功能 …… 257
8.1.5 计算机网络的分类 …… 258
8.1.6 计算机网络的体系结构 …… 258
8.1.7 局域网基础 …… 260
8.2 Internet 基础 …… 264
8.2.1 Internet 基本服务 …… 264
8.2.2 Internet 常用术语 …… 265
8.2.3 IP 地址 …… 267
8.2.4 域名 …… 269
8.2.5 Internet 接入方式 …… 269
8.2.6 共享上网 …… 271

8.2.7 远程登录 telnet …… 272
8.2.8 文件上传与下载 …… 272
8.2.9 电子邮件系统的使用 …… 273
本章小结 …… 276
习题 8 …… 276

第 9 章 计算机信息安全 …… 278

9.1 计算机信息安全概述 …… 278
9.1.1 有关信息安全大事件 …… 278
9.1.2 计算机系统所面临的威胁 …… 280
9.2 计算机病毒 …… 281
9.2.1 计算机病毒的特征 …… 281
9.2.2 计算机病毒的分类和典型病毒 …… 282
9.2.3 常用的反病毒软件 …… 284
9.3 网络安全 …… 284
9.3.1 网络安全模式 …… 285
9.3.2 网络信息安全的关键技术 …… 286
9.3.3 认识黑客和木马 …… 290
9.4 计算机安全法律与道德 …… 291
9.4.1 计算机犯罪及其防治 …… 291
9.4.2 保护知识产权 …… 291
本章小结 …… 292
习题 9 …… 292

第 10 章 常用工具软件简介 …… 294

10.1 金山词霸 …… 294
10.1.1 金山词霸软件简介 …… 294
10.1.2 金山词霸的使用 …… 294
10.2 资源下载工具迅雷 …… 297
10.2.1 迅雷软件简介 …… 297
10.2.2 迅雷软件的使用 …… 297
10.3 压缩工具 WinRAR …… 299
10.3.1 WinRAR 软件简介 …… 299
10.3.2 WinRAR 软件的使用 …… 300
10.4 即时通信软件腾讯 QQ …… 303
10.4.1 QQ 软件简介 …… 304
10.4.2 QQ 的使用 …… 304
本章小结 …… 306
习题 10 …… 306

参考文献 …… 307

第一篇　计算机基础知识篇

本篇是入门篇，主要从计算机的基本概念入手，介绍计算机的基础知识，阐述计算理论的基本内容。在此基础上，进一步介绍信息在计算机中的表示、计算机系统的基本组成和工作原理、微型计算机的基本结构等知识。

本篇使读者对计算机知识有一个基本的了解，也为读者使用计算机提供必备的基础知识。

第1章 计算机概述

在人类的发展历程中,计算机起着无可替代的作用。计算机无疑是20世纪最伟大的发明之一,计算机的发明和应用延伸了人类的脑力工作,提高和扩展了人类脑力劳动的效能,激发了人类的创造力。经过半个多世纪的发展,计算机的应用几乎遍布了人类社会的各个领域,标志着人类文明的发展进入了一个崭新的阶段。

本章首先介绍计算机的定义,早期的计算工具,计算机的发展、分类、性能指标,以及计算机的特点和应用,紧接着介绍计算机的应用及计算机的性能指标等概念,为读者深入学习计算机知识打下基础。

1.1 认识计算机

自从人类具备了认识世界的能力,计算就存在了。在人类漫长的文明史上,对计算的追求从未停止过,从算筹到算盘,从机械计算器到电子计算机。为了提高计算速度、计算精度,人们不断发明、改进各种计算辅助工具。每一次计算机工具的革命,不仅提高了人类的计算能力,还深刻地改变了人类认知世界和改造世界的方法与途径,并广泛而深入地影响了人类社会的方方面面。现在,计算机已深入人们生活的各个角落,几乎每个人都知道计算机能做很多事情,特别是近几年随着智能手机的普及,很多人都感觉离不开计算机。那么现代计算机有什么特点以及它是如何工作的呢?为了更深入地了解计算机,首先要了解计算机的定义。

1.1.1 计算机的定义

计算机(computer)的定义从字面上理解是一种可以计算的机器设备,这种理解使我们想到了算盘、计算器等计算设备,这些算不算计算机呢?这些也是可以计算的设备,但它们和计算机有什么区别呢?现代计算机一般定义为:计算机是一种能够存储程序和数据,按照程序自动、高速处理海量数据的现代智能电子设备。因此,现代计算机也称为电子数字计算机。计算机能模仿人的部分思维活动,代替人的部分脑力活动,按照人们的意愿自动地工作,所以人们也把计算机称为“电脑”。

1.1.2 计算机的特点

计算机具有以下主要的特点。

1. 运算速度快

运算速度是计算机的一个重要性能指标。计算机的运算速度通常用每秒执行定点加法的次数或平均每秒执行指令的条数来衡量。运算速度快是计算机的一个突出特点,计算机的运算速度已由早期的每秒几千次发展到现在的最高可达每秒千万亿次乃至亿亿次，使得过去人们需要几十年或者几百年时间完成的计算能在几个小时、几分钟甚至更短的时间内就能完成，个人计算机(personal computer，PC)运算速度也可以达到每秒上亿次。我国“神威·太湖之光”超级计算机是我国运算速度最快的计算机，曾为我国获得多个世界第一，意义深远。

2. 计算精度高，数据准确度高

计算精度主要由计算机的字长决定。所谓字长，指计算机在同一时间内处理的一组二进制数的位数。由于计算机内部采用二进制进行计算，因此具有很高的计算精度。微型计算机的字长从 4 位、8 位、16 位、32 位到 64 位，字长越来越长，计算精度越来越高，计算精度可精确到万分之几甚至千万分之几，这是人类历史上任何一种计算工具所望尘莫及的。

3. 存储容量大，存取速度快

存储器(memory)是现代信息技术中用于保存信息的记忆设备。计算机的存储器可以存储大量的程序和数据，存储器可分为内存储器(主存)和外存储器(辅助存储器)。计算机的存储器类似于人的大脑，不但能够“记忆”(存储)大量的信息，而且能够快速准确地存入或取出这些信息。应用计算机可以从海量的文献、资料和数据中查找信息并把处理这些信息变成容易的事情。

早期的计算机，由于存储容量小，存储器常常成为限制计算机应用的“瓶颈”，随着微电子技术的发展，计算机的存储容量越来越大。

4. 可靠性高

现代微机采用的大规模和超大规模集成电路具有非常高的可靠性，因硬件引起的错误越来越少。

5. 具有逻辑判断功能

计算机的运算器除了能够完成基本的算术运算外，还可以实现各种逻辑运算。计算机在执行程序时能够根据各种条件来进行判断和分析，并根据分析结果自动确定下一步该做什么。将计算机的存储功能、算术运算和逻辑判断功能相结合，可模仿人类的某些智能活动，成为人类脑力延伸的重要工具。

6. 自动化程度高，通用性强

按照美籍匈牙利数学家冯·诺依曼提出来的计算机的基本思想是将程序和数据先存放在计算机内，工作时按程序规定的操作自动完成，一般无须人工干预，因而自动化程度高。

计算机早期主要应用于科学计算、数据处理和过程控制等领域。随着计算机的不断发展，计算机几乎能求解自然科学和社会科学中的一切问题，能广泛地应用到各个领域。

1.1.3 计算机的分类

随着计算机技术的迅速发展和应用领域的不断扩大，计算机的种类也越来越多，可以从不同的角度对计算机进行分类。根据用途划分，可以把计算机分为通用机和专用机。通用机的特点是通用性强，具有很强的综合处理能力，能够解决各种类型的问题。专用机则功能单一，配有解决特定问题的软、硬件，能够高速、可靠地解决特定的问题。通常，按照计算机的运算速度、字长、存储容量、软件配置等多方面的综合性能指标，可以将计算机分为巨型计算机、大型计算机、小型计算机、微型计算机、网络计算机等。

1. 巨型计算机

巨型计算机也称为超级计算机(super computer),是指信息处理能力比个人计算机快一到两个数量级以上的计算机,它在密集计算、海量数据处理等领域发挥着举足轻重的作用。

超级计算机具有很强的计算和处理数据的能力,主要特点表现为高速度和大容量,配有多种外部和外围设备及丰富的、高功能的软件系统。超级计算机采用涡轮式设计,每个刀片就是一个服务器,能实现协同工作,并可根据应用需要随时增减。以我国第一台全部采用国产处理器构建的"神威·太湖之光"为例,它的持续性能为9.3亿亿次/秒,峰值性能可以达到12.5亿亿次/秒,通过先进的架构和设计,实现了存储和运算的分开,确保用户数据、资料在软件系统更新或CPU升级时不受任何影响,保障了存储信息的安全,真正实现了保持长时、高效、可靠的运算并易于升级和维护的优势。我国是世界上能够生产超级计算机的少数国家之一。

2. 大型计算机

大型计算机的规模仅次于巨型计算机,也有较高的运算速度和较大的存储容量,有比较完善的指令系统和丰富的外部设备。大型计算机一般作为大型"客户机/服务器"系统的服务器,或者"终端/主机"系统中的主机,主要用于大型计算中心、金融业务和大型企业等需要极大数据存储和计算能力的地方。

3. 小型计算机

小型计算机是指采用精简指令集处理器,性能和价格介于微机服务器和大型主机之间的一种高性能计算机。其规模小,结构简单,性能较好、价格便宜、应用范围很广,如用于工业自动控制、大型分析仪器、测量仪器、医疗设备中的数据采集、分析计算等,也可作为大型计算机、巨型计算机的辅助机,广泛用于企业管理以及大学和研究所的科学计算等。

近年来,随着微型计算机的迅速发展,小型计算机受到了严重的挑战。小型计算机是一个已经过时的名词,20世纪60年代由DEC(数字设备公司)公司首先开发,并于20世纪90年代消失。

4. 微型计算机(个人计算机)

微型计算机又称个人计算机。微型计算机以体积小、灵活性大、价格便宜、使用方便、软件丰富、功能齐全等优点拥有广大的用户。

今天,微型计算机的应用已经渗透到社会的各个领域,从工厂的生产控制到政府的办公自动化,从商店的数据处理到家庭的信息管理,几乎无所不在。

微型计算机的种类很多,主要有台式机(desktop computer)、计算机一体机、笔记本计算机(notebook或laptop)、掌上计算机(PDA)和平板计算机。

5. 网络计算机

网络计算机(network computer,NC)是在因特网(Internet)充分普及和Java语言推出的情况下提出的一种全新概念的计算机。服务器和工作站属于网络计算机的范畴。其中服务器指可以被网络用户共享,为网络用户提供服务的高性能计算机。服务器(server)的处理速度和系统可靠性都要比普通计算机高得多,因为服务器在网络中一般是连续不断工作的。工作站(workstation)是一种高端的通用微型计算机。它通常配有高分辨率的大屏、多屏显示器及容量很大的内存储器和外部存储器,并且具有极强的信息和高性能的图形、图像处理功能。

1.1.4 计算机的应用

随着计算技术的不断发展,计算机的应用领域越来越广泛,已经渗透到社会的各行各业,推动着社会的不断发展。从航天飞行到海洋开发,从产品设计到生产过程控制,从天气预报到地质勘探,从疾病诊治到生物工程,从自动售票到情报检索等都应用到了计算机。计算机正改变着人们传统的工作、学习和生活方式,推动着社会的发展。数字化生活可能成为未来生活的主要模式,人们离不开计算机,计算机世界也将更加丰富多彩。

下面主要介绍计算机在科学计算、过程检测与控制、数据处理、计算机辅助系统、人工智能等方面的应用。

1. 科学计算

科学计算又叫作数值计算,指计算机用于完成和解决科学研究及工程技术中的数学计算问题。早期的计算机主要用于科学计算。目前,科学计算仍然是计算机应用的一个重要领域,如高能物理、工程设计、地震预测、气象预报、航天技术等。由于计算机具有运算速度快、计算精度高以及逻辑判断能力,因此出现了计算力学、计算物理、计算化学、生物控制论等新的学科。

2. 过程检测与控制

利用计算机对工业生产过程中的某些信号自动进行实时采集数据、分析数据,并把检测到的数据存入计算机,再根据需要对这些数据进行处理,这样的系统称为计算机检测系统。特别是仪器仪表引进计算机技术后所构成的智能化仪器仪表,将工业自动化推向了一个更高的水平。同时也提高了控制时的时效性和准确性,提高了劳动过程中的产量,目前广泛应用于机械、石油、电力等部门。

3. 数据处理

数据处理即信息处理,是目前计算机应用最广泛的一个领域。数据处理对数据(包括数值的和非数值的)进行分析和加工的技术过程,包括对各种原始数据的分析、整理、计算、编辑等进行加工和处理。随着计算机的日益普及,在计算机应用领域中,数值计算所占比重很小,通过计算机数据处理进行信息管理已成为主要的应用,如测绘制图管理、仓库管理、财会管理、交通运输管理、技术情报管理、办公室自动化等都是数据处理的典型应用。

4. 计算机辅助系统

计算机辅助系统包括计算机辅助设计、计算机辅助制造和计算机辅助测试等。

(1) 计算机辅助设计。

计算机辅助设计(computer aided design,CAD)是指利用计算机来帮助设计人员进行工程设计,以提高设计工作的自动化程度,节省人力和物力,提高设计质量。目前,此技术已经在电路、机械、土木建筑、服装等设计中得到了广泛的应用。

(2) 计算机辅助制造。

计算机辅助制造(computer aided manufacturing,CAM)是指利用计算机进行生产设备的管理、控制与操作,从而提高产品质量,降低生产成本,缩短生产周期,并且还大大改善了制造人员的工作条件。

(3) 计算机辅助测试。

计算机辅助测试(computer aided test,CAT)是指利用计算机协助进行测试的一种方法，一般分为脱机测试和联机测试两种方法。计算机辅助测试可以用在不同的领域，如在教学领域，可以使用计算机对学生的学习效果进行评估。

(4) 计算机辅助教学。

计算机辅助教学(computer aided instruction，CAI)指利用计算机帮助教师讲授和学生学习的自动化系统，CAI 不仅能减轻教师的负担，还能使教学内容生动、形象逼真，能够动态演示实验原理或操作过程，使学生能够轻松自如地从中学到所需要的知识，激发学生的学习兴趣，提高教学质量。

5. 人工智能

人工智能(artificial intelligence，AI)是通过计算机来模拟人类的某些智能活动，如图像和语言的识别、逻辑推理能力等。目前研究的人工智能主要有机器人研究、智能检索、专家系统等。说到人工智能，被炒得最热的似乎都是些高大上的应用，例如无人驾驶、下围棋等，其实人工智能的应用范围很广，包括：医药、诊断、金融贸易、机器人控制、法律、科学发现和玩具。机器人是人工智能应用的典型例子，机器人可以帮助人们完成一些在恶劣条件下的繁重工作，例如在放射线、有毒、高温等环境下的工作，都可以控制机器人准确无误地完成。

下面给出几个被人们津津乐道的人工智能的典型案例。

(1) 深蓝。“深蓝”(Deep Blue)是 IBM 公司研制的一台超级计算机，在 1997 年 5 月 11 日，仅用了 1 小时便轻松地战胜俄罗斯国际象棋世界冠军卡斯帕罗夫，并以 3.5∶2.5 的总比分赢得人与计算机之间的挑战赛，这是在国际象棋上人类智能第一次败给计算机，比赛现场如图 1-1 所示。

图 1-1 “深蓝”击败国际象棋第一人

(2) 沃森。如果说“深蓝”只体现于对弈的人工智能并不算足够智能的话，那么 IBM 公司研制的另一款人工智能程序“沃森”(Watson)，则能够符合大众对“智能”的认知。在一档类似于《最强大脑》的综艺节目《危险边缘》中，沃森击败了两位最高纪录保持者，获得百万奖金，竞赛现场如图 1-2 所示。问答过程中，沃森在无人类协助的情况下，独自完成对自然语言的分析，并且以远超人类的速度完成抢答。人工智能程序沃森的特点在于对大数据迅速、准确的分析，现今 IBM 正将其运用于医学领域。病人向沃森上传自己的病况与症状，沃森则根据该情况分析患者最有可能患上的疾病种类，并提供医治方法。今后该程序还可运用在更多特定环境中，为用户提供各种紧急情况的应对方法。

(3) 阿尔法狗。2016 年 3 月，谷歌旗下的子公司 DeepMind 公司开发的谷歌围棋人工智能“阿尔法狗”(AlphaGo)击败了世界围棋冠军韩国棋手李世石，这场轰动全球的“人机大战”总比分为 4∶1，比赛现场如图 1-3 所示。阿尔法狗的最主要工作原理就是近几年人工智能领域最为热门的“深度学习”(deep learning)，也就是通过模仿人类大脑神经网络，让机器模拟人脑的机制进行记忆、学习、分析、思维、创造等活动。

国内的人工智能领域，百度无疑走在前列。百度公司创始人、首席执行官(CEO)李彦宏表示，这场阿尔法狗上演的“人机大战”是人工智能技术一次很好的科普，会让越来越多的人关注这项技术。“当人工智能未来进入实用阶段时，智能搜索、无人驾驶汽车、智能机器人……这些才是社会和经济真正需要的东西。而未来 5～10 年正是中国人工智能发展的黄金

图 1-2 “沃森”碾压美国最强大脑

图 1-3 围棋人机大战

时间,从过去学术讨论阶段开始进入商用阶段的关键时期。”他说。近年,我们国内的一场人与机器的“人机大战”结果也新鲜出炉,2017 年 1 月 6 日代表百度大脑的百度人工智能“小度”在我国脑力竞赛类电视节目《最强大脑》中首秀就将“世界记忆大师”王峰击败。人工智能并不只用来下棋,实际上它正掀起一轮产业变革、经济变革甚至社会变革。

6. 电子商务

电子商务(electronic commerce,EC)是在因特网开放的网络环境与传统信息技术系统的丰富资源相结合的背景下应运而生的一种网上相互关联的动态商务活动,简单地说,是指利用计算机和网络进行的新型商务活动。电子商务作为一种新型的商务方式,将生产企业、流通企业以及消费者和政府带入了一个网络经济、数字化生存的新天地,它可以让人们不再受时间、地域的限制,以一种非常简捷的方式完成过去较为繁杂的商务活动。

电子商务的发展前景广阔,它向人们提供新的商业机会和市场需求。世界上许多公司已经开始通过 Internet 进行商业交易,他们通过网络方式与顾客、批发商、供货商和股东等进行相互间的联系,迅速快捷,费用低廉,其业务量往往超出传统方式。但同时,电子商务系统也面临着诸如保密性、可测性和可靠性等方面的挑战,不过这些问题也会随着网络信息技术的发展和社会的进步而得到解决。电子商务根据交易双方的不同,分为三种形式:①B2B,交易双方都是企业,这是电子商务的主要形式;②B2C,交易双方是企业和消费者;③C2C,交易双方都是消费者。国内知名的电子商务网站有:阿里巴巴集团在 2003 年 5 月投资创立的 C2C 交易网站淘宝网(http://www.taobao.com)、2004 年初涉足电子商务领域的国内 B2C 市场最大的 3C 网购专业平台京东商城(http://www.360buy.com,现网址 https://www.jd.com)、腾讯 2005 年 9 月上线发布的 C2C 交易网站拍拍网(http://www.paipai.com,目前已被京东并购)、当当网信息技术有限公司运营的 C2C 交易网站当当网(http://www.dangdang.com)、成立于 1992 年国内领先的 B2B 电子商务服务供应商慧聪网(http://www.hc360.com)、成立于 1999 年的中国领先的在线旅游服务公司携程网(http://www.ctrip.com)等。

电子商务始于 1996 年,起步虽然不长,但其高效率、低支付、高收益和全球性的优点,很快受到各国政府和企业的广泛重视,发展势头不可小觑。目前电子商务交易额正以每年数倍的速度增长,《中国电子商务报告(2021)》数据显示,全国电子商务交易额达 42.3 万亿元,电子商务从业人数达到了 6727.8 万人。

7. 多媒体应用

随着多媒体应用技术的发展和多媒体计算机的普及,以及计算机网络的应用越来越多,多媒体技术已经广泛应用于文化教育、家庭娱乐、商业应用等各个领域。

8. 办公自动化

办公自动化(office automation,OA)是将现代化办公和计算机技术结合起来的一种新型的办公方式。办公自动化没有统一的定义,凡是在传统的办公室中采用各种新技术、新机器、新设备从事办公业务,都属于办公自动化的领域。OA 通常是指用计算机处理各种业务、商务,处理数据报表文件,进行各类办公业务的统计、分析、辅助决策、日常管理等。例如,用计算机进行文字处理,文档管理,资料、图像、声音处理,网络通信等。

1.1.5 计算机的性能指标

不同用途的计算机,其对不同部件的性能指标要求有所不同。对于主要用于科学计算的计算机来说,其对主机的运算速度要求很高;对于主要用于大型数据库处理的计算机来说,其对主机的内存容量、存取速度和外存储器的读写速度要求较高;对于用于网络传输的计算机,则要求有很高的 I/O(input/output)速度,因此应当有高速的 I/O 总线和相应的 I/O 接口。对于普通微机来说,主要从以下几方面衡量其性能。

1. CPU 的主频

CPU 的主频也称为时钟频率,是指 CPU 内部的工作频率,表示 CPU 在单位时间内发出的脉冲数,单位为赫兹,如 MHz 或 GHz。一般情况下,主频越高,CPU 在一个时钟周期里所能完成的指令数就越多,CPU 的运算速度就越快,它在很大程度上决定了计算机的运算速度。影响主频大小的是外频和倍频,其计算关系为:主频=外频×倍频。目前的微型计算机主频一般都在 2.5～3.5 GHz,对应的浮点运算速度是每秒两亿五千万次到三亿五千万次之间。例如 Pentium G4500 的主频为 3.5 GHz,由于微处理器发展迅速,微机的主频也在不断提高,奔腾(Pentium)处理器的主频目前已超过 3 GHz。

2. 字长

在计算机中作为一个整体被存取、传送、处理的一组二进制数称为计算机的“字”,而这组二进制数的位数就是“字长”,在其他指标相同的情况下,字长越长,计算机处理数据的二进制位数越多速度也就越快。字长是 CPU 进行运算和数据处理的最基本、最有效的信息位长度,目前常见 CPU 的字长有 32 位、64 位。

3. 运算速度

计算机的运算速度是指每秒所能执行的加法指令条数,通常用每秒百万条指令(million instruction per second,MIPS)来表示。运算速度是衡量计算机性能的一项重要指标,它更能直观地反映计算机的运行速度。目前微机的运算速度在 300～500 MIPS 以上,甚至更高。

4. 存储容量

存储容量包括内存容量和外存容量。内存容量是内存储器可以容纳的二进制信息量。内存容量的大小直接影响到计算机的整体性能。内存容量的加大,对于运行大型软件十分必要,否则会感到计算机慢得无法忍受。目前的内存条有 DDR、DDR2、DDR3 等多种类型,不同的主板支持的内存类型不同,外存容量通常指硬盘容量,外存容量越大,所能存储的信息就越多,可安装的应用软件也就越多。

常用的容量单位如下。

1）比特

1 位二进制数所表示的信息量称为一个比特(bit)，它只能表示 0 或 1 两个信息，这是最小的信息单位。

2）字节

1 字节(Byte，简称 B)由 8 位二进制位组成，即 1 B=8 bit，字节是计算机表示存储的基本单位。

3）其他单位

由于计算机的存储容量较大，实际使用的单位有千字节(KB)、兆字节(MB)、吉字节(GB)、太字节(TB)、拍字节(PB)和艾字节(EB)，它们之间的换算关系如下：

$$1\ \text{KB} = 2^{10}\ \text{B} = 1024\ \text{B}$$

$$1\ \text{MB} = 2^{10}\ \text{KB} = 2^{20}\ \text{B}$$

$$1\ \text{GB} = 2^{10}\ \text{MB} = 2^{30}\ \text{B}$$

$$1\ \text{TB} = 2^{10}\ \text{GB} = 2^{40}\ \text{B}$$

$$1\ \text{PB} = 2^{10}\ \text{TB} = 2^{50}\ \text{B}$$

$$1\ \text{EB} = 2^{10}\ \text{PB} = 2^{60}\ \text{B}$$

以上只是一些主要性能指标。除了上述这些主要性能指标外，还有其他一些指标，例如，可靠性和可维护性、所配置外围设备的性能指标以及所配置系统软件的情况等。另外，各项指标之间也不是彼此孤立的，在实际应用时，应该把它们综合起来考虑，而且还要遵循"性能价格比"的原则。

5. 存取周期

内存储器完成一次读(取)或写(存)操作所需的时间称为存储器的存取时间或者访问时间，而连续两次独立的读(或写)所需的最短时间称为存取周期。存取时间越短，CPU 等待的时间越短，表示访问数据的速度越快，内存性能就越好。

6. 外部设备的配置及扩展能力

外部设备的配置及扩展能力主要指计算机系统连接各种外部设备的可能性、灵活性和适应性。

7. 可靠性

可靠性用平均无故障工作时间来表示。可靠性好，表示无故障运行的时间长，计算机的性能好。

1.2　计算机的发展

在漫长的文明发展过程中，人类发明了许多计算工具。电子计算机的历史只有 70 多年时间，像任何新生事物一样，它的发展也经历了一个不断完善的过程。

1.2.1　早期的计算工具

人类最早的有实物为证的计算机工具诞生在中国。据史料记载，春秋晚期战国初年时期(前 722—前 221 年)，中国已经普遍采用算筹作为计算工作，如图 1-4 所示。

1 2 3 4 5 6 7 8 9

纵式

横式

1470000−68467=1401533表示为

图 1-4　算筹及其数据表示

据史书记载和考古材料的发现，古代的算筹实际上是一根根同样长短和粗细的小棍子，一般长为 13～14 cm，径粗 0.2～0.3 cm，多用竹子制成，也有用木头、兽骨、象牙、金属等材料制成。按照中国古代的筹算规则，算筹记数的表示方法为：个位用纵式，十位用横式，百位再用纵式，千位再用横式，万位再用纵式等，这样从右到左，纵横相间，以此类推，就可以用算筹表示出任意大的自然数了。由于位与位之间的纵横变换，且每一位都有固定的摆法，所以既不会混淆，也不会错位。毫无疑问，这样一种算筹记数法和现代通行的十进位制记数法是完全一致的。算筹不仅可以替代手指利用规则来帮助计算，而且还能完成加、减、乘、除等常用的数学运算。

算筹记数法，在世界数学史上是一个伟大的创造，我国古代数学家也正是以它为工具，运筹帷幄，殚精竭虑，写下了人类数学史上光辉的一页。中国南北朝时期的数学家祖冲之，就借用算筹成功的将圆周率计算到小数点后的第七位，得到了当时世界上最精确的 π 值，这比法国数学家韦达相同的成就早了 1100 多年。

中国古代在计算工具领域的另一项重要发明是算盘。而今，算盘仍然是许多人钟爱的计算辅助工具。算盘最早记录在汉朝徐岳撰写的《数术记遗》一书里，大约在宋元时期开始流行，到了明代，珠算盘彻底替代了算筹。珠算盘通常有 13 档，每档上部有 2 颗珠子，下部有 5 颗珠子，中间由“栋梁”隔开，采用上二珠下五珠的形式，如图 1-5 所示。珠算利用进位制记数，通过拨动算珠进行运算，而且算盘本身能存储数字，因此可以边算边记录结果。打算盘的人，只要熟记运算口诀，就能迅速算出结果，进行加减比用电子计算器还快。由于珠算盘结构简单，操作方便迅速，价格低廉又便于携带，在我国的经济生活中长期发挥着重大作用，并盛行不衰，在电子计算器出现之前，是我国最受欢迎、使用最普遍的一种计算工具。后传入日本、朝鲜、越南等地，又经商人和旅行家带到欧洲，并逐渐在西方传播开来。可以说算盘这一中国古老的算具，在计算工具的大千世界里，仍占有一席之地。

图 1-5　算盘

17 世纪初，计算工具在西方有了较快的发展，以创立“对数”概念而闻名于世的英国数学家纳皮尔(J. Napier)，在其所著书中介绍了一种工具，它后来被称为“纳皮尔筹”，也就是计算尺原型。它是由十根木条组成的,每根木条上都刻有数码,右边第一根木条是固定的,其余的都可根据计算的需要进行拼合或调换位置。纳皮尔只不过是把格子乘法里填格子的工作事先做好而已,需要哪几个数字时,就将刻有这些数字的木条按格子乘法的形式拼合在一起。纳皮尔筹与中国的算筹在原理上大相径庭,它已经显露出对数计算方法的特征。1621 年,英国数学家威廉·奥特雷德(William Oughtred)根据对数原理发明了圆形计算尺,也称对数计算尺。对数计算尺在两个圆盘的边缘标注对数刻度,然后让它们相对转动,就可以基于对数原理用加减运算来实现乘除运算。17 世纪中期,对数计算尺改进为尺座和在尺座内部移动的滑尺。18 世纪末,发明蒸汽机的瓦特独具匠心,在尺座上添置了一个滑标,用来存储计算的中间结果。对数计算尺不仅能进行加、减、乘、除、乘方、开方运算,甚至可以计算三角函数、指数函数和对数函数,它一直使用到袖珍电子计算器面世。即使在 20 世纪 60 年代,对数计算尺仍然是理工科大学生必须掌握的基本功,是工程师身份的一种象征。同一时期,法国数学家帕斯卡(Blaise Pascal)发明了帕斯卡加法器,这是人类历史上第一台机械式计算工具,其原理对后来的计算工具产生了持久的影响。帕斯卡加法器是由齿轮组成,以发条为动力,通过转动齿轮来实现加减运算,用连杆实现进位的计算装置。帕斯卡从加法器的成功中得出结论:人的某些思维过程与机械过程没有差别,因此可以设想用机械来模拟人的思维活动。这台加法器被称为"人类有史以来第一台计算机",后来人们为了纪念他的伟大成就将一种计算机高级语言命名为 PASCAL。

19 世纪初,英国数学家查尔斯·巴贝奇(Charles Babbage)根据计算数学中有限差分原理,即任何连续函数都可用多项式严格逼近,表明仅用加减法是可以计算函数的。1812 年,巴贝奇开始研制差分机,专门用于航海和天文计算,在英国政府的支持下,差分机历时 10 年研制成功,这是最早采用寄存器来存储数据的计算工具,体现了早期程序设计思想的萌芽,使计算工具从手动机械跃入自动机械的新时代。1832 年,巴贝奇开始进行分析机的研究。在分析机的设计中,巴贝奇采用了三部分具有现代意义的装置:第一部分为存储装置,采用齿轮式装置的寄存器保存数据,既能存储运算数据,又能存储运算结果;第二部分为运算装置,从寄存器取出数据进行加、减、乘、除运算,并且乘法是以累次加法来实现,还能根据运算结果的状态改变计算的进程,用现代术语来说,就是条件转移;第三部分为控制装置:使用指令自动控制操作顺序、选择所需处理的数据以及输出结果。巴贝奇的分析机是可编程计算机的设计蓝图,实际上,我们今天使用的每一台计算机都遵循着巴贝奇的基本设计方案。但是巴贝奇先进的设计思想超越了当时的客观现实,由于当时的机械加工技术还达不到所要求的精度,使得这部以齿轮为元件、以蒸汽为动力的分析机一直到巴贝奇去世也没有完成。诗人拜伦的女儿奥古斯塔·埃达·拜伦与巴贝奇一起进行了多年的设计工作。埃达是一位出色的数学家,她为巴贝奇的设计工作做出了巨大的贡献,为分析机编制了一些函数计算程序,被公认为世界上第一位程序员,Ada 编程语言就是以她的名字命名的。

1936 年,美国哈佛大学应用数学教授霍华德·艾肯(Howard Aiken)在读过巴贝奇和埃达的笔记后,发现了巴贝奇的设计,并被巴贝奇的远见卓识所震惊。艾肯提出用机电的方法,而不是纯机械的方法来实现巴贝奇的分析机。在 IBM 公司的资助下,1944 年研制成功了机电式计算机 Mark-I。Mark-I 长 15.5 m,高 2.4 m,由 75 万个零部件组成,使用了大量的继电器作为开关元件,存储容量为 72 个 23 位十进制数,采用了穿孔纸带进行程序控制。它的计算速度很慢,执行一次加法操作需要 0.3 s,并且噪声很大。尽管它的可靠性不高,仍然在哈佛大学使用了15年。Mark-I只是部分使用了继电器，1947年研制成功的计算机Mark-Ⅱ全部使用继电器。1947年在进行Mark-Ⅱ的开发过程中，研究人员发现在一个失效的继电器中夹着一只压扁的飞蛾，他们小心地把它取出并贴在工作记录上，并在标本下面写有"First actual case of bug being found."。从此"bug"就成为计算机故障的代名词，"debug"则成为排除故障的专业术语。

1.2.2 第一台电子计算机的诞生

1946年2月，世界上第一台电子数字积分计算机在美国宾夕法尼亚大学诞生，取名为ENIAC(Electronic Numerical Integrator and Calculator，译为"埃尼亚克")，如图1-6所示。它是在第二次世界大战中，美国军方为了计算新式火炮的弹道轨迹而研制的，使用了18000多个真空电子管，占地约170平方米，重达30吨，每小时耗电140多千瓦，是一个名副其实的"庞然大物"，但它能实现每秒5000次的加法运算。

图1-6　世界上第一台通用电子数字计算机ENIAC

虽然ENIAC的性能远远比不上今天最普通的一台微型计算机，但是在当时的历史环境下，它的运算速度是非常惊人和史无前例的。虽然它只服役了短短9年时间，却奠定了电子计算机的发展基础，在计算机发展史上具有划时代的作用。它的诞生，标志着电子计算机时代的到来。

ENIAC存在两大缺点：一是没有存储器；二是用布线接板进行控制。为了在机器上进行几分钟的数字计算，其准备工作要花去几小时甚至几天的时间，使用很不方便。ENIAC主要用于军事领域中一些复杂的科学计算，从1946年2月开始投入使用，到1955年10月最后切断电源，服役9年多。ENIAC的发明仅仅表明计算机的问世，对以后研制的计算机没有什么影响，EDVAC(electronic discrete variable automatic computer，离散变量自动电子计算机)的发明才为现代计算机在体系结构和工作原理上奠定了基础。

有两个杰出的代表人物对现代电子计算机的发展功不可没。一个是被称为"计算机科学之父"的英国数学家、逻辑学家艾伦·图灵(Alan Mathison Turing，1912—1954年，见图1-7)；另一个是被称为"现代计算机之父"的美籍匈牙利数学家冯·诺依曼(John von Neumann，1903—1957年，见图1-8)。图灵的主要贡献是建立了图灵机(turing machine，TM)的理论模型，对数字计算机的一般结构、可实现性和局限性产生了深远影响；提出了定义机器智能的图灵测试(turing test)，奠定了"人工智能"的理论基础。为了纪念图灵对计算机科学的巨大贡献，美国计算机协会(ACM)于1966年设立了一年一度的图灵奖，以表彰在计算机科学中做出突出贡献的人,图灵奖被喻为“计算机界的诺贝尔奖”。

图 1-7　艾伦·图灵

图 1-8　冯·诺依曼

冯·诺依曼的主要贡献是于 1945 年首先提出了计算机存储程序的概念,并于 1946 年 6 月发表了名为“电子计算机逻辑结构初探”的论文,阐述了存储程序的思想并确立了电子计算机由输入设备、输出设备、存储器、运算器和控制器 5 个部件组成的基本结构。冯·诺依曼与宾夕法尼亚大学莫尔学院电工小组合作,应用“存储程序”的概念设计制造了 EDVAC 计算机。“存储程序”的概念为研制和开发现代计算机奠定了基础,以此概念为基础的各类计算机统称为冯·诺依曼计算机。70 多年来,尽管计算机系统从性能指标、运算速度、工作方式和应用领域等方面与当时的计算机有很大差别,但基本结构没有变,都称为冯·诺依曼计算机。

1.2.3　计算机的发展阶段

从 1946 年第一台计算机诞生至今,电子计算机已经走过了 70 多年历程,它的体积不断变小,但性能、速度却在不断提高。计算机硬件性能与所采用的电子器件密切相关,因此器件的更新换代也作为计算机换代的主要标志。根据计算机采用的物理器件,一般将计算机的发展分为 4 个阶段,也称为 4 代。

1. 第一代(1946—1957 年):电子管计算机

第一代计算机逻辑元件主要采用的是真空电子管,软件主要采用机器语言、汇编语言编写应用程序。它具有体积大、耗电量大、寿命短、可靠性差、成本高、速度慢(千次/秒～万次/秒)等特点,主要应用于军事、科学计算。

2. 第二代(1958—1964 年):晶体管计算机

晶体管的发明推动了计算机的发展。逻辑元件采用了晶体管以后,计算机的体积大大缩小,耗电减少,可靠性提高,运算速度提高(几十万次/秒～几百万次/秒),综合性能比第一代计算机有很大的提高。同时程序语言也相应地出现了如 BASIC、FORTRAN、COBOL 等计算机高级语言。晶体管计算机被用于科学计算的同时,也开始在数据处理、过程控制方面得到了应用。

3. 第三代(1965—1970 年):中小规模集成电路计算机

20 世纪 60 年代中期,随着半导体工艺的发展,成功制造了集成电路。第三代计算机的逻辑元件采用中小规模集成电路,让计算机的体积更小型化、耗电量更少、可靠性更高,运算速度更快。软件在这个时期出现了操作系统和结构化的程序设计语言,如 PASCAL。这一时期的计算机同时向标准化、多样化、通用化等方向发展，并应用到各个领域。

4. 第四代(1971年至今)：大规模、超大规模集成电路计算机

第四代计算机的逻辑元件采用了大规模和超大规模集成电路。半导体存储器大幅提高了磁盘的存取速度和存储容量。操作系统和计算机语言的发展都非常迅猛，软件行业的发展成为新兴的高科技产业，计算机的应用领域不断向社会各个方面渗透。

自1971年英特尔(Intel)公司率先推出4004微处理器之后，微处理器和微型计算机一直在飞速的发展中。微型计算机的字长从4位、8位、16位、32位到64位，速度越来越快，存储容量越来越大，应用领域渗透到了工业、教育、生活等各个领域。

以微处理器为核心的微型计算机属于第四代计算机，微处理器是大规模和超大规模集成电路的产物，通常人们以微处理器为标志来划分微型计算机，如386机、486机、P3机、P4机等。普遍认为，世界上第一台个人计算机是在1981年由IBM公司推出，该计算机以英特尔(Intel)公司的x86为硬件架构，以微软(Microsoft)公司的MS-DOS为操作系统，并规定以PC/AT为个人计算机的规格。此后，由英特尔公司推出的微处理器及微软公司推出的操作系统的发展几乎成为了个人计算机的发展历史。展望未来，计算机将不断融合各种先进的技术，正朝着巨型化、微型化、网络化、多媒体化和智能化等方向发展。

1.2.4 计算机在中国的发展

我国计算机事业的最早拓荒者是著名数学家华罗庚(见图1-9)。1952年，华罗庚教授在中国科学院数学研究所成立了中国第一个电子计算机研究小组，将设计和研制中国自己的电子计算机作为主要任务。到1956年，周总理亲自主持制定的《1956—1967年科学技术发展远景规划》中，选定了“计算机、电子学、半导体、自动化”作为“发展规划”的四项紧急措施，1956年8月25日我国第一个计算技术研究机构——中国科学院计算技术研究所的筹备委员会成立，华罗庚任主任委员。

图1-9 数学家华罗庚

1958年8月1日，中科院计算所等单位研制的我国第一台小型电子管数字计算机103机诞生，每秒能运算30次。到1959年9月，我国的第一台大型电子管计算机104机研制成功，该机运算速度为每秒1万次。1964年研制成功了我国第一台大型通用电子管计算机，在该机器上完成了我国第一颗氢弹研制的计算任务。

1973年，北京大学等单位共同研制了每秒运算100万次的集成电路计算机(150型计算机)，并运行了我国自行设计的操作系统。20世纪80年代以后，我国又研制了高端计算机，如国防科技大学计算机研究所的银河系列、国家并行计算机工程技术研究中心的神威系列、中科院计算技术研究所的曙光系列等。其中“银河一号”计算机使我国自行设计的计算机的运算速度上了每秒1亿次的台阶。之后我国的高端计算机速度先后突破了10亿、100亿、1000亿、1万亿次的大关。2010年11月国防科技大学计算机研究所研制的超级计算机“天河一号”首次成为了当时世界上运算最快的超级计算机，运算速度达到每秒2570万亿次。2013年6月17日，超级计算机“天河二号”再次成为世界上运算最快的计算机，比“天河一号”峰值计算速度和持续计算速度均提升10倍以上，是位列第二的美国“泰坦”计算机的速度的2倍。2016年6月20日，中国“神威·太湖之光”超级计算机在法兰克福世界超算大会上登顶榜单之首，不仅速度比第二名“天河二号”快出近两倍，其效率也提高3倍。2016年11月14日，新一期全球超级计算机500强榜单中，“神威·太湖之光”以较大的运算速度优势轻松蝉联冠军。算上此前“天河二号”的六连冠，中国已连续四年占据全球超算排行榜的最高席位。

“神威·太湖之光”是国内第一台全部采用国产处理器构建的世界第一的超级计算机，它是根据国家科技部863计划研制的，研制周期接近3年。2016年11月18日，我国科研人员依托“神威·太湖之光”超级计算机的应用成果首次荣获“戈登·贝尔”奖，实现了我国高性能计算应用成果在该奖项上零的突破。

我国的计算机软件研究是与计算机硬件同步的。1959年，同步104机研制成功了自主设计的FORTRAN编译程序。到20世纪80年代以后，我国的计算机软件开发主要转向了软件开发环境、中间件和构件库等，其中影响较大的是北大青鸟系统。20世纪90年代以后，以UNIX和Linux为基础，开发出了COSIX和麒麟操作系统，同时，国产数据库系统也开始占领市场。

图1-10　王选教授

2001年国家最高科学技术奖获得者王选教授(见图1-10)是汉字激光照排系统的创始人和技术负责人，他所领导的科研集体研制出华光和方正汉字激光照排系统，并在中国的报社、出版社和印刷厂得到普及，开创了汉字印刷的一个崭新时代，引发了我国报业和印刷出版业“告别铅与火，迈入光与电”的技术革命，为新闻出版的全过程计算机化奠定了基础，被誉为“汉字印刷术的第二次发明”。我国计算机软件领域方面的重大成果还有：可执行的持续逻辑语言、区段演算理论等，这方面的代表人物有吴文俊院士，他在20世纪70年代发明了用计算机证明几何定理的吴方法，并获得了2000年首届国家最高科学技术奖。使用现在世界上最快的超级计算机也至少需要几百年才能求解一个亿亿亿级变量的方程组，而根据理论预计，利用GHz时钟频率的量子计算机求解一个亿亿亿级变量的线性方程组，将只需要10秒。据《人民日报》2013年6月9日报道，中国科学技术大学的量子光学和量子信息团队在国际上首次成功实现了用量子计算机求解线性方程组的实验，可用于高准确度的气象预报等应用领域，标志着我国在光学量子计算领域保持国际领先地位。

1.2.5　计算机的发展趋势

随着新技术、新发明的不断涌现和科学技术水平的提高，计算机不论是在硬件还是软件方面都不断有新的产品推出，总的发展趋势可以归纳为以下几个方面。

1. 巨型化

巨型化是向高速度、大容量和强大功能发展的巨型计算机，这主要是为了满足尖端科学技术、军事、天文、气象和地质等领域的需要，这些领域具有计算数据量大、速度要求快、记忆信息量大等特征。巨型机的发展集中体现了计算机技术的发展水平，它可以推动多个学科的发展。

2. 微型化

微型化是进一步提高集成度，使用高性能的超大规模集成电路研制微型计算机，使其质量更加可靠、性能更加优良、价格更加低廉、整台机器更加小巧，从而使其普及到千家万户，深入生活的各个领域。计算机向着微型化方向发展和向着多功能方向发展仍然是今后计算机发展的方向。

3. 网络化

网络化是将分布在不同位置上独立的计算机通过通信线路连接起来，以便各计算机用户之间可以相互通信并能共享资源。网络应用已成为计算机应用的重要组成部分，现代的网络技术已成为计算机技术中不可缺少的内容。可以说，21 世纪是网络时代，还有人曾说过“不联网的计算机不能称为真正意义上的计算机”。网络化尤其是 Internet 的发展能够充分利用计算机的资源，并且进一步扩大了计算机的使用范围。

4. 智能化

智能化是让计算机能够模拟人的感觉和思维的能力，是未来计算机发展的总趋势。20 世纪 80 年代以来，美国和日本等工业发达国家就开始投入大量的人力物力，积极研究支持逻辑推理和知识库的智能计算机，也有学者把它称为第五代计算机。智能计算机突出了人工智能方法和技术的应用，在系统设计中考虑了建造知识库管理系统和推理机，使得机器本身能根据储存的知识进行推理和判断。这种计算机除了具备现代计算机的功能外，还要具有在某种程度上模仿人的推理、联想、学习等思维功能，并且具有声音识别、图像识别能力。

5. 多媒体化

多媒体技术是集文字、声音、图形、图像和计算机于一体的综合技术。它以计算机软硬件技术为主体，包括数字化信息技术、音频和视频技术、通信和图像处理技术以及人工智能技术和模式识别技术等，因此是一门多学科多领域的高新技术。目前多媒体技术虽然已经取得很大的发展，但高质量的多媒体设备和相关技术还需要进一步研制，主要包括视频和音频数据的压缩解压缩技术，多媒体数据的通信，以及各种接口的实现方法等。因此，多媒体计算机也是 21 世纪开发和研究的热点之一。

1.2.6 未来的新型计算机

目前的计算机都遵循着冯·诺依曼所提出的设计思想，因此称为冯·诺依曼计算机。但由于受到电子物理特性的限制和冯·诺依曼体系结构的制约，电子计算机经过几十年的飞速发展后，不论在技术上还是理论上都已受到限制，只有突破冯·诺依曼体系结构才能产生革命性的进展。科学家们正在致力于研究和探索各种非冯·诺依曼型计算机，并且在以下几个方面取得了一定的进展。

1. 光子计算机

光子计算机是利用光束取代电子进行数据运算、传输和存储的计算机。在光子计算机中，不同波长的光代表不同的数据，可以对复杂度高、计算量大的任务实现快速的并行处理。与电子相比，光子具有许多独特的优点，比如它的速度永远等于光速、具有电子所不具备的频率及偏振特性，从而大大提高了传载信息的能力。此外，光信号传输根本不需要导线，即使在光线交汇时也不会互相干扰影响。

根据推测,未来光子计算机的运算速度可能比今天的超级计算机快1千到1万倍,并且具有非常强的并行处理能力。在工作环境要求方面,超高速的计算机只能在低温条件下工作,而光子计算机在室温下就能正常工作。另外,光子计算机还具有与人脑相似的容错性,如果系统中某一元件遭到损坏或运算出现局部错误,并不影响最终的计算结果。

1990年,美国贝尔实验室宣布研制出世界上第一台光子计算机,它采用砷化镓光学开关,运算速度达每秒10亿次。尽管这台光子计算机与理论上的光子计算机还有一定距离,但已显示出强大的生命力。目前,光子计算机的许多关键技术,如光存储技术、光存储器和光电子集成电路等都已取得重大突破,然而要研制出光子计算机,还需开发出可用一条光束来控制另一条光束变化的光学晶体管。尽管目前可以研制出这样的元件,但它庞大而笨拙,若用它们造一台计算机,将有一辆汽车那么大,因此要想在短期内使光子计算机实用化还有很大困难。

2. 生物计算机

生物计算机是采用由生物工程技术产生的蛋白质分子构成的生物芯片进行数据运算、传输和存储的计算机。生物计算机在20世纪80年代中期开始研制,其最大的特点是采用生物芯片,这种芯片由生物工程技术产生的蛋白质分子构成,信息以波的形式传播,运算速度比当今最新一代计算机快10万倍。生物计算机的存储量也大得惊人,采用有机蛋白质分子的生物芯片代替由无机材料制成的硅芯片,其大小仅为现在所用的硅芯片的十万分之一,而集成度却极大地提高,如用血红素制成的生物芯片,1平方毫米能容纳10亿个门电路。此外,生物芯片具备的低阻抗、低能耗的性质使它们摆脱了传统半导体元件散热的困扰,从而克服了长期以来集成电路制作工艺复杂、电路因故障发热熔化以及能量消耗大等弊端,给计算机的进一步发展开拓了广阔的前景。

蛋白质分子能够自我组合,再生新的微型电路,使得生物计算机具有生物体的一些特点,如能发挥生物本身的调节机能,自动修复芯片发生的故障,还能模仿人脑的思考机制。更令人惊奇的是,生物计算机的元件密度比人的神经密度还要高100万倍,而且传递信息的速度也比人脑进行思维的速度快100万倍。它既快捷又准确,可以直接接受人脑的指挥,称为人脑的外延或扩充部分,以人体细胞吸收营养的方式来补充能量,而不需要外界的任何其他能量。

总之,生物计算机的出现将会给人类文明带来一个质的飞跃,给整个世界带来巨大的变化。不过,由于成千上万个原子组成的生物大分子非常复杂,其难度非常之大,因此生物计算机的发展可能需要经过一个较长的过程。

3. 量子计算机

量子计算机是利用处于多现实态下的原子进行运算的计算机,这种多现实态是量子力学的标志。在某种条件下,原子世界存在着多现实态,即原子和亚原子粒子可以同时存在于此处和彼处,可以同时表示高速和低速,可以同时向上和向下运动。如果用这些不同的原子状态分别代表不同的数字或数据,就可以利用一组具有不同潜在状态组合的原子,在同一时间对某一问题的所有答案进行探寻,再利用一些巧妙的手段,就可以使代表正确答案的组合脱颖而出。

传统的电子计算机用“1”和“0”表示信息,而量子粒子可以有多种状态,使量子计算机能够具有更为丰富的信息单位,从而大大加快运行速度。它的运算速度可能比目前计算机快

10 亿倍，可以在一瞬间搜寻整个国际网络，可以轻易破解任何安全密码。

电子计算机用二进制存储数据，量子计算机用量子位存储，具有叠加效应，有 m 个量子位就可以存储 $2m$ 个数据。量子计算机的存储能力比电子计算机大得多。

刚进入 21 世纪，美国科学家就宣布，他们已经成功地实现了 4 量子位逻辑门，取得了 3 个锂离子的量子缠结状态。这一成果意味着量子计算机如同含苞欲放的蓓蕾，必将开出绚丽的花朵。也许到 2030 年，每个人桌上计算机的主机不会再使用芯片与半导体，而是充满液体，这是新一代的量子计算机，它应用的不再是现实世界的物理定律，而是玄妙的量子原理。

科学家们预言，21 世纪将是量子计算机、生物计算机、光子计算机和情感计算机的时代，就像电子计算机对 20 世纪产生的重大影响一样，各种新颖的计算机也必将对 21 世纪产生重大影响。

1.2.7 计算机软件的发展

计算机软件是指在计算机硬件设备上运行的程序及相关的文档资料与数据。软件的发展既受到计算机硬件发展的推动和制约，又对计算机硬件的发展产生推动作用。

1. 第一代软件（1946—1953 年）

随着第一代电子管计算机问世，软件的雏形最初是在纸带上打孔表示“0”“1”代码。那时的编程人员直接用非专业人士不可辨识的机器语言给计算机写程序。第一代软件是机器语言时代，机器语言是内置在计算机电路中的指令，由 0 和 1 组成，如 10110000 00000001 00000100 00000010 10100010 01010000。软件开发人员必须记住每条机器语言指令的二进制数字组合，因此，只有少数专业人员能够为计算机编写程序，这就大大限制了计算机的推广和使用。用机器语言进行程序设计不仅枯燥费时，而且容易出错。在这个时代的末期出现了汇编语言，它使用助记符（一种辅助记忆方法，采用字母的缩写来表示指令）表示每条机器语言指令，如 ADD 表示加，SUB 表示减，MOV 表示移动数据。相对于机器语言，用汇编语言编写程序容易多了。例如，MOV AL，1；ADD AL，2。

由于程序最终在计算机上执行时采用的都是机器语言，所以需要用一种称为汇编器的翻译程序，把用汇编语言编写的程序翻译成机器代码。编写汇编器的程序员简化了他人的程序设计，是最初的系统程序员。

2. 第二代软件（1954—1964 年）

随着硬件的发展，就需要更强大的软件工具使计算机得到更有效的使用。汇编语言使程序员不需要记住一串串的二进制数字，但是程序员还是必须记住很多汇编指令。第二代软件开始使用高级程序设计语言，高级语言的指令形式类似于自然语言和数学语言，不仅容易学习，方便编程，也提高了程序的可读性。IBM 公司从 1954 年开始研制高级语言，同年发明了第一个用于科学与工程计算的 FORTRAN 语言。1958 年，麻省理工学院的麦卡锡（John McCarthy）发明了第一 个用于人工智能的 LISP 语言。1959 年，宾夕法尼亚大学的霍普（Grace Hopper）发明了第一个用于商业应用程序设计 COBOL 语言。1964 年，达特茅斯学院的凯梅尼（John Kemeny）和卡茨（Thomas Kurtz）发明了 BASIC 语言。

由于高级语言程序需要转换为机器语言程序来执行，因此，高级语言对软硬件资源的消耗就多,运行效率也较低。由于汇编语言和机器语言可以利用计算机的所有硬件特性并直接控制硬件,同时,汇编语言和机器语言的运行效率较高,因此,在实时控制、实时检测等领域的许多应用仍然使用汇编语言和机器语言来编写。

3. 第三代软件(1965—1970 年)

在这个时期集成电路取代了晶体管,处理器的运算速度得到了大幅度提高,处理器的速度和存储设备的速度不相匹配。因此,需要编写一种程序,使所有计算机资源处于计算机的控制中,这种程序就是操作系统。20 世纪 60 年代以来,计算机管理的数据规模更为庞大,应用越来越广泛,同时,多种应用、多种语言互相覆盖共享数据集合的要求越来越强烈。为解决多用户、多应用共享数据的需求,使数据为尽可能多的应用程序服务,出现了数据库管理系统(DBMS)。

20 世纪 60 年代中期,计算机的应用范围迅速扩大,软件开发急剧增长,软件系统的规模越来越大,软件数量急剧膨胀,在计算机软件的开发和维护过程中出现了一系列严重问题,原来的个人设计、个人使用的方式不再能满足要求,迫切需要改变软件的生产方式,以提高软件生产率,软件危机开始爆发。1968 年,北大西洋公约组织的计算机科学家在联邦德国召开国际会议,讨论软件危机问题,在这次会议上正式提出并使用了"软件工程"这个名词。从此,各种结构化程序设计理念逐渐确立。

4. 第四代软件(1971—1989 年)

20 世纪 80 年代,随着微电子和数字化声像技术的发展,在计算机应用程序中开始使用图像声音等多媒体信息,出现了多媒体计算机。多媒体技术的发展使计算机的应用进入了一个新阶段。

20 世纪 70 年代出现的 PASCAL 语言和 Modula-2 语言都是采用结构化程序设计规则制定的,BASIC 这种为第三代计算机设计的语言也被升级为具有结构化的版本,此外,还出现了灵活且功能强大的 C 语言。这个时期出现了微型计算机操作系统,以及多用途的应用程序,这些应用程序面向没有任何计算机经验的用户,特别是 Macintosh 机的操作系统引入了鼠标的概念和单击式的图形界面,彻底改变了人机交互的方式。

5. 第五代软件(1990 年至今)

第五代软件以 Microsoft 公司的崛起开始,随着万维网(World Wide Web)的普及,以及面向对象和面向组件的程序设计方法的出现,将计算机软件完全解放出来,使得一般人都可以轻松使用计算机,并且成为计算机用户。

20 世纪 90 年代,面向对象的程序设计逐步代替了结构化程序设计,成为目前最流行的程序设计技术。面向对象程序设计尤其适用于规模较大、具有高度交互性、反映现实世界中动态内容的应用程序。Java、C++、C# 等都是面向对象程序设计语言。

现在的计算机是由冯·诺依曼提出的计算机基本结构发展而来的。早期的软件开发仅考虑人的因素,传统的软件工程强调物性的规律,现代软件工程最根本的就是人跟物的关系,即人和机器(工具、自动化)在不同层次的不断循环发展的关系。

1.2.8 大数据、云计算、物联网

大数据、云计算和物联网是当前信息技术领域的三个热点。在一个信息系统中,大数据

代表了互联网的信息层，是互联网智慧和意识产生的基础。云计算是服务器端的计算模式，实施信息系统的数据处理功能，处于系统的后台。物联网对应了互联网的感知，是大数据的来源。

1. 大数据

大数据(big data)，或称巨量数据、海量数据，是由数量巨大、结构复杂、类型众多的数据构成的数据集合，是基于云计算的数据处理与应用模式，通过数据的集成共享，交叉复用形成的智力资源和知识服务能力。大数据有 4 个特点：volume（大量）、velocity（高速）、variety（多样）、veracity（真实）。大数据技术的意义不在于掌握庞大的数据信息，而在于对这些含有意义的数据进行专业化处理，在于提高对数据的"加工能力"，通过"加工"实现数据的"增值"。随之而来的数据仓库、数据安全、数据分析、数据挖掘等围绕大数据的技术将带来巨大的商业价值。

2. 云计算

云计算是分布式计算、网格计算、并行计算、网络存储及虚拟化等计算机和网络技术发展融合的产物。云计算是对基于网络的、可配置的共享计算资源池(包括网络、服务器、存储、应用和其他服务等)能够方便地、随需访问的一种模式。云计算有 5 个特点：按需自助服务、网络访问、划分独立资源池、快速弹性、服务可计量。云计算的 4 种部署方式分别为私有云、社区云、公有云和混合云。私有云是指云基础设施单独地运营在一个组织内部，由组织或第三方服务商来进行管理；社区云是指云基础设施服务于多个组织，考虑本社区的任务、安全需求、策略与反馈等，由组织或第三方服务商来进行管理；公有云是指云基础设施运行在互联网上为公众提供服务，并由一个组织来完成商业运作；混合云是指云基础设施由多种云(私有云、社区云或公有云)组成，彼此之间通过标准化或专门的技术绑在-起，能够使数据和应用更便利。

3. 物联网

物联网(internet of things) 是信息技术在各行各业之中的实际应用，是把所有物品通过射频识别(radio-frequency identification，RFID)、红外感应器、全球定位系统、激光扫描器等信息传感设备与互联网连接起来，进行信息交换和通信，实现物品的智能化识别、定位、跟踪、监控和管理。物联网的技术体系架构分为感知层、网络层、平台层和应用层。

本 章 小 结

计算机是一种由电子器件构成的、具有计算能力和逻辑判断能力、自动控制和记忆功能的信息处理机，可以自动、高效和精确地对数字、文字、图像和声音等信息进行存储、加工和处理。自世界上第一台计算机 ENIAC 于 1946 年诞生至今，已有 70 多年，计算机及其应用已渗透到人类社会生活的各个领域，有力地推动了整个信息化社会的发展。

本章首先从计算机的定义开始，介绍了计算机的特点、分类、主要应用领域以及计算机的性能指标；然后从早期的计算工作开始，介绍了第一台电子计算机的诞生、计算机的发展阶段、发展趋势以及计算机在中国的发展，并对未来新型计算机进行了展望。本章能为读者学习和了解后续章节打下基础。

习　题　1

一、选择题

1. 世界上第一台电子计算机诞生于（　　）。

A. 1941年　　B. 1946年

C. 1949年　　D. 1950年

2. 世界上首次提出存储程序计算机体系结构的是（　　）。

A. 莫奇莱　　B. 艾伦·图灵

C. 乔治·布尔　　D. 冯·诺依曼

3. 世界上第一台电子数字计算机采用的主要逻辑部件是(　　)。

A. 电子管　　B. 晶体管

C. 继电器　　D. 光电管

4. 在有关计算机的应用领域中,应用最广泛的领域是（　　）。

A. 科学计算　　B. 数据处理

C. 计算机辅助系统　　D. 过程控制

5. “Pentium Ⅱ350”和“Pentium Ⅲ450”中的“350”和“450”的含义是(　　)。

A. 最大内存容量　　B. 最大运算速度

C. 最大运算精度　　D. CPU的时钟频率

6. 计算机最早的应用领域是(　　)。

A. 数据处理　　B. 科学计算

C. 过程检测与控制　　D. 计算机辅助系统

二、填空题

1. 第四代计算机采用的逻辑元件为________规模和超大规模________。

2. 1 GB=________ MB。

3. 计算机辅助系统包括________、计算机辅助制造、计算机辅助测试和计算机辅助教学等。

三、问答题

1. 现代计算机的发展经历了哪几个阶段？各阶段的特点是什么？

2. 简述计算机的应用领域。

3. 简述计算机的发展趋势。

四、思考题

1. 结合自己的日常生活和对计算机的了解,谈谈对多媒体技术的理解。

2. 了解大数据、云计算和物联网对社会的影响。

3. 了解电子商务的应用。

第2章 计算机数字化基础

本章主要通过介绍不同进制数的特点，不同进制数之间的转换，以及计算机中的数值、字符、图像、声音、视频等各种信息如何使用二进制表示和处理，了解计算机中的信息表示和基于计算机的信息处理过程。

2.1 信息数字化基础

信息，是一个非常流行的词汇。人际社会中，每天都少不了信息交互，每个人都是信息的发布者，同时也都是信息的接收者。互联网上，更是每分每秒都有大量的信息在传送。信息交换和信息共享促进了新知识的传播、新价值的产生，也推动着社会的进步。信息的传播、处理和存储都离不开计算机这个载体。

使用电子计算机进行信息处理，首先必须使计算机能够识别信息。信息的表示有两种形态：一是人类可识别、理解的信息形态；二是电子计算机能够识别和理解的信息形态。电子计算机只能识别机器代码，才能方便地进行存储、传送和处理等操作。

信息技术(information technology，IT)是对用于管理和处理信息所采用的各种技术的总称，主要是应用计算机科学和通信技术来设计、开发、安装和实施的信息系统及应用软件，包括对信息的收集、识别、提取、变换、存储、传递、处理、检索、检测、分析和利用等方面的技术。

现代计算机是一种机器设备，其对信息的获取、存储、处理、传播等都要采用代码来表示，而代码最终是要由数据来表示的。计算机中究竟采用哪种数制表示信息最合适呢？下面来看一下各种数制的特点。

2.1.1 数制系统

在人类发展的历程中，根据生产、生活等实际的需求，人们建立了数制。数制也称进位记数制，是指用一组固定的符号和统一的规则来表示数值的方法。按进位的方法进行记数，称为进位记数制。在日常生活和计算机中都采用进位记数制。因为人有10个手指的原因，因此人类从结绳计数开始，就一直采用十进制，以十进制进行记数和算术运算，十进制是中国人民的一项杰出创造，在世界数学史上有重要意义。《卜辞》中记载说，商代的人们已经学会用一、二、三、四、五、六、七、八、九、十、百、千、万这13个单字记十万以内的任何数字。这些记数文字的形式，在后世虽有所变化而成为当今的写法，但记数方法却从没有中断，一直被沿袭，并日趋完善。在日常生活中经常要用到其他的数制，例如，时间计数满60秒后，分钟加1，秒又从0开始计数。每天记满24小时以后，天数加1，小时又从0点开始记数。一个星期有7天，一年有12个月等。此外，常见的还有二进制数、八进制数和十六进制数等进制。

不同数制系统的计数原理和进位计算规则是相同的,具有以下共同的特点。

(1) 进位制:表示数时,仅用一位数码往往不够用,必须用进位计数的方法组成多位数码。多位数码中每一位的构成及从低位到高位的进位规则称为进位记数制,简称进位制。

(2) 基数:进位制的基数,就是在该进位制中用到的数码个数。

(3) 位权(位的权值):在某一进位制的数中,每一位的大小都对应着该位上的数码乘上一个固定的数,这个固定的数就是这一位的权值。权值是一个幂。

进位记数制就是按进位方法进行记数。计算机领域中常见的有十进制、二进制、八进制和十六进制。

十进制基数为10,记数的符号为0、1、2、3、4、5、6、7、8、9;进行运算时的规则为"逢十进一"。二进制基数为2,记数的符号为0、1;运算时"逢二进一"。八进制基数为8,记数的符号为0、1、2、3、4、5、6、7;运算时"逢八进一"。十六进制基数为16,采用0、1、2、3、4、5、6、7、8、9、A、B、C、D、E、F共16个符号来表示所有的十六进制数据,其中A表示十进制数中的10,B表示11,C表示12,D表示13,E表示14,F表示15;运算时"逢十六进一"。

2.1.2 计算机采用二进制

计算机最基本的功能是对数据进行计算和加工处理,这些数据可以是数值、字符、图形、图像和声音等。在计算机内,不管是什么样的数据,都采用二进制编码形式表示和处理。任何形式的数据,输入计算机中都必须进行0和1的二进制编码转换,计算机内部采用二进制编码而非人们习惯使用的十进制,有如下几个原因。

(1) 易于表示。计算机是由逻辑电路组成的,那么在逻辑电路中只有两种状态。例如,电压的高低、脉冲的有无或者脉冲的正负极性,这两种状态刚好可以用二进制数的两个数码0和1来表示。假如采用十进制,则需要十种状态来表示十个数码,实现起来比较困难。

(2) 运算简单。二进制数的编码、计数、算术运算规则简单。

其"加法"与"乘法"的运算规则都只有4条:

加法:　$0+0=0$　$0+1=1$　$1+0=1$　$1+1=10$

乘法:　$0\times0=0$　$0\times1=0$　$1\times0=0$　$1\times1=1$

这种运算规则大大简化了计算机中实现运算的电子线路,有利于简化计算机内部结构,节省设备,提高运算速度。实际上,在计算机中,减法、乘法及除法都可以分解为加法运算来完成。

(3) 逻辑性强。二进制数的两个符号"0"和"1"正好与逻辑命题的两个值"是"和"否"或"真"和"假"相对应,为计算机实现逻辑运算和程序中的逻辑判断提供了便利的条件。

(4) 可靠性高。二进制数只有0和1两个数字符号,在存储、处理和传输的过程中的可靠性最强,不易出错。同时,也提高了计算机本身的稳定性和可靠性。

当然,二进制数也有它的缺点。首先二进制数人们不熟悉且不易懂,另外书写起来长,读起来不方便。为克服这个问题,又提出了八进制数和十六进制数。表2-1是各种进制的表示及其进位规则。

表2-1　各种进制的表示及其进位规则

规　则	二进制数	八进制数	十进制数	十六进制数
进位规则	逢二进一	逢八进一	逢十进一	逢十六进一
基数	$R=2$	$R=8$	$R=10$	$R=16$
基本符号	0,1	0,1,2,…,7	0,1,2,…,9	0,1,…,9,A,B,…,F

续表

规　则	二进制数	八进制数	十进制数	十六进制数
权值	2^i	8^i	10^i	16^i
形式表示	B	O	D	H

尽管计算机学科中涉及了二进制数、八进制数、十进制数、十六进制数等不同的进制，但必须明确的是计算机硬件能够直接识别和处理的，只有二进制数。虽然计算机对外的功能是非常复杂的，但是构成计算机内部的电路却是很简单的，都是由门电路组成的。这些电路都以电位的高低表示1、0。因此，计算机中的任何信息都是以二进制形式表示的。各类数据在计算机内部的转换过程如图2-1所示。

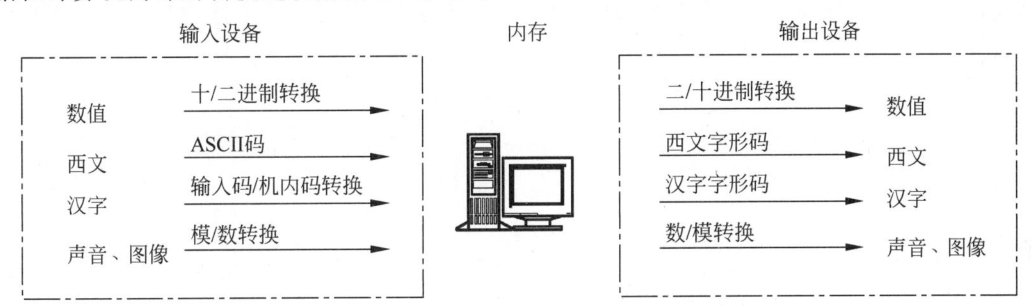

图2-1　各类数据在计算机内部的转换过程

2.1.3　不同进位计数制间的转换

在计算机诞生初期，由于所有的程序都是用二进制码编写的，即使十进制数，也是用二进制数的形式来表示，所以那时只使用二进制数。随着编译软件的出现及功能日趋强大，程序编写中逐渐开始更多地采用十六进制数，特别是十进制数，而将转换工作交给了编译软件。尽管如此，在计算机应用技术中，依然都是以二进制数的概念来描述很多问题的。另外，在很多具体的软硬件设计中，不同的记数制也都会出现和采用。因此，为进一步学习打下基础，需要掌握并了解计算机中的数制及他们之间的转换。

1. 非十进制数转换成十进制数

非十进制数转换为十进制数的方法比较简单，就是把R进制数写成位权展开式后，各位数的数码乘以各自的权值再累加求和，就可以得到该R进制数对应的十进制数。例如，二进制数转换为十进制数的方法是：将二进制数按权展开求和即可。

【例2.1】 将二进制数(10110.011)B转换成十进制数。

$$(10110.011)B=1\times 2^4+0\times 2^3+1\times 2^2+1\times 2^1+0\times 2^0+0\times 2^{-1}+1\times 2^{-2}+1\times 2^{-3}$$
$$=(22.375)D$$

【例2.2】 将八进制数(217)O转换成十进制数。

$$(217)O=2\times 8^2+1\times 8^1+7\times 8^0=(143)D$$

【例2.3】 将十六进制数(3AB)H转换成十进制数。

$$(3AB)H=3\times 16^2+A\times 16^1+B\times 16^0=3\times 16^2+10\times 16^1+11\times 16^0=(939)D$$

2. 十进制数转换为非十进制数

十进制数转换为R进制数时，整数和小数部分应分别进行转换，然后拼接起来即可。

(1) 十进制整数转换成 R 进制整数。

方法："除 R 取余，先余为低，后余为高"法，即用十进制的整数反复的除以基数(2、8 或 16)，记下每次得到的余数，直到商为 0。将所得到的余数按最后一个余数到第一个余数的顺序依次排列起来即为转换的结果。

【例 2.4】 将十进制数(236)D 转换成二进制数，转换过程如下。

转换过程如图 2-2 所示。

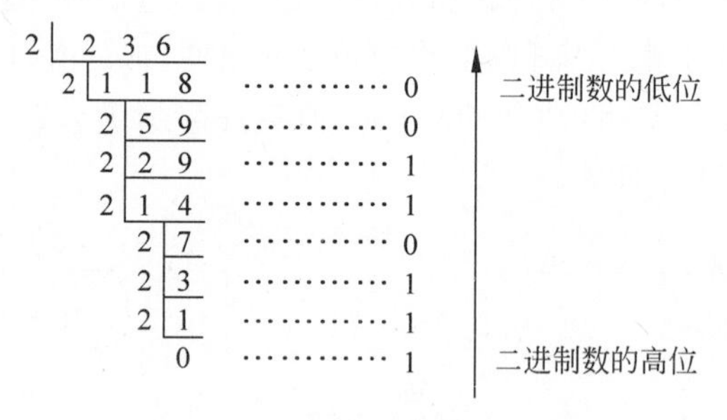

图 2-2　例 2.4 图

结果为：(236)D=(11101100)B。

在掌握了十进制整数转换成二进制整数的方法后，十进制整数转换成八进制数或十六进制数就很容易了。十进制整数转换成八进制整数的方法是"除 8 取余法"，十进制整数转换成十六进制整数的方法是"除 16 取余法"。

【例 2.5】 将十进制整数(215)D 转换成八进制整数，转换过程如下。

转换过程如图 2-3 所示。

结果为：(215)D=(327)O。

十进制整数转换为十六进制数的方法和上面两个例子类似，在此不再赘述。

(2) 十进制小数转换成其他进制数。

方法："乘 R(基数)取整，先整为高，后整为低"。用十进制小数乘 R，得到一个乘积，将乘积的整数部分取出来，将乘积的小数部分再乘以 R，重复以上过程，直至小数部分为 0，或者满足转换精度要求为止，最后将每次取得的整数按照"先得到的整数为高位，后得到的整数为低位"的顺序依次排列在小数点的后面即为转换结果。例如，十进制小数转换成二进制小数是将十进制小数连续乘以 2，选取进位整数，直到满足精度要求为止，简称"乘 2 取整法"。

【例 2.6】 将十进制小数(0.6875)D 转换成二进制小数。

将十进制小数 0.6875 连续乘以 2，把每次所进位的整数，按从上往下的顺序写出，如图 2-4 所示。

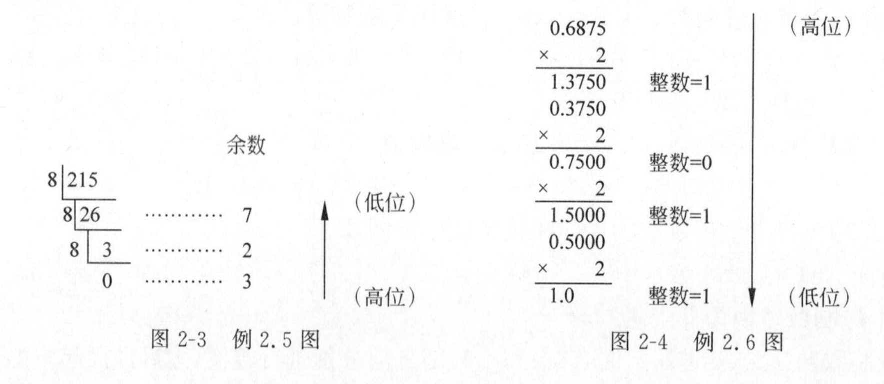

图 2-3　例 2.5 图　　图 2-4　例 2.6 图

结果为：(0.6875)D=(0.1011)B。

同理，在掌握了十进制小数转换成二进制小数的方法后，十进制小数转换成八进制小数或十六进制小数就很容易了。十进制小数转换成八进制小数的方法是“乘 8 取整法”，十进制小数转换成十六进制小数的方法是“乘 16 取整法”。

【例 2.7】 将十进制小数(0.6875)D 转换成十六进制小数，转换过程如图 2-5 所示。

$$
\begin{array}{r}
0.6875 \\
\times \quad 16 \\
\hline
11.0000
\end{array}
\qquad \text{整数=11 对应十六进制的B}
$$

图 2-5 例 2.7 图

结果为：(0.6875)D=(0.B)H。

若一个既有整数又有小数的十进制数转换成其他进制数时，则整数部分和小数部分分别按其转换方法进行转换后再合并即可。

3. 二进制数、八进制数、十六进制数的相互转换

由于二进制数、八进制数和十六进制数之间存在特殊关系：$8=2^3$、$16=2^4$，即一位八进制数相当于三位二进制数；一位十六进制数相当于四位二进制数，且它们之间的关系是唯一的。这就使得十六进制数、八进制数与二进制数之间转换变得比较容易。在计算机应用中，虽然机器内部只能识别二进制数，但在数字的书写表达上更广泛地采用十六进制数或者八进制数。常用的二进制数、八进制数和十六进制数的对应关系如表 2-2 所示。

表 2-2 二进制数、八进制数和十六进制数的对应关系

八进制数	对应二进制数
0	000
1	001
2	010
3	011
4	100
5	101
6	110
7	111

十六进制数	对应二进制数	十六进制数	对应二进制数
0	0000	8	1000
1	0001	9	1001
2	0010	A	1010
3	0011	B	1011
4	0100	C	1100
5	0101	D	1101
6	0110	E	1110
7	0111	F	1111

(1) 二进制数与八进制数的互换。

由于 $2^3=8$，故可把 3 位二进制数当作 1 位八进制数来转换。把二进制数转换为八进制数方法为：以小数点为界，整数部分从右向左划分，每 3 位为一组(不足 3 位，则前补“0”，也可不补)，小数部分从左向右划分每 3 位为一组(不足 3 位，则后必须补“0”)，然后把每一组转换成对应的一位八进制数即可。

【例 2.8】 将二进制数 1110111.0101 转换成八进制数。

$$(\underset{1}{\underline{001}}\ \ \underset{6}{\underline{110}}\ \ \underset{7}{\underline{111}}.\underset{2}{\underline{010}}\ \ \underset{4}{\underline{100}})B=(167.24)O$$

反之，把八进制数转换为二进制数时，只需将每位八进制数展开为 3 位二进制数，再去掉整数部分前导的“0”和小数末尾的“0”即可。

【例 2.9】 将八进制数 25073.164 转换成二进制数。

(25073.164)O=(10101000111011.0011101)B=(010101000111011.001110100)B

(2) 二进制数与十六进制数的互换。

二进制数与十六进制数的互换，与二进制数、八进制数互换十分类似，只不过是每 4 位

二进制数与1位十六进制数的互换。例如,(11010101101)B=(6AD)H,(9FCB)H=(1001 1111 1100 1011)B。

(3) 八进制数与十六进制数的互换。

由于八进制数与十六进制数之间没有2的次幂的关系,所以八进制数与十六进制数的互换只能借助于二进制数或十进制数作为桥梁来转换。例如:

(45.6)O=(100101.11)B=(25.C)H

(2FB)H=(763)D=(1373)O

2.2 数据存储和存储单元

2.2.1 数据存储

1. 数据的基本概念

数据(data)是反映客观世界事物的原始记录,形式可以是数字(number)、文字(text)、音频(audio)、图形/图像(image)和视频(video)等。不同类型的数据如图2-6所示。数据经过加工后就成为信息,数据是信息的具体表达形式,是信息的载体。

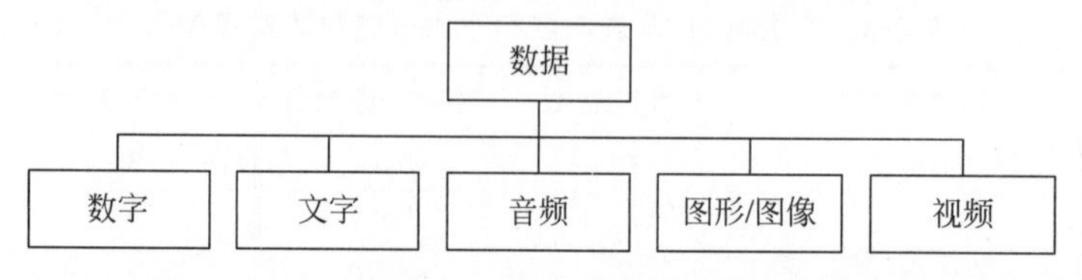

图2-6 不同类型的数据

在计算机科学中,数据是指所有能输入计算机并被计算机程序处理的符号介质的总称,是用于输入电子计算机进行处理,具有一定意义的数字、字母、符号和模拟量等的通称。现在计算机存储和处理的对象十分广泛,表示这些对象的数据也随之变得越来越复杂。

2. 计算机内部的数据

在计算机中,所有外部各种类型的数据都是转换成统一的数据表示后存入计算机中,当数据从计算机输出时再还原回来,这种通用的数据表示格式称为位模式。

位(bit)是存储在计算机中的最小的数据单位,称为比特,它是0或1。关于数据存储的单位,在第1章有所介绍。

位模式(bit patter)是一个位序列,即一个由0和1组成的序列,有时也被称为位流或比特流。不同类型的数据都应该使用位模式表示。有了位模式,那么无论什么类型的数据都可以以相同的形式存储到计算机中。不同类型数据的存储如图2-7所示。

如果使用数学程序输入数字65可以以8位模式01000001存储,如果使用文本编辑器,同样的8位模式可以表示键盘上的字符A。类似地,同样的位模式也可以表示部分图像、部分歌曲、影片中的部分场景。计算机内存存储这些而不必辨别它们表示的是何种类型数据。

2.2.2 数据存储单元

计算机中最小的信息单位是bit,也就是一个二进制位,8 bit组成1 Byte,也就是字节。一个存储单元可以存储1字节,也就是8个二进制位。计算机的存储器容量是以字节为最

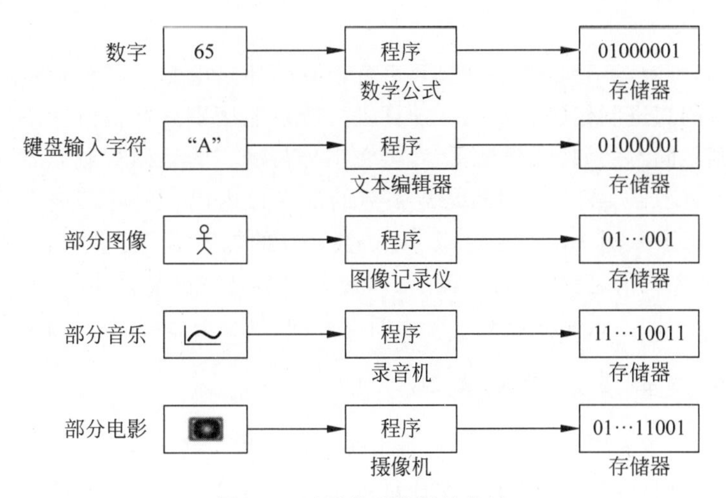

图 2-7　不同类型数据的存储

小单位来计算的，对于一个有 128 个存储单元的存储器，可以说它的容量为 128 字节。存储器被划分成了若干个存储单元，存储单元都是从 0 开始顺序编号，如一个存储器有 128 个存储单元，则它的编号就是 0～127。

值得注意的是，存储单元的地址和地址中的内容两者是不一样的。前者是存储单元的编号，表示存储器中的一个位置，而后者表示这个位置里存放的数据。正如一个是房间号码，一个是房间里住的人一样，如图 2-8 所示。

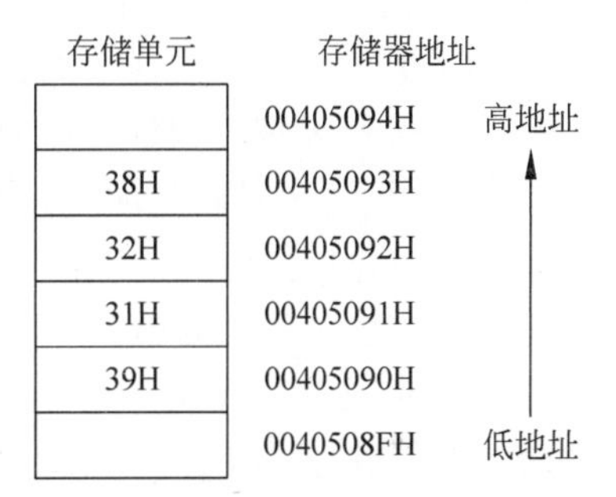

图 2-8　存储单元和存储地址的关系

存储单元一般应具有存储数据和读写数据的功能，每个单元有一个地址，程序中的变量和主存储器的存储单元相对应。变量的名字对应着存储单元的地址，变量内容对应着单元所存储的数据。存储地址一般用十六进制数表示，而每一个存储器地址中又存放着一组二进制数，通常称为该地址的内容。

存储单元一般应具有存储数据和读写数据的功能，以 8 位二进制数作为一个存储单元，也就是 1 字节。每个单元有一个地址，是一个整数编码，可以表示为二进制整数。程序中的变量和主存储器的存储单元相对应。变量的名字对应着存储单元的地址，变量内容对应着单元所存储的数据。存储地址一般用十六进制数表示，而每一个存储器地址中又存放着一组二进制表示的数，通常称为该地址的内容。

2.3　计算机中信息的二进制编码

由于计算机处理的不仅是能参与加减乘除算术运算的数值型数据，它还要处理大量的非数值型数据，如符号、字母和汉字等。这些数据必须经过编码后才能输入计算机中进行处理。

信息编码就是采用一组基本符号（数码）和一定组合规则来表示另一组符号（数码）的过程。基本符号的种类和组合规则是信息编码的两大要素。信息编码的目的在于让计算机中数据与实际处理的信息之间建立联系，提高信息处理的效率，方便和有效地存储、检索和使用信息。

因此,在计算机中,不管是文字、图形、声音、动画,还是电影等各种信息,在计算机中都是以 0 和 1 组成的二进制代码表示的。计算机之所以能区别这些信息的不同,是因为它们采用的编码规则不同。例如,同样是文字,英文字母与汉字的编码规则就不同,英文字母用的是单字节的 ASCII 码,汉字采用的是双字节的汉字机内码。但随着需求的变化,这两种编码有被统一的 UNICODE 码(由 Unicode 协会开发的能表示几乎世界上所有书写语言的字符编码标准)所取代的趋势。当然,图形、声音等的编码就更复杂多样了。这也就告诉我们,信息在计算机中的二进制编码是一个不断发展的、复杂的、跨学科的知识领域。

2.3.1 数值在计算机中的编码

在计算机中,用于表示数值大小的数据称为数值数据。数值数据用于表示数量的大小,涉及数值范围和数据精度两个概念。在计算机中这与用多少个二进制位表示,以及怎样对这些位进行编码有关。在计算机中,数的长度按"位"(bit)来计算,但因存储容量常以"字节"(Byte)为计量单位,所以数据长度也常以字节为单位计算。值得指出的是,数学中的数的长度有长有短,如 235 的长度为 3,而 8632 的长度为 4,但在计算机中,同类型的数据(如两个整型数据)的长度常常是统一的,不足的部分用"0"填充,这样便于统一处理,计算机中同一类型的数据具有相同的数据长度,与数据的实际长度无关。

计算机可以处理的数值可以分为整数和实数两大类。不论什么数值最终要存储在计算机内存中之前,都要被转换成二进制。但是,这里还存在两个问题需要解决。

(1) 如何存储数值的符号。

(2) 如何表示数值的小数点。

关于数值符号的问题可以将数的符号数值化。对于小数点,计算机引入两种不同的表示方法:定点和浮点。

1. 计算机中数值的表示及编码

一个数在使用时是有符号的,而计算机对用"+"表示的正数和"-"表示的负数不能识别,因此,数的符号在计算机内要做变换,用专门的符号位来表示,符号位放在最高数值位的前面,用"0"表示正,用"1"表示负。这种把数本身(数值部分)及符号一起数字化的数称为机器数,机器数是数在计算机内的表示形式,而这个数真正表示的数值称为真值。机器数又分为定点数和浮点数。

1) 定点数

在计算机中,数值型的数据有两种:定点数和浮点数。定点数表示数据的小数点位置固定不变。

定点数又包括定点小数和定点整数。定点小数将小数点固定在最高数据位的左边,因此,它只能表示小于 1 的纯小数。定点整数将小数点固定在最低数据位的右边,因此定点整数表示的也只是纯整数,所以定点数表示数的范围较小。计算机中数的表示法有原码、反码和补码三种,下面以 8 位机为例介绍。

(1) 原码。

原码的表示方法为:如果真值是正数,则最高位为 0,其他位保持不变;如果真值是负数,则最高位为 1,其他位保持不变。

例如：写出十进制数＋11 和－11 的原码，因为$(11)_{10}=(1011)_2$，所以＋11 的原码表示为$[+11]_原$＝00001011，－11 的原码表示为$[-11]_原$＝10001011。采用原码的优点是转换非常简单，只要根据正负号将最高位置 0 或 1 即可。但是原码表示在进行加减运算时很不方便，符号位不能参与运算，并且 0 的原码有两种表示方法：$[+0]_原$＝00000000，$[-0]_原$＝10000000。

(2) 反码。

反码的表示方法为：如果真值是正数，则最高位为 0，其他位保持不变；如果真值是负数，则最高位为 1，其他位按位求反，即 0 变 1，1 变 0。

例如：写出十进制数＋11 和－11 的反码，因为$(11)_{10}=(1011)_2$，所以 ＋11 的反码表示为$[+11]_反$＝00001011，－11 的反码表示为$[-11]_反$＝11110100。反码跟原码相比较，符号位虽然可以作为数值参与运算，但计算完成后，仍需要根据符号位进行调整。另外，0 的反码同样也有两种表示方法：$[+0]_反$＝00000000，$[-0]_反$＝11111111。

(3) 补码。

为了克服原码和反码的上述缺点，所以引进了补码，补码的作用在于能把减法运算化成加法运算，在现代计算机中一般采用补码来表示定点数。补码的表示方法为：若真值是正数，则最高位为 0，其他位保持不变；若真值是负数，则最高位为 1，其他位按位求反后再加 1。

例如：写出十进制数＋11 和－11 的补码，因为$(11)_{10}=(1011)_2$，所以＋11 的补码表示为$[+11]_补$＝00001011，－11 的补码表示为$[-11]_补$＝11110101。补码的符号可以作为数值参与运算，且计算完成后，不需要根据符号位进行调整。另外，0 的补码表示方法是唯一的，即$[+0]_补=[-0]_补$＝00000000。

2) 浮点数

浮点表示法就是小数点在数中的位置是浮动的。在以数值计算为主要任务的计算机中，由于定点表示法所能表示的数的范围太窄，不能满足计算问题的需要，因此就要采用浮点表示法。在同样字长的情况下，浮点表示法能表示数的范围就扩大了。

计算机中浮点表示法包括阶码和尾数两部分。例如将十进制数 56.78 表示为 0.5678×10^2，其中 0.5678 叫作尾数，10 叫作基数(计算机内部可以固定)，2 叫作阶码，阶码的大小可以发生变化。因为基数在计算机中固定不变，因此，可以用两个定点数分别表示阶码和尾数，从而表示这个浮点数。其中，尾数用定点小数表示，阶码用定点整数表示。浮点数的表示方法和科学计数法相似，任意一数均可通过改变其指数部分，使小数点发生移动，如数 56.78 可以表示为 5.678×10^1、0.5678×10^2、0.05678×10^3 等各种不同形式。浮点数的一般表示形式为 $N=2^E\times D$，其中，D 称为尾数，E 称为阶码。浮点数的一般形式如图 2-9 所示。

阶符	E	数符	D
阶码		尾数	

图 2-9 浮点数的一般形式

对于不同的机器，阶码和尾数各占多少位，分别用什么码制进行表示都有具体规定。在实际应用中，浮点数的表示首先要进行规格化，即转换成一个纯小数与 2^E 之积，并且小数点后的第一位是 1，这样的浮点数称为规格化数。在浮点数表示和运算中，当一个数的阶码大于机器所能表示的最大码时,产生“上溢”。上溢时机器一般不再继续运算而转入“溢出”处理。当一个数的阶码小于机器所能代表的最小阶码时产生“下溢”,下溢时一般当作机器零来处理。

现代通用计算机中都能够处理包括定点数、浮点数等在内的多种类型的数值。由于浮点数使用阶码和尾数表示数的大小,所以浮点数表示数的范围比定点数大,相对应定点数来说不容易丢失有效数字,提高了运算的精度。同时,引入浮点数表示法也大幅提高了运算速度。

2.3.2 字符在计算机中的编码

在计算机处理的数据中,除了数值型数据以外,还有如字符、图形等的非数值型数据。其中字符是日常生活中使用最频繁的非数值型数据,它包括大小写英文字母、符号以及汉字等。由于计算机只能识别二进制编码,为了能够对字符进行识别和处理,因此要对其进行二进制编码表示。

1. ASCII 码

对西文字符编码最常用的是 ASCII(American Standard Code for Information Interchange,美国信息交换标准代码)字符编码,该编码标准已经被国际标准化组织(ISO)指定为国际标准,是国际上使用最广泛的一种字符编码。标准的 ASCII 码采用 7 位二进制编码,它可以表示 2^7 即 128 个字符,可扩充到 8 位(用来作为自己本国语言字符的代码)。

计算机的内部存储与操作常以字节为单位,即 8 个二进制位为单位,因此一个字符在计算机内实际是用一字节 8 位表示。正常情况下,最高位为“0”。在需要奇偶校验时,这一位可用于存放奇偶校验的值,此时称这一位为校验位。ASCII 码表如表 2-3 所示,用 $d_6d_5d_4d_3d_2d_1d_0$ 表示一个字符的编码,其编码的范围从 0000000B～1111111B。

表 2-3 ASCII 码表

$d_6d_5d_4$ / $d_3d_2d_1d_0$	000	001	010	011	100	101	110	111
0000	NUL	DLE	空格	0	@	P	、	p
0001	SOH	DC1	!	1	A	Q	a	q
0010	STX	DC2	“	2	B	R	b	r
0011	ETX	DC3	#	3	C	S	c	s
0100	EOT	DC4	$	4	D	T	d	t
0101	ENQ	NAK	%	5	E	U	e	u
0110	ACK	SYN	&	6	F	V	f	v
0111	BEL	ETB	‘	7	G	W	g	w
1000	BS	CAN	(	8	H	X	h	x
1001	HT	EM	)	9	I	Y	i	y
1010	LF	SUB	*	:	J	Z	j	z
1011	VT	ESC	+	;	K	[	k	{
1100	FF	FS	,	<	L	\	l	|
1101	CR	GS	—	=	M	]	m	}
1110	SO	RS	.	>	N	^	n	～
1111	SI	US	/	?	O	—	o	DEL

计算机中用 ASCII 编码保存的文件称为文本文件，文件扩展名为.txt。表里的 128 个字符中，十进制码值 0～32 和 127(即 NUL～US 和 DEL)共 33 个字符，称为非图形字符(又称为控制字符)，其余 95 个字符称为图形字符(又称为普通字符)，在这些字符中，从"0"～"9"、从"A"～"Z"、从"a"～"z"都是顺序排列的，有利于计算得出 ASCII 码值，并且小写字母比大写字母的码值大 32，这有利于大、小写字母之间的编码转换。有些特殊的字符编码请读者记住，例如，"A"字符的编码为 1000001B，对应的十进制数为 65，十六进制数为 41H；"a"字符的编码为 1100001B，对应的十进制数是 97，十六进制数为 61H；"0"数字字符的编码为 0110000B，对应的十进制数为 48，十六进制数为 30H。

2. 汉字编码

英文是拼音文字，通过键盘输入时采用不超过 128 种字符的字符集就能满足英文处理的需要，编码容易，而且在一个计算机系统中，输入、内部处理和存储都可以使用同一编码(一般为 ASCII 码)。而汉字是象形文字，种类繁多，编码比较困难，要让计算机能够处理汉字，首先要解决的就是汉字字符的键盘输入问题，之后才是处理和存储。同样，作为象形文字的汉字，在输出时也与西文字符不同，需要转换为汉字的字形码。因此汉字字符的编码包括输入码(外码)、国标码、机内码和字形码。汉字信息处理中各编码及处理流程如图 2-10 所示。

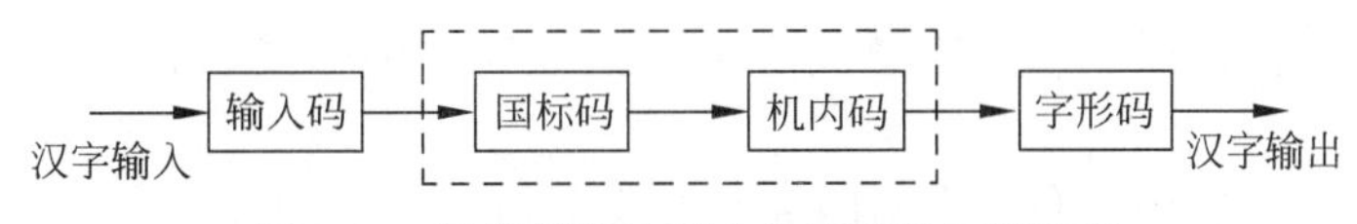

图 2-10　汉字信息处理中各编码及处理流程

1) 汉字输入码

输入码也叫外码，主要解决如何将每个汉字变成可以直接从键盘输入的代码。目前常用的输入法主要是音码和形码两类。

(1) 音码类。

音码是以汉语拼音为基础的编码方案，其发展过程为：全拼输入法→双拼输入法→增加联想功能→以词为单位的智能拼音输入法。常见的拼音输入法，如搜狗、紫光、QQ、全拼、双拼等。拼音输入法的最大优点是简单易学，只要会汉语拼音，就能输入汉字。但由于汉字同音字太多，输入重码率很高，因此，按字音输入后还必须进行同音字选择，影响了输入速度。以词为单位的智能拼音输入法，很好地弥补了重码、输入速度慢等音码的缺陷。

(2) 形码类。

形码主要是根据汉字的特点，按汉字固有的形状，把汉字先拆分成部首，然后进行组合，常见的形码输入法主要有五笔字型法、郑码输入法等。五笔字型法是最有影响的形码类输入法，码长较短，输入速度快，但需要一定时间的学习和记忆，这种方法适合专业录入人员。

一种好的汉字输入法应有编码规则简单、易学好记、操作方便、重码率低、输入速度快等优点，每个人可根据自己的需要进行选择。

不管哪种输入法，都是操作者向计算机输入汉字的手段，而在计算机内部都是以汉字机内码表示。

2) 汉字国标码

汉字国标码是指 1980 年我国颁布的《中华人民共和国国家标准信息交换汉字编码》，代号为 GB 2312—1980,简称为国标码。国标码中收录了 6763 个常用汉字,其中一级汉字(最常用)3755 个,二级汉字 3008 个,另外还包括 682 个西文字符和图符。

国标码是二字节码,即用 2 字节的低 7 位进行二进制数编码来表示一个汉字,每字节的最高位都是 0。

国标码用 2 字节的十六进制数表示。例如,"啊"字的国标码是(30)H(21)H,编码形式如下:

第一字节:(00110000)B

第二字节:(00100001)B

随着互联网技术的发展,计算机应用越来越广,6763 个汉字明显不够用了。国家信息技术标准化委员会提出了 GB 18030—2000 字符集扩充新标准,该标准共收录了 27000 多个汉字。

3) 汉字机内码

汉字的机内码是计算机系统内部对汉字进行存储、处理、传输时统一使用的代码。为什么要引入汉字机内码呢?这是因为一个汉字的国标码占 2 字节,每字节最高位为"0",而英文字符的机内代码是 7 位 ASCII 码,最高位也为"0"。为了在计算机内部能够区分是汉字编码还是 ASCII 码,可将国标码的每字节的最高位由"0"变为"1",变换后的国标码就称为汉字机内码。这样机内码既和国标码有联系,又与标准 ASCII 码有严格的区别,不会发生混淆。

十六进制汉字机内码与十六进制国标码的关系如下:

汉字机内码高位字节 = 国标码高位字节 + 80H

汉字机内码低位字节 = 国标码低位字节 + 80H

例如,"啊"字的国标码是(30)H(21)H,它的机内码如下:

高位:30H+80H=B0H

低位:21H+80H=A1H

因此,"啊"字的十六进制机内码是 B0A1H,二进制机内码是 1011000010100001。

4) 汉字字形码

汉字字形码又称汉字字模,用于汉字在显示屏上显示或打印机输出。汉字字形码通常有两种表示方式:点阵和矢量表示方式。

用点阵表示字形时,汉字字形码指的是这个汉字字形点阵的代码。根据输出汉字的要求不同,点阵的多少也不同。简易型汉字为 16×16 点阵,提高型汉字为 24×24 点阵、32×32 点阵和 48×48 点阵等。图 2-11 所示为"汉"字的 16×16 点阵图。

字形点阵码的点阵规模愈大,分辨率越高,字形越清晰美观,但所需存储容量也愈大。点阵汉字字形库需要庞大的存储容量。

矢量表示方式存储的是描述汉字字形的轮廓特征,矢量字库保存每一个汉字的描述信息,如一个笔画的起始和终止坐标、半径、弧度等。当要输出汉字时,通过计算机的计算,由汉字字形描述生成所需大小和形状的汉字点阵。矢量化字型描述与最终文字显示的大小、分辨率无关,因此可以产生高质量的汉字输出。Windows 中使用的 TrueType 技术就是汉字的矢量表示方式。

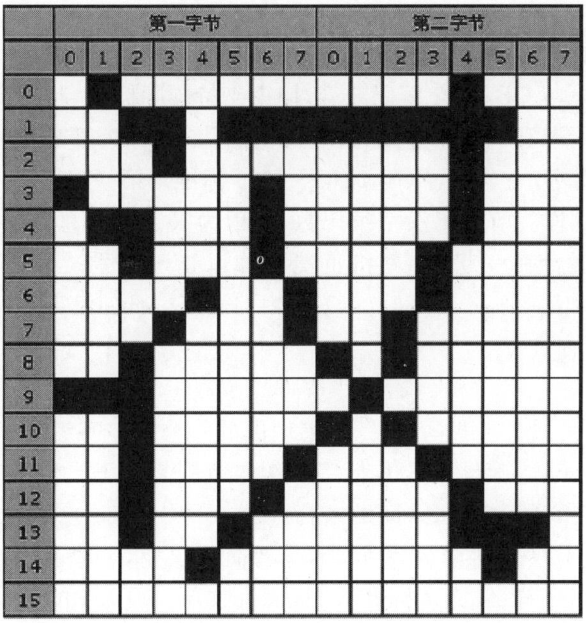

图 2-11 “汉”字的 16×16 字形点阵图

3. 几种常见的字符集编码

1）Unicode 字符集

Unicode(统一码)是为了解决传统的字符编码方案的局限而产生的,它为每种语言中的每个字符设定了统一并且唯一的二进制编码,以满足跨语言、跨平台进行文本转换、处理的要求。目前,很多操作系统都支持 Unicode,包括 Windows 系统、Linux 系统、mac OS、Solaris 等。

Unicode 是国际组织制定的可以容纳世界上所有文字和符号的字符编码方案。目前的 Unicode 字符分为 17 组编排,UTF-8、UTF-16、UTF-32 是常用的几组编码方案。

2）UTF-8 编码

UTF-8 以字节为单位对 Unicode 字符集进行编码。UTF-8 的特点是对不同范围的字符使用不同长度的编码,0～127 的码字都使用 1 字节存储,超过 128 的码字使用 2～4 字节存储。也就是说,UTF-8 编码的长度是可变的,一般来说,欧洲字符长度为 1～2 字节,亚洲大部分字符则是 3 字节,附加字符为 4 字节。UTF-8 编码的最大长度是 6 字节。类 UNIX 系统普遍采用 UTF-8 字符集。

3）UTF-16 编码

UTF-16 直接采用 Unicode 字符集的编码,编码长度从最初的 Unicode 字符集(UCS-2)编码长度 2 字节表示一个字符,到用 4 字节长度表示的附加字符集编码。UTF-16 中的字符,要么用 2 字节表示,要么用 4 字节表示。

UTF-16 比起 UTF-8,好处在于大部分字符都以固定长度的字节(2 字节)储存,但 UTF-16 却无法兼容于 ASCII 编码。C# 中默认的就是 UTF-16,所以在处理 C# 字符串的时候只能是字节流(bytestream)等方式去处理。而 UTF-8 编码对 Unicode 字符集直接编码就可以避免这些问题。

4) GBK 编码

GBK 是《汉字内码扩展规范》的简称，由我国制定，是在 GB 2312—1980 标准基础上的内码扩展。GBK 向下与 GB 2312 编码兼容，向上支持国际标准，起到承上启下过渡作用。

GBK 编码使用了双字节编码方案，其编码范围从 8140H～FEFEH，共 23 940 个码位，共收录了 21 003 个汉字，完全兼容 GB 2312—1980 标准。第一字节最左位为 1，而第二字节最左位不一定是 1，这样就增加了汉字编码数，但因为汉字内码总是 2 字节连续出现的，所以即使与 ASCII 码混合在一起，计算机也能够加以正确区别。GBK 编码支持国际标准 ISO/IEC 10646—1 和国家标准 GB 13000—1 中的全部中日韩汉字，并包含了 BIG5 编码中的所有汉字。

5) BIG5 编码

BIG5(大五码)，是通行于我国台湾、香港地区的一个繁体字编码标准。BIG5 是双字节编码，高字节编码范围是 81H～FEH，低字节编码范围是 40H～7EH 和 A1H～FEH。和 GBK 相比，少了低字节是 80H～A0H 的组合。

BIG5 收录的汉字只包括繁体汉字，不包括简体汉字，一些生僻的汉字也没有收录。GBK 收录的日文假名字符、俄文字符 BIG5 也没有收录。因为 BIG5 中收录的字符有限，因此有很多在 BIG5 基础上扩展的编码，如倚天中文系统。BIG5 编码对应的字符集是 GBK 字符集的子集，也就是说 BIG5 收录的字符是 GBK 收录字符的一部分，但相同字符的编码不同。

2.3.3 图像的数字化处理

计算机中的数字图像分为两类：一类称为点阵图像或位图图像(bitmap image)，简称图像 (image)；另一类称为矢量图形(vector graphics)，简称图形(graphics)。点阵图像是将一幅图像视为由许多个点组成的，如图 2-12 所示。图像中的单个点称为像素，每个像素都有一个表示该点颜色的像素值。根据不同情况，像素值可能是 RGB 三基色分量值，也可能是图像中颜色表的索引值。像素是组成图像的基本点。位图图像与分辨率有关，即在一定面积的图像上包含固定数量的像素。因此，如果在屏幕上以较大的倍数放大显示图像，或以过低的分辨率打印，位图图像会出现锯齿边缘。

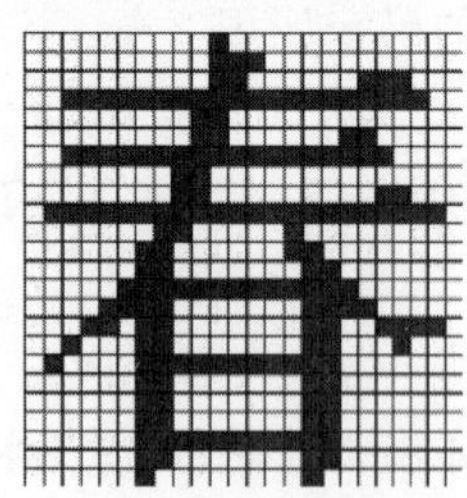

图 2-12　简单的点阵图

矢量图形由矢量定义的直线和曲线组成，Adobe Illustrator、CorelDRAW、CAD 等软件是以矢量图形为基础进行创作的。矢量图形根据轮廓的几何特性进行描述。图形的轮廓画出后，被放在特定位置并填充颜色。移动、缩放或更改颜色不会降低图形的品质。矢量图形与分辨率无关，可以将它缩放到任意大小和以任意分辨率在输出设备上打印，都不会影响清晰度。因此，矢量图形是文字(尤其是小字)和线条图形(如徽标)的最佳选择。

1. 位图图像

1) 位图图像数字化

通过数码照相机、数码摄像机、扫描仪等设备获取的数字图像，都得经过模拟信号的数字化过程。图像数字化的过程分为以下几个步骤：

扫描：将画面划分为 $M\times N$ 个网格，每个网格为一个采样点，每个采样点对应生成后图像的像素。

分色：将彩色图像采样点的颜色分解为R、G、B三个基色。如果是灰度或黑白图像，则不必进行分色。

采样：测量每个采样点上每个颜色分量的亮度值。

量化：对采样点每个颜色分量的亮度值进行A/D转换，即把模拟量用数字量来表示。一般的扫描仪和数码相机生成的都是真彩色图像。

将上述方法转换的数据以一定的格式存储为计算机文件，即完成了整个图像数字化的过程。

2）位图图像的主要参数

分辨率：分辨率是影响位图质量的重要因素。一幅图像的像素是成行和列排列的，像素的列数称为水平分辨率，行数称为垂直分辨率。整幅图像的分辨率是由"水平分辨率×垂直分辨率"来表示的。图像分辨率越高，所包含的像素就越多，图像就越清晰，印刷的质量就越好，同时所占用的存储空间越大。

色彩空间：色彩空间是一个三维颜色坐标系统和其中可见光子集的说明。使用专用颜色空间的目的是在一个定义的颜色域中说明颜色。常见的色彩空间有RGB（红、绿、蓝）色彩空间、CMYK（青、品红、黄、黑）色彩空间、YUV（亮度、色度）色彩空间和HSV（色彩、饱和度、亮度）色彩空间等。

像素深度：像素深度也称位深度，是指位图中记录每个像素点所占的二进制位数。常用的图像深度有1、4、8、16、24等。像素深度决定了可表示的颜色的数目。当像素深度为24时，像素的R、G、B等3个基色分量各用8 bit来表示，共可记录2^{24}种色彩。这样得到的色彩可以反映原图的真实色彩，故称为真彩色。

3）位图图像的存储

位图图像在计算机中表示时，单色图像使用一个矩阵，彩色图像一般使用3个矩阵。矩阵的行数称为图像的水平分辨率，列数称为图像的垂直分辨率，矩阵中的元素表示像素的颜色分量的亮度值，用整数表示。

位图文件的大小用它的数据量表示，与分辨率和像素深度有关。图像文件大小是指存储整幅图像所占的字节数。其计算公式如下：

$$图像文件的字节数=图像分辨率\times像素深度/8$$

例如，一幅图像分辨率为1024×768的单色图像，其文件的大小为(1024×768×1)/8＝98304 B；一幅同样大小的图像，若显示256色，即图像深度为8位，则其文件的大小为(1024×768×8)/8＝786432 B；若显示24色，则其文件的大小为(1024×768×24)/8＝2359296 B。

通过以上的计算，可以看出位图图像文件所需的存储容量都很大，如果在网络中传输，所需的时间也较长，所以需要通过压缩以减少数据。由于数字图像中的数据相关性很强，即数据的冗余度很大，因此对图像进行大幅度的数据压缩是完全可行的。并且，人眼的视觉有一定的局限性，即使压缩后的图像有一定的失真，只要限制在一定的范围内，也是可以接受的。

图像的数据压缩有两种类型：无损压缩和有损压缩。无损压缩是指压缩以后的数据能进行还原，重建的因像与原始的图像完全相同。常见的无损压缩编码（或称为压缩算法）有行程长度编码(RLE)和霍夫曼(Huffman)编码等。有损压缩是指将压缩后的数据还原成的图像与原始图像之间有一定的误差,但不影响人们对图像含义的正确理解。

4) 常见的位图图像格式

随着信息技术的发展,计算机多媒体信息处理能力越来越强。人们对图形图像的要求也越来越高,既要保持图形形图像的质量,还要减小体积便于传输,这就出现了目前常见的图形图像格式。

(1) BMP 文件格式。

BMP(bitmap,位图)是 Windows 操作系统中的标准图像文件格式,能够被多种 Windows 应用程序所支持。随着 Windows 操作系统的流行与丰富的 Windows 应用程序的开发,BMP 位图格式理所当然地被广泛应用。这种格式的优点是包含的图像信息较丰富,几乎不进行压缩,但由此导致了它与生俱来的缺点,即占用磁盘空间过大。目前 BMP 文件格式在单机上比较流行。

(2) GIF 文件格式。

GIF(graphics interchange format,图形交换格式)格式是用来交换图片的。事实上也是如此。20 世纪 80 年代,美国一家著名的在线信息服务机构 CompuServe 针对当时网络传传输带宽的限制,开发出了这种 GIF 图像格式。GIF 格式的特点是压缩比高,磁盘空间占用较少,所以这种图像格式迅速得到了广泛的应用。最初的 GIF 只是简单地用来存储单幅静止图像(称为 GIF 87a),后来随着技术的发展,可以同时存储若干幅静止图像,进而形成连续的动画,使之成为当时为数不多的支持 2D 动画的格式之一(称为 GIF 89a),而在 GIF 89a 图像中可指定透明区域,使图像具有非同一般的显示效果,这更使 GIF 风光十足。此外,考虑到网络传输中的实际情况,GIF 图像格式还增加了渐显方式,也就是说,在图像传输过程中,用户可以先看到图像的大致轮廓,然后随着传输过程的继续而逐步看清图像中的细节部分,从而适应了用户的"从朦胧到清楚"的观赏心理。

GIF 格式具有压缩比高、磁盘空间占用较小、下载速度快、颜色数较少等优点,因此目前 Internet 上大量采用的彩色动画文件多为这种格式的文件。但 GIF 有个小小的缺点,即不能存储超过 256 色的图像。

(3) JPEG 文件格式。

JPEG(joint photographic experts group,联合图片专家组)是由联合图片专家组开发并命名为"ISO 10918-1"的图像文件格式,JPEG 仅仅是一种俗称而已。JPEG 文件的扩展名为.jpg 或.jpeg,其压缩技术十分先进,它用有损压缩方式去除冗余的图像和彩色数据,在取得极高的压缩率的同时又能展现十分丰富生动的图像,即可以用最少的磁盘空间得到较好的图像质量。同时 JPEG 还是一种很灵活的格式,具有调节图像质量的功能,允许用不同的压缩比例对这种文件压缩。对于同一幅画面,JPEG 格式存储的文件数据量大小只相当于其他类型压缩方式所得文件的几十分之一,甚至更高,但当压缩比设定太高时,图像的质量就会变差。当然,我们完全可以在图像质量和文件尺寸之间找到平衡点。

(4) TIFF 文件格式。

TIFF(tagged image file format,标签图像文件格式)支持多种压缩方法,大量应用于图像的扫描和桌面排版。此格式的图像文件一般以".tiff"或".tif"为扩展名,一个 TIFF 文件中可以保存多幅图像。

(5) PNG 格式。

PNG (portable network graphic)使用了 LZ77 派生的无损数据压缩算法。PNG 格式支持流式读写性能,适合于在网络通信过程中连续传输图像,逐渐由低分辨率到高分辨率,由轮廓到细节地显示图像。

2. 矢量图形

矢量图是用一系列计算机指令来表示一幅图,这幅图由基本图元组成,这些图元有点、线、圆、椭圆、矩形、弧和多边形等。图形由具有方向和长度的矢量表示,所以比较适合于描述能够用数学方式表达出来的图形。矢量图就好比画在质量非常好的橡胶膜上的画,不管对橡胶膜做怎样的常宽等比成倍拉伸,画面依然清晰;不管你离得多么近去看,也不会看到图形的最小单位。图形主要是通过绘图软件,如 CorelDRAW、AutoCAD 等设计而成,是由轮廓线经过填充而来的。在对图形进行编辑时,可以对每个图元分别实施操作,如对目标图像进行移动、缩放和旋转等操作;在对图形进行显示时,按照绘制的过程逐一显示图元,需要相应的软件读取这些指令,并将其转换成屏幕上所显示的形状与颜色。

对于色调丰富或色彩变化太多的图像,矢量图绘制出来的不是很逼真;对于很复杂的图像,计算机需要花费很长的时间去执行绘图指令;对于一幅复杂的照片,很难用数学描述,因而就不用矢量图表示,而是采用位图表示。

常用的矢量图形格式有 AI、CDR、DWG、WMF、EMF、SVG、EPS 等。

(1) AI 是 Adobe 公司 Illustrator 中的一种图形文件格式,用 Illustrator、CorelDRAW、Photoshop 均能打开、编辑等。

(2) CDR 是 Corel 公司 CorelDRAW 中的专用图形文件格式,在所有 CorelDRAW 应用程序中均能使用,但其他图形编辑软件不支持。

(3) DWG、DXF 是 Autodesk 公司 AutoCAD 中使用的图形文件格式。DWG 是 AutoCAD 图形文件的标准格式。DXF 是基于矢量的 ASCII 文本格式,用来与其他软件之间进行数据交换。

(4) WMF 是 Microsoft Windows 图元文件格式,具有文件短小、图案造型化的特点。该类图形比较粗糙,并只能在 Microsoft Office 中调用编辑。

(5) EMF 是 Microsoft 公司开发的 Windows 32 位扩展图元文件格式。其目标是要弥补 WMF 文件格式的不足,使得图元文件更易于使用。

(6) SVG 是基于 XML 的可缩放的矢量图形格式,由 W3C 联盟开发,可任意放大图形显示,边缘异常清晰,生成的文件小,下载快。

(7) EPS 是用 PostScript 语言描述的 ASCII 图形文件格式,在 PostScript 图形打印机上能打印出高品质的图形图像,最高能表示 32 位图形图像。

2.3.4 声音的数字化处理

声音是传递信息的一种重要媒体,能在计算机中存储、处理和传输的前提是声音信息数字化,即转换成二进制编码。计算机能处理的声音通常分为两类:一类是将现实世界中的声波经数字化后形成的数字波形声音;另一类是经计算机合成的声音。

1. 声音信息数字化

声音是由振动的声波产生的,通常用一种连续的随时间变化的波形来表示。波形的"振幅"决定音量的大小。连续两个波峰间的距离称为"周期"。每秒钟的周期数称为"频率",单位为 Hz(赫兹)。声音的频率范围称为声音的带宽。多媒体技术处理的是人类的听力所能接受的 20～20 kHz 的音频(audio)信号,其中人类说话的声音频率范围为 300～3400 Hz,称为言语或语音(speech)。将模拟的声音波形数字化,主要分为采样和量化两方面。采样是实现时间上的离散化,即按设定的采样频率对声音信号进行采样。量化是实现幅度上的离散化,即把信号的强度按量化精度分成一小段一小段的。经过取样和量化后的声音,必须按照一定的要求进行编码。其实质是对数据进行压缩,以便于存储、处理和网络传输。

波形声音的主要参数包括采样频率、量化位数、声道数、压缩编码方案和数码率等。声道数是指一次采样所记录产生的声音波形的个数,通常为 1(单声道)或 2(双声道立体声)。数码率又称为比特率,简称码率,是指每秒钟的数据量。未压缩前,波形声音的码率计算公式为:

$$\text{波形声音的码率} = \text{采样频率} \times \text{量化位数} \times \text{声道数}$$

例如,用 44.1 kHz 的采样频率对声波进行取样,每个采样点的量化位数为 16 位,声道数为 2,其波形声音的码率为 $44.1 \times 1000 \times 16 \times 2 = 1411200$ bit/s(每秒的比特数)。未经压缩的数字化声音会占用大量的存储空间,例如,一首时长 5 min 的立体声歌曲,以 CD 音质数字化,数据量为 $1411.2\ \text{kbit} \times 60\ \text{s} \times 5 \approx 52\ \text{MB}$。CD 光盘的容量是 650 MB,所以一张 CD 光盘只能存放十多首歌曲。

此外,声音信号中包含大量的冗余信息,再加上利用人的听觉感知特性,对声音数据进行压缩是可能的。人们已经研究出了许多种声音压缩算法,力求做到压缩倍数高、声音失真小、算法简单、编码/解码成本低。

2. 声音文件格式

音频文件通常分为两类:声音文件和 MIDI 文件。声音文件是指通过声音录入设备录制的原始声音,直接记录真实声音的二进制采样数据,通常文件较大;MIDI 文件是一种音乐演奏指令序列,相当于乐谱,可以利用声音输出设备或与计算机相连的电子乐器进行演奏,由于不包含声音数据,其文件较小。

1) MPEG 格式

MPEG(moving picture experts group,运动图像专家组)是一系列运动图像(视频)压缩算法和标准的总称,其中也包括了声音压缩编码(MPEG Audio)。MPEG 声音压缩算法是世界上第一个高保真声音数据压缩国际标准,并且得到了极其广泛的应用。

MPEG 声音标准提供了三个独立的压缩层次:层 1 的编码器最为简单,输出数据率为 384 kbit/s,用于小型数字盒式磁带;层 2 的编码器的复杂程度属中等,输出数据率为 256～192 kbit/s,用于数据广播、CD-I 和 VCD 视盘;层 3(MPEG-1 Audio Layer 3)就是现在非常流行的 MP3,它的编码器最为复杂,输出数据率为 64 kbit/s。

2) WAV 格式

Microsoft 公司开发的一种声音文件格式,也称为波形(wave)声音文件,被 Windows 平台及其应用程序广泛支持。WAV 格式有压缩的,也有不压缩的。总体来说,WAV 格式对存储空间需求太大,不便于交流和传播。

3) RealAudio 格式

RealAudio 是由 Real Networks 公司推出的文件格式,分为 RA(RealAudio)、RM

(RealMedia、RealAudio G2)、RMX (RealAudio Secured)三种,它们最大的特点是可以实时传输音频信息,能够随着网络带宽的不同而改变声音的质量。

4) MP3 格式

MP3 是目前最普及的音频压缩格式。MP3 采用的是 MPEG-1 Layer-3 的压缩编码标准。MP3 的压缩率高达 10∶1。MP3 格式支持流媒体技术,即文件可以边读边放,而不用预读文件的全部内容。

5) WMA 格式

WMA(Windows Media Audio)是微软针对网络环境开发的音频文件格式。WMA 也支持流媒体技术,压缩率可达 18∶1,在同文件同音质下,比 MP3 格式文件体积小。WMA 支持防复制功能,可限制播放时间、播放次数甚至于播放的机器等。WMA 是目前互联网上用于在线试听的一种常见格式。

6) MID 文件

MID 文件是计算机合成音乐(MIDI)的文件格式。MIDI 是 musical instrument data interface 的简称,MID 文件存储的是发音命令而不是声音。MID 文件的数据量很小,较适合在互联网上传播。MID 文件主要用于原始乐器作品、流行歌曲的业务表演、游戏音轨及电子贺卡等。

2.3.5 视频的数字化处理

人们感知客观世界有 70%以上的信息是通过视觉获取的,视觉信息以其直观生动等特点反映着周围视觉的景物和图像。因此在多媒体应用系统中,视频也是一种重要的媒体,应用非常广泛。生活中常用的电视机、录像机和摄像机上都有 2 个输出口:视频(video)和音频(audio)。随着计算机网络和多媒体技术的发展,视频信息技术已经成为人们生活中不可缺少的组成部分,渗透到工作、学习和娱乐等各个方面。

静止的画面称为图像,当连续的图像变化超过每秒 12 幅画面以上时,根据视觉暂留原理,人眼无法辨别每幅单独的静态画面,看上去是平滑连续的视觉效果,这样的连续画面称为视频。即视频是由一系列静态图像按一定顺序排列组成,每一幅图像称为帧。伴随着视频图像还配有同步的声音,因此视频信息需要巨大的存储容量。

视频按照处理方式的不同,可分为模拟视频(analog video)和数字视频(digital video)。模拟视频是指视频信号产生、处理、记录与重放、传送与接收中采用的均是模拟信号,即在时间和幅度上都是连续的信号。模拟信号的图像质量主要受到视频信号的精度和稳定性等因素的制约,其抗干扰能力较差,在远距离传输中会造成信号及图像质量损伤的积累,信噪比的下降使图像清晰度越来越低。早期的电视等视频信号的记录、存储和传输采用的是模拟方式。计算机处理的信号是数字信号,可以直接进行存储、编辑和传输。现在 VCD、DVD 和数字式便携摄像机采用的都是数字视频方式。

1. 视频信息数字化

视频数字化的目的是将模拟视频信号经模/数转换和彩色空间变化,转换成多媒体计算机可以显示和处理的数字信号。采用数字视频信号可以获得比原有模拟信号更好的图像质量。视频信号的数字化过程与音频信号的数字化原理是一样的,也要通过采集、量化和编码等必经步骤。但由于视频信号本身的复杂性,它在数字化的过程又同音频信号有一些差别,如视频信息的扫描过程中要充分考虑视频信号的采样结构,色彩、亮度的采样频率等。

在数字化后,如果视频信号不加以压缩,数据量的大小是帧乘以每幅图像的数据量。如要在计算机上连续显示 640×480 的 24 位真彩色图像的高质量电视图像,按每秒 30 帧计算,显示 1min 需要 640×480×24/(8×30×60)≈1.54 GB。一张 650 MB 的光盘只能存放 24 s 左右的电视图像。这就带来了图像数据压缩问题,也成为多媒体技术中一个重要的研究课题。

2. 视频的压缩

数字视频产生的文件很大,而且视频的捕捉和回放要求很高的数字传输率,在采用工具编辑文件时需要自动适用某种压缩算法,压缩文件大小。在回放时,通过解压缩尽可能再现原来的视频图像。视频压缩的目标就是在尽可能保证视觉效果的前提下减少视频数据量。由于视频是连续的静态图像,因此其压缩编码算法与静态图像的压缩编码算法有某些共同之处,但是运动的视频还有其自身的特性,所以在压缩时还应考虑其运动特性才能达到高压缩的目标。由于视频信息中画面内容有很强的信息相关性,相邻帧的内容又有高度的连贯性,再加上人眼的视觉特性,所以数字视频的数据可成百倍地压缩。

3. 视频文件格式

国际标准化组织和各大公司都积极参与视频压缩标准的制定,并且已推出大量实用的视频压缩格式。

1) AVI 格式

AVI (audio video interleaved,音频视频交错)格式是 1992 年由 Microsoft 公司随 Windows 3.1 一起推出的,以".avi" 为扩展名,它的优点是图像质量好,缺点是体积过于庞大,不适合时间长的视频内容。

2) MPEG 格式

MPEG(moving picture experts group,运动图像专家组)格式是运动图像压缩算法的国际标准,它采用了有损压缩方法,从而减少运动图像中的冗余信息。目前,MPEG 格式有 3 个压缩标准,分别是 MPEG-1、MPEG-2 和 MPEG-4。

3) WMV 格式

WMV(windows media video)也是 Microsoft 公司推出的一种采用独立编码方式,并且可以直接在网上实时观看视频节目的视频压缩格式。WMV 格式的主要优点包括:本地或网络回放、可扩充的媒体类型、部件下载、流的优先级化、多语言支持、环境独立性、丰富的流间关系及扩展性等。

4) RMVB 格式

RMVB 是一种由 RM 格式延伸出的新视频格式,它的先进之处在于打破了 RM 格式平均压缩采样的方式,在保证平均压缩比的基础上合理利用比特率资源,静止和动作场面少的画面场景采用较低的编码速率,这样可以留出更多的带宽空间,而这些带宽会在出现快速运动的画面场景时被利用。这样在保证了静止画面质量的前提下,大幅提高了运动图像的画面质量,从而在图像质量和文件大小之间达到了平衡。

5) SWF 格式

SWF 是一种基于矢量的 Flash 动画文件,一般用 Flash 软件创作并生成 SWF 文件格式,也可以通过相应软件将 PDF 等格式转换为 SWF 格式。SWF 格式文件广泛用于创建吸引人的应用程序,包含丰富的视频、声音、图形和动画。SWF 文件被广泛应用于网页设计、动画制作等领域。

6) FLV 格式

FLV(flash video)流媒体格式是随着 Flash MX 的推出发展而来的一种新兴的视频格式。FLV 文件体积小,1 min 清晰的 FLV 视频大小在 1 MB 左右,一部电影在 100 MB 左右,是普通视频文件体积的 1/3。由于 FLV 形成的文件极小、加载速度极快,使得网络观看视频文件成为可能,并有效地解决了视频文件导入 Flash 后,使导出的 SWF 文件体积庞大,不能在网络上方便使用的问题。因此,FLV 格式被众多新一代视频分享网站所采用,是目前增长 最快、使用广泛的视频传播格式。

2.4 计算机中二维码的应用

二维码又称二维条码 (2-dimensional bar code)是用某种特定的几何图形,按一定规律,在平面(二维方向上)分布的黑白相间的图形上记录数据符号信息。在代码编制上巧妙地利用构成计算机内部逻辑基础的"0""1"比特流的概念,使用若干个与二进制数相对应的几何形体来表示文字数值信息,通过图像输入设备或光电扫描设备自动识读以实现信息自动处理。

随着条码技术的飞速发展,人们希望能够用条码标识产品,描述更大量、更丰富的信息,满足在物流、电子、单证、军事等领域产品描述信息自动化采集的需求。正是为了解决这个问题。二维码于 20 世纪 80 年代中期应运而生,其作为一种高数据容量的条码技术,很好地弥补了一维码信息量不足的问题。通常看到的二维码都是黑色的,但事实上彩色的二维码生成技术也并不复杂,并且备受年轻人的喜爱,已有一些网站开始提供彩色二维码在线免费生成的服务。

1. 二维码的码制

每种码制有其特定的字符集,每个字符占有一定的宽度,具有一定的校验功能等。同时还具有对不同行的信息自动识别及处理图形旋转变化等特点。二维码是一种比一维码更高级的条码格式。一维码只能在一个方向(一般是水平方向)上表达信息,而二维码在水平和垂直方向都可以存储信息。

二维码可以分为堆叠式/行排式二维条码和矩阵式二维条码。堆叠式/行排式二维条码形态上是由多行短截的一维条码堆叠而成;矩阵式二维条码以矩阵的形式组成,在矩阵相应元素位置上用"点"表示二进制"1",用"空"表示二进制"0","点"和"空"的排列组成代码。二维码的原理可以从矩阵式二维码的原理和堆叠式/行排式二维码的原理来讲述。

1) 堆叠式/行排式二维条码

堆叠式/行排式二维条码又称堆积式二维条码或层排式二维条码,其编码原理是建立在一维条码基础之上,按需要堆积成二行或多行。它在编码设计、校验原理、识读方式等方面继承了一维条码的一些特点,识读设备与条码印刷与一维条码技术兼容。但由于行数的增加,需要对行进行判定,其译码算法与软件也不完全相同于一维条码。有代表性的行排式二维条码有 Code 16K、Code 49、PDF417、MicroPDF417 等。

2) 矩阵式二维条码

矩阵式二维条码(又称棋盘式二维条码)它是在一个矩形空间通过黑、白像素在矩阵中的不同分布进行编码。在矩阵相应元素位置上,用点(方点、圆点或其他形状)的出现表示二进制的"1",点的不出现表示二进制的"0",点的排列组合确定了矩阵式二维条码所代表的意义。矩阵式二维条码是建立在计算机图像处理技术、组合编码原理等基础上的一种新型图形符号自动识读处理码制。有代表性的矩阵式二维条码有Code One、MaxiCode、QR Code、Data Matrix、Han Xin Code、Grid Matrix等。

汉信码(Han Xin Code)是我国第一个具有自主知识产权的二维码的国家标准。汉信码最多可以表示7829个数字、4350个ASCII字符、2174个汉字,支持照片、指纹、掌纹、签字、声音、文字等数字化信息的编码。汉信码具有汉字编码能力强、抗污损、抗畸变、信息容量大等特点,是一种十分适合在我国广泛应用的二维码,具有广阔的市场前景。

2. 二维码的特点

(1) 二维码是高密度编码,信息容量大。

(2) 编码范围广,该条码把图片、声音、文字、签字、指纹等可以数字化的信息进行编码,用条码表示出来。

(3) 容错能力强,具有纠错功能。这使得二维条码在因穿孔、污损等引起局部损坏时,照样可以正确得到识读,损毁面积达50%仍可恢复信息。

(4) 译码可靠性高。它比普通条码译码错误率要低得多,误码率不超过千万分之一。

(5) 保密性、防伪性好。

(6) 成本低,易制作,持久耐用。

(7) 条码符号形状、尺寸大小比例可变。

二维条码的以上特点特别适用于表单、安全保密、追踪、证照、存货盘点、资料备援等方面。因此,二维码似乎在一夜之间渗透到人们生活的方方面面。但是,二维码的使用也存在一些隐忧,有不法分子将病毒软件或带插件的网址等生成二维码,手机扫码相当于下载病毒到手机,导致其成为手机病毒、钓鱼网站传播的新渠道。

3. 二维码的制作

二维码的制作可以通过一些图像处理软件完成,但一般都是通过专门的二维码生成软件生成的。可以在软件中输入文字、数字等信息,生成二维码,如输入姓名、电话、单位等信息制成名片,经网络共享后,只要将二维码扫描到相应的识别软件中,就可以读出里面的信息。设计制作好二维码后,不仅能进行印刷、打印和网络共享,还可使用激光把二维码图片投射到物件上。

4. 二维码的应用前景

智能手机和平板计算机的普及激活了二维码的应用,其迅速出现在地铁广告、火车票、机票、快餐店、电影院、团购网站及各类商品外包装上。物联网的应用离不开自动识别,二维码及RFID被人们广泛应用,二维码能够更好地与智能手机等移动终端相结合,实现更佳的互动性和用户体验。

在移动互联模式下,人们的活动范围更加宽泛,因此更需要适时地进行信息的交互和分享。随着4G/5G移动网络环境下智能手机和平板计算机的普及,二维码应用不再受到时空和硬件设备的局限。将产品基本属性、图片、声音、文字、指纹等可以数字化的信息进行编码捆绑,可适用于产品质量安全追溯、物流仓储、产品促销及商务会议、身份、物料单据识别等。可以通过移动网络,实现物料流通的实时跟踪和追溯,帮助进行设备远程维修和保养,企业供应链流程再造等。厂家也能够适时掌握市场动态，开发出更实用的产品以满足客户的需求，并最终实现按单生产，大幅降低生产成本和运营成本。随着国内物联网产业的蓬勃发展，相信会有更多的二维码技术应用解决方案被开发出来，应用到各行各业的日常经营活动中。

本章小结

本章首先介绍了信息数字化基础、数字系统、计算机采用二进制编码的原因，以及二进制与其他进制之间的转换方法，然后分别介绍了计算机中的数值、字符、图像、声音、视频、二维码等的数字化处理过程。

通过本章的学习，使读者能更深入理解各类信息在计算机中的处理过程，对学习计算机系统知识打下基础。

习　题　2

一、选择题

1. 计算机内部信息的表示及存储往往采用二进制形式，采用这种形式的最主要原因是(　　)。

A. 计算方式简单　　B. 表示形式单一
C. 避免与十进制相混淆　　D. 与逻辑电路硬件相适应

2. 在计算机内部，用来传送、存储的数据或指令都是(　　)形式进行的。

A. 二进制码　　B. 拼音简码
C. 八进制码　　D. 五笔字型码

3. 二进制数 101101 对应的十进制数是(　　)。

A. 45　　B. 44　　C. 46　　D. 43

4. 已知小写的英文字母“m”的十六进制 ASCII 码值为 6D，则小写英文字母“c”的十六进制 ASCII 码值是(　　)。

A. 98　　B. 62　　C. 99　　D. 63

5. 计算机中的数有浮点和定点两种表示，浮点表示的数，通常由两部分组成，即(　　)。

A. 指数和基数　　B. 尾数和小数
C. 阶码和尾数　　D. 整数和小数

6. 用补码表示带符号的八位二进制数，可表示的整数范围是(　　)。

A. －128～＋127　　B. －128～＋128
C. －127～＋127　　D. －127～＋128

7. 下列四个不同进制的数中，数值最大的是(　　)。

A. 二进制数 1001001　　B. 八进制数 110
C. 十进制数 71　　D. 十六进制数 4A

8. 存储容量的基本单位是(　　)。

A. 位　　B. 字节　　C. 字　　D. ASCII 码

9. 微型计算机中使用最普遍的字符编码是(　　)。

A. EBCDIC 码　　B. 国标码

C. BCD 码　　D. ASCII 码

10. 存储一个 32×32 点阵汉字字型信息的字节数是(　　)。

A. 64　　B. 128　　C. 256　　D. 512

11. 以下十六进制数的运算,(　　)是正确的。

A. 1+9=A　　B. 1+9=B

C. 1+9=C　　D. 1+9=10

12. 计算机对汉字进行处理和存储时使用汉字的(　　)。

A. 字形码　　B. 机内码　　C. 输入码　　D. 国标码

二、填空题

1. 同十进制数 100 等值的十六进制数是________,八进制数是________,二进制数是________。

2. 将二进制数 10010001.01 转换成十六进制数为________。

3. 在计算机中,Byte 的含义为________。

4. 1.44 MB 的磁盘文件可以保存________个汉字信息。

三、进制转换

1. 把以下十进制数分别转换为相应的二进制数、八进制数和十六进制数。

1024,323,4755,382.185,0.75,257,255

2. 把以下二进制数分别转换为相应的十进制数、八进制数和十六进制数。

101011,1001011.1,1011.1011,1100101011,101101.001,11111.11

3. 把以下十六进制数分别转换成十进制数、二进制数和八进制数。

AB,C02,256,FF

四、问答题

1. 什么是 ASCII 码、汉字的机内码?它们有什么区别?什么是汉字字形码?举例说明国标码、区位码和汉字机内码的关系。

2. 简述计算机使用二进制的原因。

3. 什么是 Unicode 编码?这种编码有什么优点?

4. 简述计算机中的数值、字符、图像、声音、视频、二维码的数字化处理过程。

第3章　计算机系统的组成

艾伦·图灵奠定了计算机的理论基础,冯·诺依曼则创建了现代计算机的体系结构和基本原理。历经半个多世纪的发展,计算机的功能虽然已今非昔比,但其工作原理和体系结构在总体上依然是冯·诺依曼计算机结构。

本章首先介绍计算机系统的概念,然后介绍微型计算机工作原理、计算机的硬件系统和软件系统。

3.1　计算机系统概述

一个完整的计算机系统由"硬件"和"软件"两大系统组成。图3-1所示为计算机系统的组成。其中,硬件系统是指计算机系统中各种物理设备的总称,它包括主机(包括CPU、主板、内存等)和外部设备(包括显示器、鼠标和键盘等);软件系统是计算机所需要的各种程序、数据及其相关文件的集合。

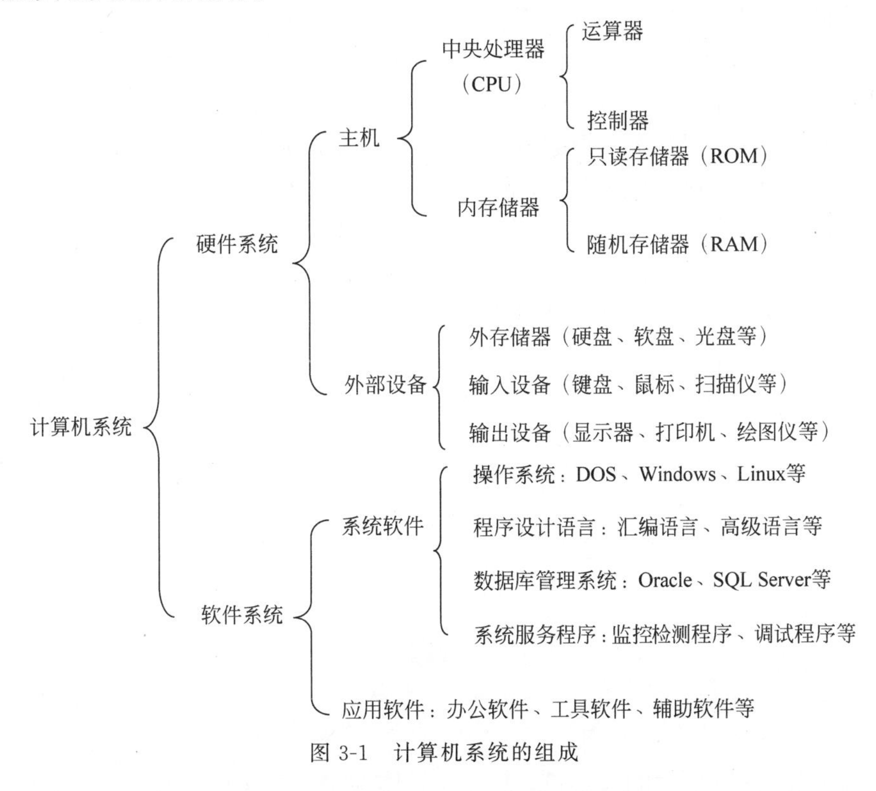

图3-1　计算机系统的组成

硬件系统和软件系统两者相辅相成、缺一不可。若计算机仅有硬件系统,那么可以称为裸机,这样的计算机是不能做任何工作的。硬件是计算机的基础,软件是计算机的灵魂,所以只有配备了完善的软件系统,硬件系统才有真正的使用价值。

3.2 计算机的基本组成及工作原理

根据计算机的工作特点,通常把计算机描绘成一台能存储程序和数据并能自动执行程序的机器,是一种能对各种数字化信息进行处理的工具。下面通过对计算机的基本组成及其工作原理的论述,使读者对计算机的功能有一个比较准确的认识。

3.2.1 冯·诺依曼计算机体系结构

1946 年第一台计算机 ENIAC 的诞生仅仅表明人类发明了计算机并进入了"计算机"时代。而对后来的计算机在体系结构和工作原理上有着巨大影响的是美籍匈牙利数学家冯·诺依曼和他的同事们研制的 EDVAC 计算机。冯·诺依曼提出了计算机"存储程序"的设计原则,即将计算机指令进行编码后,存储在计算机存储器中,并顺序地执行程序代码,以控制计算机的运行。

"存储程序"的思想非常重要。早期计算机设计中,程序与数据被看成两种完全不同的实体,数据存放在存储器中,程序则作为控制器的一部分,这样的计算机不仅计算效率低,且灵活性较差。而冯·诺依曼将程序和数据同等看待,程序像数据一样进行编码,然后与数据一起存放在存储器中,这样计算机就可以通过调用存储器中的程序对数据进行操作。这个改变是计算机发展史上的一场革命。

存储程序意味着,程序输入计算机后,存储在存储器(内存)中,在运行时,计算机就能够自动地、连续地从存储器中依次取出指令并执行。这大大提高了计算机的运行效率,减少了硬件的连接故障。更重要的是,存储程序设计思想导致了硬件和软件的分离,即硬件设计和程序设计分开进行,这种专业分工直接催生了程序员这个职业的诞生。

冯·诺依曼还确定了"计算机结构"的五大部件,他在著名的 101 报告中提出了计算机结构必须包括运算器、控制器、存储器、输入设备和输出设备五大组成部分。这五大部件在处理数据时可有机地结合在一起,其结构如图 3-2 所示。

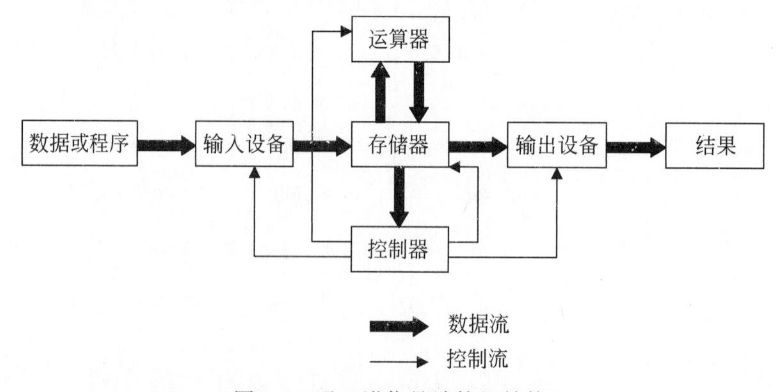

图 3-2 冯·诺依曼计算机结构

冯·诺依曼结构的计算机核心设计思想主要体现在以下三方面。

(1) 程序中的指令和数据都采用二进制编码，且能够被执行该程序的计算机所识别。

(2) 程序(数据和指令序列)事先存入主(内)存储器中，使计算机在工作时能够自动高速地从存储器中取出指令并加以分析、执行。

(3) 计算机由五个基本部分组成：运算器、控制器、存储器、输入设备和输出设备。

半个多世纪过去了，虽然计算机的软、硬件技术都有了飞速的发展，但直至今天，计算机的基本结构形式并没有明显的突破，仍属于冯·诺依曼结构型计算机。计算机的基本工作原理仍然是存储程序控制原理，当然，二进制也依然是计算机硬件唯一能够直接识别的数制。

冯·诺依曼计算机在体系结构上也存在局限性，特别是对非数值的处理效率比较低，简单的逻辑运算和判断功能远不能适应复杂的问题求解和推理的要求，从根本上限制了计算机特别是并行计算的发展。所以人们陆续提出了多种与冯·诺依曼计算机截然不同的新概念模型的系统结构，如光子计算机、生物计算机等，但这些都还在研制阶段，未来将有商品化的非冯·诺依曼结构的计算机问世，我们将会迎来一个各类型计算机百花争艳的信息时代。

3.2.2 计算机硬件系统基本组成

计算机硬件系统是根据冯· 诺依曼计算机体系结构的思想设计的，包括运算器、控制器、存储器、输入设备和输出设备五大部件。

1. 运算器

运算器的主要部件是算术逻辑单元(arithmetic logic unit，ALU)，它是运算器的主体，是计算机对数据进行加工处理的部件。ALU 的主要功能是在控制信号的作用下完成加、减、乘、除等算术运算，与、或、非、异或等逻辑运算，以及移位、求补等运算。

运算器的处理对象是数据，数据长度和计算机数据表示方法，对运算器的性能影响极大。大多数通用计算机是以 16 位、32 位、64 位作为运算器处理数据的长度。能对一个数据的所有位同时进行处理的运算器称为并行运算器。如果一次只处理一位，则称为串行运算器。

计算机运行时，运算器的操作和操作种类由控制器决定。运算器中的数据取自内存(从内存中读)，运算的结果又送回内存(往内存中写)，或暂时寄存在内部寄存器中。运算器对内存的读/写操作是在控制器的控制之下进行的。

2. 控制器

控制器又称控制单元(control unit，CU)，是计算机的神经中枢和指挥中心，只有在它的控制之下，整个计算机才能有条不紊地工作，自动地执行程序。

控制器的工作过程是：首先从内存中取出指令、翻译指令、分析指令，然后根据指令的功能向有关部件发出控制命令，控制它们执行这条指令规定的操作。当各部件执行完控制器发来的命令后，都会向控制器反馈执行的情况。这样逐一执行这一系列指令，就使计算机能够按照由这一系列指令组成的程序要求自动完成各项任务。

控制器和运算器一起组成中央处理器，即 CPU(central processing unit)，它是一块超大规模的集成电路，是计算机的运算核心和控制核心。它的功能主要是解释计算机指令以及处理计算机软件中的数据。

3. 存储器

存储器(memory)是现代信息技术中用于保存信息的记忆设备。它的主要功能是存储程序和各种数据,并能在计算机运行过程中高速、自动地完成程序或数据的存取。存储器是具有"记忆"功能的设备,它采用具有两种稳定状态的物理器件来存储信息,这些器件也称为记忆元件。计算机中处理的各种信息都要转换成二进制代码才能存储和操作。

存储器是计算机中各种信息交流的中心。有了存储器,计算机才有记忆功能,才能保证正常工作。计算机中的存储器按用途可分为内存储器和外存储器。

1) 内存储器

内存储器简称内存或主存,用来存放将执行的程序和数据。在计算机内部,程序和数据都以二进制形式表示,它们均以字节为单位存储在存储器中,1 字节占用一个存储单元,并具有唯一的地址号。关于存储单元和存储地址的概念,在前面章节中做了一定的论述,可以结合前面的介绍来进一步理解存储器的概念。

如同一栋教学楼由若干个房间组成一样,内存由若干个存储单元组成。大楼中的每个房间都有门牌号码,且每个号码在楼内都是唯一的,目的是便于寻找。同样,内存中的每个单元也有"门牌号码",称为地址码,每个单元的地址在内存中也是唯一的。由于计算机只能识别二进制,所以内存中的地址码都是用二进制表示的,但是为了便于识别和读写,将比较长的二进制位用十六进制数表示。地址码的长度由内存单元的个数而定。

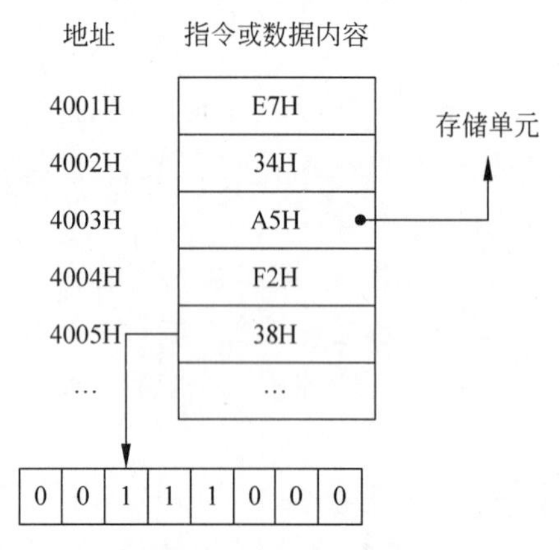

图 3-3　内存单元的地址

如图 3-3 所示,地址为 4005H 的存储单元中存放了一个 8 位二进制信息 00111000B(38H)。CPU 可直接用指令对内存储器按其地址进行读/写两种操作。读存储器操作是在控制部件发出的读命令控制下,将内存中某个存储单元的内容取出,送入 CPU 中某个寄存器;写存储器操作是在控制部件发出的写命令控制下,将 CPU 中某寄存器内容传送到存储器的某个存储单元中。写操作执行后,存储单元的内容被改变,读操作执行后,存储单元的内容不变。

虽然地址信息和数据信息都是二进制数,但两者是不同的,它们之间并没有直接的关系,不能混淆。地址是存储器单元的位置,数据是存放在某个位置内的信息,它可以是指令操作代码,或是 CPU 要处理的数据,也可以是数据的地址等。

内存的存取速度直接影响计算机的运算速度。内存储器与 CPU 的集合称为主机。存储器在计算机系统中的重要地位毋庸置疑,但 CPU 是高速器件,相对 CPU 来说,主存储器的速度还是很慢的。为了解决 CPU 和内存速度不匹配的问题,在 CPU 和主存之间设置一种高速缓冲存储器(cache)。缓冲存储器是计算机中的一个高速小容量存储器,其中存放的是 CPU 近期要执行的指令和数据,其速度可与 CPU 速度匹配。一般采用静态 RAM 这种速度快、容量小的半导体存储器充当缓冲存储器。

存储器技术是一种不断进步的技术,每当新存储器技术的出现,计算机的性能就有很大的提高。

内存按工作方式不同又分为随机存储器 RAM(random access memory)和只读存储器 ROM(read only memory)两种。

(1) 随机存储器：随机存储器可被 CPU 随机地读写，它用于存放将要被 CPU 执行的用户程序、数据以及部分系统程序。断电后，其中存放的所有信息将丢失，属于非永久性记忆存储器。

(2) 只读存储器：只读存储器中的信息只能被 CPU 读取，而不能由 CPU 任意地写入。断电后，其中的信息不会丢失。用于存放永久性的程序和数据，如系统引导程序、监控程序等。与 RAM 存储器不同，ROM 存储器具有掉电非易失性，属于永久记忆的存储器。

2) 外存储器

外存储器简称外存或辅存，主要用来长期存放"暂时不用"的程序和数据。通常外存不和计算机的其他部件直接地交换数据，而只和内存交换数据，且不是按单个数据进行存取的，而是成批地进行数据交换。常用的外存是磁盘、光盘和 U 盘等，它们可以脱离计算机而存在，所以理论上可以存放无限多的数据。

由于外存储器安装在主机外部，所以也可以归属为外部设备。

4. 输入/输出设备

(1) 输入设备：输入设备用来接收用户输入的原始数据和程序，并将它们转变为计算机可以识别的形式(二进制)存放到内存中。常见的输出设备有字符输入设备(如键盘、条形码阅读器、磁卡机)、图形输入设备(如鼠标器、图形数字化仪、操纵杆)、图像输入设备(如扫描仪、传真机、摄像机)和模拟量输入设备等。

(2) 输出设备：输出设备用于将存放在内存中由计算机处理的结果转换为人们所能接受的各种形式表示出来。输出的形式可以是数字、字母、表格、图形和图像等。最常见的输出设备是各种类型的显示器、打印机、绘图仪和音响等。

输入设备和输出设备简称为 I/O(input/output)设备。

3.2.3 计算机的工作原理

计算机的工作过程是：计算机开机后，CPU 首先执行固化在只读存储器中的一小部分操作系统程序，这部分程序称为基本输入输出系统(basic input output system，BIOS)，它启动操作系统的装载过程，先把一部分操作系统从磁盘中读入内存，然后再由读入的这部分操作系统装载其他的操作系统程序。装载操作系统的过程称为引导。操作系统被装载到内存后，计算机才能接收用户的命令，执行其他的程序，直到最后用户关机。在整个工作过程中，如果知道了程序的执行过程，也就基本上了解了计算机的工作原理。

1. 指令和程序

指令就是让计算机完成某个操作所发出的基本操作命令，即计算机完成某个操作的依据。一条指令通常由两个部分组成：操作码和操作数，如图 3-4 所示。操作码指明该指令要完成的操作，如加、减、乘、除等。操作数是指参加运算的数据本身或者数据所在的单元地址。

计算机执行了一指令序列，便可完成预定的任务，这一指令序列就称为程序。程序是计算机所有指令的集合，称为该计算机的指令系统，指令系统反映了计算机的基本功能，不同的计算机其指令系统也不相同。显然，程序中的每一条指令必须是所用计算机的指令系统

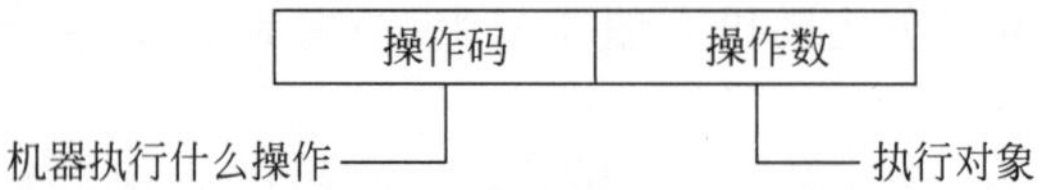

操作码	操作数
机器执行什么操作	执行对象

图 3-4　一条指定的组成

中的指令,因此指令系统是提供给使用者编制程序的基本依据。

2. 计算机执行指令的过程

计算机执行指令一般分为两个阶段。首先将要执行的指令从内存中取出送入 CPU,然后由 CPU 对指令进行分析译码,判断该条指令要完成的操作,向各部件发出完成该操作的控制信号,完成该指令的功能。当一条指令执行完后就处理下一条指令。一般将第一阶段称为取指周期,第二阶段称为执行周期。

3. 程序的执行过程

计算机在运行时,通过输入设备将原始数据和程序送入内存储器中,内存储器再依次取出程序中的指令送入控制器进行译码分析,控制器根据指令的功能向相关硬件发出控制信号,执行指令,执行完成后,再从内存储器中读出下一条指令再执行。CPU 不断地取指令,执行指令,这就是程序的执行过程。70 多年来,虽然计算机系统从性能指标、运算速度、工作方式、应用领域和其他方面与当时的计算机有很大差别,但基本结构没有变,都属于冯·诺依曼结构体系计算机。

总之,计算机的工作就是执行程序,即自动连续地执行一系列指令,而程序开发人员的工作就是编制程序。一条指令的功能虽然是有限的,但是在人精心编制下的一系列指令组成的程序可完成的任务是无限的。

3.3　微型计算机的基本结构

3.3.1　微型计算机概述

微型计算机简称微机,也叫个人计算机(personal computer,PC),是指以微处理器为核心,配上存储器、输入/输出接口电路等所组成的计算机。微型计算机系统是指以微型计算机为中心,配以相应的外围设备、电源和辅助电路(统称硬件)以及指挥计算机工作的软件所构成的系统。

与一般的计算机系统一样,微型计算机系统也是由硬件和软件两部分组成的,如图 3-5 所示。

微型计算机属于第四代计算机,是 20 世纪 70 年代初期才发展起来的,是人类重要的创新之一。一方面是由于军事、空间及自动化技术的发展,需要体积小、功耗低、可靠性高的计算机;另一方面,大规模集成电路技术的不断发展也为微型计算机的产生打下了坚实的物质基础。

3.3.2　总线

微型计算机体系结构的特点之一是采用总线结构,通过总线将微处理器(CPU)、存储器(RAM、ROM)和 I/O 接口电路等连接起来,而输入/输出设备则通过 I/O 接口实现与微机的信息交换,如图 3-6 所示。

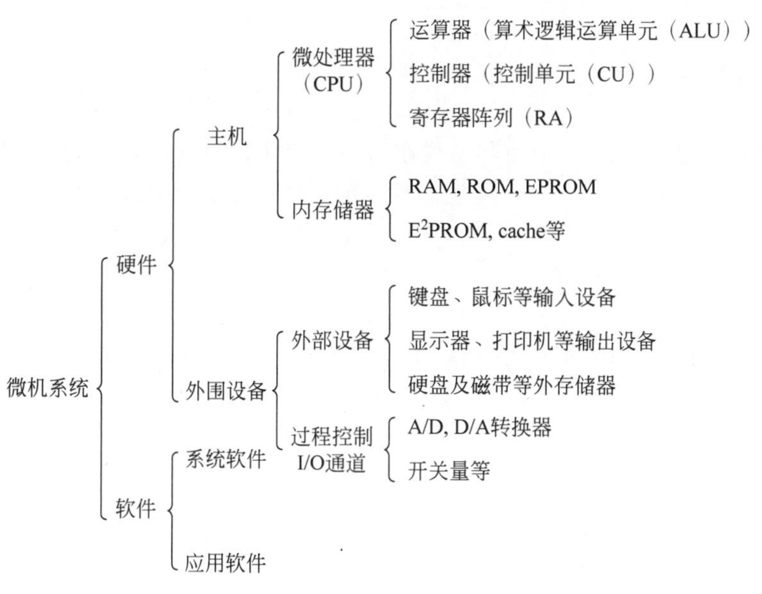

图 3-5　微型计算机系统组成

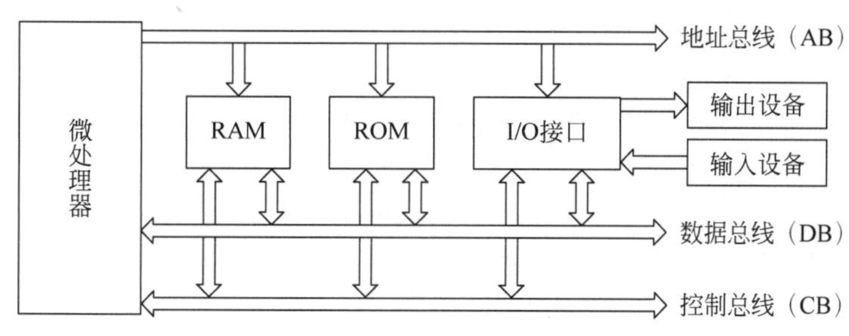

图 3-6　微型计算机硬件系统结构

所谓总线，是指计算机中各功能部件之间传送信息的公共通道，是微型计算机的重要组成部分。采用总线结构便于各部件和设备的扩充，尤其是制定统一的总线标准更易于使不同设备之间实现互连。总线可以是带状的扁平电缆线，也可以是印刷电路板上的一层极薄的金属连线。所有的信息都通过总线传送。

微型计算机采用总线结构有两个优点：一是各部件可通过总线交换信息，相互之间不必直接连线，这样可以减少传输线的根数，简化连线，使得工艺简单，线路可靠，从而提高计算机的可靠性；二是在扩展计算机功能时，只需把要扩展的部件连接到总线上即可，使功能扩展十分方便，便于实现硬件系统积木化，增加系统灵活性。

根据所传送信息的内容与作用不同，总线可分为以下三类。

(1) 地址总线(address bus，AB)：是专门用来传送地址的。在对存储器或 I/O 端口进行访问时，传送由 CPU 提供的要访问存储单元或 I/O 端口的地址信息，以便选中要访问的存储单元或 I/O 端口。由于地址只能从 CPU 传向外部存储器或 I/O 端口，所以地址总线总是单向总线。

(2) 数据总线(data bus，DB)：是用于传送数据信息的。从存储器取指令或读写操作数，对 I/O 端口进行读写操作时，指令码或数据信息通过数据总线送往 CPU 或由 CPU 送出。数据总线是双向总线，既可以把 CPU 的数据传送到存储器或 I/O 接口等其他部件，也

可以将其他部件的数据传送到 CPU。数据总线的位数是微型计算机的一个重要指标。

(3) 控制总线(control bus,CB):是用来传送控制信号和时序信号的。各种控制或状态信息通过控制总线由 CPU 送往有关部件,或者从有关部件送往 CPU。控制总线中每根线的传送方向是一定的,图 3-6 中控制总线作为一个整体,用双向表示。控制总线的位数要根据系统的实际控制需要而定,实际上控制总线的具体情况主要取决于 CPU。

采用总线结构时,系统中各部件均挂在总线上,可使微机系统的结构简单,易于维护,并具有更好的可扩展性。一个部件(插件)只要符合总线标准就可以直接插入系统,为用户对系统功能的扩充或升级提供了很大的灵活性。

目前微型机总线标准中常见的是 ISA 总线,它具有 16 位的数据宽度,工作频率 8 MB/s,最高数据传输率 8 MB/s; PCI 总线,32 位数据宽度,传输速率可达 132~264 MB/s。

总线主要有以下技术指标:

(1) 总线的位宽。

总线的位宽指的是总线能同时传送的二进制数据的位数,或数据总线的位数,即 16 位、32 位、64 位等。总线的位宽越宽,每秒钟数据传输率越大。

(2) 总线的工作频率。

总线的工作时钟频率以 MHz 为单位,工作频率越高,总线工作速度越快。

(3) 总线的带宽(总线数据传输速率)。

总线的带宽是指在总线上每秒能传输数据的最大字节量,用 MB/s 来表示。

总线的带宽=总线的工作频率×总线的位宽/8

总线位宽、总线工作频率、总线带宽三者之间的关系就像高速公路上的车道数、车速、车流量的关系。车流量取决于车道数和车速,车道数越多、车速越快则车流量越大。同样,总线带宽取决于总线的位宽和工作频率,总线位宽越宽、工作频率越高则总线的带宽越大。如果总线工作频率为 33 MHz,总线位宽为 32,则它的带宽为 33 MHz×32 bit/8=132 MB/s。

3.3.3 主板

主机板简称为主板(mainboard)又称为母版,是计算机各个部件的连接载体。主板上有一组芯片组,芯片组几乎决定着主板的全部功能,甚至影响整个计算机性能的发挥。芯片组分为北桥芯片和南桥芯片。北桥芯片决定着 CPU 的类型,主板系统的总线频率,内存类型、容量和性能,显卡插槽规格;而南桥芯片决定着扩展槽的种类与数量、扩展接口的类型和数量,显示性能和音频性能等。微机在运行时,主机和外部设备之间的控制都依靠主板来实现,所以主板会影响微机整体的运行速度和稳定性,是微机最基本和最重要的部件之一。目前主板一线品牌有华硕(ASUS)、微星(MSI)、技嘉(GIGABYTE)等,微机的主板如图 3-7 所示。

3.3.4 CPU

中央处理器(central processing unit,CPU),是包括运算器(算术逻辑运算单元,arithmetic logic unit,ALU)、控制器(controller)和寄存器(register)的一块超大规模集成电路芯片。微机中,CPU 简称为微处理器,是微机的核心部件。图 3-8 所示为微机的 CPU。

运算器主要负责对信息的加工处理。运算器不断地从存储器中得到要加工的数据,对

图 3-7　微机的主板

图 3-8　微机的 CPU

其进行算术运算和逻辑运算，并将最后的结果送回存储器中，整个过程在控制器的指挥下有条不紊地进行。运算器除了进行信息加工外，还有一些寄存器可以暂时存放运算的中间结果，节省了从存储器中传递数据的时间，加快了运算速度。

控制器是计算机的指挥中枢，主要作用是使计算机能够自动地执行命令。控制器从存储器中将程序取出并进行译码，再根据程序的要求向各部件发出命令；另外，控制器还从各部件中接收有关指令执行情况的反馈信息，并依次向各部件发出下一步执行命令。

寄存器是 CPU 内部的临时存储单元，如存放运算的结果等。

目前能够独立制造 CPU 的生产厂商主要有 Intel 公司和 AMD 公司。Inter 公司早期产品为赛扬(Celeron)系列和奔腾(Pentium)系列，现在的产品为酷睿(Core)系列。AMD 公司早期产品为闪龙(Sempron)系列和速龙(Athlon)系列，现在的产品为羿龙(Phenom)系列。

3.3.5　存储器

存储器的主要功能是存放程序和数据。使用时，可以从存储器中取出信息，不破坏原来的内容，这种操作称为存储器的读操作；也可以把信息写入存储器，原来的内容被抹掉，这

种操作称为存储器的写操作。存储器通常分为内存储器和外存储器。

1. 内存储器

内存储器简称内存(又称主存),是计算机中信息交流的中心。用户通过输入设备,把程序和数据送入内存,控制器执行的指令和运算器处理的数据取自内存,运算的中间结果和最终结果也保存在内存中;输出设备输出的信息来自内存,内存中的信息如要长期保存,就应送到外存储器中。总之,内存要与计算机的各个部件打交道,进行数据传送。因此,内存的存取速度直接影响计算机的运算速度。

内存储器从功能上分为只读存储器(read only memory,ROM)和随机存储器(random access memory,RAM)。只读存储器的特点是存储的信息只能读取,不能写入,断电后信息不会丢失,可靠性高,ROM主要用来存放固定不变的控制计算机的系统程序和参数表,也用于存放常驻内存的监控程序和部分引导程序,通常所说的BIOS就存放在ROM中,ROM的物理外形一般是双列直插式(DIP)的集成块。存储随机器是指可以进行读写操作的存储器,当计算机电源关闭时,存放在RAM中的数据和信息就会丢失。微机的内存储器如图3-9所示。

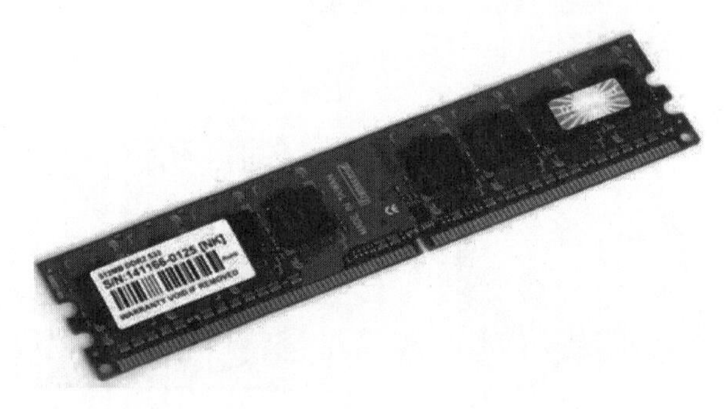

图3-9　微机的内存储器

2. 外存储器

外存储器简称外存(又称辅助存储器),主要用来长期存放"暂时不用"的程序和数据。通常外存不和计算机的其他部件直接交换数据,只和内存交换数据,而且不是按单个数据进行存取,而是成批地进行数据交换。常用的外存有磁盘、磁带、光盘、U盘等。

外存与内存有许多不同之处:一是外存不怕停电,例如磁盘上的信息可以保持几年,甚至几十年,CD-ROM可以永久保存;二是外存的容量不像内存那样受多种限制,可以大得多,如当今硬盘的容量有500 GB、1 TB等;三是外存速度慢,内存速度快。外存有磁带存储器、软盘存储器、U盘存储器、硬盘存储器、光盘存储器等,下面简要介绍一下各种外存储器。

(1) 磁带存储器(1963年)。

磁带用于存储大中型计算机中的程序、图像和数据,采用磁表面介质。虽然磁带存储器只能按顺序进行"读写"操作,不能随机"读写",但它具有存储容量大,"读写"速度慢,成本低,不受断电的影响等优点,在早期很受用户青睐。磁带存储器如图3-10所示。

(2) 软盘存储器(1967年)。

软盘存储器在微型机中用于存放和输出小型程序或数据。软盘主要使用的是3.5英寸(1英寸=2.54 cm)软盘,它最多只能存1.44 MB数据。软盘具有既能进行"读"又能"写"

图 3-10 磁带存储器

操作，不受断电的影响，携带方便等优点，在 20 世纪七八十年代颇为盛行，但是终因为容量的限制，已被 U 盘和可移动硬盘取代。

软盘片由外向里分成许多同心圆的槽，称之为磁道。各种信息都存放在磁道上，通常软磁盘的磁道数为 80，编号 0～79，最外面的磁道为 0 磁道，它是 DOS 的保留区。每条磁道又被划分为若干等分，每一等分称为扇区，每条磁道上的扇区数是相等的。一个扇区含有 512 字节。软磁盘片上的磁道密度由磁盘驱动器决定，一条磁道的扇区数由操作系统决定。一般情况下，3.5 英寸软盘片的每个磁道被分成 18 个扇区，它的容量是：2 面×80 磁道/面×18 扇区/磁道×512 字节/扇区＝1474560 字节＝1440 KB。软盘存储器如图 3-11 所示。

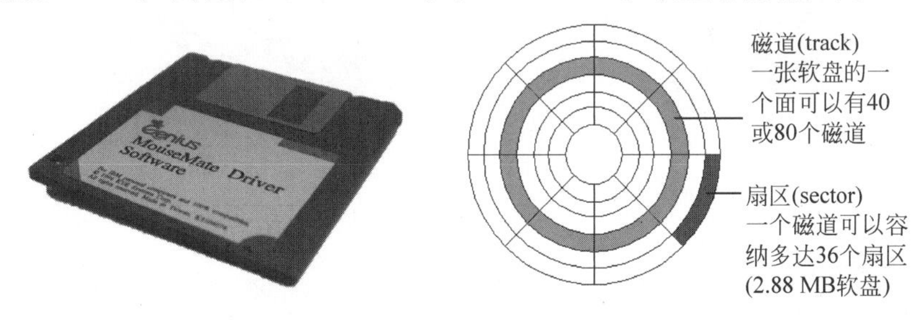

图 3-11 软盘存储器

(3) U 盘存储器。

USB 闪存盘(USB flash disk)简称 U 盘，采用当前最为先进的 Flash 闪存芯片为存储介质。由于 U 盘最早的称呼来源于朗科科技生产的一种新型存储设备名为“优盘”，并且朗科申请了专利，所以之后生产的类似技术的设备不能再称之为“优盘”，就改称谐音“U 盘”。

U 盘是一种移动存储产品，主要用于存储较大的数据文件和在计算机之间方便地交换文件。U 盘不需要物理驱动器，也不需外接电源，可热插拔，容量大，读/写速度快，使用非常简单方便。U 盘体积很小，重量极轻，可抗震防潮，特别适合随身携带，是移动办公及文件交换理想的存储产品。U 盘存储器如图 3-12 所示。

图 3-12 U 盘存储器

随着数码产品的高速普及，近年来闪存卡也进入了高速发展时期，得到了越来越广泛的应用，相机、掌上计算机、随身听上处处都可能用到闪存卡。闪存卡有很多种类，常见的有 CF 卡、SD 卡、MMC 卡、记忆棒、SM 卡、XD 卡等，其中 CF 卡已经有了相当长的历史，由于其建立标准的时间长、兼容性好、容量大、价格低等原因而得到了广泛的应用,是通用性最强的存储卡之一。CF 卡作为一种先进的移动数码存储产品,具有高速度、大容量、体积小、重量轻、功耗低等优点。CF 卡使用 Flash 作为存储媒介,无须供电也能保存资料,适合用在移动设备上。

(4) 硬盘存储器。

硬盘存储器简称硬盘(hard disk),如图 3-13 所示,是微机主要的存储媒介之一,是内存的主要后备存储器。硬盘从结构上分为固定式硬盘与可换式硬盘两种。固定式硬盘又称为温切斯特盘,它以一个或多个不可更换的硬磁道作为存储介质。可换式硬盘是一种可更换盘片的硬盘。PC 的硬盘直径一般有 5.25 英寸、3.5 英寸、2.5 英寸等,目前台式机一般配置 3.5 英寸硬盘,容量可达到 2 TB。硬盘的使用寿命为 20 万小时左右。目前硬盘主流的转速为 7200 r/min,新款硬盘可达到 15000 r/min。

图 3-13 硬盘存储器

硬盘具有存取速度快、抗震性强、工作适应温度范围广等优点,但其价格贵、存储容量小、寿命短、不能中断供电。

(5) 光盘存储器(1972 年)。

光盘存储器简称光盘,主要用于存储计算机中的程序、图像和数据,是采用光介质的存储器。光盘按照性能可分为只读型光盘 CD-ROM,一次写多次读型光盘 WORM,可擦写型光盘 CD-RW、DVD-ROM 光盘等。

只读型光盘存储容量大,成本低,但只能进行"读"操作,不能进行"写"操作。光盘存储器如图 3-14 所示。

图 3-14 光盘存储器

3.3.6 外部设备

1. 输入设备

输入设备用来接收用户输入的原始数据和程序,并将它们转换为计算机可以识别的形式(二进制)存放到内存中。常用的输入设备有键盘、鼠标、扫描仪、光笔、数字化仪、麦克风等。

1）键盘

键盘(keyboard)是微机系统最重要的输入设备,通过键盘可以将各种文字符号和指令信息输入微机中。键盘按接口的不同可分为 PS/2 接口和 USB 接口,如图 3-15 所示。按照键盘结构分为机械式键盘和电容式键盘,如图 3-16 所示。按照外形可以分为标准键盘和人体工程学键盘,如图 3-17 所示。按照键盘的连接方式分为有线键盘和无线键盘,如图 3-18 所示。

图 3-15　PS/2 接口和 USB 接口

图 3-16　电容式键盘和机械式键盘

图 3-17　标准键盘和人体工程学键盘

图 3-18　有线键盘和无线键盘

键盘是由按键、导电塑胶、编码器以及接口电路等组成，当用户按下其中一个键时，键盘中的解码器将此按键所对应的编码通过接口电路输送到微机的键盘缓冲器中，然后由 CPU 进行识别处理。

2）鼠标

鼠标(mouse)的外形非常像一只老鼠，所以取名鼠标，在 Windows 及网络中使用频率相当高，鼠标是增强键盘输入功能的一个重要设备。相对于键盘来说鼠标更加方便、快捷。鼠标按工作原理可分为机械式鼠标、光电式鼠标和轨迹球式鼠标三种，如图 3-19 所示。机械式鼠标目前已经被淘汰。目前广泛使用的是光电式鼠标。轨迹球式鼠标工作原理与机械式鼠标几乎相同，只不过轨迹球鼠标的滚动球在鼠标底座的上方，可以直接用手拨动，精度高于机械式鼠标。

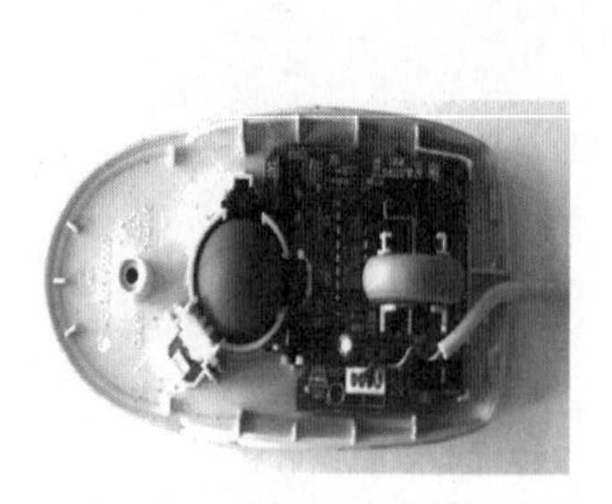

图 3-19　机械式、光电式、轨迹球式鼠标

按照接口鼠标可分为 PS/2 接口鼠标、USB 接口鼠标和无线鼠标，如图 3-20 所示。无线鼠标是利用 DRF 技术把鼠标在 X 或 Y 轴上的移动、按键按下或抬起的信息转换成无线信号并发送给主机。

图 3-20　PS/2 接口鼠标、USB 接口鼠标、无线鼠标

操作者对鼠标的操作可分为左击、右击、双击及拖动，这四种不同的操作可以实现不同的功能。

2. 输出设备

输出设备的功能是将内存中计算机处理后的信息转换为人们所能接受的形式，它将微机处理后的文字、声音和图像等信息表现出来，常用的输出设备有显示器、打印机、绘图仪、音响等。

1）显示器

显示器由监视器和显示适配器组成，是最常用的输出设备。显示器可以显示键盘输入的命令或数据，也可以显示计算机数据处理的结果，是用户与微机进行交互时必不可少的重要设备。

显示器按照尺寸分为：14 英寸、15 英寸、17 英寸、19 英寸、21 英寸等。

显示器按照色彩分为：单色显示器和彩色显示器，目前单色显示器已经被淘汰。

显示器按照显像管分为：CRT 显示器和 LCD 显示器，如图 3-21 所示。

图 3-21　CRT 显示器和 LCD 显示器

CRT 显示器是一种使用阴极射线管(cathode ray tube)的显示器。主要由五部分组成：电子枪(electron gun)、偏转线圈(deflection coils)、荫罩(shadow mask)、高压石墨电极、荧光粉涂层(phosphor)及玻璃外壳。当显像管内部的电子枪阴极发出的电子束经强度控制、聚焦和加速后变成细小的电子流，在经过偏转线圈的作用向正确的目标偏离，穿越荫罩的小孔或栅栏轰击到荧光屏上的荧光粉时，使被击打位置的荧光粉发光，通过电压来调节电子束的功率，就会在屏幕上形成阴暗不同的光点，形成各种图案和文字。

LCD(liquid crystal display，液晶)显示器的横截面很像是很多层三明治叠在一起。液晶位于两片导电玻璃体之间，颜色过滤器和液晶层可以显示出红、蓝和绿 3 种基本的颜色。当液晶层受到电压变化的影响后，液晶只允许一定数量的光线通过。光线的发射角度按照液晶来控制，当 LCD 中的电极产生电场时，液晶分子就会发生扭曲，将穿越其中的光线进行有规则的折射，最后经过第二层过滤层的过滤在屏幕上显示出来。

显示器的主要参数：

(1) 显像管尺寸：显像管尺寸与电视机的尺寸标注方法是一样的，都是指显像管的对角线长度。

(2) 分辨率：分辨率是指显示器所能显示的点数的多少。

(3) 刷新频率：刷新频率就是每秒钟刷新屏幕的次数，也叫场频或垂直扫描频率。

(4) 行频：行频也是一个很重要的指标，它是指显示器电子枪每秒钟所扫描的水平行数，也叫水平扫描频率，单位是 kHz。行频与分辨率、刷新频率之间的关系是：行频＝刷新频率×垂直分辨率。

(5) 带宽：就是显示器的电子枪每秒钟内能够扫描的像素个数。带宽的计算公式为：带宽＝水平分辨率×行频。

(6) 点距：点距是针对使用孔状荫罩的 CRT 显示器来说的，指荧光屏上两个同样颜色荧光点之间的距离。

2）打印机

打印机也是计算机中最常用的输出设备。按输出方式可分为击打式和非击打式，击打式以针式打印机为主要代表，如图 3-22 所示。非击打式以激光打印机和喷墨打印机为主流，如图 3-23 所示。

图 3-22　针式打印机

图 3-23　激光打印机和喷墨打印机

针式打印机是利用机械和电路驱动原理，使打印针撞击色带和打印介质，进而打印出点阵，再由点阵组成字符或图形来完成打印任务的。针式打印的优点是结构简单、技术成熟、性能价格比好、消耗费用低。

激光打印机是利用激光束将数字化图形或文档快速“投影”到一个感光表面(感光鼓)，被激光束命中的位置会发生电子充电现象，然后就像磁铁那样，吸引一些纤细的铁粉颗粒(即“墨粉”)。对于单色打印机，这些墨粉是黑色的，而对于彩色打印机，则为青、洋红、黄和黑等颜色。墨粉会从感光鼓上传输到纸面。同时由于纸面要通过一个高热的滚筒，所以那些墨粉就“固定”到纸上了。激光打印机的优点是技术成熟、可靠性高、快速安全、分辨率高和运转费用低。

喷墨打印机是带电的喷墨雾点经过电极的偏转后直接在纸上形成文字或图形，喷墨打印机能打印的详细程度依赖于喷头(喷头是一种包含数百个小喷嘴的设备，每一个喷嘴都装满了从可与卸载的墨盒中流出的墨)在打印机上的墨点的密度和精确度。喷墨打印机的优点是价格便宜、噪声小、图形质量高。

3.4　微机的软件系统

如前所述，计算机系统的硬件只提供了执行机器指令的“物质基础”，要用计算机来解决一个具体任务，需要根据求解该问题的“算法”，用指令来编制实现该算法的程序，计算机通过运行该算法的程序才能获得解决这一任务的结果。随着计算机硬件技术的不断发展及广泛应用,计算机软件技术也日益完善与丰富。用于信息处理的计算机似乎有神奇的力量,什么都能干,这种神奇之力来自软件,软件是计算机的灵魂。

3.4.1 软件的概念及分类

所谓软件,就是支持计算机工作、提高计算机使用效率和扩大计算机功能的各类程序、数据和有关文档的总称。程序(program)是为了解决某一问题而设计的一系列指令或语句的有序集合;数据(data)是程序处理的对象和处理的结果;文档(document)是描述开发程序、使用程序和维护程序所需要的有关资料。

计算机软件发展非常迅速,其内容又十分丰富,若仅从用途来划分,大致分为以下3种。

(1) 服务类软件:这类软件是面向用户的,为用户提供各种服务,包括各种语言的集成化软件如Visual C++、各种软件开发工具及常用的库函数等。

(2) 维护类软件:此类软件是面向计算机维护的,包括错误诊断和检测软件、测试软件、各种调试用软件,如Debug等。

(3) 操作管理类软件:此类软件是面向计算机操作和管理的,包括各种操作系统、网络通信系统和计算机管理软件等。

若从计算机系统角度看,计算机软件一般分为系统软件和应用软件两大类,如图3-24所示。

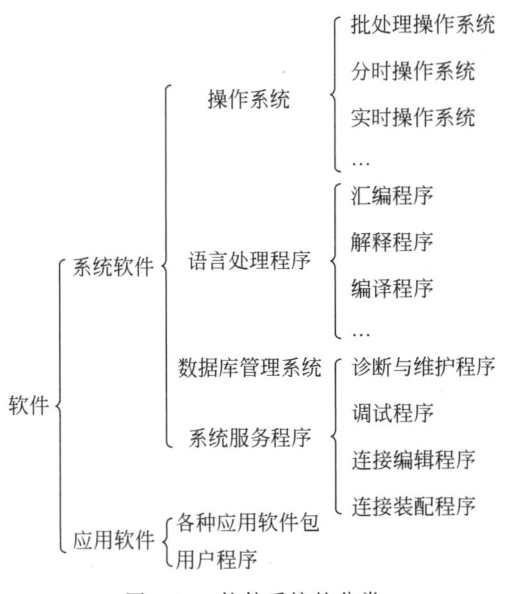

图3-24 软件系统的分类

3.4.2 系统软件

系统软件是指管理、控制和维护计算机的各种资源,以及扩大计算机功能和方便用户使用计算机的各种程序集合。它是构成计算机系统必备的软件,通常由计算机厂家或第三方厂家提供,一般包括:操作系统、语言处理程序、数据库管理系统和系统服务程序四类。

系统软件有两个显著的特点:一是通用性,其算法和功能不依赖于特定的用户,普遍适用于各个应用领域；二是基础性，其他软件都是在系统软件的支持下进行开发和运行。

1. 操作系统

为了使计算机系统的所有软、硬件资源协调一致，有条不紊地工作，就必须有一个软件来进行统一的管理和调度，这种软件就是操作系统(operating system，OS)。操作系统的主要功能是管理和控制计算机系统的所有资源(包括硬件和软件)，目前微机上常见的操作系统有 DOS、UNIX、Windows、Linux 等，操作系统具有并发性、共享性、虚拟性、不确定性四个基本特征。

2. 数据库管理系统

数据库管理系统(database management system，DBMS)是一种对数据进行统一管理的系统软件，用于建立、使用和维护数据库。有了数据库管理系统就可以保证数据库的安全性和完整性。微机上比较著名的数据库管理系统有 DB2、Access、Oracle、SQL Server、MySQL 等，不同的数据库管理系统，应用范围也不同。

3. 语言处理程序

计算机语言是程序设计的最重要的工具，它是指计算机能够接受和处理的、具有一定格式的语言。从计算机诞生至今，计算机语言已经发展到了第四代。

第一代计算机语言是机器语言，它是由 0、1 代码组成的，能被机器直接理解、执行的指令集合。这种语言编程质量高，所占空间少，执行速度快，是机器唯一能够执行的语言，但机器语言不易学习和修改，且不同类型机器的机器语言不同，只适合专业人员使用，现在几乎已经没有人用机器语言直接编程了。

第二代计算机语言是汇编语言，它采用一定的助记符来代替机器语言中的指令和数据，又称为符号语言。汇编语言一定程度上克服了机器语言难读难改的缺点，同时保持了其编程质量高、占存储空间少、执行速度快的优点。故在程序设计中，对实时性要求较高的地方，如过程控制等，仍经常采用汇编语言。该语言也依赖于机器，不同的计算机一般也有着不同的汇编语言。

第三代是高级语言阶段，即面向过程的语言。用高级语言编写的程序易学、易读、易修改，通用性好，不依赖于机器。但机器不能对其编制的程序直接运行，必须经过语言处理程序的翻译后才可以被机器接受。高级语言的种类繁多，如面向过程的 FORTRAN、Pascal、C 语言等，面向对象的 C++、Java、Visual Basic 等。

第四代计算机语言是面向对象的语言，它是一种非过程化的语言。使用这种语言设计程序时，用户不必给出解题过程的描述，仅需要向计算机提出所要解决的问题即可。用它们编制的源程序都不能在计算机上直接运行，而需要借助于语言处理程序加工成目标程序后，才能够被机器执行。在所有的程序设计语言中，除了用机器语言编制的程序能够被计算机直接理解和执行外，其他的程序设计语言编写的程序都必须经过一个翻译过程才能转换为计算机所能识别的机器语言程序，实现这个翻译过程的工具是语言处理程序。

从高级语言程序到获得运行结果的一般过程如图 3-25 所示，高级语言编写的程序称为源程序，其不能被计算机直接执行，要经过翻译。翻译的方法有两种：编译和解释。大部分高级语言都是采用编译程序进行翻译的，C 语言便是其中之一。还有一些高级语言则是采用另外一种翻译程序—解释程序进行处理的。解释程序直接对源代码中的语句进行解释执行，产生运行结果，它不产生目标代码，见图 3-26。其优点是易于实现人机对话，能及时帮助用户发现错误和改正错误；但其效率低，耗时较多，如BASIC就是采用解释程序进行处理的。

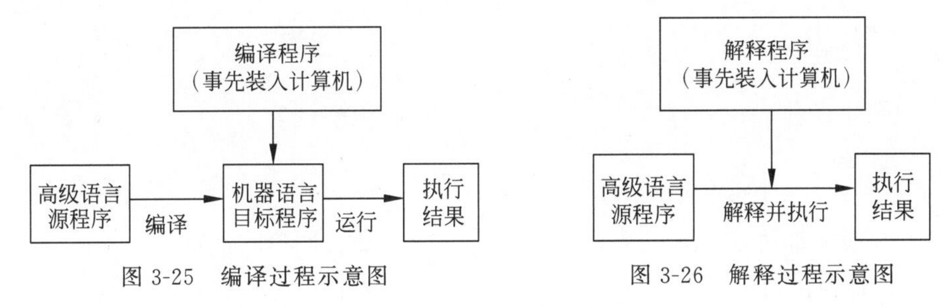

图 3-25　编译过程示意图　　　　图 3-26　解释过程示意图

3.4.3　应用软件

应用软件是为了解决各种实际问题而设计的计算机程序，通常由计算机用户或专门的软件公司开发。目前应用软件的种类很多，按其主要用途分为科学计算、数据处理、过程控制、辅助设计和人工智能软件等。应用软件的组合可称为软件包或软件库。数据库及数据库管理系统过去一般认为是应用软件，随着计算机的发展，现在已被认为是系统软件。随着计算机技术的不断发展，应用领域不断拓宽，应用软件种类将日益增多，在软件中所占比重越来越大，如今已是市场上的主要软件类别。

硬件系统和软件系统是密切相关和相互依存的。硬件所提供的机器指令、低级编程接口和运算控制能力，是实现软件功能的基础；没有软件的硬件机器称为裸机，功能极为有限，甚至不能有效启动或进行起码的数据处理工作。裸机每增加一层软件，就变成了一台功能更强的机器。应该指出，现代计算机硬件与软件之间的分界并不十分明显，有时软件与硬件在逻辑上有着某种等价的意义。常用的应用软件有办公软件如Microsoft Office、信息管理软件、辅助设计软件如CAD、娱乐软件等。

本章小结

本章主要介绍了计算机系统的组成、计算机的体系结构、计算机的硬件基础知识、工作原理，以及微型计算机硬件系统的各组成部分：总线、CPU、内存储器、主板、外存储器和输入/输出设备。冯·诺依曼型计算机系统是由硬件系统和软件系统两大部分组成。计算机硬件系统由运算器、控制器、存储器、输入设备和输出设备5部分组成，软件系统一般分为系统软件和应用软件两大类。

习　题　3

一、选择题

1．微型计算机系统中采用总线结构对CPU、存储器和外部设备进行连接。总线通常由三部分组成，它们是(　　)。

A．逻辑总线、传输总线和通信总线　　B．地址总线、运算总线和逻辑总线

C．数据总线、信号总线和传输总线　　D．数据总线、地址总线和控制总线

2．下面列出的四种存储器中，易失性存储器是(　　)。

A. RAM B. ROM
C. PROM D. EPROM

3. 硬盘工作时,应注意避免(　　)。
A. 光线直射 B. 强烈震动
C. 潮湿 D. 噪声

4. 内存和外存相比,其主要特点是(　　)。
A. 存取大量信息 B. 能长期保存信息
C. 存取速度快 D. 能同时存储程序和数据

5. 下列存储器中,存取速度最快的是(　　)。
A. 软磁盘存储器 B. 硬磁盘存储器
C. 光盘存储器 D. 内存储器

6. CPU 不能直接访问的存储器是(　　)。
A. ROM B. RAM
C. Cache D. CD-ROM

7. 微型计算机中,控制器的基本功能是(　　)。
A. 存储各种控制信息 B. 传输各种控制信号
C. 产生各种控制信息 D. 控制系统各部件正确地执行程序

8. 下列四条叙述中,属 RAM 特点的是(　　)。
A. 可随机读写数据,且断电后数据不会丢失
B. 可随机读写数据,断电后数据将全部丢失
C. 只能顺序读写数据,断电后数据将部分丢失
D. 只能顺序读写数据,且断电后数据将全部丢失

9. 关于硬件系统和软件系统的概念,下列叙述不正确的是(　　)。
A. 计算机硬件系统的基本功能是接收计算机程序,并在程序控制下完成数据输入和数据输出任务
B. 软件系统建立在硬件系统的基础上,它使硬件功能得以充分发挥,并为用户提供一个操作方便、工作轻松的环境
C. 没有装配软件系统的计算机不能做任何工作,没有实际的使用价值
D. 一台计算机只要装入系统软件后,即可进行文字处理或数据处理工作

10. 微型机的最小配置是由(　　)组成。
A. 主机、输入设备、存储器 B. 主机、键盘、显示器
C. CPU、存储器、输出设备 D. 键盘、显示器、打印机

11. 微型机中的 COMS 属于(　　)。
A. RAM B. ROM C. CPU D. 外存储器

12. I/O 接口位于(　　)。
A. 总线和 I/O 设备之间 B. CPU 和 I/O 设备之间
C. 主机和总线之间 D. CPU 和主存储器之间

二、填空题

1. 微机的硬件系统是由________、________、________、________、________组成的。

2. ROM 的中文名称是________,RAM 的中文名称是________。

3. 在微型计算机组成中,最基本的输入设备是________,输出设备是________。

4. 在计算机工作时,________用来存放当前正在使用的程序和数据。

三、问答题

1. CPU 是什么?它包括哪些硬件?CPU 的主要功能是什么?

2. 内存与外存有什么区别?

3. 什么是总线?计算机的总线有哪几种?有什么功能?

4. 什么是分辨率?什么是点距?

四、实践题

通过网上或实体店自己模拟配置一台计算机,然后说明硬件的配置情况。

第二篇 现代办公平台篇

办公自动化(office automation,OA)是信息社会的重要标志,是管理信息化的基础和重要组成部分。以计算机等现代化的办公设备为基础,利用现代化办公手段,辅助办公人员日常工作,可以大幅提高办公效率和办公质量。

本篇介绍具有图形用户界面的 Windows 10 操作系统平台,以及 Microsoft Office 2016 办公套件中的文字处理软件 Word 2016、电子表格处理软件 Excel 2016 和演示文稿创作软件 PowerPoint 2016。通过对这些办公软件的学习,读者可以掌握现代办公的基本技能。

第4章　Windows 10 操作系统

操作系统(operating system,OS)是最重要的系统软件,它控制和管理计算机系统软件和硬件资源,提供用户和计算机操作接口界面,并提供软件的开发和应用环境。计算机硬件必须在操作系统的管理下才能运行,人们借助操作系统才能方便、灵活地使用计算机,而Windows 则是微软公司开发的基于图形用户界面的操作系统,也是目前使用最为广泛的操作系统。本章首先介绍操作系统的基本知识和概念,之后重点介绍 Windows 10 操作系统的使用和操作。

4.1　操作系统和 Windows 10

操作系统是最重要、最基本的系统软件,没有操作系统,人与计算机将无法直接交互,无法合理组织软件和硬件有效地工作。通常,没有操作系统的计算机被称为“裸机”。

4.1.1　操作系统概述

1. 什么是操作系统

操作系统是一组控制和管理计算机软、硬件资源为用户提供便捷使用计算机的程序集合,它是配置在计算机上的第一层软件,是对硬件功能的扩充。操作系统不仅是硬件与其他软件系统的接口,也是用户和计算机之间进行交流的界面。操作系统是计算机软件系统的核心,是计算机发展的产物。引入操作系统主要有两个目的:一是方便用户使用计算机,用户输入一条简单的指令,操作系统就能启动相应程序,调度恰当的资源执行结果,自动完成复杂的功能;二是统一管理计算机系统的软、硬件资源,合理组织计算机工作流程,以便更有效地发挥计算机的效能。

操作系统是用户和计算机之间的接口,是为用户和应用程序提供进入硬件的界面。图 4-1 所示为计算机硬件、操作系统、其他系统软件、应用软件以及用户之间的层次关系。

用户程序
系统应用程序
操作系统
裸机

图 4-1　计算机系统层次结构

2. 操作系统的功能

(1) 处理器管理。

处理器管理最基本的功能是处理中断事件。处理器只能发现中断事件并产生中断,而不能进行处理,配置了操作系统后,就可以对各种事件进行处理。处理器管理的另一个功能是处理器调度。处理器可能是一个,也可能是多个,不同类型的操作系统将针对不同情况采取不同的调度策略。

(2) 存储器管理。

存储器管理主要是指针对内存储器的管理。主要任务是分配内存空间,保证各作业占用的存储空间不发生矛盾,并使各作业在自己所属存储区中互不干扰。

(3) 设备管理。

设备管理是指负责管理各类外围设备(简称外设),包括分配、启动和故障处理等。主要任务是当用户使用外围设备时,必须提出要求,待操作系统进行统一分配后方可使用。当用户的程序运行到要使用某外设时,由操作系统负责驱动外设。操作系统还具有处理外设中断请求的能力。

(4) 文件管理。

文件管理是指操作系统对信息资源的管理。在操作系统中,将负责存取的管理信息的部分称为文件系统。文件是在逻辑上具有完整意义的一组相关信息的有序集合,每个文件都有一个文件名。文件管理支持文件的存储、检索和修改等操作以及文件的保护功能,操作系统一般都提供功能较强的文件系统,有的还提供数据库系统来实现信息的管理工作。

(5) 作业管理。

每个用户请求计算机系统完成一个独立的操作称为作业。作业管理包括作业的输入和输出,作业的调度与控制(根据用户的需要控制作业运行的步骤)。

3. 操作系统的种类

操作系统可以从以下两个角度进行分类。

(1) 从用户角度,将操作系统分为单用户单任务(如 DOS)、单用户多任务(如 Windows)和多用户多任务(如 UNIX)。

(2) 从系统操作方式的角度,将操作系统分为批处理操作系统、分时操作系统、实时操作系统、网络操作系统和分布式操作系统 5 种。

4.1.2 Windows 10 的特性

2015 年 7 月 29 日,美国微软公司正式发布计算机和平板计算机操作系统 Windows 10。

Windows 10 的版本经过多次修改和更新,发展至第五版 Windows 10,也是最新的一版 Windows 10,又称 Windows 10 创意者更新秋季版(官方宣布名称之前,曾临时称作"Windows 10 秋季创意者更新"),代号 RS3,版本号 16299,发布于 2017 年 10 月。

Windows 10 RS3 的特性主要有:

(1) OneDrive 支持按需同步;

(2) 有限数目的应用采用"流畅设计"语言;

(3) Windows Ink 功能获大量改进;

(4) 可将人脉图标或某个联系人的头像固定在任务栏;

(5) 支持在任务管理器中查看 GPU 使用状况;

(6) Microsoft Edge 开启和关闭标签更加流畅;

(7) 微软小娜(Cortana)新增"视觉智能"功能;

(8) 新增 Mixed Reality Viewer 应用程序;

(9) 支持连接 Android 设备和 iOS 设备。

4.2　Windows 10 的基本元素和基本操作

Windows 10 和以前版本的 Windows 相比，仍由桌面、窗口、对话框和菜单等基本部分组成，但对于某些基本元素的组合做了精细、完美与人性化的调整，整个界面发生了较大的变化，变得更加友好和易用，使用户操作起来更加方便和快捷。

4.2.1　Windows 10 的启动与关闭

1. Windows 10 的启动

安装了 Windows 10 操作系统的计算机，打开计算机电源开关即可启动 Windows 10，打开电源开关后系统首先进行硬件自检。如果用户在安装 Windows 10 时设置了口令，则在启动过程中将出现口令对话框，用户只有回答正确的口令方可进入 Windows 10 系统，如图 4-2 所示。

2. 睡眠、关机、重启 Windows 10

(1) 单击“开始”按钮，在打开的菜单中选择“电源”图标，选择如图 4-3 所示的“关机”选项。

① 睡眠。“睡眠”是一种节能状态，当选择“睡眠”选项后，计算机会立即停止当前操作，将当前运行程序的状态保存在内存中并消耗少量的电能，只要不断电，当再次按下计算机开关时，便可以快速恢复“睡眠”前的工作状态。

② 关机。在选择“关机”选项后，计算机关闭所有打开的程序以及 Windows 10 本身，然后完全关闭计算机。

③ 重启。重启计算机可以关闭当前所有打开的程序以及 Windows 10 操作系统，然后自动重新启动计算机并进入 Windows 10 操作系统。

图 4-2　Windows 10 登录界面

图 4-3　Windows 10 关机选项

(2) 在桌面按下 Alt+F4 快捷键，在打开的对话框中单击下拉列表框，如图 4-4 所示，选择所需选项并单击“确定”按钮即可完成相应操作。

① 切换用户。选择“切换用户”选项后，关闭所有当前正在运行的程序，但计算机不会关闭，其他用户可以登录而无须重新启动计算机。

② 注销。选择“注销”选项的操作和“切换用户”的操作类似。

以上两项操作都是在单击“确定”按钮后生效。

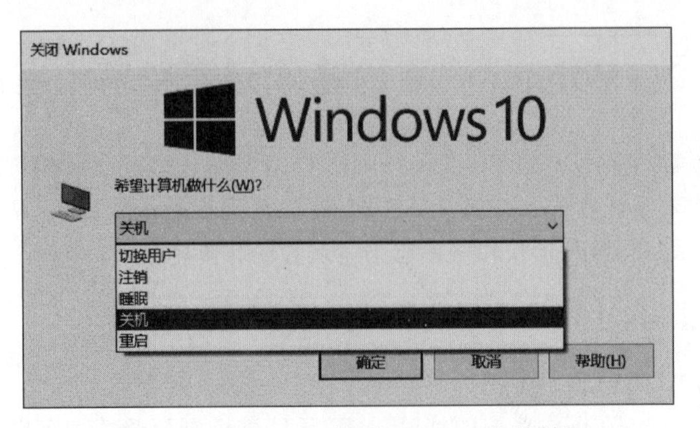

图 4-4　Windows 10“关闭 Windows”对话框

4.2.2　Windows 10 桌面

桌面是用户启动计算机及登录 Windows 10 操作系统后看到的整个屏幕界面,它看起来就像一张办公桌面,用于显示窗口和对话框,如图 4-5 所示。

图 4-5　Windows 10 桌面组成

桌面是用户和计算机进行交流的界面,它是由若干应用程序图标和任务栏组成,也可以根据需要在桌面上添加各种快捷图标,在使用时双击图标就能快速启动相应的程序或文件。

1. 桌面图标及其查看和排序方式

1) 桌面图标

桌面图标包含图形和文字说明两部分。每个图标代表一个工作对象,如文件夹或者某个应用程序,如图 4-5 所示。这些图标与安装系统时选择的组件有关,一般包括“此电脑”“网络”等图标,可将经常使用的程序或文档放在桌面或在桌面建立快捷方式,以便能够快速方便地进入相应的工作环境。

(1) 添加系统图标到桌面。

用户可以根据自身办公需要添加经常使用的系统图标到桌面上,方便平时快速打开该程序。添加系统图标到桌面的操作步骤如下。

① 右击桌面空白处，在弹出的快捷菜单中选择“个性化”选项。

② 在打开的“设置”窗口左侧列表的“个性化”栏中选择“主题”选项，单击右侧的“桌面图标设置”超链接，如图 4-6 所示。

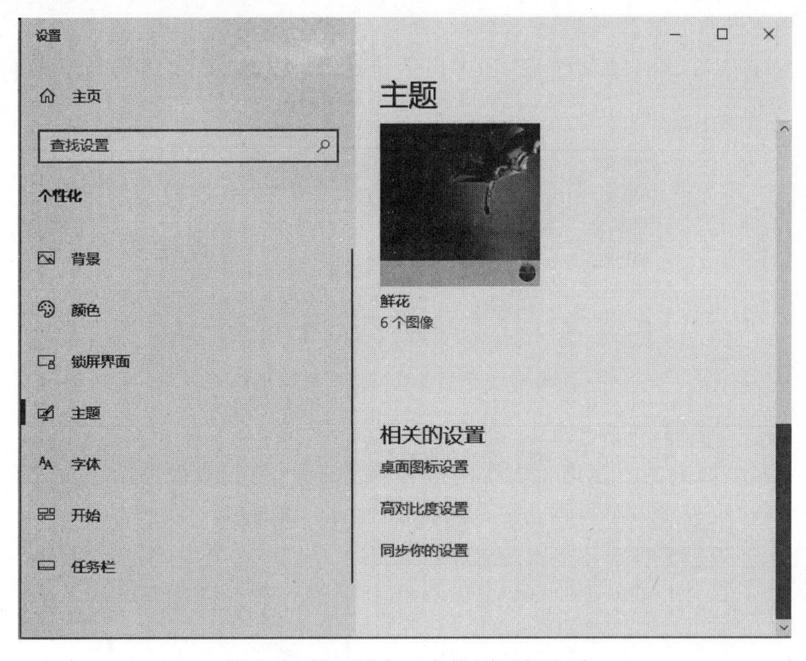

图 4-6 “设置”窗口中的“主题”选项

③ 在打开的“桌面图标设置”对话框中的“桌面图标”栏选中需要在桌面显示的图标，如图 4-7 所示，然后单击“确定”按钮。

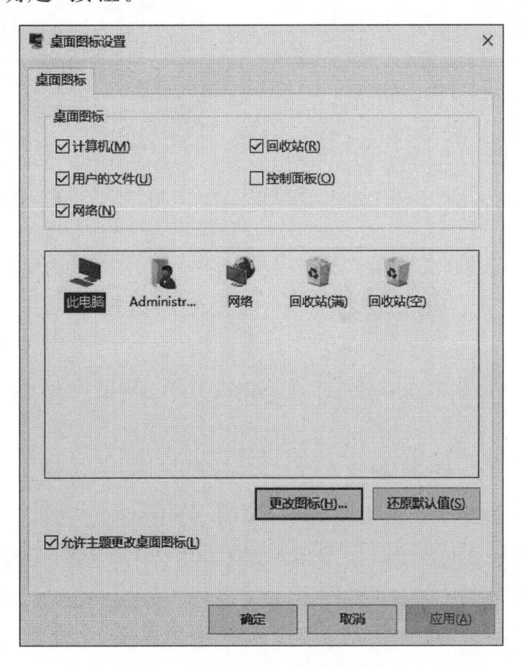

图 4-7 “桌面图标设置”对话框

(2) 添加快捷图标到桌面。

为了方便使用,用户可以将文件、文件夹和应用程序的图标添加到桌面上。添加方法有以下两种。

方法1:在"开始"菜单的列表中找到需要添加到桌面的应用程序,将其选中并按下鼠标左键不放拖移至桌面后释放左键。

方法2:右击某个文件或文件夹,在弹出的快捷菜单中选择"发送到"→"桌面快捷方式"选项,如图4-8所示。

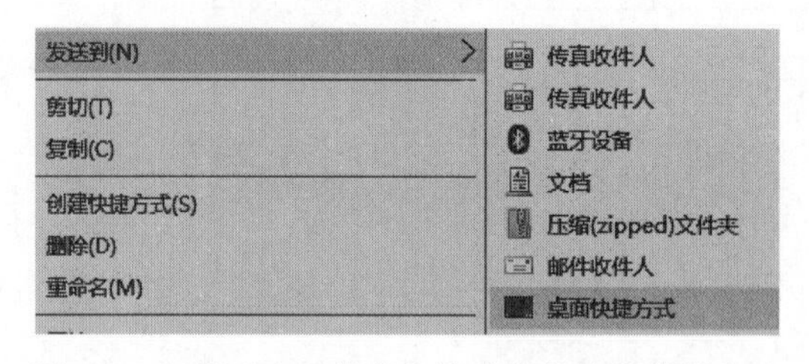

图4-8 在桌面建立某个文件或文件夹的快捷方式

2) 桌面图标的查看和排序方式

用户需要对桌面上的图标进行大小和位置调整时,可以在桌面上的空白处右击,在弹出的快捷菜单中选择"查看"和"排序方式"选项,如图4-9和图4-10所示。

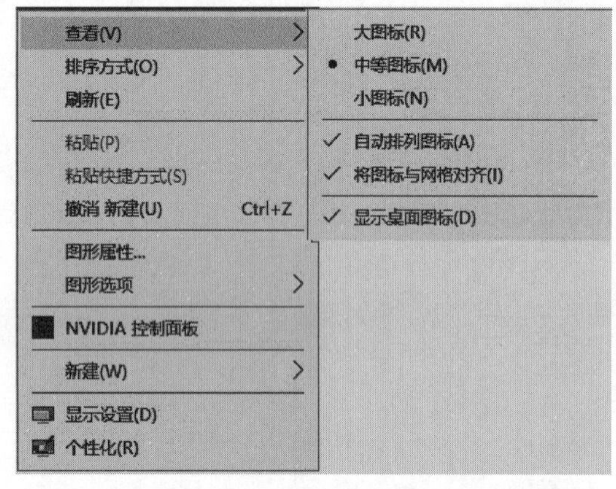

图4-9 桌面图标的"查看"选项

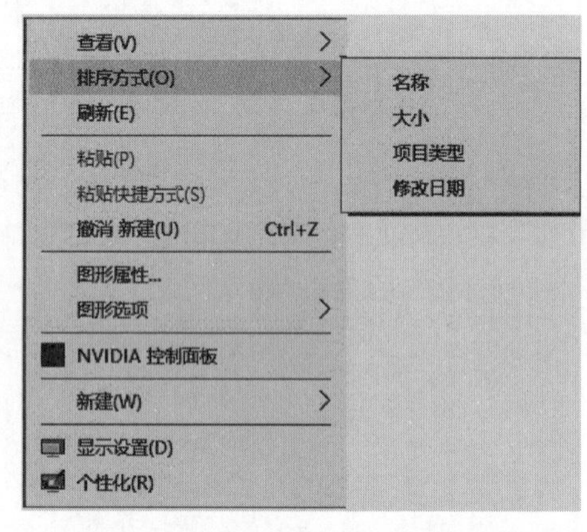

图4-10 桌面图标的"排序方式"选项

(1) 在"查看"子菜单中如果取消"显示桌面图标"的显示状态,则桌面图标会全部消失;如果取消"自动排列图标"选项的选中状态,则可以使用鼠标拖动图标将其摆放在桌面上的任意位置。

(2) 在"排序方式"子菜单中可以选择按名称、大小、项目类型和修改日期进行排序。

2. 任务栏

任务栏在桌面的最下方,如图4-11所示。

(1) "开始"按钮。位于任务栏的最左边,使用Windows 10通常是从"开始"按钮开始。

(2) "任务视图"按钮。"任务视图"按钮是Windows 10系统新增的功能,可用它来设置"虚拟桌面",能快速地查看打开的应用程序。

(3) 快速启动栏。由一些按钮组成,单击按钮便可快速启动相应的应用程序。

(4) 任务窗口。用于显示正在执行的应用程序和打开的窗口所对应的图标,单击任务

图 4-11　任务栏

按钮图标可以快速切换活动窗口。

（5）通知区域。此区域是显示后台运行的程序，右击通知区域图标时，将弹出该图标的快捷菜单，该菜单提供特定程序的快捷方式。

在任务栏的空白处右击，弹出如图 4-12 所示的快捷菜单，该快捷菜单用于“锁定任务栏”和在任务栏“显示任务视图按钮”等的设置。选择“任务栏设置”选项，打开如图 4-13 所示的“设置 任务栏”窗口。该窗口主要用于在桌面模式下自动隐藏任务栏和任务栏在桌面上的位置等的设置。

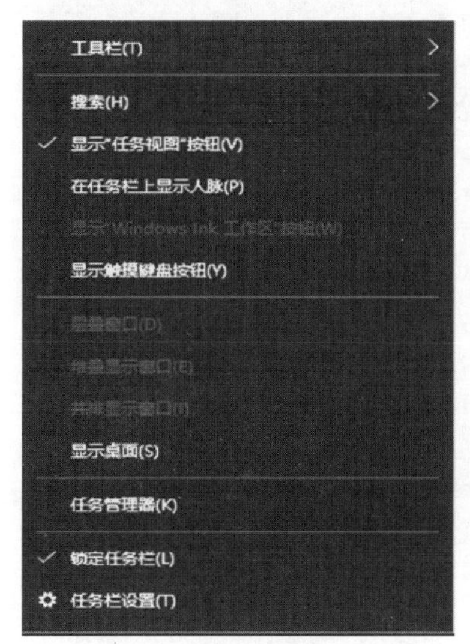

图 4-12　任务栏的快捷菜单

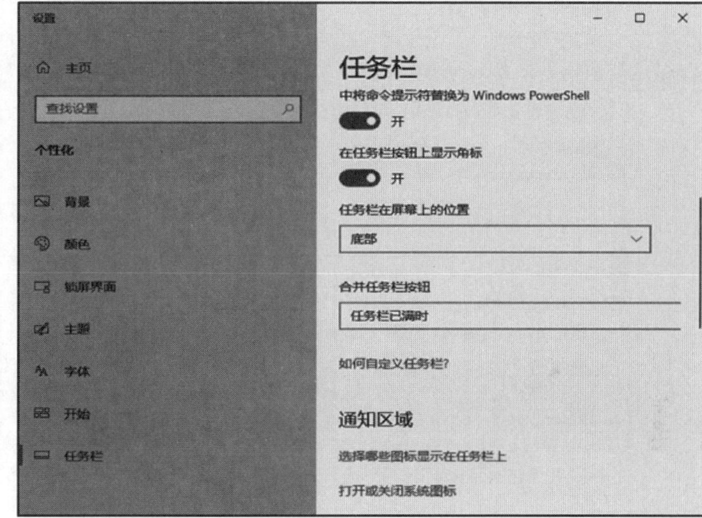

图 4-13　“设置 任务栏”窗口

3. 任务管理器

“任务管理器”提供了有关计算机性能、计算机运行程序和进程的信息，主要用于管理中央处理器和内存程序。利用“任务管理器”启动程序、结束程序或进程，查看计算机性能的动态显示，更加方便地管理维护自己的系统，提高工作效率，使系统更加安全、稳定。

在任务栏空白处右击，在弹出的快捷菜单（如图 4-12 所示）中选择“任务管理器”选项，打开如图 4-14 所示的“任务管理器”窗口，使用 Ctrl＋Alt＋Del 快捷键，也可打开“任务管理器”窗口。

（1）在“进程”列表中可查看应用程序或进程所占用的 CPU 及内存大小，单击应用程序或进程，然后单击“结束任务”按钮，此时该程序或进程将会被结束。

（2）“性能”选项卡的上部则会以图形形式显示 CPU、内存、硬盘和网络的使用情况，如图 4-15 所示。

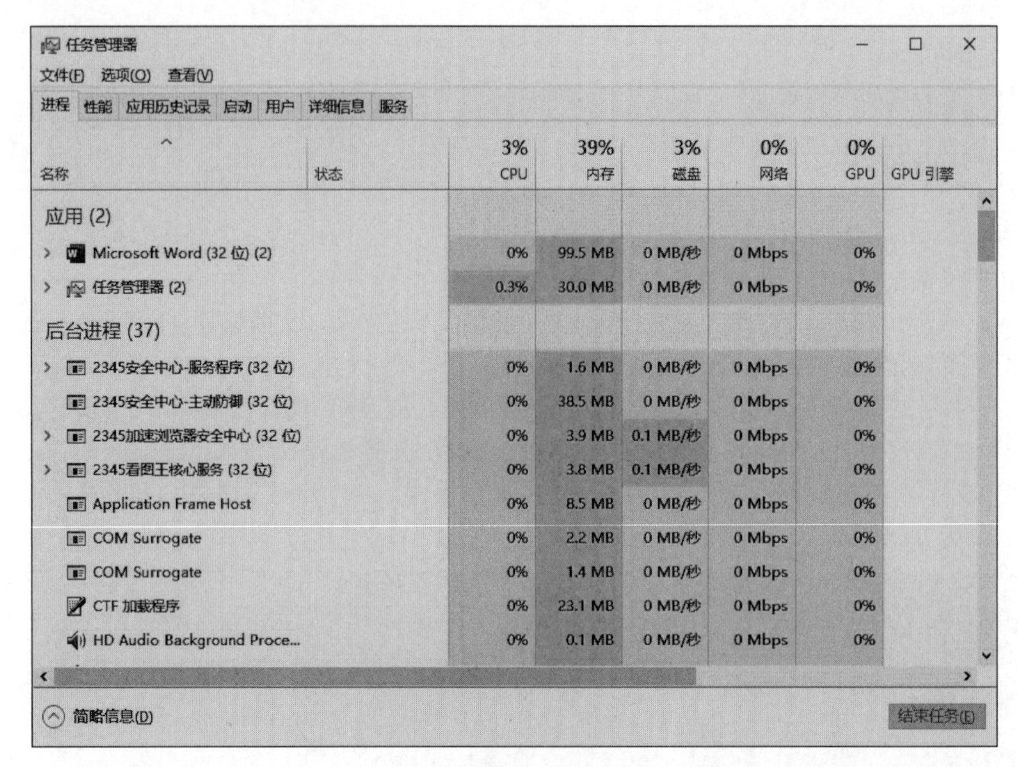

图 4-14 “任务管理器”窗口的“进程”选项卡

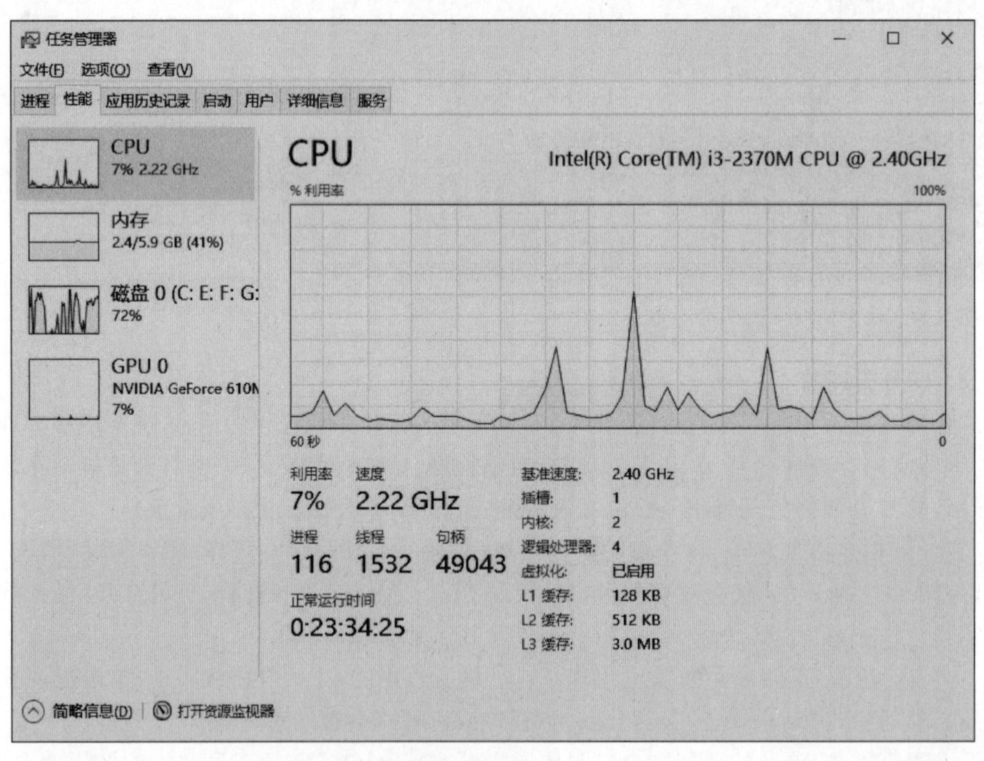

图 4-15 “任务管理器”窗口的“性能”选项卡

4.2.3 Windows 10 窗口和对话框

1. Windows 10 窗口

1) 窗口的组成

Windows 10 以窗口的形式管理各类项目，基本窗口只有两种，即文件窗口和文件夹窗口。通过窗口可以查看文件夹等资源，也可以通过程序窗口进行操作、创建文档，还可以通过浏览器窗口畅游 Internet。虽然不同的窗口具有不同的功能，但基本的形态和操作都是类似的。Windows 10 中的文件夹窗口组成如图 4-16 所示。

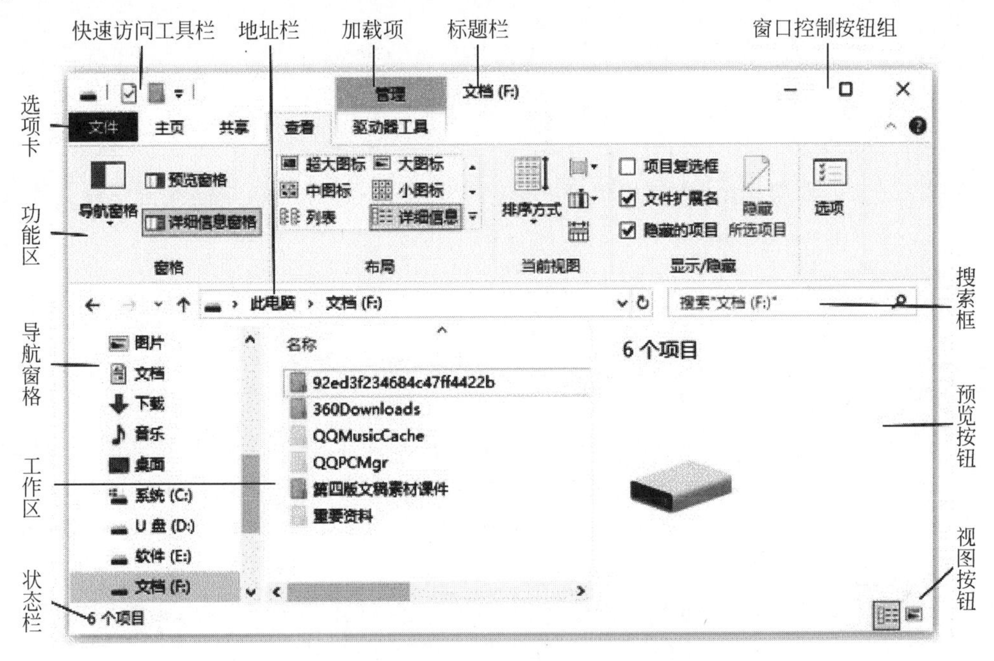

图 4-16 Windows 10 中的文件夹窗口组成

(1) 标题栏：位于窗口顶部，用于显示不同文件夹窗口的名称，它与地址栏的名称相同，左侧显示该文件夹窗口对应的图标，单击该图标可选择移动、最小化、最大化、关闭等命令，故称控制图标。最右侧是最小化按钮、最大化/还原按钮和关闭按钮。

(2) 地址栏：位于工作区的上部，通过单击“前进”和“后退”按钮，导航至已经访问的位置。还可以单击“前进”按钮右侧的向下箭头，然后从该列表中进行选择以返回到以前访问过的窗口。

(3) 选项卡：Windows 10 将之前的菜单栏和工具栏变成了选项卡和功能区，使文件夹窗口和文件窗口的操作完全统一了起来，操作更直观、方便和快捷。选项卡随打开的不同文件夹窗口而改变，根据窗口中添加的不同项目还增加了“加载项”选项卡。尽管不同文件夹窗口其选项卡也不同，但所有文件夹窗口都有“文件”和“查看”两个选项卡。除“此电脑”窗口外，其他所有文件夹窗口还包含“主页”和“共享”两个选项卡，但只有“此电脑”窗口和“驱动器”窗口包含“管理驱动器工具”选项卡，该选项卡包含“保护”“管理”和“介质”3 个组，主要用于对驱动器的管理和操作，如磁盘的清理、格式化、光盘的刻录和擦除等操作，因此把它称作“加载项”。

(4) 功能区：用于放置不同选项卡所对应的命令按钮,这些命令按钮按组放置。

(5) 工作区：用于显示该文件夹窗口所包含的所有文件夹或文件的图标和名称。

(6) 导航窗格：单击可快速切换或打开其他窗口。

(7) 搜索框：地址栏的右侧是功能强大的搜索框,用户可以在此输入任何想要查询的搜索项。若用户不知道要查找的文件位于某个特定的文件夹或库中,浏览文件可能意味着查看数百个文件和子文件夹,为了节省时间和精力,可以使用搜索框搜索想要找的文件。

(8) 视图按钮：位于窗口右下角,包含"在窗口中显示每一项的相关信息"和"使用大缩略图显示项"两个按钮,用以控制窗口中所包含项目的显示方式。

2) 窗口的操作

在 Windows 10 中,可以同时打开多个窗口,窗口始终显示在桌面上,窗口的基本操作包括移动窗口、排列窗口、调节窗口大小、窗口贴边显示等。

(1) 打开窗口。

在 Windows 10 桌面上,可使用两种方法打开窗口,一种方法是左键双击图标；另一种方法是在选中的图标上右击,在弹出的快捷菜单中选择"打开"选项。

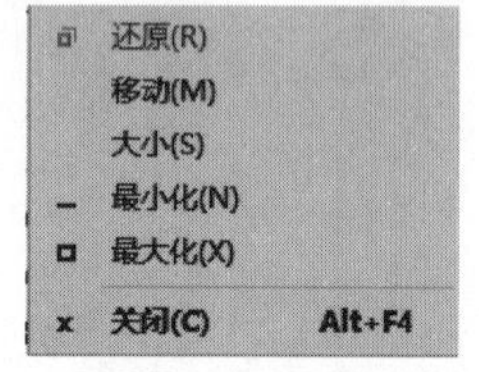

图 4-17　控制菜单

(2) 关闭窗口。

关闭窗口的方法有两种,直接单击窗口右上角的关闭按钮；或者右击标题栏,弹出如图 4-17 所示的控制菜单,选择"关闭"选项。

(3) 切换窗口。

Windows 10 是一个多任务操作系统,可以同时处理多项任务。当前正在操作的窗口称为活动窗口,其标题栏呈深蓝色显示,已经打开但当前未操作的窗口称为非活动窗口,标题栏呈灰色显示。切换窗口有以下 3 种方法：

方法 1：在想要激活的窗口内单击。

方法 2：通过按 Alt+Tab 快捷键切换窗口,此时会打开一个对话框,每按一次 Tab 键就会选择下一个窗口图标,当窗口图标带有边框时,即为激活状态。

方法 3：在任务栏处单击窗口最小化图标,切换相应的窗口为活动窗口。

(4) 移动窗口。

当窗口处于还原状态时,将鼠标指针移动到窗口的标题栏上,按住鼠标左键不放,拖动至目标位置后松开鼠标,窗口移动至目标位置。注意：当窗口最大化时不能移动窗口。

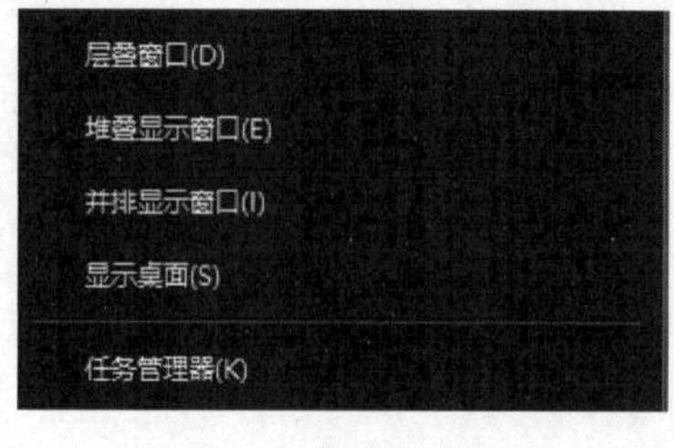

图 4-18　窗口排列方式

(5) 排列窗口。

在系统中一次打开多个窗口,一般情况下只显示活动窗口,当需要同时查看打开的多个窗口时,可以在任务栏空白处右击,弹出如图 4-18 所示的快捷菜单,根据需求可选择层叠窗口、堆叠显示窗口或者并排显示窗口选项。

(6) 缩放窗口。

当窗口处于还原状态时,可以随意改变窗口的大小,以便将其调整到合适的尺寸。将鼠标指针放在窗口的水平或垂直边框上,当鼠标指针变成上下或左右双向箭头时进行拖动,也可以改变窗口的高度或宽度。将鼠标指针放在窗口边框任意角上,当鼠标指针变成斜线双向箭头时进行拖动,可对窗口进行等比例缩放。

（7）窗口贴边显示。

在 Windows 10 系统中，如果需要同时处理两个窗口，可以用鼠标指向一个窗口的标题栏并按下鼠标左键，拖曳至屏幕左右边缘或角落位置，窗口会冒“气泡”，此时松开鼠标左键，窗口即可贴边显示。

2. Windows 10 对话框

对话框是一种特殊的 Windows 窗口，由标题栏和不同的元素组成，用户可以通过对话框与系统之间进行交互操作。对话框可以移动，但不能改变大小，这也是它和窗口的重要区别。

在 Windows 的对话框中，除了标题栏、边界线和“关闭”按钮外，还有一些控件供用户使用，如图 4-19 所示。

图 4-19　对话框组件

（1）选项卡。

当两组以上功能的对话框合并在一起，形成一个多功能对话框时就会出现选项卡，单击标签可以进行选项卡的切换。

（2）命令按钮。

命令按钮用来执行某一种操作，单击某一命令按钮将执行与其名称相应的操作。例如单击“确定”按钮，表示保存所做的全部更改并关闭对话框。

（3）复选框。

有一组选项供用户选择，可选择若干项，各选项间一般不会冲突，被选中的项前有一个

"√",若再次单击该项则取消"√"。

(4) 单选按钮。

表示在一组选项中选择一项且只能选择一项,单击某项则被选中,被选中的项前面有一个圆点。

(5) 下拉列表框。

下拉列表框中包含多个选项,单击下拉列表框右侧的按钮,将弹出一个下拉列表,从中可以选择所需的选项。

(6) 数值框。

数值框用于输入数字,若其右边有两个方向相反的三角形按钮,可以单击它来改变数值大小。

4.2.4 Windows 10 菜单

Windows 10 菜单分为"开始"菜单、控制菜单和快捷菜单 3 种。每一种菜单各有其特点和用途。

1. "开始"菜单

单击桌面左下角的"开始"按钮,即可打开"开始"屏幕工作界面,它主要由"展开"按钮、用户名"Administrator"、"文档"按钮、"设置"按钮、"电源"按钮、所有应用程序列表和"动态磁贴"面板等组成,如图 4-20 所示。

图 4-20 "开始"屏幕

系统默认情况下,"开始"屏幕主要包含生活动态及播发和浏览的主要应用,用户可以根据需要将应用程序添加到"开始"屏幕中。

打开"开始"菜单,在程序列表中右击要固定到"开始"屏幕的程序,在弹出的快捷菜单中选择"固定到'开始'屏幕"选项,即可将程序固定到"开始"屏幕中。如果要从"开始"屏幕中取消固定，右击“开始”屏幕中的程序，在弹出的快捷菜单中选择“从‘开始’屏幕取消固定”选项即可。

就像从任务栏启动程序一样，单击“开始”屏幕中的程序图标即可快速启动该程序。

2. 控制菜单

每一个打开的窗口，都有一个标题栏，右击标题栏，弹出的下拉列表称为控制菜单，这组菜单主要用于对窗口的控制操作，故称控制菜单，如图 4-17 所示。

3. 快捷菜单

无论是 Windows 7 还是 Windows 10，用户在使用菜单时最喜欢使用的还是快捷菜单，这是因为快捷菜单方便、快捷。快捷菜单是右击一个项目或一个区域时弹出的菜单列表。图 4-21 和图 4-22 所示分别为在桌面右击“此电脑”图标和右击桌面空白区域弹出的快捷菜单。可以看出，选择不同对象或不同区域所弹出的快捷菜单是不一样的，使用鼠标选择快捷菜单中的相应选项即可对所选对象实现“打开”“删除”“重命名”等操作。

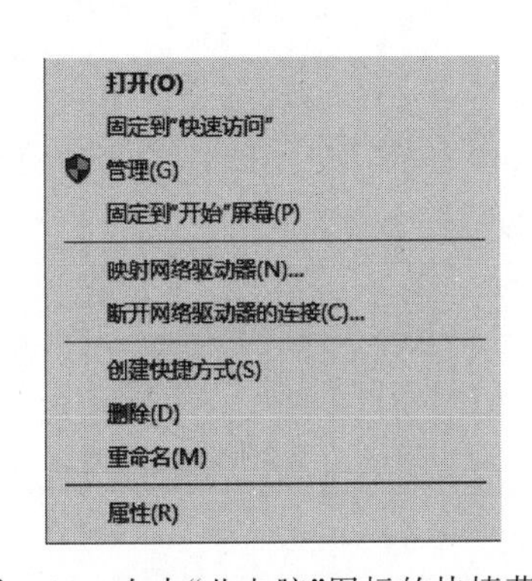

图 4-21　右击“此电脑”图标的快捷菜单

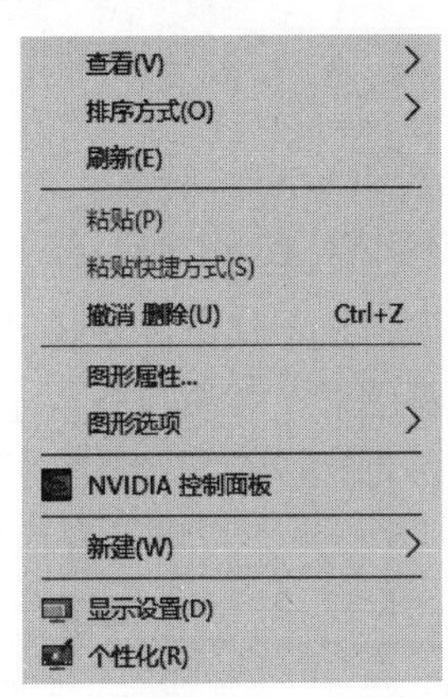

图 4-22　右击桌面空白区域的快捷菜单

4.3　Windows 10 的文件管理

计算机中所有的程序、数据等都是以文件的形式存放在计算机中的。在 Windows 10 中，“此电脑”与“文件资源管理器”都是 Windows 提供的用于管理文件和文件夹的工具，二者的功能类似，都具有强大的文件管理功能。本节首先介绍文件和文件夹的概念、文件资源管理器，然后介绍对文件和文件夹的常见操作。

4.3.1　文件和文件夹的概念

1. 磁盘分区与盘符

计算机中的主要存储设备为硬盘，但是硬盘不能直接存储数据，需要将其划分为多个空间，而划分出的空间即为磁盘分区，如图 4-23 所示。其中，U 盘是移动存储设备，其他盘均为本地磁盘的分区。磁盘分区是使用分区编辑器(partition editor)在磁盘上划分的几个逻辑部分，盘片一旦划分成数个分区，不同类的目录与文件就可以存储进不同的分区。

Windows 10 系统一般是用“此电脑”来存放文件。此外，也可以用移动存储设备来存放文件,如U盘、移动硬盘以及手机的内部存储器等。从理论上来说,文件可以被存放在“此电脑”的任意位置,但是为了便于管理,文件应按性质分盘存放。

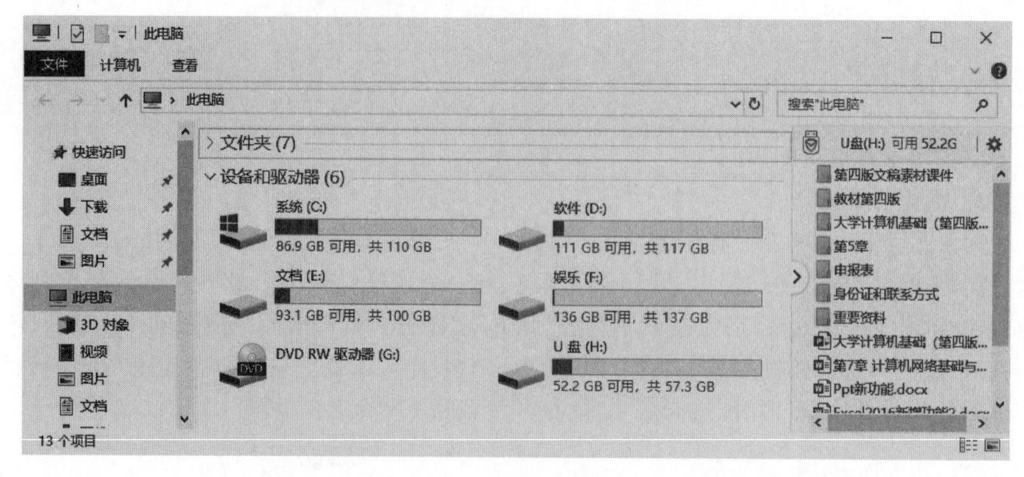

图 4-23　本地磁盘的分区

通常情况下,计算机的硬盘最少需要划分为3个分区：C、D和E盘。

C盘用来存放系统文件。所谓系统文件,是指操作系统和应用软件中的系统操作部分。一般系统默认情况下都会被安装在C盘,包括常用的程序。

D盘主要用来存放应用软件文件,如Office、Photoshop等程序,常常被安装在D盘。一般性的软件,如RAR压缩软件等可以安装在C盘；对于大型软件,如3ds Max等,需要安装在D盘,这样可以少用C盘的空间,从而提高系统的运行速度。

E盘用来存放用户自己的文件,如用户自己的电影、图片和Word资料文件等。如果硬盘还有多余空间,可以添加更多的分区。

【注意】 几乎所有的软件默认的安装路径都在C盘中,计算机用得越久,C盘被占用的空间就越多。随着时间的增加,系统运行速度会越来越慢。所以,安装软件时,需要根据自身情况改变安装路径。

2. 什么是文件和文件夹

1）文件的基本概念

（1）文件。

文件是一组相关信息的集合,每个文件都以文件名进行标识,计算机通过文件名存取文件。计算机中任何程序和数据都是以文件的形式存储在外部存储器上。一个存储器中能存储大量的文件,要对各个文件进行管理,则需要将它们分类进行组织。

（2）文件名的结构。

文件名一般由两部分组成,格式为“主文件名.扩展名”,两部分之间用英文“.”隔开。

扩展名一般是3个字符或4个字符,用来表示文件类型。如文件名“test.xlsx”表示该文件为一个Excel文档,常见的文件类型如表4-1所示。

文件与相应的应用程序的关联是通过文件的扩展名进行的,扩展名用来表示该文件的类型。

表 4-1 常见的文件类型

扩展名	文件类型	扩展名	文件类型
.docx	Word 文档文件	.bak	一些程序自动创建的备份文件
.xlsx	Excel 电子表格文件	.bat	DOS 中自动执行的批处理文件
.pptx	PowerPoint 演示文稿文件	.dat	某种形式的数据文件
.txt	记事本	.dbf	数据库文件
.bmp	画图程序或位图文件	.psd	Photoshop 生成的文件
.jpg	图像压缩文件格式	.dll	动态链接库文件(程序文件)
.exe	直接执行文件	.mp3	使用 mp3 格式压缩存储的声音文件
.com	命令文件(可执行的程序)	.inf	信息文件
.ini	系统配置文件	.wav	波形声音文件
.sys	DOS 系统配置文件	.zip	压缩文件
.wma	微软公司制定的声音文件格式		

(3) 文件名的组成。

文件名由字母、数字、汉字和其他的符号组成，最多可包含 255 个字符，文件名可以包含空格，但不能包含有以下字符：\、/、:、*、?、<、>、|。

(4) 文件名不区分大小写。

同一文件夹下的“ABC.txt”和“abc.txt”是指同一个文件。

2) 文件夹的基本概念

文件夹是计算机中用于分类存储文件的一种工具，可以将多个文件或文件夹放置在同一个文件夹中，从而对文件或文件夹分类管理。文件夹由文件夹图标和文件夹名称组成，其图标呈黄色显示，如图 4-24 所示。

图 4-24 文件夹

同文件名的组成一样，文件夹命名必须遵循以下规则。

(1) 文件夹名称长度最多可达 256 个字符，一个汉字相当于两个字符。

(2) 文件夹名称中不能出现斜线(\、/)、竖线(|)、小于号(<)、大于号(>)、冒号(:)、引号("")、问号(?)和星号(*)。

(3) 文件夹名称不区分大小写，如“abc”和“ABC”是同一个文件夹名。

(4) 文件夹没有扩展名。

(5) 同一个文件夹中的文件夹不能同名。

3) 文件/文件夹路径

文件和文件夹的路径表示文件和文件夹的位置，路径在表示时有绝对路径和相对路径两种表示方法。绝对路径是从根文件夹开始的表示方法，用\来表示，如 C:\Windows\System32 表示 C 盘下的 Windows 文件夹下的 System32 文件夹。根据文件或文件夹提供的路径，用户可以在计算机上找到该文件或文件夹的存放位置，如图 4-25 所示。

4) 文件和文件夹属性

文件和文件夹的属性有两种：只读、隐藏，如图 4-26 所示为文件属性，图 4-27 为文件夹属性。

(1) 只读：表示对文件或文件夹只能查看不能修改。

(2) 隐藏：在系统被设置为不显示隐藏文件或文件夹时，该对象隐藏起来不被显示。若

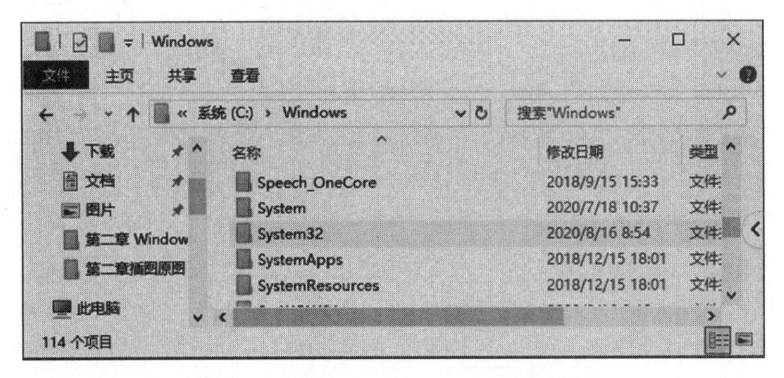

图 4-25　System32 文件夹的存放位置

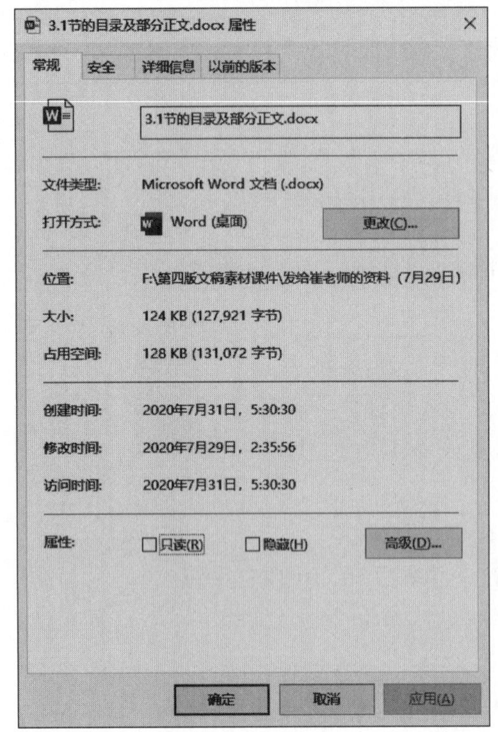

图 4-26　文件属性

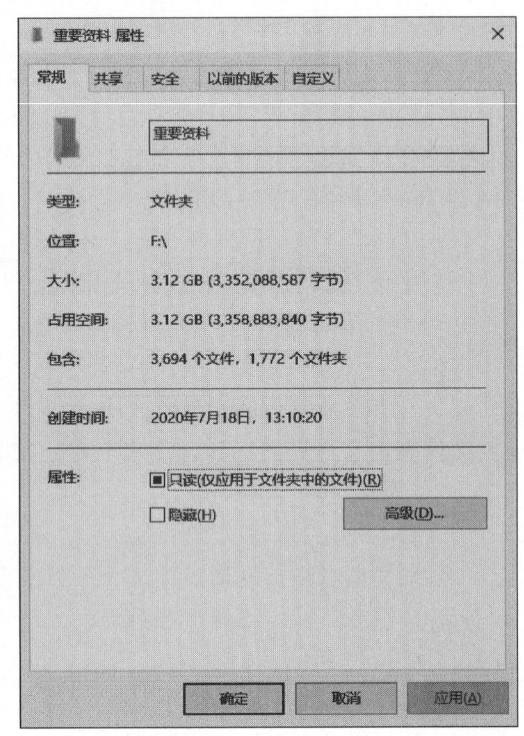

图 4-27　文件夹属性

要将其显示出来,应在“查看”选项卡的“显示/隐藏”组中选中“隐藏的项目”前的复选按钮,如图 4-28 所示。

4.3.2　文件资源管理器

文件资源管理器是 Windows 10 提供的资源管理工具,也是 Windows 10 的精华功能之一。通过文件资源管理器可以查看计算机上的所有资源,能够方便地管理计算机上的文件和文件夹。

1. 文件资源管理功能区

在 Windows 10 中,采用了 Ribbon 界面,最显著的特点就是采用了选项卡标签和功能区的形式,这也是区别于 Windows 7 及其以前版本的重要标志之一。下面介绍 Ribbon 界

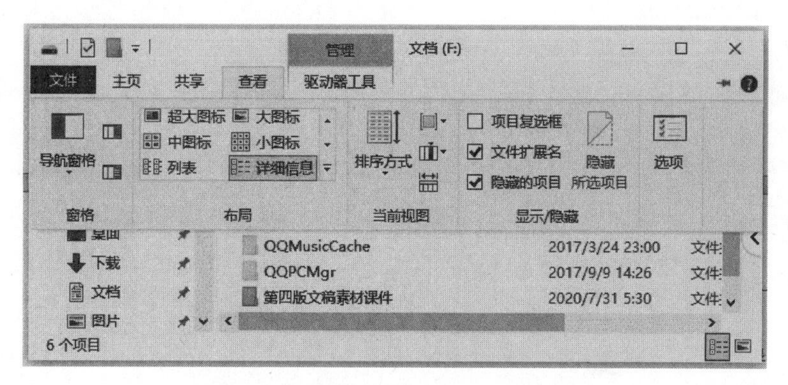

图 4-28 “查看”选项卡的“显示/隐藏”组

面，用户可以通过选择选项卡和其功能区的命令按钮，方便对文件和文件夹进行操作。

在 Ribbon 界面中，主要包含“文件”“主页”“共享”“查看”4 个选项卡，单击不同的选项卡标签，则打开不同的功能区，如图 4-29 所示。单击“展开功能区”按钮，则打开某选项卡对应的功能区。

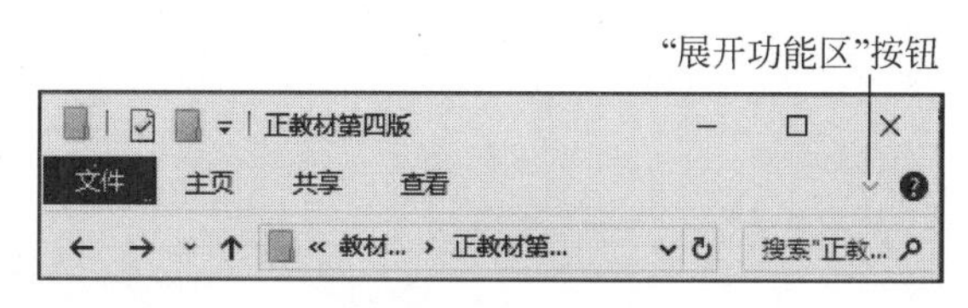

图 4-29 文件夹窗口的常见选项卡

(1) “文件”选项卡：在其下拉列表中包含“打开新窗口”“打开 Windows PowerShell”“选项”“帮助”和“关闭”5 个选项，右侧还会显示最近用户经常访问的“常用位置”，如图 4-30 所示。

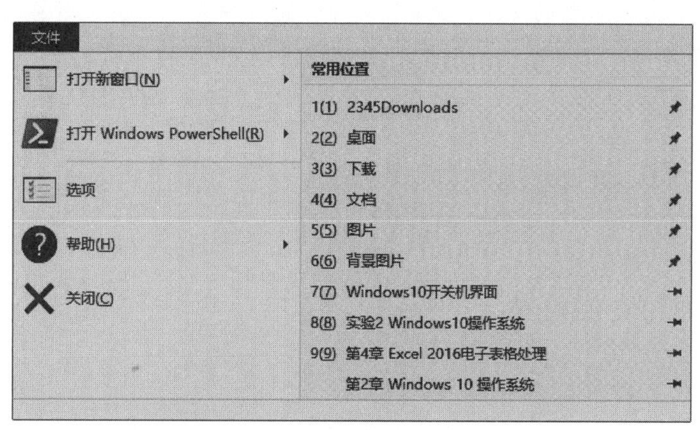

图 4-30 “文件”选项卡的下拉列表

(2) “主页”选项卡：包含“剪贴板”“组织”“新建”“打开”“选择”5 个组，主要用于文件或文件夹的新建、复制、移动、粘贴、重命名、删除、查看属性和选择等操作。如图 4-31 所示。若单击“最小化功能区”按钮，可将功能区折叠起来，只显示选项卡。

(3) “共享”选项卡：包含“发送”“共享”和“高级安全”3 个组，主要用于文件的发送和共享操作，如文件压缩、刻录和打印等，如图 4-32 所示。

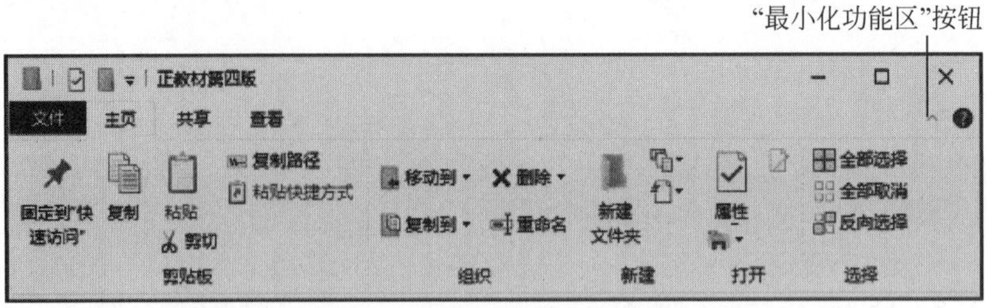

“最小化功能区”按钮

图 4-31 “主页”选项卡

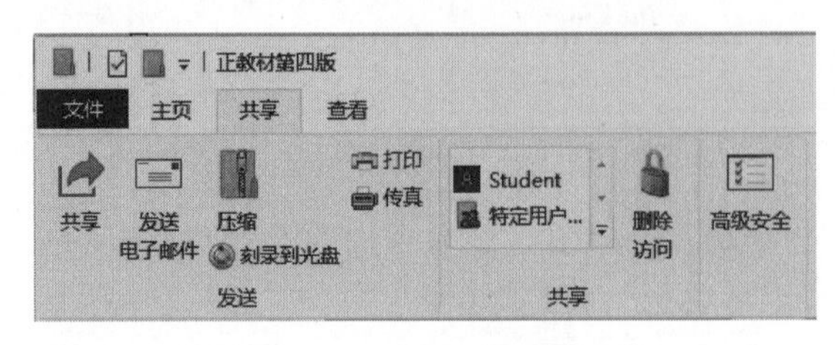

图 4-32 “共享”选项卡

(4) “查看”选项卡：包含“窗格”“布局”“当前视图”“显示/隐藏”“选项”5 个组，主要用于对窗口、布局、视图及显示/隐藏等操作，如图 4-33 所示。

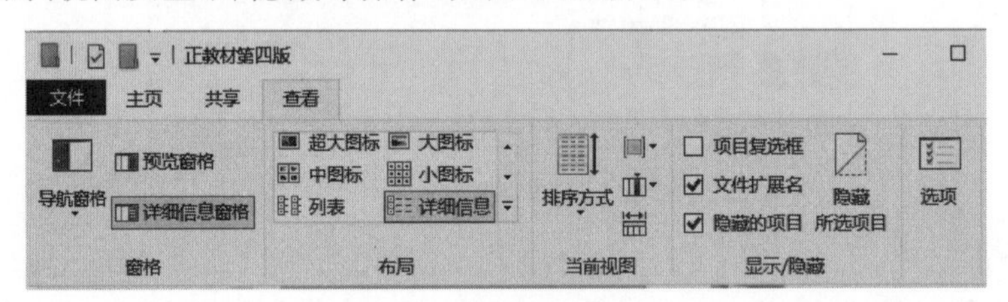

图 4-33 “查看”选项卡

【注意】 除了上述主要的选项卡外，当文件夹窗口中包含图片文件或音乐文件时，还会出现“图片工具管理”或“音乐工具”选项卡，当选中某个磁盘时还会出现“管理驱动器工具”选项卡，另外，还有“解压缩”“应用程序工具”等选项卡。这些选项卡被称为“加载项”。

2. 剪贴板

剪贴板是内存中一块区域，用于暂时存放信息，用来实现不同应用程序之间数据的共享和传递。所以，剪贴板是文件资源管理器的一个重要工具。

(1) 将信息存入剪贴板。

如下 4 个命令用于将信息存入剪贴板。

① 复制(按 Ctrl+C)。

② 剪切(按 Ctrl+X)。

③ 按下 Print Screen 键，将整个屏幕以图片形式复制到剪贴板中。

④ 按下 Alt+Print Screen 快捷键，将当前活动窗口或对话框以图片形式复制到剪贴板中。

(2) 将剪贴板中的信息取出。

粘贴命令(按 Ctrl+V)将剪贴板中的信息取出。

文件窗口中“开始”选项卡下的“剪贴板”组如图 4-34 所示，文件夹窗口中“主页”选项卡下的“剪贴板”组如图 4-35 所示，它们中的命令按钮都是用来完成数据的传递。

图 4-34　文件窗口中的“剪贴板”组

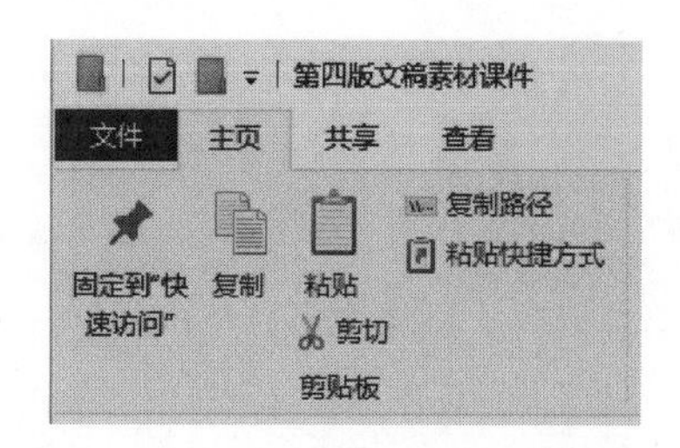

图 4-35　文件夹窗口中的“剪贴板”组

3. 回收站

回收站主要用来存放用户临时删除的文档资料，如删除的文件、文件夹、快捷方式等。这些被删除的项目会一直保留在回收站中，直到清空回收站。

回收站是一个特殊的文件夹，默认在每个硬盘分区根目录下的 RECYCLER 文件夹中，而且是隐藏的。当文件删除后，实质上就是把它放到这个文件夹中，仍然占用磁盘空间。只有在回收站里删除它或清空回收站才能使文件真正删除。

【注意】 不是所有被删除的对象都能够从回收站还原，只有从本地硬盘中删除的对象才能放入回收站。以下两种情况无法还原文件或文件夹。

(1) 从可移动存储设备(如 U 盘、移动硬盘)或网络驱动器中删除的对象。

(2) 回收站使用的是硬盘的存储空间，当回收站空间已满时，系统将自动清除较早删除的对象。

图 4-36 所示为“回收站”窗口，不难看出用户已经删除了两个文件和两个文件夹到回收站。可以在“管理回收站工具”的“管理”组中单击“清空回收站”按钮，将回收站清空；也可以在“还原”组中单击“还原所有项目”按钮，将删除的全部文件和文件夹还原，还可以还原指定的文件或文件夹。

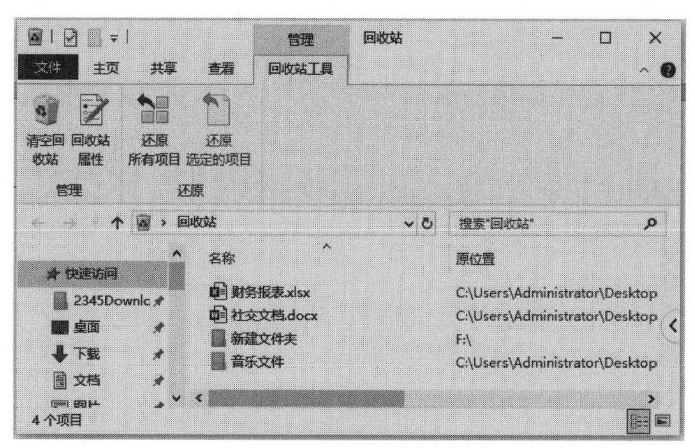

图 4-36　“回收站”窗口

4.3.3　对文件与文件夹的操作

1. 新建文件和文件夹

1) 新建文件夹

打开任何一个文件夹窗口，如 F 盘。新建一个名称为“校园学习生活”的文件夹，再在该文件夹下新建两个二级文件夹,名称分别为“开心学习”和“快乐生活”。

操作步骤如下。

① 在桌面双击“此电脑”图标,在打开的“此电脑”窗口的“设备和驱动器”栏双击“F 盘”图标,进入 F 盘。

② 在“主页”选项卡的“新建”组中单击“新建文件夹”按钮,如图 4-37 所示。

图 4-37 “主页”选项卡的“新建”组

③ 输入名称“校园学习生活”并双击该文件夹。

④ 仿此方法在“校园学习生活”文件夹下分别建立“开心学习”和“快乐生活”文件夹,新建结果如图 4-38 所示。

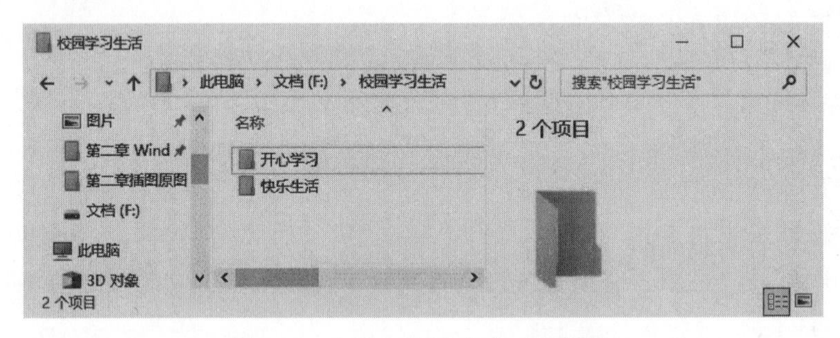

图 4-38 新建二级文件夹后的效果

2) 新建文件

在“校园学习生活”文件夹中分别建立文件名为“我的学习心得. docx”和“个人财务计划. xlsx”文件。

操作步骤如下。

① 进入 F 盘下的“校园学习生活”文件夹中,在“主页”选项卡的“新建”组中单击“新建项目”按钮,如图 4-37 所示。

② 在弹出的下拉列表中分别选择“Microsoft Word 文档”和“Microsoft Excel 工作表”选项,如图 4-39 所示。

③ 分别输入文件名“我的学习心得”和“个人财务计划”,新建结果如图 4-40 所示。

图 4-39 “新建项目”按钮的下拉列表

【注意】 新建文件和文件夹还可以使用快捷菜单。

2. 选择文件或文件夹

在 Windows 中进行操作,首先必须选择对象,再对选择的对象进行操作。下面介绍选择对象的几种方法。

1) 选择单个对象

单击文件、文件夹或快捷方式图标,则单个对象被选中。

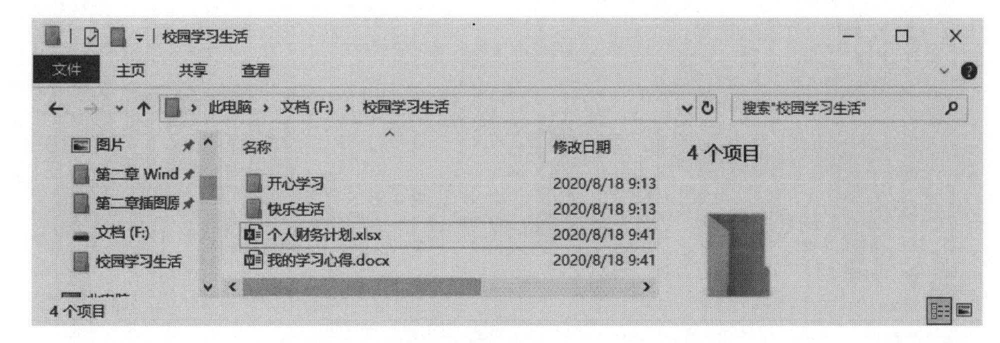

图 4-40　新建文件夹和文件后的效果

2）同时选择多个对象的操作

（1）按住 Ctrl 键，依次单击要选择的对象，则这些对象均被选中。

（2）用鼠标左键拖动形成矩形区域，区域内的对象均被选中。

（3）如果选择的对象连续排列，先单击第一个对象，然后按住 Shift 键的同时单击最后一个对象，则从第一个对象到最后一个对象之间的所有对象均被选中。

（4）在文件夹窗口"主页"选项卡的"选择"组中单击"全部选择"按钮或按 Ctrl＋A 快捷键，则当前窗口中的所有对象均被选中。

3. 文件或文件夹更名

在文件夹窗口中选中要命名的文件或文件夹，在"主页"选项卡的"组织"组中单击"重命名"按钮，如图 4-41 所示，然后输入名称按 Enter 键。

图 4-41　"主页"选项卡的"组织"组

【注意】 *文件或文件夹更名还可以在其快捷菜单中选择"重命名"命令实现更名。*

4. 复制/移动文件或文件夹

复制/移动文件或文件夹有如下 3 种方法。

方法 1：使用命令按钮。

例如，想要将 G 盘根目录下的"文档资料"文件夹复制到 F 盘下的"校园学习生活"文件夹。操作步骤如下。

（1）进入 G 盘，选中"文档资料"文件夹，在"主页"选项卡的"组织"组中单击"复制到"按钮，如图 4-41 所示。

（2）在弹出的下拉列表中选择"选择位置"选项，如图 4-42 所示。

（3）在打开的"复制项目"对话框中，找到并选中 F 盘下的"校园学习生活"文件夹，如图 4-43 所示。

（4）单击"复制"按钮完成复制。

使用命令按钮移动文件或文件夹的操作只是需要单击"移动到"按钮，其他操作与复制文件和文件夹的操作类似，在此不再详述。

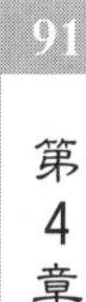

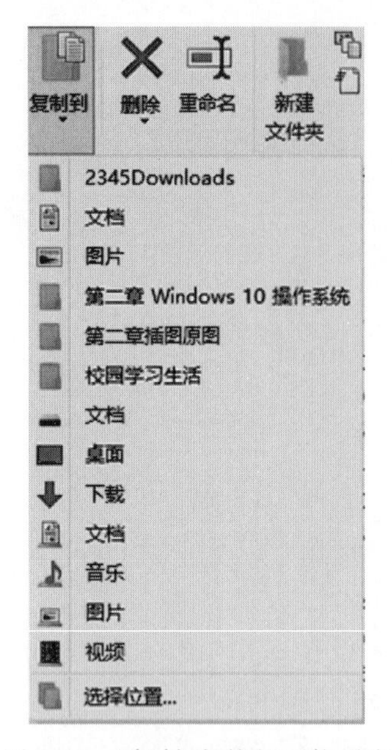

图 4-42 “复制到”按钮下拉列表

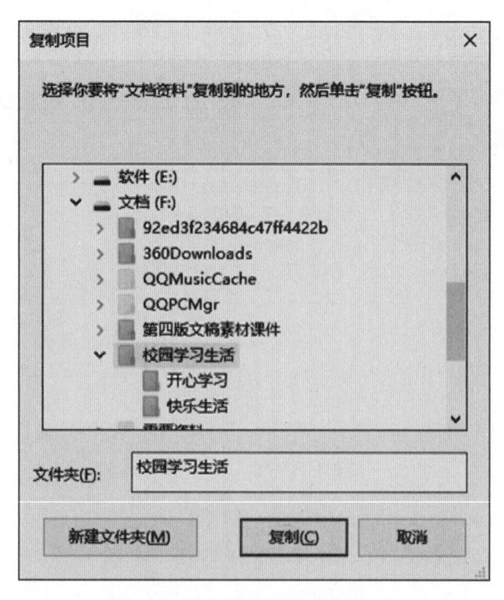

图 4-43 “复制项目”对话框

方法 2：使用快捷菜单。

右击被选中的文件或文件夹，在弹出的快捷菜单中选择“复制”或“剪切”选项，在目标位置右击，在弹出的快捷菜单中选择“粘贴”选项，前者实现的是复制操作，而后者实现的是移动操作。

方法 3：直接拖动法。有如下 3 种情况。

(1) 对于多个对象或单个非程序文件，如果在同一盘区拖动，例如从 F 盘的一个文件夹拖到 F 盘的另一个文件夹，则为移动；如果在不同盘区拖动，例如从 F 盘的一个文件夹拖到 E 盘的一个文件夹，则为复制。

(2) 在同一盘区，在拖动的同时按住 Ctrl 键则为复制，在拖动的同时按住 Shift 键或不按则为移动。

(3) 如果将一个程序文件从一个文件夹拖动至另一个文件夹或桌面上，Windows 10 会把源文件留在原文件夹中，而在目标文件夹建立该程序的快捷方式。

5. 删除文件或文件夹

删除文件或文件夹有如下 4 种方法。

方法 1：使用命令按钮。

选中需要删除的文件或文件夹，在“主页”选项卡的“组织”组中，如图 4-41 所示，单击“删除”下拉按钮，在弹出的下拉列表中若选择“永久删除”选项，将直接被删除，若选择“回收”选项，将进入回收站，若“显示回收确认”被选中，则会打开删除确认对话框，否则不会打开确认对话框。如图 4-44 所示。

图 4-44 “删除”按钮的下拉列表

方法 2：使用快捷菜单。

右击需要删除的文件或文件夹，在弹出的快捷菜单中选择“删除”选项，然后在打开的

“删除文件”或“删除文件夹”对话框中单击“是”按钮即可删除。

方法3：使用Delete键。

先选定要删除的文件或文件夹，再按Delete键，然后在打开的“删除文件”或“删除文件夹”对话框中单击“是”按钮即可删除。如果是按住Shift键的同时按Delete键删除，则被删除的文件或文件夹不进入回收站，而是真正物理上被删除了，在做这个操作时请大家一定要慎重。

方法4：拖动法。

选中需要删除的文件或文件夹，将其直接拖移至回收站。

【注意】 移动存储设备上删除的文件或文件夹不进入回收站，而是真正从物理上被删除。所以在做这个操作时也要特别慎重。

6. 文件或文件夹的显示与隐藏

1）显示/隐藏文件或文件夹

用户在文件夹窗口中看到的可能并不是全部的内容，有些内容当前可能没有显示出来，这是因为Windows 10在默认情况下会将某些文件（如隐藏文件）隐藏起来不显示。为了能够显示所有文件和文件夹，可进行如下设置。

在任何一个打开的文件夹窗口中，在“查看”选项卡的“显示/隐藏”组中选中“隐藏的项目”复选按钮，则系统中全部文件或文件夹都将显示出来（包括隐藏的文件或文件夹），如图4-45所示。

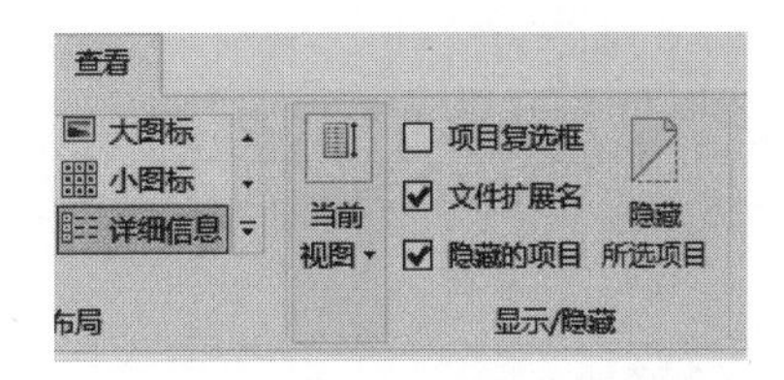

图4-45 “查看”选项卡的“显示/隐藏”组

如果要将某个文件或文件夹隐藏起来不显示，则应选中该文件或文件夹，在“查看”选项卡的“显示/隐藏”组中单击“隐藏所选项目”按钮并同时取消“隐藏的项目”复选按钮的选中状态。

2）显示/隐藏文件的扩展名

通常情况下，在文件夹窗口中看到的大部分文件只显示了文件名的信息，而其扩展名并没有显示。这是因为默认情况下Windows 10对于已在注册表中登记的文件只显示文件名，而不显示扩展名。也就是说，Windows 10是通过文件的图标来区分不同类型的文件的，只有那些未被登记的文件才能在文件夹窗口中显示其扩展名。

如果想看到所有文件的扩展名，可以在任何一个打开的文件夹窗口中，在“查看”选项卡的“显示/隐藏”组中选中“文件扩展名”复选按钮，如图4-45所示。

【说明】 以上设置是对整个系统而言，无论是显示隐藏的文件或文件夹，还是文件的扩展名，一经设置，以后打开的任何一个文件夹窗口都能看到所有文件或文件夹以及所有文件的扩展名。

7. 创建文件或文件夹的快捷方式

用户可为自己经常使用的文件或文件夹创建快捷方式，快捷方式只是将对象（文件或文件夹）直接链接到桌面或计算机任意位置，其使用和一般图标一样，这就减少了查找资源的操作，提高了用户的工作效率。创建快捷方式的操作如下。

（1）右击要创建快捷方式的文件或文件夹。

(2) 在弹出的快捷菜单中选择“创建快捷方式”或选择“发送到”→“桌面快捷方式”选项,如图 4-46 所示。前者创建的快捷方式与对象同处一个位置,后者创建的快捷方式在桌面上。

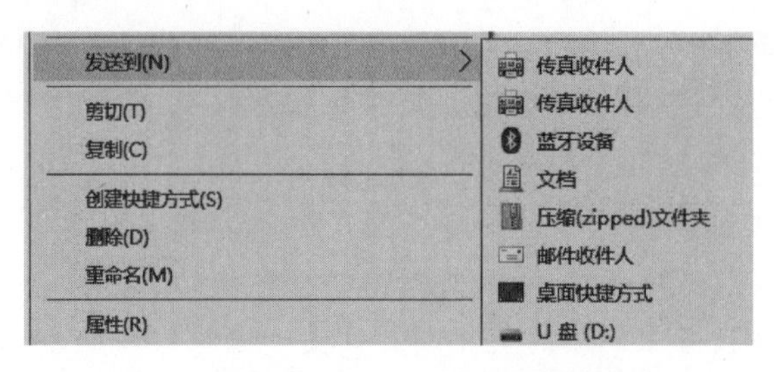

图 4-46　创建文件或文件夹的快捷方式

8. 文件和文件夹的搜索

当计算机中的文件和文件夹过多时,用户在短时间内难以找到,这时用户可借助 Windows 10 的搜索功能帮助用户快速搜索到需要及时使用的文件或文件夹。

每一个打开的文件夹窗口都有一个搜索框,它位于地址栏的右侧,查找方法是根据你查找的文件或文件夹所在的大概位置打开相应的文件夹窗口。

例如,要在 F 盘中查找所有的 Word 文档文件,则需首先打开 F 盘文件夹窗口,然后在“搜索”文本框中输入“ * . docx”,系统立即开始搜索并将搜索结果显示于搜索框的下方,如图 4-47 所示。

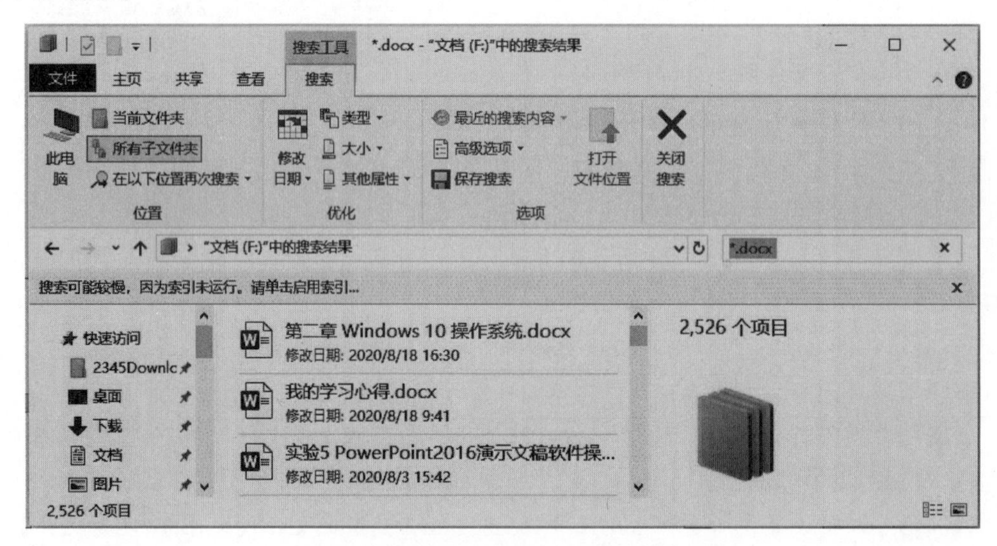

图 4-47　在 F 盘搜索所有 Word 文档文件

如果用户想要基于一个或多个属性搜索文件或文件夹,则搜索时可在打开的“搜索工具-搜索”选项卡的“优化”组指定属性,从而更加快速地查找到指定属性的文件或文件夹。

例如,查找 F 盘上上星期修改过的存储容量在 16 KB～1 MB 的所有“ * . jpg”文件,则需首先打开 F 盘窗口,在搜索文本框中输入“. jpg”,在“搜索工具-搜索”选项卡的“优化”组中选择“修改日期”为“上周”,选择“大小”为“小(16 KB～1 MB)”系统立即开始搜索,并将搜索结果显示搜索框下方,如图 4-48 所示。

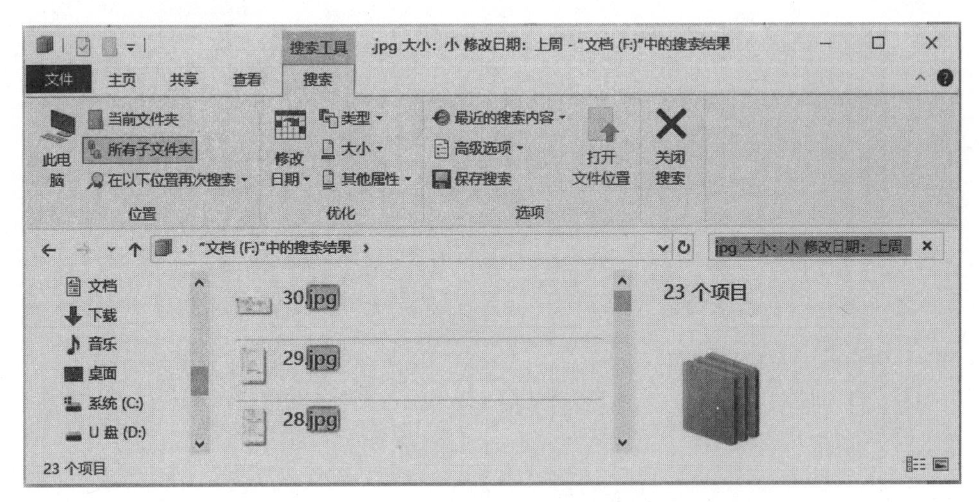

图 4-48　搜索基于多个属性的文件或文件夹

4.4　Windows 10 的系统设置和磁盘维护

Windows 10 的系统设置包括账户、外观和主题、鼠标与键盘、区域与时间等的设置，以及安装与卸载程序，备份与还原数据等。限于篇幅，本节仅介绍设置开机密码、设置个性化桌面和显示设置，最后简单介绍磁盘维护。

4.4.1　Windows 10 的系统设置

1. 设置开机密码为 PIN 码

PIN 是为了方便移动、手持设备进行身份验证的一种密码措施，设置 PIN 之后，在登录系统时，只要输入设置的数字字符，不需要按 Enter 键或单击鼠标，即可快速登录系统，也可以访问 Microsoft 服务的应用。设置开机密码为 PIN 码的操作步骤如下。

(1) 单击"开始"按钮，在弹出的"开始"菜单中单击"Administrator"按钮。

(2) 在弹出的子菜单中选择"更改账户设置"选项，如图 4-49 所示。

图 4-49　选择"更改账户设置"选项

(3) 在打开的"设置"窗口左侧的"账户"栏选择"登录选项"选项，在右侧 PIN 区域下方单击"添加"按钮，如图 4-50 所示。

(4) 在打开的"Windows 安全中心"对话框中的第一个文本框中输入密码，在第二个文本框中输入确认密码，单击"确定"按钮即可完成设置 PIN 密码的操作，如图 4-51 所示。

2. 设计个性化桌面

1) 设置主题

主题是桌面背景图片、窗口颜色和声音的组合，用户可以对主题进行设置。操作步骤如下。

(1) 右击桌面空白处，在弹出的快捷菜单中选择"个性化"选项，如图 4-52 所示。

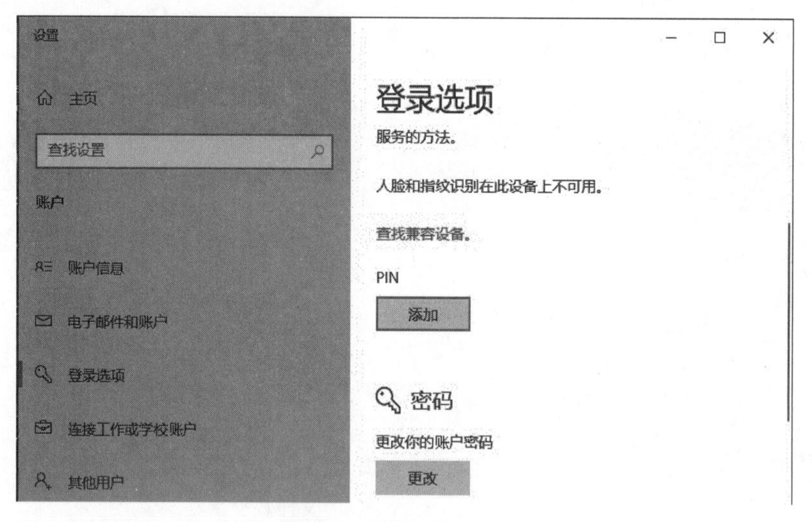

图 4-50　单击"添加"按钮

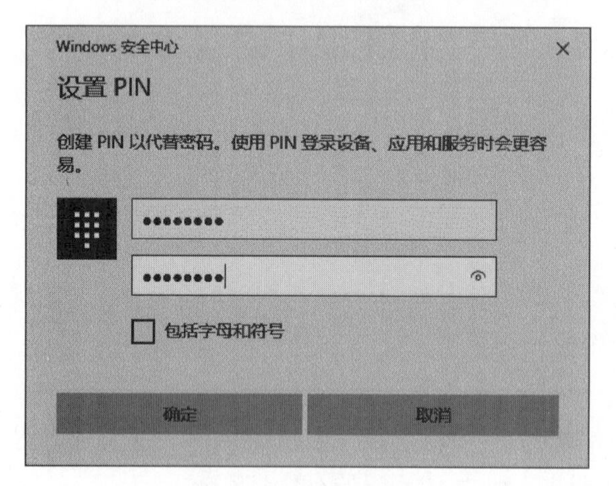

图 4-51　输入 PIN 码

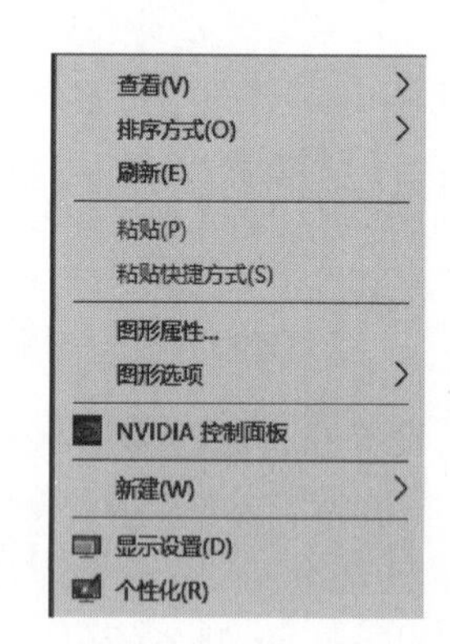

图 4-52　选择"个性化"选项

(2) 打开"设置"窗口,在窗口左侧的"个性化"栏中选择"主题"选项,拖动右侧的滚动条,在"应用主题"栏选择一种主题,如"鲜花",然后单击"关闭"按钮关闭窗口,如图 4-53 所示。

2) 设置桌面背景

桌面背景可以是数字图片、纯色或带有颜色框架的图片,也可以是幻灯片。

【例 4.1】 任意选择一张图片作为桌面背景,背景图片假设已存放于磁盘目录"背景图片"文件夹。

(1) 在打开的"设置"窗口的左侧"个性化"栏中选择"背景"选项并单击右侧"背景"框的下拉按钮,在下拉列表中选择"图片"选项,然后单击"浏览"按钮,如图 4-54 所示。

(2) 打开"打开"对话框,如图 4-55 所示,按图片存放位置找到图片并单击"选择图片"按钮,插入图片并自动关闭"打开"对话框。

3) 设置屏幕保护程序

【例 4.2】 选择一组照片作为屏幕保护程序,照片存放于磁盘"上海外滩夜景"文件夹。

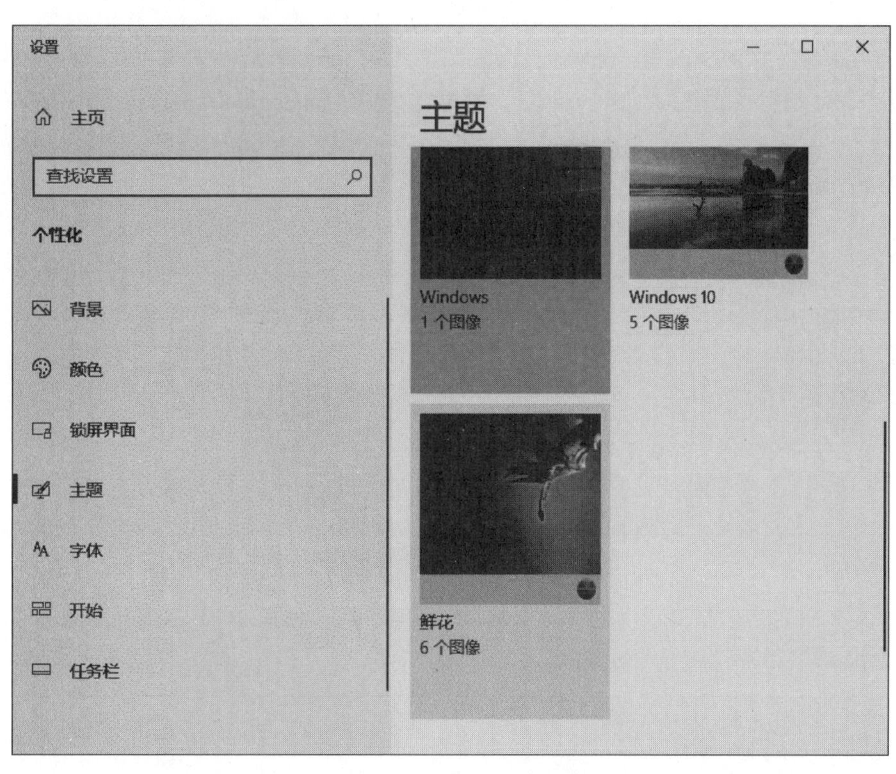

图 4-53　选择"鲜花"主题

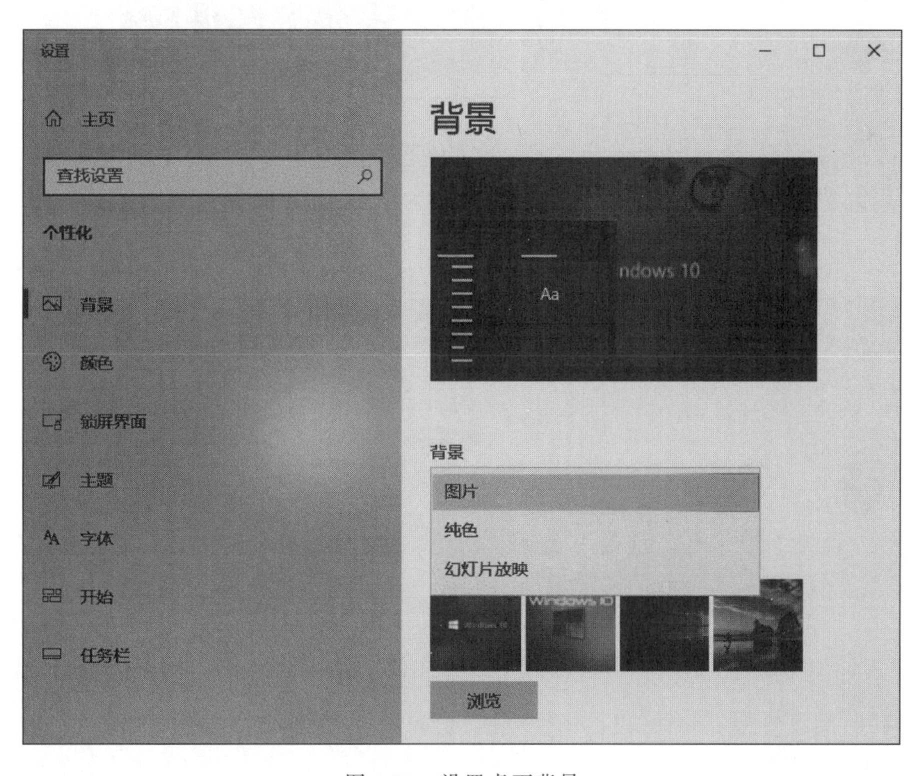

图 4-54　设置桌面背景

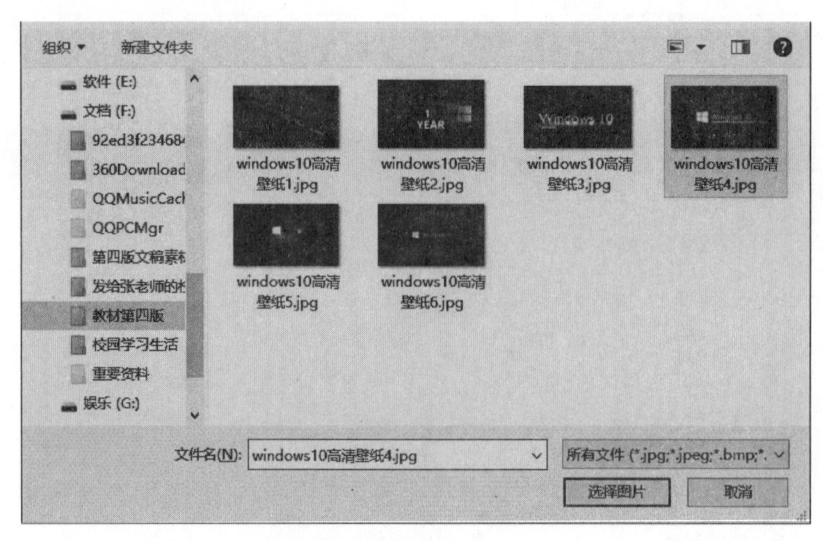

图 4-55 “打开”对话框

(1) 在打开的“设置”对话框左侧“个性化”栏中选择“锁屏界面”选项，拖动右侧的滚动条，单击“屏幕保护程序设置”超链接，如图 4-56 所示。

图 4-56 “屏幕保护程序设置”超链接

(2) 在打开的“屏幕保护程序设置”对话框的“屏幕保护程序”下拉列表中选择“照片”选项，“等待”时间设置为 1 分钟，单击“设置”按钮，如图 4-57 所示。

(3) 在打开的“照片屏幕保护程序设置”对话框中，将“幻灯片放映速度”设置为“中速”，单击“浏览”按钮，如图 4-58 所示。

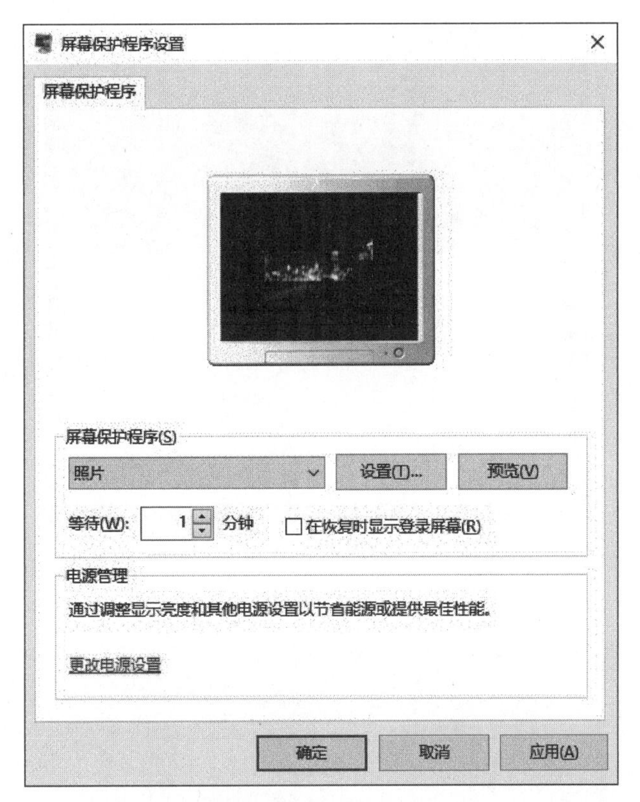

图 4-57 “屏幕保护程序设置”对话框

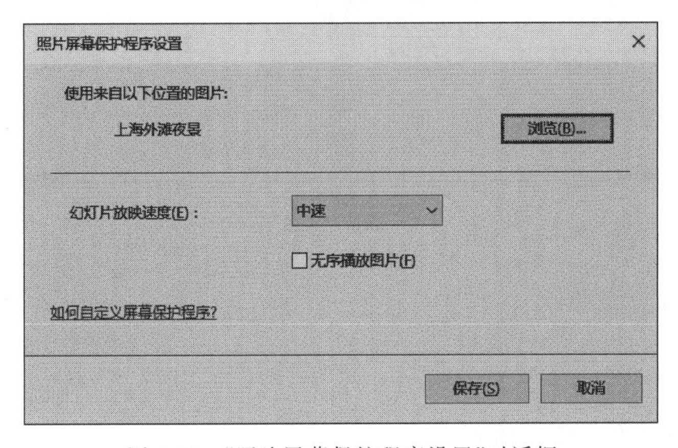

图 4-58 “照片屏幕保护程序设置”对话框

(4) 在打开的“浏览文件夹”对话框中找到存放照片的文件夹,单击“确定”按钮,返回到“照片屏幕保护程序设置”对话框中,单击“保存”按钮。

(5) 再返回到“屏幕保护程序设置”对话框中,单击“确定”按钮关闭对话框完成设置。

4) 设置“虚拟桌面”

“虚拟桌面”又称多桌面,其设置步骤如下。

(1) 单击任务栏上的“任务视图”按钮,如图 4-59 所示。

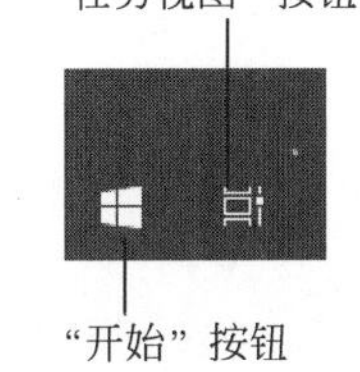

图 4-59 “任务视图”按钮

(2) 进入虚拟桌面操作界面,单击“新建桌面”按钮,如图 4-60 所示。

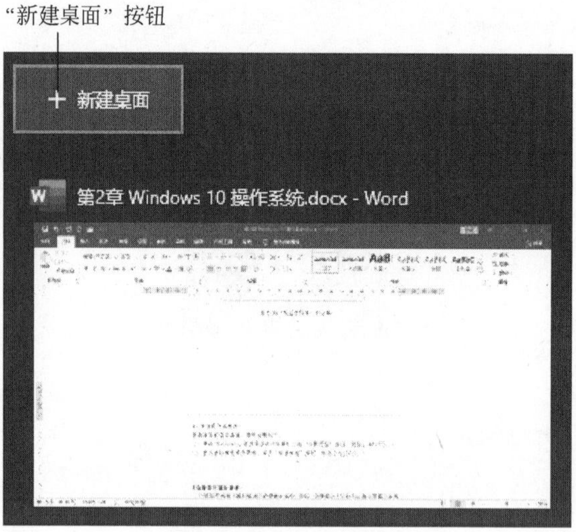

“新建桌面”按钮

图 4-60 “新建桌面”按钮

(3) 即可新建一个桌面,系统会自动命名为“桌面 2”,如图 4-61 所示。

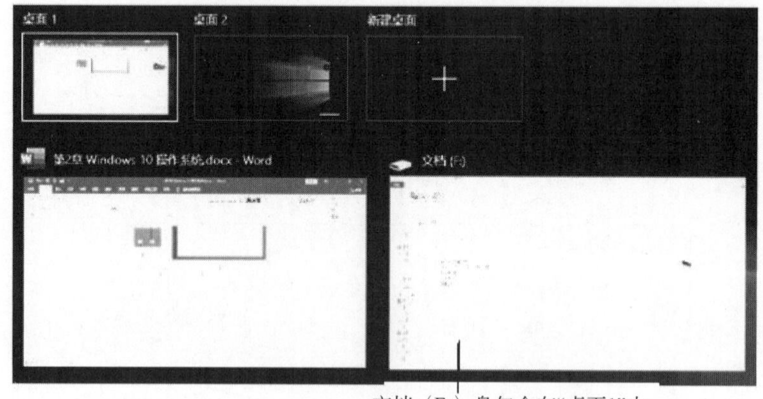

图 4-61 新建一个命名为“桌面 2”的桌面

(4) 进入“桌面 1”操作界面,右击一个窗口图标,如文档(F:)盘,在弹出的快捷菜单中选择“移动到”→“桌面 2”选项,如图 4-62 所示。

(5) 经过移动以后,文档(F:)盘包含在“桌面 2”中,移动后的界面如图 4-63 所示。

5) 设置全屏显示“开始”菜单

操作步骤如下。

(1) 右击桌面空白处,在弹出的快捷菜单中选择“个性化”选项,打开“设置”窗口,如图 4-64 所示。

(2) 在“设置”窗口左侧列表中选择“开始”选项,在弹出的右侧“开始”界面中将“使用全屏‘开始’屏幕”的开关图标设置为“开”,如图 4-65 所示。然后关闭“设置”窗口。

(3) 单击“开始”按钮,在弹出的“开始”菜单中选择“所有应用”选项,如图 4-66 所示,则实现全屏显示开始菜单,如图 4-67 所示。

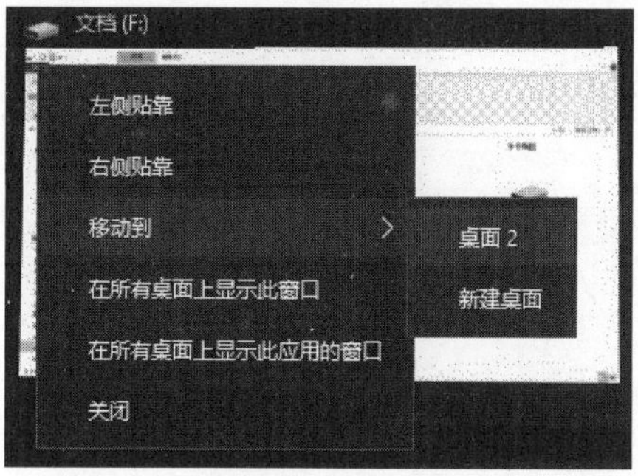

图 4-62　实现将文档(F:)盘移动至“桌面 2”的操作

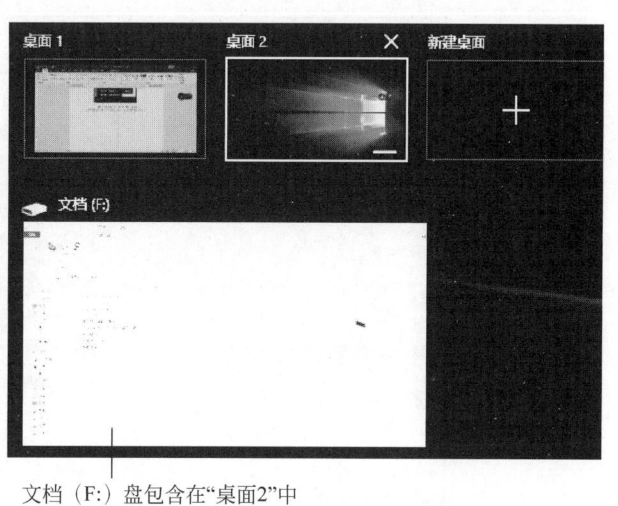

图 4-63　文档(F:)已包含在“桌面 2”中

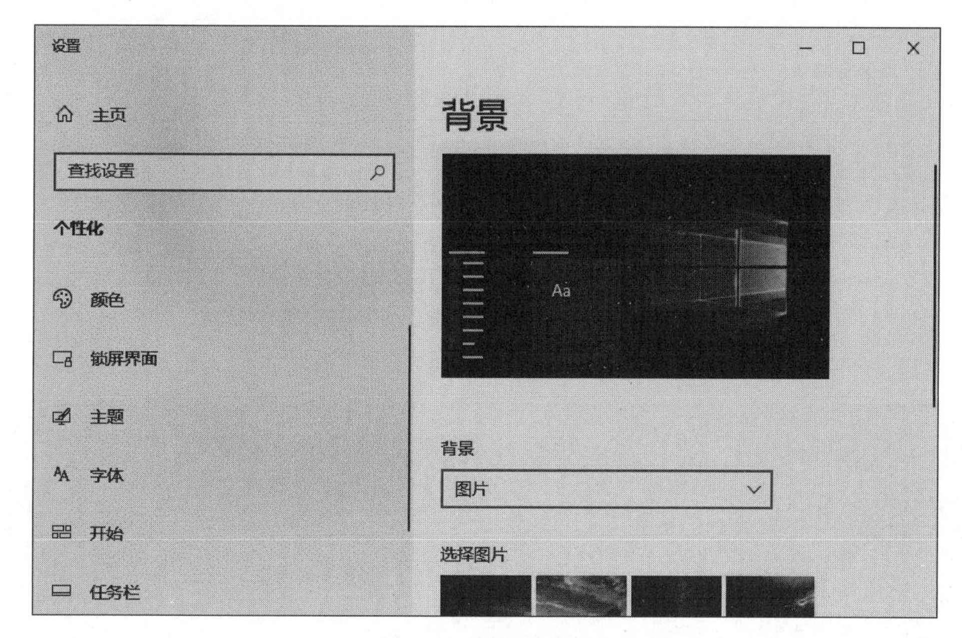

图 4-64　“设置”窗口

(4) 若再次单击“开始”按钮，或单击任务栏中当前已经打开的任意一个窗口的最小化图标，则退出全屏显示“开始”菜单界面。

3. 显示设置

1) 设置让桌面字体变得更大

通过对显示的设置，可以让桌面的字体变得更大。操作步骤如下。

(1) 右击系统桌面空白处，在弹出的快捷菜单中选择“显示设置”选项，如图 4-68 所示。

(2) 打开“设置”窗口，在窗口右侧的“显示”界面中的“更改文本、应用等项目的大小”列表框中选择“125%”选项，如图 4-69 所示。

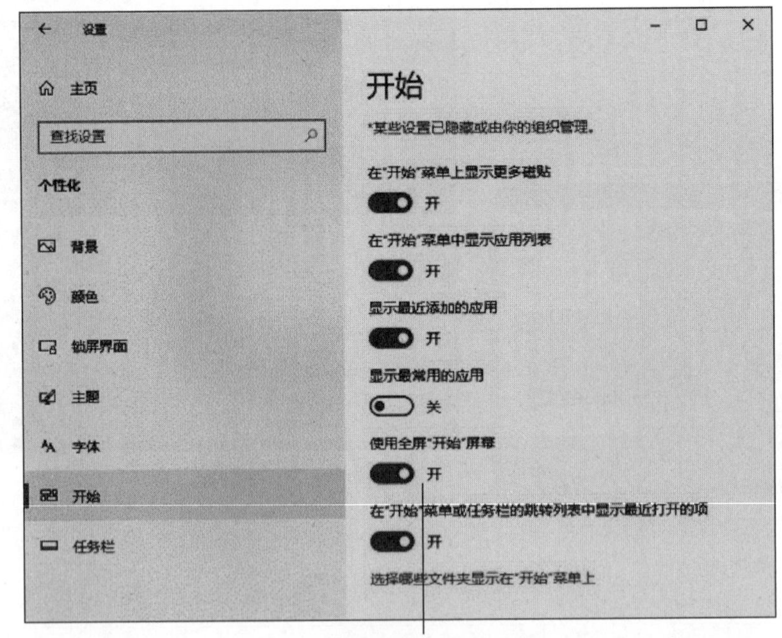

图 4-65　将“使用全屏幕‘开始’屏幕”的开关图标设置为“开”

图 4-66　选择“所有应用”选项

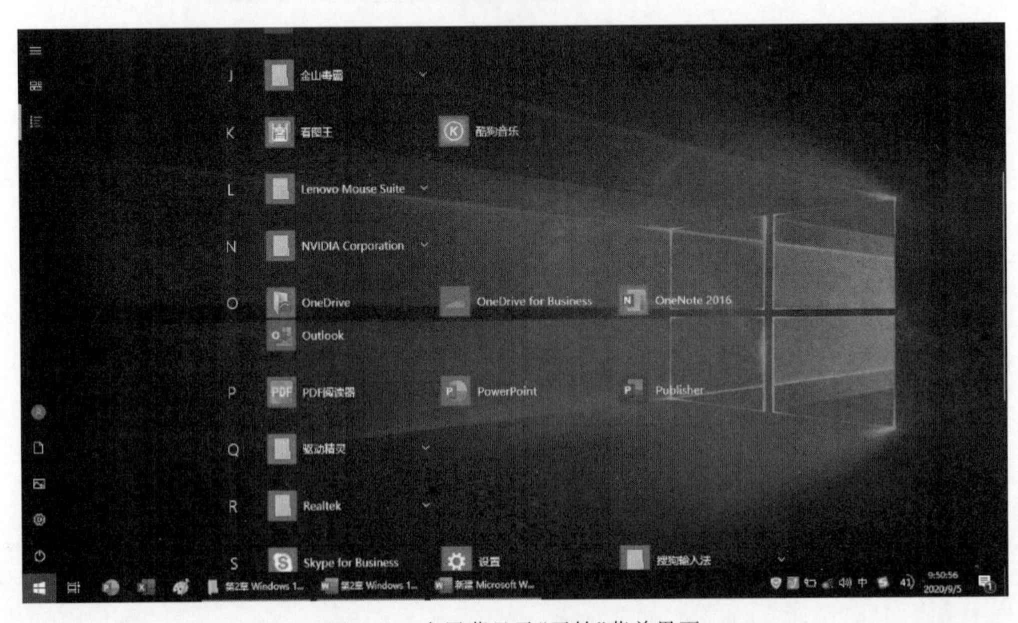

图 4-67　全屏幕显示“开始”菜单界面

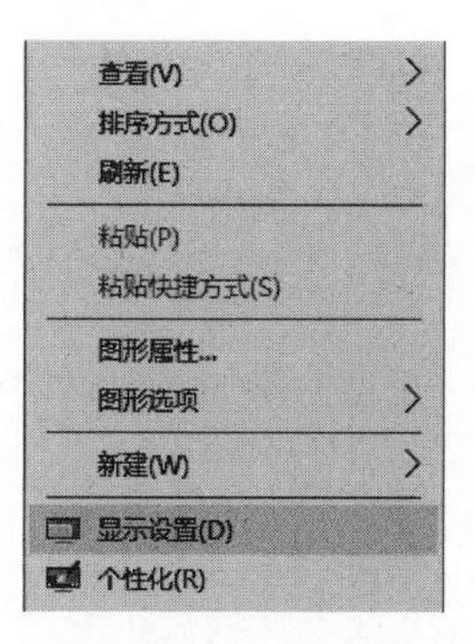

图 4-68　选择“显示设置”选项

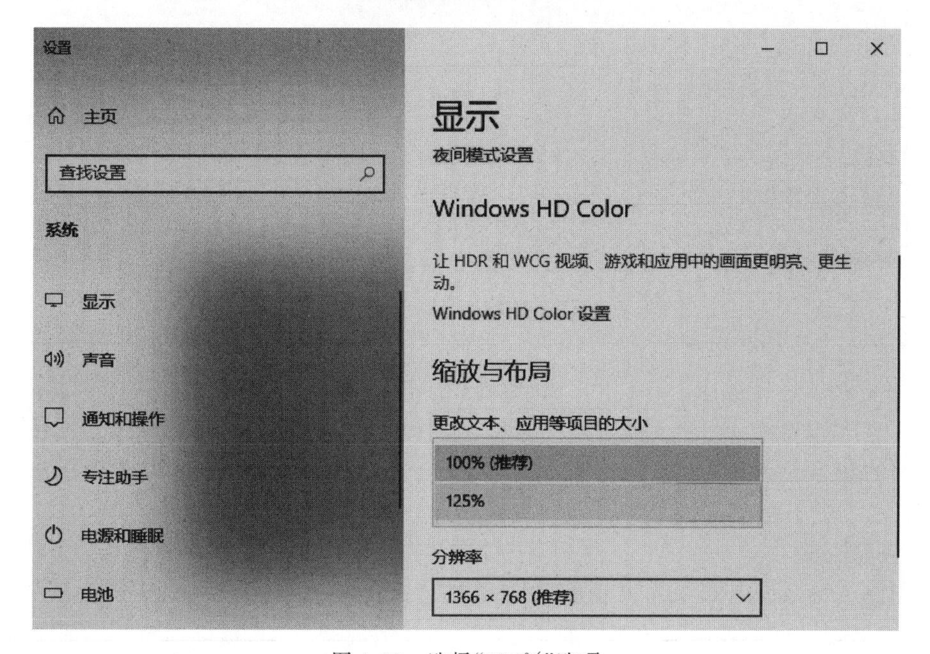

图 4-69　选择“125%”选项

【说明】 该选项仅有“100%”和“125%”两个选项。

2）设置显示器分辨率

分辨率是指显示器所能显示的像素的多少。例如，分辨率为 1024×768 表示屏幕上共有 1024×768 个像素。分辨率越高，显示器可以显示的像素越多，画面越精细，屏幕上显示的项目越小，相对也增大了屏幕的显示空间，同样的区域内能显示的信息也就越多，故分辨率是个非常重要的性能指标。调整显示器分辨率的操作步骤如下。

（1）右击桌面空白处，在弹出的快捷菜单中选择“显示设置”选项。

（2）打开“设置”窗口，在窗口右侧的“显示”界面中的“分辨率”下拉列表框中选择一种分辨率，如“1366×768”选项，如图 4-70 所示。

4.4.2　磁盘维护

磁盘是程序和数据的载体，它包括硬盘、光盘和 U 盘等，还包括曾经广泛使用的软盘。通过对磁盘进行维护，可以增大数据的存储空间，加大对数据的保护，Windows 10 系统提供

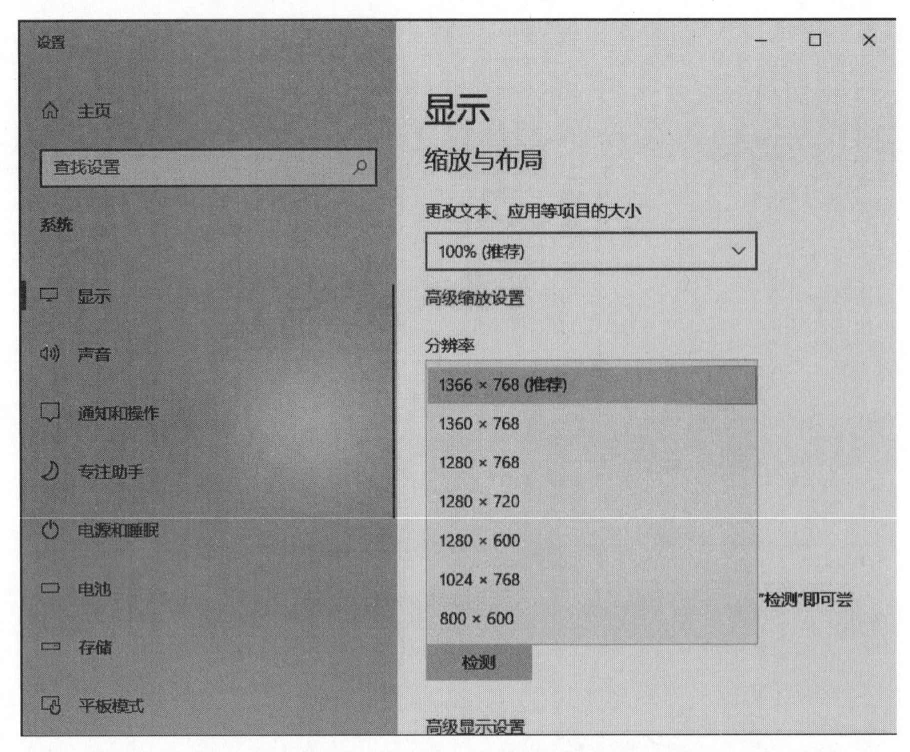

图 4-70　设置显示器分辨率

了多种磁盘维护工具,如“磁盘清理”“碎片整理和优化驱动器”工具。用户通过使用它们能及时方便的扫描硬盘、修复错误、对磁盘的存储空间进行清理和优化,使计算机的运行速度得到进一步提升。

1. 磁盘清理

在 Windows 10 系统中,使用磁盘清理工具可以删除硬盘分区中的系统 Internet 临时文件、文件夹以及回收站中的多余文件,从而达到释放磁盘空间、提高系统性能的目的。磁盘清理的操作步骤如下。

(1) 在系统桌面上单击屏幕左下角的“开始”按钮,在其打开的所有程序列表中选择“Windows 管理工具”选项,在展开的子菜单中选择“磁盘清理”选项,如图 4-71 所示。

(2) 在打开的“磁盘清理: 驱动器选择”对话框中单击“驱动器”下拉按钮,在弹出的下拉列表中选择准备清理的驱动器,如选择 G 盘,单击“确定”按钮,如图 4-72 所示。

图 4-71　选择“磁盘清理”选项

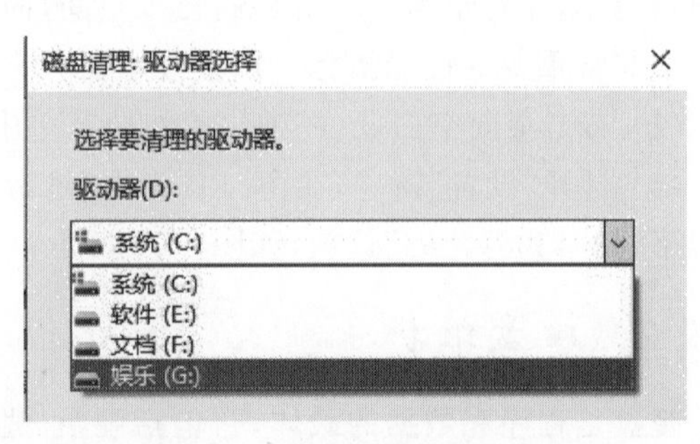

图 4-72　选择准备清理的磁盘

（3）打开“娱乐(G:)的磁盘清理”对话框，在“要删除的文件”区域中选中准备删除文件的复选框和“回收站”复选框，单击“确定”按钮，如图 4-73 所示。

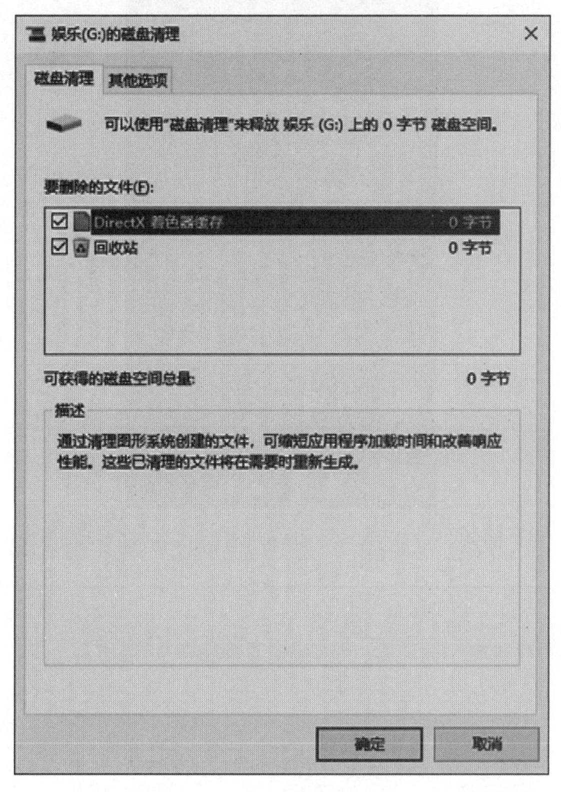

图 4-73 选择要删除的文件

（4）在打开的“磁盘清理”对话框中单击“删除文件”按钮，即可完成磁盘清理的操作，如图 4-74 所示。

图 4-74 单击“删除文件”按钮

2. 整理磁盘碎片

定期整理磁盘碎片可以保证文件的完整性，从而提高计算机读取文件的速度。整理磁盘碎片的操作步骤如下。

（1）在系统桌面上单击屏幕左下角的“开始”按钮，在其打开的所有程序列表中选择“Windows 管理工具”命令，在展开的子菜单中选择“碎片整理和优化驱动器”选项，如图 4-75 所示。

（2）在打开的“优化驱动器”窗口的“状态”列表框中单击准备整理的磁盘，如 F 盘，单击“优化”按钮，如图 4-76 所示。

图 4-75　选择“碎片整理和优化驱动器”选项

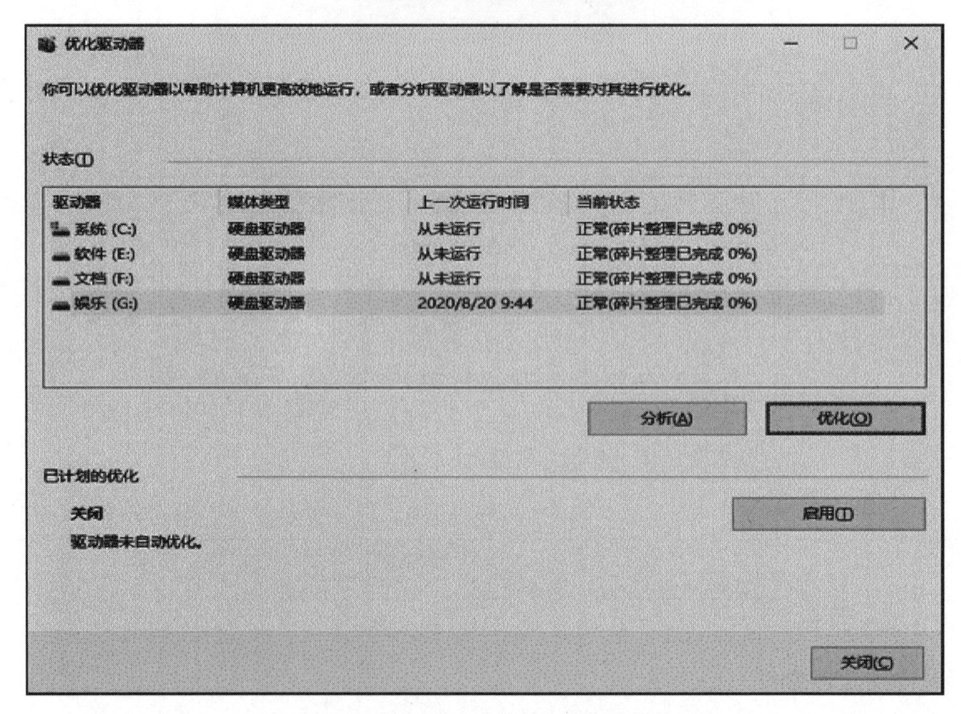

图 4-76　选择驱动器并单击“优化”按钮

(3) 碎片整理结束,单击“关闭”按钮,关闭“优化驱动器”窗口完成整理磁盘碎片操作。

本章小结

操作系统是现代计算机必不可少的最重要的系统软件,是计算机正常运行的指挥中心。

操作系统实际上是配置的一组程序，用于统一管理计算机系统中的各种软件资源和硬件资源，合理地组织计算机的工作流程，协调计算机系统的各部分工作，为用户提供操作界面。目前 Microsoft 公司开发的 Windows 系列操作系统是应用最为广泛的操作系统。

本章主要介绍操作系统、Windows 10 的新特性、Windows 10 的基本元素、启动和退出基本操作：Windows 10 桌面、窗口、开始菜单，任务栏，对话框；Windows 10 的文件和文件夹的复制、移动，开始菜单，任务栏，删除、查找等操作；Windows 10 的系统设置和磁盘维护等。

习 题 4

1. Windows 10 基本操作题一

(1) 个性化设置。

① 主题选择“应用主题”中的“鲜花”。

② 桌面背景选择一幅 Windows 10 高清壁纸。

③ 屏幕保护程序选择一组照片，等待时间为 1 分钟，幻灯片放映速度为中速。

(2) 任务栏设置：改变任务栏的位置，将任务栏设置为自动隐藏。

(3) 设置系统日期和时间。

(4) 显示设置。

① 设置显示器分辨率。

设置当前屏幕分辨率。若为 1366×768，则设置为 800×600，再恢复设置为 1366×768，观察桌面图标大小的变化。

② 查看显示器刷新频率。

(5) 创建用户名为 Student 的账户并为该账户设置 8 位密码。

(6) 将“画图”程序固定到“开始”屏幕。

2. Windows 10 基本操作题二

(1) 在 G 盘(或其他盘)根目录下建立两个一级文件夹“Jsj1”和“Jsj2”，再在“Jsj1”文件夹下建立两个二级文件夹“mmm”和“nnn”。

(2) 在 Jsj2 文件夹中新建文件名分别为“wj1. txt”“wj2. txt”“wj3. txt”“wj4. txt”的 4 个空文件。

(3) 将上题建立的 4 个文件复制到 Jsj1 文件夹中。

(4) 将 Jsj1 文件夹中的 wj2. txt 和 wj3. txt 文件移动到 nnn 文件夹中。

(5) 删除 Jsj1 文件夹中的 wj4. txt 文件到回收站中，然后将其恢复。

(6) 在 Jsj2 文件夹中建立“记事本” 的快捷方式。

(7) 将 mmm 文件夹的属性设置为“隐藏”。

(8) 设置“显示”或“不显示”隐藏的文件和文件夹。观察文件夹 mmm 的变化。

(9) 设置系统“显示”或“不显示”文件类型的扩展名，观察 Jsj2 文件夹中各文件名称的变化。

第5章 Word 2016 文字处理软件

信息时代,科技、经济、文化高速发展,人们的生活和工作的节奏也日益加快。因此,各行各业的工作要求现代化,以适应时代的发展和需求,办公自动化软件不仅能提高工作的效率,还能增强工作的合理有效性,能够克服和改善传统管理的许多弊端,实现轻松办公,提高企事业单位的运作效率。Office 软件作为办公软件的核心,在信息时代起到了举足轻重的作用。

从本章到第 7 章介绍目前广泛应用的 Microsoft Office 2016 现代商用办公软件,主要包括 Word 文字处理软件、Excel 电子表格软件和 PowerPoint 演示文稿软件。本章介绍 Word 文字处理软件的相关内容。

5.1 Office 2016 简介

Microsoft Office 2016 是微软公司推出的办公自动化套装软件,是微软产品史上最具创新与革命性的一个版本。它将用户、信息和信息处理结合在一起,使用户更方便地对信息进行有效的处理与管理,以取得更好的效果。Office 2016 套件由一系列软件共同组成,主要包括 Word 2016 文字处理软件、Excel 2016 电子表格软件、PowerPoint 2016 演示文稿制作软件、Outlook 2016 电子邮件客户端、Access 2016 数据库管理系统、OneNote 2016 笔记软件、Publisher 2016 出版物制作程序等应用程序(或称组件)。World 2016 是用于文字处理的软件,它是微软公司的办公自动化套装软件中的一个组件,通常用于文档的创建和排版。

使用 Microsoft Office 2016 之前,首先要对其进行安装,Microsoft Office 2016 的安装非常简单。插入 Microsoft Office 2016 安装盘,系统将自动运行安装程序并开始安装,按照提示输入产品序列号后,按提示即可安装完成。

5.2 Word 2016 概述

本节将主要介绍 Word 2016 的新增功能、窗口界面、文档格式和视图方式。要注意的是,Word 2016 的新增功能在 Microsoft Office 2016 的其他组件中也同样适用。

5.2.1 Word 2016 的新增功能

Word 2016 作为文字处理软件较之以前的版本增加了以下新功能:

1. 协同工作功能

Office 2016 新加入了协同工作的功能,只要通过共享功能选项发出邀请,就可以让其他使用者一同编辑文件，而且每个使用者编辑过的地方，也会出现提示，让所有人都可以看到哪些段落被编辑过。

2. 操作说明搜索功能

Word 2016 选项卡右侧的搜索框提供操作说明搜索功能，即全新的 Office 助手 Tell Me。在搜索框中输入想要搜索的内容，搜索框会给出相关命令，这些都是标准的 Office 命令，直接单击即可执行该命令。对于使用 Office 不熟练的用户来说，将会为其带来更大的方便。

3. 便利的组件进入界面

启动 Word 2016 后，可以看到打开的主界面充满了浓厚的 Windows 风格，左面是最近使用的文件列表，右边更大的区域则是罗列了各种类型文件的模板供用户直接选择，这种设计更符合普通用户的使用习惯。

4. 增加“加载项”功能组

“插入”选项卡中增加了一个“加载项”功能组，里面包含“获取加载项”“我的加载项”两个按钮。这里主要是微软和第三方开发者开发的一些应用 App，主要是为 Office 提供一些扩充性的功能。比如用户可以下载一款检查器，来帮助检查文档的断字或语法问题等。

5. 手写公式

Word 2016 中增加了一个相当强大而又实用的功能—墨迹公式，使用该公式可以快速地在编辑区域手写输入数学公式，并能够将这些公式转换成为系统可识别的文本格式，如图 5-1 所示。

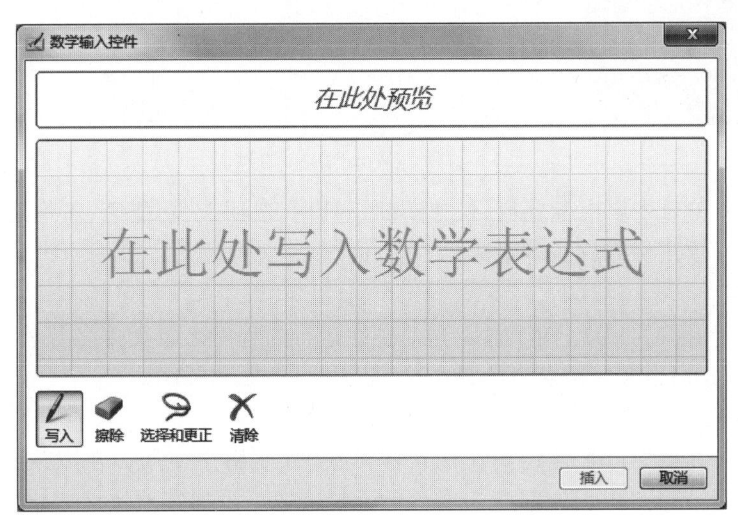

图 5-1　墨迹公式

6. 简化文件分享操作

Word 2016 将共享功能和 OneDrive 进行了整合，在“文件”按钮的“共享”界面中，可以直接将文件保存到 OneDrive 中，然后邀请其他用户一起来查看、编辑文档。同时多人编辑文档的记录都能够保存下来。

7. 主题色彩新增彩色和黑色

Word 2016 的主题色彩包括 4 种主题，分别是彩色、深灰色、黑色、白色，其中彩色和黑色是新增加的,而彩色是默认的主题颜色。

8. “文件”菜单

Word 2016 对“打开”和“另存为”的界面进行了改良,存储位置排列、浏览功能、当前位置和最近使用的排列,都变得更加清晰明了。

5.2.2 Word 2016 操作界面

在系统桌面单击“开始”按钮,在弹出的“开始”菜单中选择“Word 2016”选项,打开如图 5-2 所示的启动 Word 2016 的界面,单击右侧“新建”栏中的“空白文档”图标,打开如图 5-3 所示的 Word 2016 窗口。

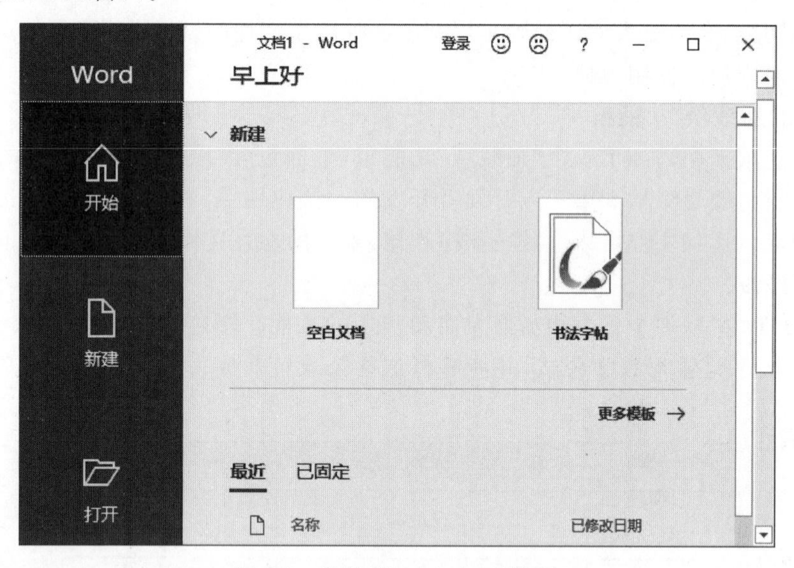

图 5-2 启动 Word 2016 的界面

Word 2016 窗口主要由标题栏、快速访问工具栏、选项卡、功能区、工作区、状态栏、文档视图切换区和显示比例缩放区等组成。

1. 标题栏

标题栏位于窗口的顶端,用于显示当前正在运行的程序名及文件名等信息,标题栏最右端有 3 个按钮,分别用来控制窗口的最小化、最大化/还原和关闭。

2. 快速访问工具栏

快速访问工具栏中包含常用操作的快捷按钮,方便用户使用。在默认状态下,仅包含“保存”“撤销”和“恢复”3 个按钮,单击右侧的下拉按钮可添加其他快捷按钮。

3. Office 助手 Tell Me

Office 助手 Tell Me 提供操作说明搜索功能。在搜索框中输入想要搜索的内容,搜索框会给出相关命令,这些都是标准的 Office 命令,直接单击即可执行该命令。

4. 选项卡

“文件”选项卡主要用于控制执行文档的新建、打开、关闭和保存等操作。

其他常见选项卡有“开始”“插入”“设计”“布局”“引用”“邮件”“审阅”“视图”等,单击某选项卡,会打开相应的功能区。对于某些操作,软件会自动添加与操作相关的选项卡,如插入或选中图片时软件会自动在常见选项卡右侧添加“图片工具-格式”选项卡,方便用户对图

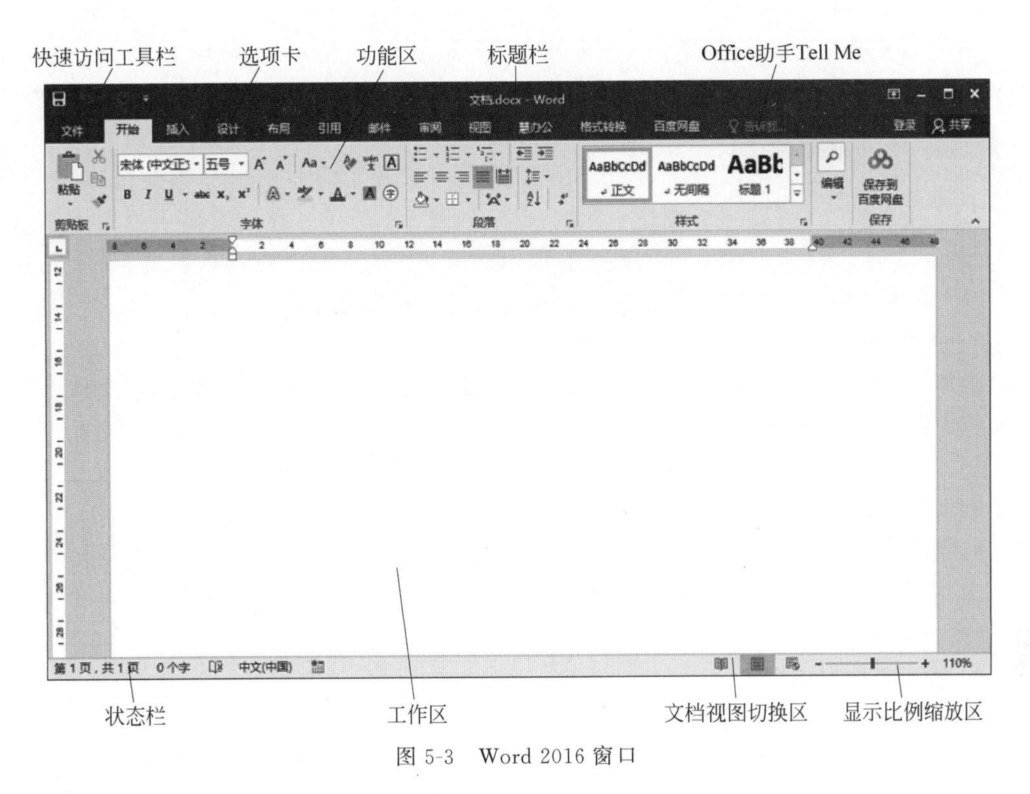

图 5-3 Word 2016 窗口

片的操作。

5. 功能区

功能区用于显示某选项卡下的各个功能组,例如“开始”选项卡下的“剪贴板”“字体”“段落”“样式”和“编辑”等功能组,组内列出了相关的命令按钮。某些功能组右下角有一个“对话框启动器”按钮,单击此按钮可打开一个与该组命令相关的对话框。

下面就常用选项卡及相应功能区作简要介绍。

(1)“开始”选项卡,包括“剪贴板”“字体”“段落”“样式”和“编辑”5 个组,该选项卡主要用于对 Word 文档进行文字编辑和字体、段落的格式设置,是最常用的选项卡。

(2)“插入”选项卡,包括“页面”“表格”“插图”“加载项”“媒体”“链接”“批注”“页眉和页脚”“文本”和“符号”等 10 个组,主要用于在 Word 文档中插入各种元素。

(3)“设计”选项卡,包括“文档格式”和“页面背景”两个组,主要用于文档的格式以及页面背景设置。

(4)“布局”选项卡,包括“页面设置”“稿纸”“段落”和“排列”4 个组,主要用于帮助用户设置 Word 文档页面样式。

(5)“引用”选项卡,包括“目录”“脚注”“信息检索”“引文与书目”“题注”“索引”和“引文目录”等 7 个组,主要用于在 Word 文档中插入目录等,用以实现比较高级的功能。

(6)“邮件”选项卡,包括“创建”“开始邮件合并”“编写和插入域”“预览结果”和“完成”等 5 个组,该选项卡的用途比较专一,主要用于在 Word 文档中进行邮件合并方面的操作。

(7)“审阅”选项卡,包括“校对”“辅助功能”“语言”“中文简繁转换”“批注”“修订”“更改”“比较”“保护”和“墨迹”等 10 个组,主要用于对 Word 文档进行校对和修订等操作,适用于多人协作处理 Word 长文档。

(8)“视图”选项卡,包括“文档视图”“页面移动”“显示”“缩放”“窗口”“宏”和“SharePoint”等7个组,主要用于帮助用户设置Word操作窗口的视图类型,以方便操作。

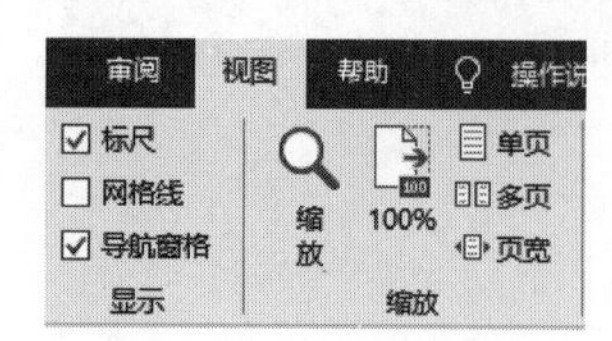

图5-4 选中“导航窗格”复选框

6. 导航窗格

在“视图”选项卡的“显示”组中选中“导航窗格”复选框可显示导航窗格,如图5-4所示。导航窗格主要用于显示当前文档的标题级文字,以方便用户快速查看文档,单击其中的标题即可快速跳转到相应的页面。

7. 文本编辑区

功能区下的空白区域为工作区,也就是文本编辑区,是输入文本、添加图形图像以及编辑文档的区域,对文本的操作结果也都将显示在该区域。文本编辑区中闪烁的光标为插入点,是文字和图片的输入位置,也是各种命令生效的位置。工作区右边和下边分别是垂直滚动条和水平滚动条。

8. 标尺

在“视图”选项卡的“显示”组中选中“标尺”复选框,方能显示文档的垂直标尺和水平标尺,如图5-4所示。

9. 状态栏和视图栏

窗口的左侧底部显示的是状态栏,主要提供当前文档的页码、字数、修订、语言、改写或插入等信息。窗口的右侧底部显示的是视图栏,包括文档视图切换区和显示比例缩放区,单击文档视图切换区相应按钮可以切换文档视图,拖动显示比例缩放区中的“显示比例”滑块或单击两端的“+”号或“-”号可以改变文档编辑区的大小。

5.2.3 Word 2016的启动和退出

1. 启动Word 2016

安装好Word 2016后,就可以使用它来编辑文档内容了,首先需要做的工作是启动Word 2016,具体启动方法如下:

方法1:从“开始”菜单启动。

步骤1:在“开始”菜单中选择Microsoft Office 2016→Word 2016。

步骤2:启动Word 2016,选择模板新建文档,默认是新建一个空白文档。

在空白文档的“文件”选项卡中选择“信息”,可以查看到当前Word文档的所有信息。

方法2:直接启动文档。

在驱动器、文件夹或桌面选中一个文档名或快捷方式双击,或按Enter键,或右击,在弹出的快捷菜单中选择“打开”选项,即可启动Word 2016。

方法3:通过“搜索程序或文件”。

在“开始”菜单的“搜索程序或文件”文本框中输入“WinWord”。然后单击“WinWord”,也可以启动Word 2016。

2. 退出Word 2016

当使用Word编辑完文档后,需要将其关闭,即退出Word 2016,这样可以节省系统资源,释放Word 2016占用的CPU和内存资源。退出Word 2016有以下几种方法:

方法1:在Word 2016主窗口中单击标题栏右端的“关闭”按钮。

方法 2：在 Word 2016 主窗口中选择“文件”选项卡中的“关闭”。

方法 3：双击标题栏左端的窗口“控制菜单”图标。

方法 4：使用 Alt＋F4 快捷键。

如果在退出操作之前，已被修改的文档还没有保存，Word 2016 将显示一个对话框，询问用户是否要保存对文档的修改。如要保存修改，则单击“是”按钮，否则单击“否”按钮；如果是误操作，则单击“取消”按钮返回到 Word 2016 界面。

5.2.4 Word 2016 文档格式和视图方式

1. Word 2016 文档格式

在计算机中，信息是以文件为单位存储在外存中的，通常将由 Word 生成的文件称为 Word 文档。Word 文档格式自 Word 2007 版本开始之后的版本都是基于新的 XML 的压缩文件格式，在传统的文件扩展名后面添加了字母“x” 或“m”，“x”表示不含宏的 XML 文件，“m”表示含有宏的 XML 文件，如表 5-1 所示。

表 5-1 Word 2016 中的文件类型与其对应的扩展名

文件类型	扩展名
Word 2016 文档	.docx
Word 2016 启用宏的文档	.docm
Word 2016 模板	.dotx
Word 2016 启用宏的模板	.dotm

2. Word 2016 视图方式

视图就是查看文档的方式，同一个文档内容可以在不同的视图下查看有不同的显示方式。Word 2016 主要有五种视图，分别是阅读视图、页面视图、Web 版式视图、大纲视图、草稿视图。其中大纲视图、草稿视图需在“视图”选项卡的“视图”组中进行切换，如图 5-5 所示。

（1）阅读视图。

图 5-5 “视图”选项卡中的“视图”组

在该视图模式中，文档将全屏显示，最适合阅读长篇文章，用户可对文字进行勾画和批注。阅读版式将原来的文章编辑区缩小，而文字大小保持不变。如果字数多，它会自动分成多屏。在该视图下同样可以进行文字的编辑工作，但视觉效果好，眼睛不会感到疲劳，如图 5-6 所示。单击左、右三角形按钮可切换文档页面显示，按键盘左上角的 Esc 键可退出阅读视图模式。

（2）页面视图。

页面视图是 Word 默认的视图模式，该视图中显示的效果和打印的效果完全一致，即“所见即所得”。在页面视图中可看到页眉、页脚、水印和图形等各种对象在页面中的实际打印位置，便于用户对页面中的各种对象元素进行编辑，如图 5-7 所示。

（3）Web 版式视图。

Web 版式视图专为浏览和编辑 Web 网页面设计，它能够模仿 Web 浏览器来显示 Word 文档。它是 Word 几种视图方式中唯一的一种按照窗口大小进行折行显示的视图方

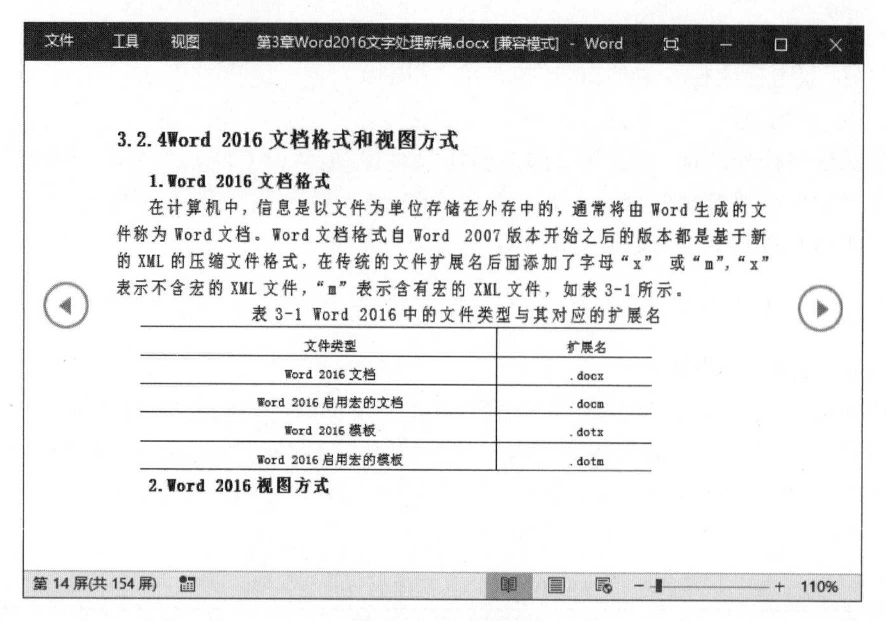

3.2.4Word 2016 文档格式和视图方式

1.Word 2016 文档格式

在计算机中，信息是以文件为单位存储在外存中的，通常将由 Word 生成的文件称为 Word 文档。Word 文档格式自 Word 2007 版本开始之后的版本都是基于新的 XML 的压缩文件格式，在传统的文件扩展名后面添加了字母“x” 或“m”，“x”表示不含宏的 XML 文件，“m”表示含有宏的 XML 文件，如表 3-1 所示。

表 3-1 Word 2016 中的文件类型与其对应的扩展名

文件类型	扩展名
Word 2016 文档	.docx
Word 2016 启用宏的文档	.docm
Word 2016 模板	.dotx
Word 2016 启用宏的模板	.dotm

2.Word 2016 视图方式

图 5-6　阅读视图

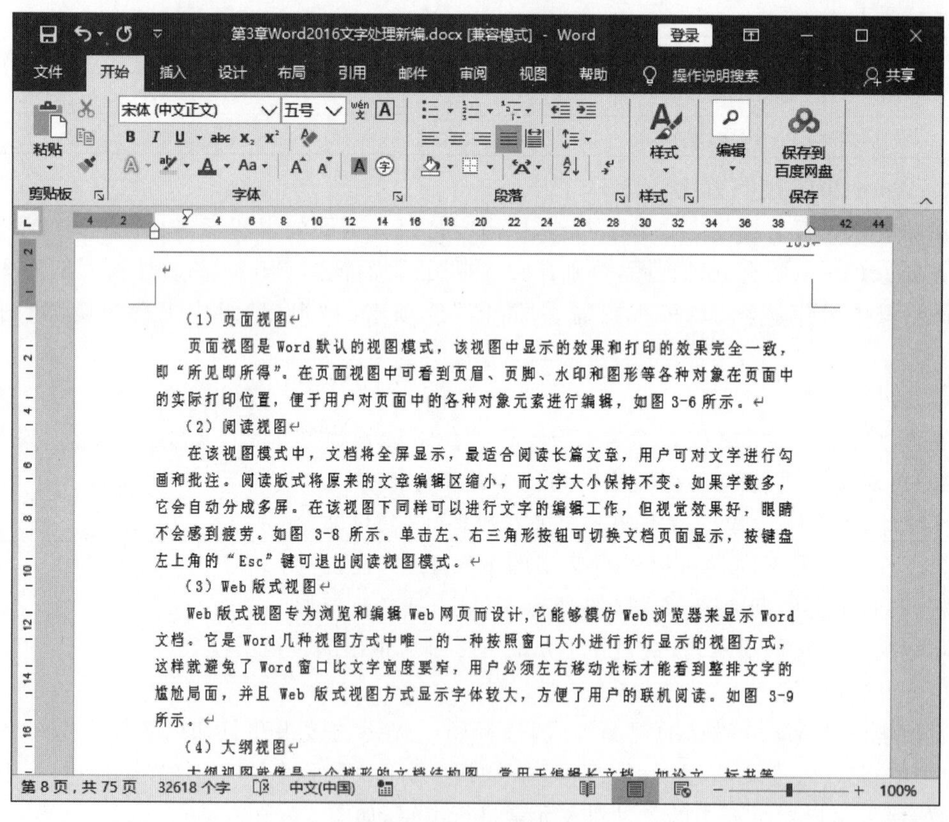

(1) 页面视图

页面视图是 Word 默认的视图模式，该视图中显示的效果和打印的效果完全一致，即“所见即所得”。在页面视图中可看到页眉、页脚、水印和图形等各种对象在页面中的实际打印位置，便于用户对页面中的各种对象元素进行编辑，如图 3-6 所示。

(2) 阅读视图

在该视图模式中，文档将全屏显示，最适合阅读长篇文章，用户可对文字进行勾画和批注。阅读版式将原来的文章编辑区缩小，而文字大小保持不变。如果字数多，它会自动分成多屏。在该视图下同样可以进行文字的编辑工作，但视觉效果好，眼睛不会感到疲劳。如图 3-8 所示。单击左、右三角形按钮可切换文档页面显示，按键盘左上角的“Esc”键可退出阅读视图模式。

(3) Web 版式视图

Web 版式视图专为浏览和编辑 Web 网页而设计，它能够模仿 Web 浏览器来显示 Word 文档。它是 Word 几种视图方式中唯一的一种按照窗口大小进行折行显示的视图方式，这样就避免了 Word 窗口比文字宽度要窄，用户必须左右移动光标才能看到整排文字的尴尬局面，并且 Web 版式视图方式显示字体较大，方便了用户的联机阅读。如图 3-9 所示。

(4) 大纲视图

图 5-7　页面视图

式，这样就避免了 Word 窗口比文字宽度要窄，用户必须左右移动光标才能看到整排文字的尴尬局面，方便了用户的联机阅读，如图 5-8 所示。

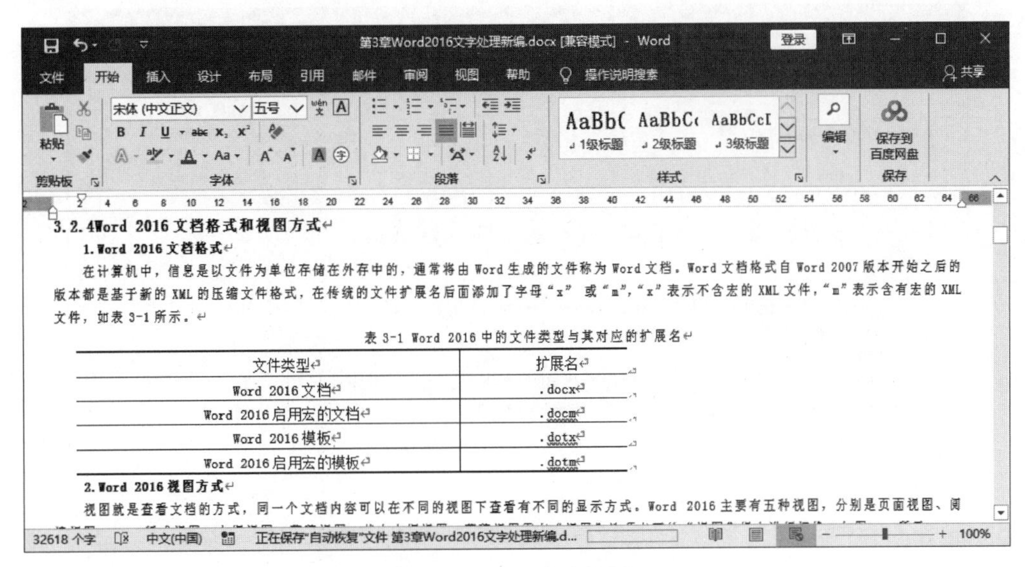

图 5-8　Web 版式视图

(4) 大纲视图。

大纲视图就像是一个树形的文档结构图，常用于编辑长文档，如论文、标书等。大纲视图是按照文档中标题的层次来显示文档，可将文档折叠起来只看主标题，也可将文档展开查看整个文档的内容，如图 5-9 所示。

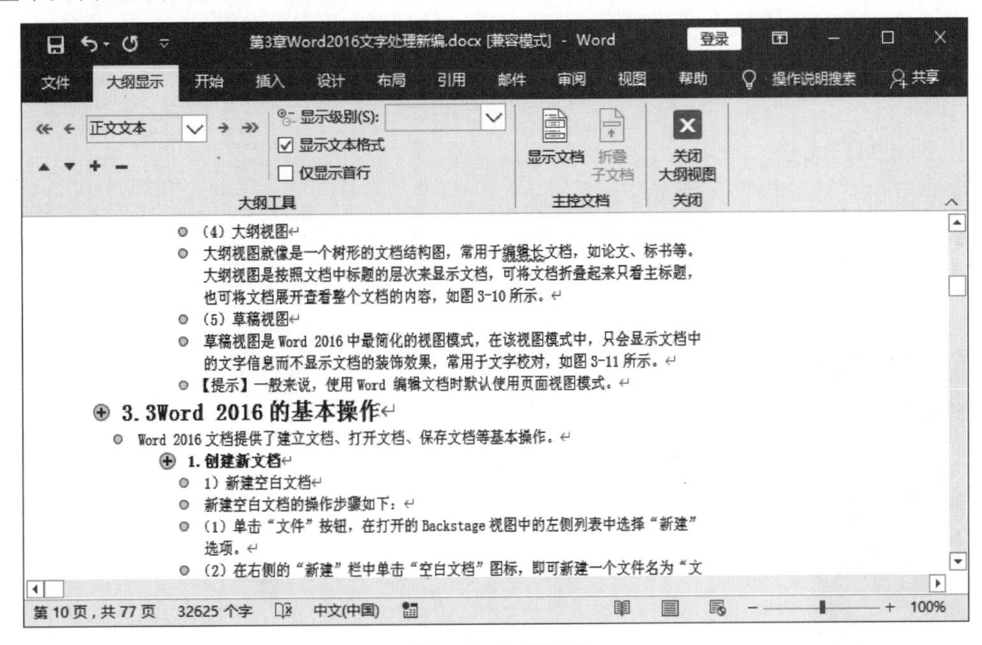

图 5-9　大纲视图

(5) 草稿视图。

草稿视图是 Word 2016 中最简化的视图模式，在该视图模式中，只会显示文档中的文字信息而不显示文档的装饰效果，常用于文字校对，如图 5-10 所示。

【提示】 一般来说，使用 Word 编辑文档时默认使用页面视图模式。

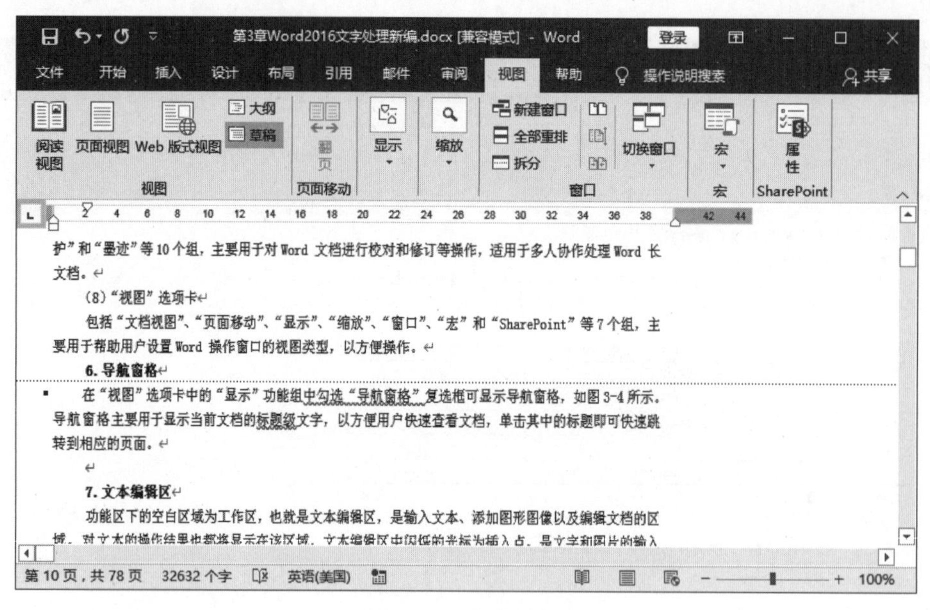

图 5-10　草稿视图

5.3　Word 2016 的基本操作

Word 2016 文档提供了建立文档、打开文档、保存文档等基本操作。

5.3.1　创建新文档

1. 新建空白文档

新建空白文档的操作步骤如下。

步骤 1：单击“文件”按钮，在打开的 Backstage 视图中的左侧列表中选择“新建”选项。

步骤 2：在右侧的“新建”栏中单击“空白文档”图标，即可新建一个文件名为“文档1-Word”的空白文档，如图 5-11 所示。

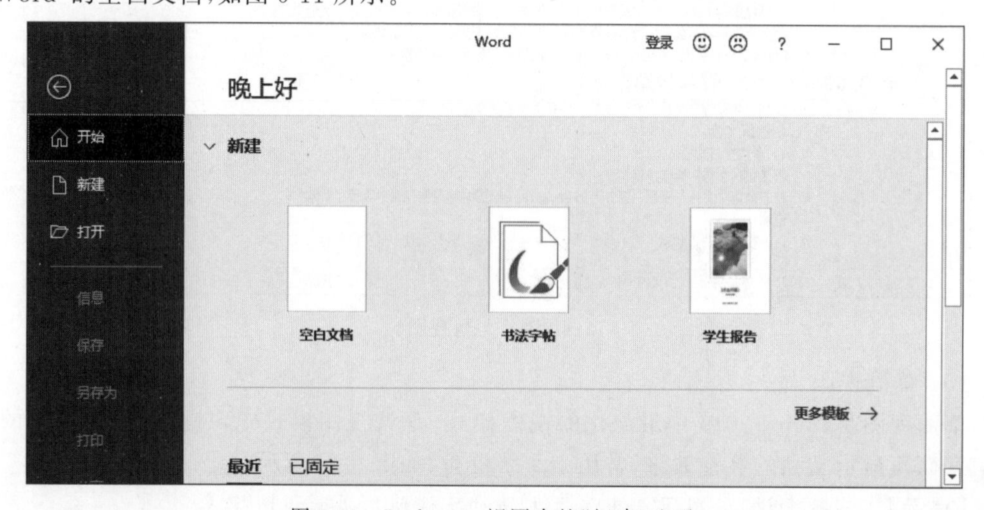

图 5-11　Backstage 视图中的“新建”选项

2. 根据模板创建文档

在 Word 2016 中,模板分为 3 种,第一种是安装 Office 2016 时系统自带的模板;第二种是用户自己创建后保存的自定义模板(*.dotx);第三种是 Office 网站上的模板,需要下载才能使用。Word 2016 更新了模板搜索功能,可以直接在 Word 文件内搜索需要的模板,大大提高了工作效率。

在如图 5-11 所示的“新建”栏中单击所需要的模板图标,如市内传真、简历、学生报告等,即可新建对应模板的 Word 文档,以满足自己的特殊需要。

5.3.2 保存文档

1. 保存新建文档

如果要对新建文档进行保存,可单击快速访问工具栏上的“保存”按钮,也可单击“文件”按钮,在打开的 Backstage 视图左侧下拉列表中选择“保存”选项。在这两种情况下都会弹出一个“文件”按钮的“另存为”界面,在该界面中有两种保存方式。

(1) 选择保存云端,在联机情况下单击“OneDrive”登录或者单击“添加位置”设置云端账户登录到云端存储,以该方式存储的文档可以与他人共享,如图 5-12 所示。

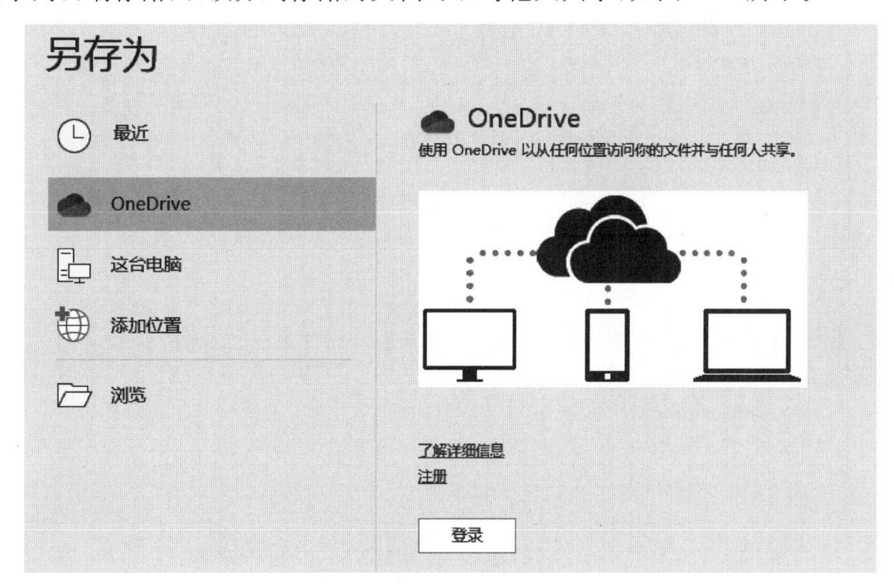

图 5-12 保存云端

(2) 保存在本地计算机上,双击“此电脑”按钮或者“浏览”按钮,找到保存位置(如桌面)并双击,如图 5-13 所示,将打开“另存为”对话框,然后在“文件名”文本框中输入文件名,在“保存类型”下拉列表框中选择默认类型,即“Word 文档(*.docx)”,然后单击“保存”按钮,如图 5-14 所示。

2. 保存已有文档

对于已经保存过的文档经过处理后的保存,可单击快速访问工具栏上的“保存”按钮,也可单击“文件”按钮后在下拉列表中选择“保存”选项,或者使用 Ctrl+S 快捷键进行快速保存,在这几种情况下都会按照原文件的存放路径、文件名称及文件类型进行保存。

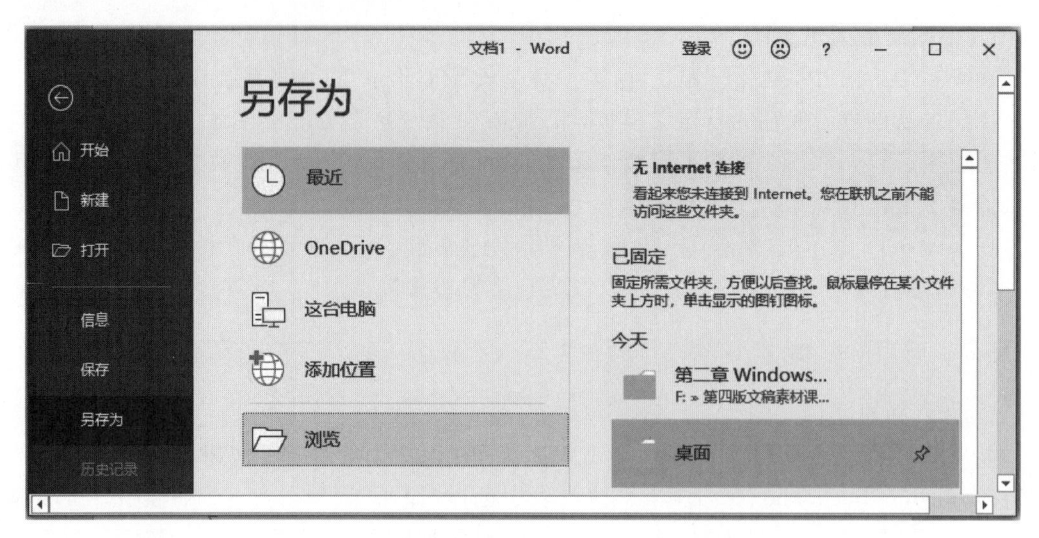

图 5-13　在“另存为”界面中双击保存位置“桌面”

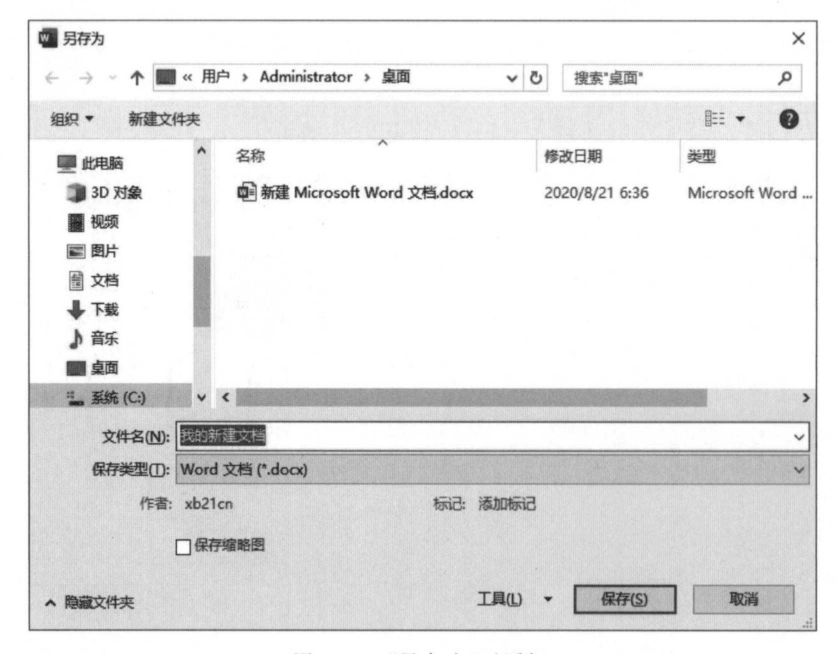

图 5-14　“另存为”对话框

3. 另存为其他文档

如果文档已经保存过,在进行了一些编辑操作之后,若要保留原文档、文件更名、改变文件保存路径或者改变文件类型,都需要单击“文件”按钮,在打开的“另存为”对话框进行保存,保存方式同保存新建文档步骤类似。

5.3.3　打开和关闭文档

对于任何一个文档,都需要先将其打开,然后才能对其进行编辑。编辑完成后,可将文档关闭。

1. 打开文档

用户可参考如下方法打开 Word 文档。

方法 1：对于已经存在的 Word 文档，只需双击该文档的图标便可打开该文档。

方法 2：若要在一个已经打开的 Word 文档中打开另外一个文档，可单击“文件”按钮，在弹出的 Backstage 视图左侧下拉列表中选择“打开”选项，在右侧的“打开”界面中找到并双击需要打开的文件，如图 5-15 所示。

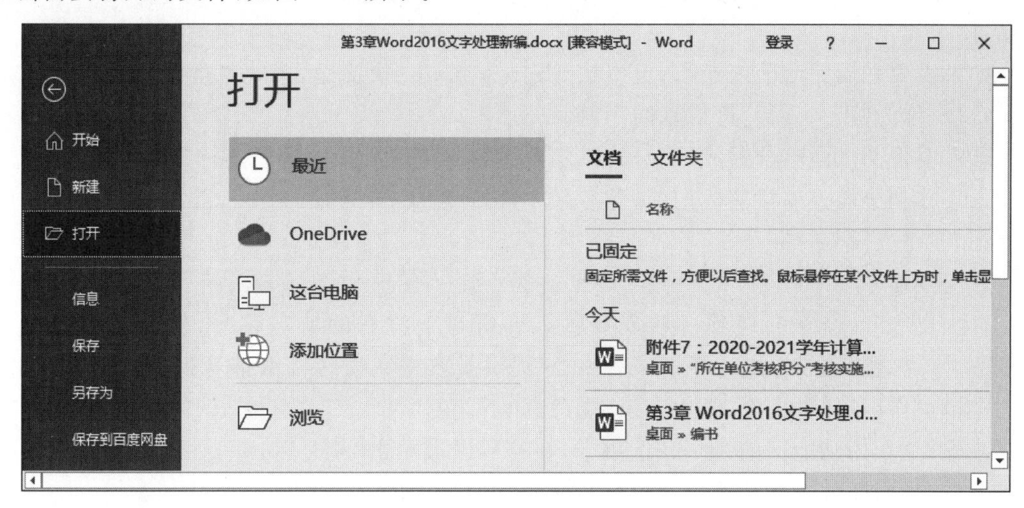

图 5-15　在一个 Word 文档中打开另外一个文档

2. 关闭文档

对文档完成全部操作后，要关闭文档时，可单击“文件”按钮，在弹出的 Backstage 视图左侧下拉列表中选择“关闭”选项，或单击窗口右上角的“关闭”按钮。

在关闭文档时，如果没有对文档进行编辑、修改操作，可直接关闭；如果对文档做了修改，但还没有保存，系统会打开一个提示对话框询问用户是否需要保存已经修改过的文档，如图 5-16 所示，单击“保存”按钮即可保存并关闭该文档。

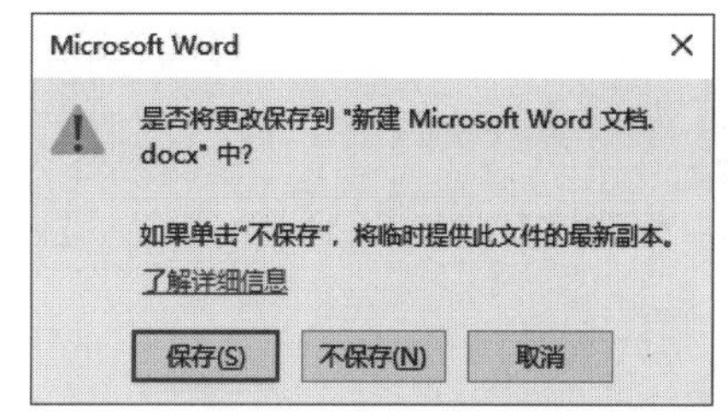

图 5-16　保存提示对话框

5.4　Word 2016 文档编辑

在输入文本的过程中，光标的定位、文本的修改、复制、剪切等是必不可少的操作，只有掌握了这些基本的操作才能更好地使用 Word 2016。本节介绍文本和字符的输入以及文本的修改技巧。

5.4.1　在文档中输入文本

创建新文档或打开已有文档之后，就可以输入数字、字母、符号和汉字等文本信息了。

1. 录入文本

在文档窗口中有一个闪烁的光标称为插入点，表明输入文本开始位置，用户连续不断地输入文本时，插入点从左向右移动。当插入点移到行的右边界时，再输入字符，根据页面的大小插入点会自动移到下一行的行首位置。Word 还提供“即点即输”功能。在“页面”(或阅读)视图方式下，当把鼠标指针移到文档编辑区的任意位置上双击时，即可在该位置开始输入文本。

要生成一个段落，可以按 Enter 键，系统就会在行尾插入一个段落标记符或硬回车符(↵)，并将插入点移到新段落的首行处。当新段落文本不能自动缩进时按 Tab 键实现段落的缩进。

如果需要在同一段落内换行，可以按 Shift + Enter 快捷键，系统就会在行尾插入一个“↓”符号，称为“人工分行”符或软回车符。

若需要将两个段落合并成一个段落(实际上就是删除分段处的段落标记)，操作方法是：把插入点移到分段处的段落标记前，然后按 Delete 键(在标记后按 Backspace 键)删除该段落标记，即完成段落合并。

2. 输入符号

输入文本时，经常会遇到一些需要输入在键盘上没有的特殊符号，例如数学运算符 log、≯、≠、希腊字母(ζπγθω)等，Word 2016 提供了非常完善的特殊符号列表，并且通过简单的菜单操作即可轻松完成输入。操作方法如下。

步骤 1：单击功能区的“插入”选项卡，在符号区域单击“符号”按钮，在其下拉菜单中选择需要的符号，即可把符号插入到光标当前的位置，如图 5-17 所示。

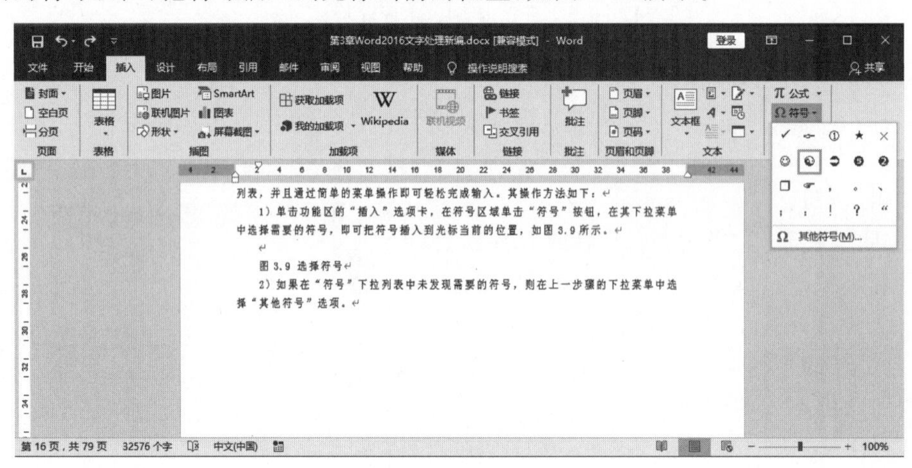

图 5-17 选择符号

步骤 2：如果在“符号”下拉列表中未发现需要的符号，则在上一步骤的下拉菜单中选择“其他符号”选项。

步骤 3：打开“符号”对话框，如图 5-18 所示。在“字体”下拉列表中选择符号的字体，然后在“子集”下拉列表中选择符号的各类。如要插入约等于符号，此符号属于数学运行符，则在“子集”下拉列表中选择“数学运行符”选项，然后在其下的表格中就会显示所有的数学符号。选择“≈”符号，再单击“插入”按钮即可在当前光标位置插入约等于符号。

3. 拼写语法检查与自动更正

1) 拼写语法检查

在 Word 中输入文本时，默认情况下，Word 程序将自动对录入的单词、中文词组的拼写

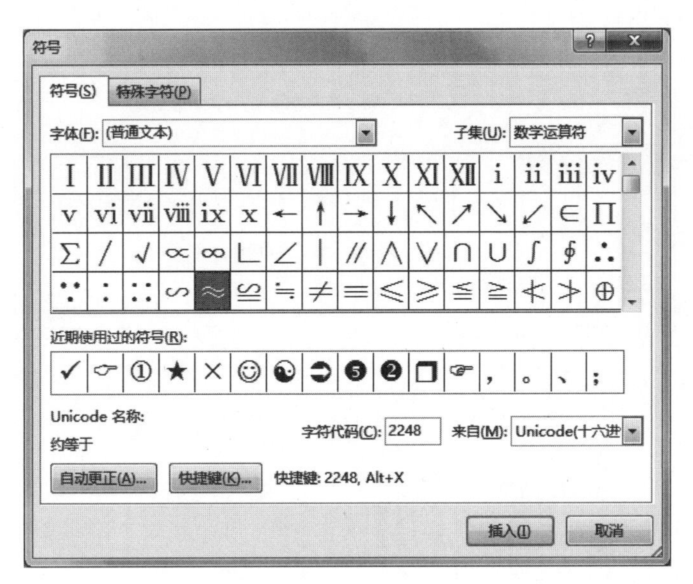

图 5-18 “符号”对话框

和语法进行检查，并用红色或绿色的波浪下画线标识可能有错误的地方，如图 5-19 所示。用户可以右击拼写错误的单词以查看建议的更正。

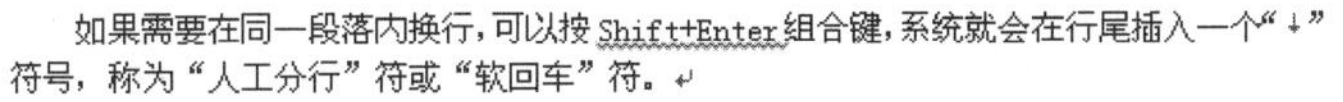

如果需要在同一段落内换行，可以按 Shift+Enter 组合键，系统就会在行尾插入一个“↓”
符号，称为“人工分行”符或“软回车”符。↵

图 5-19 拼写检查

2）自动更正

如果在拼写检查时检查到错误的单词或中文词组，Word 已经定义了其正确的词语，Word 将自动将用户输入的错误的内容更正为正确的。如用户输入“当人不让”后系统会自动更正为“当仁不让”。当更正后用户也可以将鼠标移动到错误的词语上，这时错误的词语下会出现“ ”图标，用户单击图标后的三角就可以打开自动更正选项，选择错误是更正还是不更正。

3）拼写语法检查设置

对于自动更正功能，用户可根据自己的需要进行设置，让它更好地为自己服务。设置步骤如下。

步骤 1：在“文件”选项卡中选择“选项”选项。

步骤 2：在打开的“Word 选项”对话框中选择“校对”选项。

步骤 3：在右侧窗格中的“在 Microsoft Office 程序中更正拼写时”和“在 Word 中更正拼写和语法时”列表中选择需要启用的自动更正选项，完成设置后单击“确定”按钮，如图 5-20 所示。

4）自动更正设置

在图 5-20 中单击“自动更正选项”按钮，可以打开如图 5-21 所示的“自动更正”对话框，用户可以根据自己的需要设置自动更正的单词或中文词组。在“替换”下面的文本框中输入错误的内容，在“替换为”下面的文本框中输入正确的内容，单击“添加”按钮，即可将刚才输入的添加到自动更正内容中去，在以后编辑文档时 Word 检查到错误内容后会自动更正为正确的。

图 5-20 “自动更正选项”对话框

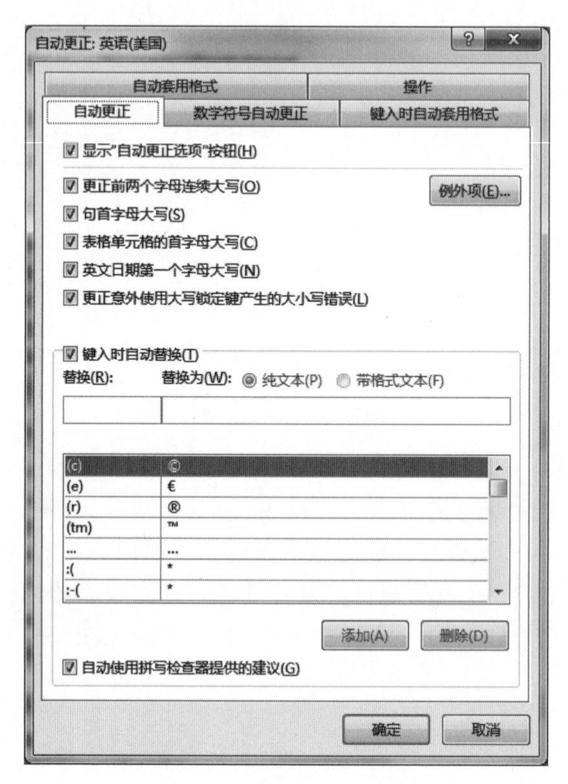

图 5-21 “自动更正”对话框

4. 自动统一大小写

Word 2016 允许将文档中字母自动统一为大写或小写,这个功能在编辑一些特定的文档时颇为实用。比如制作一份调查报告,而报告中将涉及到许多公司的英文缩写名称,而其他英语单词则几乎没有用到,这个时候只要在编辑文档时,让 Word 自动将字母全部大写,而无须在输入英文缩写名称时来回切换大小写。单击“开始”选项卡,在“字体”区域中单击“**Aa**▾”按钮,在其下拉菜单中选择“大写”即可(如果需要全部小写,则选择“小写”),如图 5-22 所示。

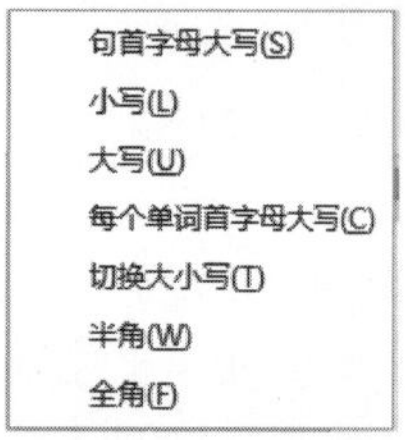

句首字母大写(S)
小写(L)
大写(U)
每个单词首字母大写(C)
切换大小写(T)
半角(W)
全角(F)

图 5-22 “字符切换”菜单

【注意】 连续按 Shift+F3 快捷键,文档中被选中的英语单词会在句首字母大写、全部大写、全部小写之间切换。

5.4.2 编辑文档

编辑文档是指在文本某处插入新的文本、删除文本的几个或几行文字、修改文本的某些内容、复制和移动文本的一部分、查找与替换指定的文本等。在做编辑操作前,要移动插入点和选定文本。

1. 移动插入点

在指定的位置进行修改、插入或删除等操作时,先要将插入点移到该位置,然后才能进行相应的操作。

1) 使用鼠标

方法1:如果在小范围内移动插入点,只要将鼠标指针指向指定位置,然后单击。

方法2:上下滚动鼠标的滚轮,然后选择位置。

方法3:单击滚动条内的上、下箭头,或拖动滚动条,可以将显示位置迅速移动到文档的任何地方。

2) 使用键盘

使用键盘的快捷键,也可以移动插入点,表5-2列出了各种快捷键及其功能。

表5-2 移动插入点的快捷键及其功能

快 捷 键	功 能	快 捷 键	功 能
←	左移一个字符	Ctrl+→	右移一个词
→	右移一个字符	Ctrl+←	左移一个词
↑	上移一行	Ctrl+↑	移至当前段首
↓	下移一行	Ctrl+↓	移至下段段首
Home	移至插入点所在行行首	Ctrl+Home	移至文档首
End	移至插入点所在行行尾	Ctrl+End	移至文档尾
PgUp	翻到上一页	Ctrl+PgUp	移至窗口顶部
PgDn	翻到下一页	Ctrl+PgDn	移至窗口底部

按Shift+F5可回到上次编辑的位置,它可以使光标在最后编辑过的3个位置间循环切换。此功能也可以在不同的两个文档间实现。当Word文档关闭的时候,它也会记下此时文档的编辑位置,再次打开时,按下Shift+F5快捷键就回到了关闭文档时的编辑位置,非常方便。

2. 选定文本

要复制和移动某一部分文本,首先应用鼠标或键盘来选定这部分文本。

1) 用鼠标选定文本

根据所选定文本区域的不同情况,分别有:

方法1:选定任意文本。将鼠标指针移动到所选文本的最左边。按住鼠标左键,拖动到所选文本段的末端,松开鼠标。这时,被选文本以高亮度显示,表明该段文本被选取,如图5-23所示。

方法2:选定一个单词。双击该单词。

方法3:将鼠标指针移动到该行左侧的选定区,直到指针变为指向右边的箭头"↗"后有如下几种操作。

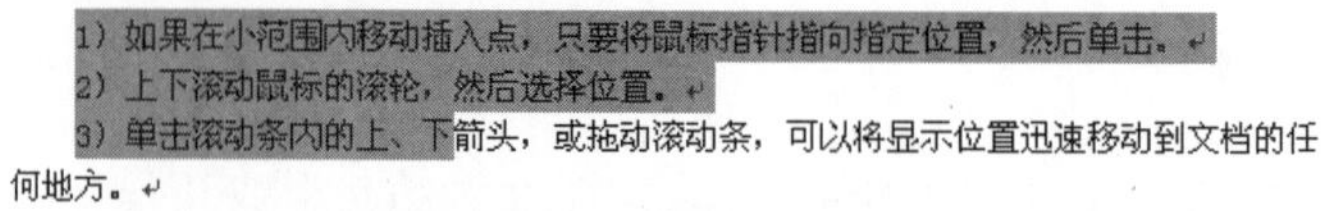

1）如果在小范围内移动插入点，只要将鼠标指针指向指定位置，然后单击。↵
2）上下滚动鼠标的滚轮，然后选择位置。↵
3）单击滚动条内的上、下箭头，或拖动滚动条，可以将显示位置迅速移动到文档的任
何地方。↵

图 5-23　选取任意文本

(1) 单击：选取鼠标所指行文本。

(2) 单击后拖动：选取多行文本。

(3) 双击：选取鼠标所指段落(也可在段中三击选中一段)。

(4) 双击后拖动：选择多个段落。

(5) 三击：选取整篇文档。

方法 4：选定一个句子。按下 Ctrl 键，然后单击该句中的任何位置。

方法 5：选定连续文本。单击要选定内容的起始处，然后利用鼠标滚轮(或拖动竖直滚动条)滚动到要选定内容的结尾处，然后在按下 Shift 键的同时单击。

方法 6：选定不连续文本。选中一段文本后，按下 Ctrl 键，再选择其他文本。

方法 7：选定垂直文本。先按下 Alt 键，然后按下并拖动鼠标选取即可，如图 5-24 所示，被选中的字符就可以一次性被删除。

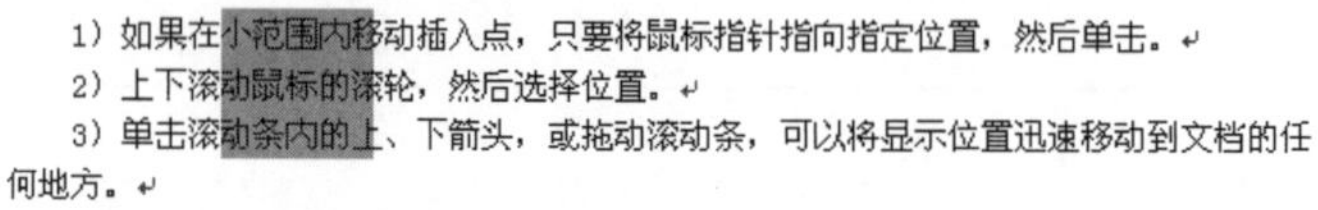

1）如果在小范围内移动插入点，只要将鼠标指针指向指定位置，然后单击。↵
2）上下滚动鼠标的滚轮，然后选择位置。↵
3）单击滚动条内的上、下箭头，或拖动滚动条，可以将显示位置迅速移动到文档的任
何地方。↵

图 5-24　选取垂直文本

方法 8：扩展选取。单击希望选取文本的开始处，按 F8 功能键，打开扩展模式。再单击希望选取文本的末尾处，按 Esc 键关闭扩展模式，所单击的结尾处和开始处之间的文本即被选中。

全选(A)
选择对象(O)
选择格式相似的文本(S)
选择窗格(P)...

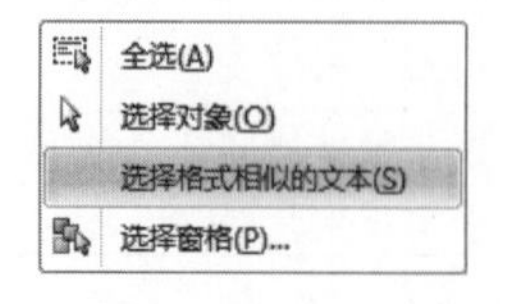

图 5-25　“选择”下拉菜单

方法 9：选择格式相似的文本。选中一段文本，再单击“开始”选项卡“编辑”选项中的“选择”命令，弹出“选择”下拉菜单，如图 5-25 所示。选择“选择格式相似的文本”即可选中全文档中与被选中的文本格式相似的文本。

2）用键盘选定文本

当用键盘选定文本时，注意应首先将插入点移到所选文本区的开始处，然后再按表 5-3 中所示的快捷键进行操作。

表 5-3　常用选定文本的快捷键

按 快 捷 键	选 定 功 能
Shift+→	选定插入点右边的一个字符或汉字
Shift+←	选定插入点左边的一个字符或汉字
Shift+↑	选定到上一行同一位置之间的所有字符或汉字
Shift+↓	选定到下一行同一位置之间的所有字符或汉字
Shift+Home	从插入点选定到它所在行的开头
Shift+End	从插入点选定到它所在行的末尾
Shift+PaUp	选定上一屏
Shift+PaD	选定下一屏
Ctrl+A	选定整个文档

3. 插入与删除文本

1）插入文本

插入文本是在已输入的文本的某一位置中插入一段新的文本的操作。当 Word 处于插入状态，则状态栏的编辑状态按钮为“插入”，如果处于改写状态，则编辑状态按钮为“改写”，可以单击该按钮或按键盘上的 Insert 键在两种状态间切换。

在插入方式下，只要将插入点移到需要插入文本的位置，输入新文本就可以了。插入时，插入点右边的字符和文字随着新的文字的输入逐一向右移动。如在改写方式下，则插入点右边的字符或文字将被新输入的文字或字符所替换。

2）删除文本

删除文本是在文本的编辑过程中删除出现错误或多余的文本。使用 Backspace 键可以删除光标前的字符，而使用 Delete 键来删除光标后的字符，但二者均是逐字删除文本。要删除大段文本时应该先选中所要删除的文本，然后再用以下方法进行操作。

步骤 1：单击“开始”选项卡“剪贴板”选项中的“剪切”命令，或右击选中文本，在弹出的快捷菜单中选择“剪切”选项。

步骤 2：按 Delete 键或 Backspace 键。

4. Office 剪贴板

Word 2016 提供的剪贴板功能可以存储最近 24 次复制或剪切后的内容。例如，可以将多个不同的内容（文本、表格、图形或样式等）通过剪切或复制放到剪贴板中，然后有选择地粘贴。这些内容可以在 Office 软件（Word、Excel 等）中共用。此功能可以最方便地在两个文档间进行信息交换。剪贴板可实现的功能如下：

单击“开始”选项卡“剪贴板”菜单右下角的“ ”图标，可打开如图 5-26 所示的剪贴板任务窗格。

（1）将光标定位到要粘贴内容的位置，用鼠标单击要粘贴的内容，则所选内容被粘贴到光标的位置。

（2）如果要把所有的项目按照在剪贴板的顺序粘贴到同一个位置，可以单击“全部粘贴 ”按钮。

（3）单击“全部清空”按钮，可清除剪贴板中的所有内容。

（4）单击“剪贴板”每个复制的内容右边的向下箭头，可从弹出的菜单中选择删除或是粘贴该内容。

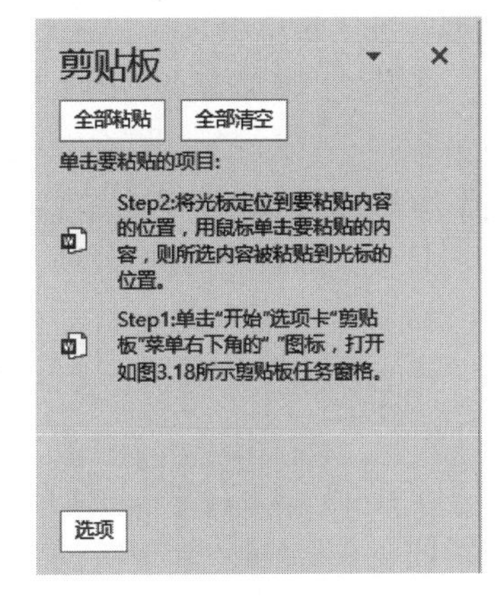

图 5-26 “剪贴板”任务窗格

5. 移动文本

在编辑文档时，移动文本是将文本从一个位置移动到另一个位置，以调整文档的结构。移动文本的方法有：

1）使用剪贴板移动文本

通过“剪贴板”选项中的“剪切”和“粘贴”命令来实现文本的移动。操作步骤如下。

步骤 1：选定所要移动的文本。

步骤 2：单击“开始”选项卡“剪贴板”选项中的“剪切”命令，或按 Ctrl+X 快捷键，或右击，在弹出的快捷菜单中选择“剪切”选项，此时所选定的文本被剪切掉并临时保存在剪贴板之中。

步骤 3：移动插入点到目标位置。目标位置可在当前文档中，也可以在另一个文档中。

步骤4：单击“粘贴”命令，或按Ctrl+V快捷键，或右击，在弹出的快捷菜单中选择“粘贴”选项，所选定的文本便移动到指定的新位置上。

2）使用鼠标左键拖动文本

用鼠标拖动所选定的文本到目标位置，适用于文本比较短小且距离较近的移动。

拖动鼠标指针前的虚插入点到目标位置上并松开鼠标左键，这样就完成了文本的移动。

3）使用鼠标右键拖动文本

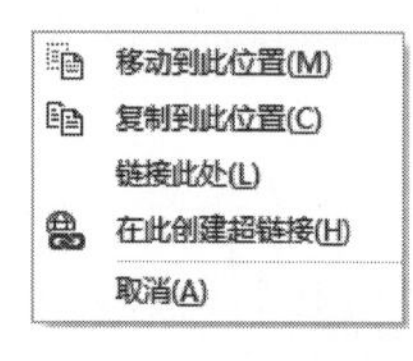

图5-27　右键拖动文本快捷菜单

可用鼠标的右键拖动选定的文本来移动文本。操作步骤如下。

步骤1：选定所要移动的文本，然后将鼠标指针移到所选定的文本区，使其变成向左上角指的箭头。

步骤2：按住鼠标右键，将虚插入点拖动到目标位置上并松开鼠标右键，出现快捷菜单如图5-27所示。

步骤3：选择快捷菜单中的“移动到此位置”选项，完成移动。

6. 复制文本

复制文本是将已编辑好的文本复制生成副本插入到目标位置，使用复制可以减少重复输入，减少输入错误，提高效率。复制文本与移动文本的操作类似。

1）使用剪贴板复制文本

通过“剪贴板”选项中的“剪切”和“粘贴”命令来实现文本的复制。操作步骤如下。

步骤1：选定所要复制的文本。

步骤2：单击“开始”选项卡“剪贴板”中的“剪切”命令，或按Ctrl+C快捷键，或右击，在弹出的快捷菜单中选择“复制”选项，此时所选定文本的副本被临时保存在剪贴板之中。

步骤3：将插入点移到要粘贴文本的同一文档或另一个文档的新位置。

步骤4：单击“粘贴”命令，或按Ctrl+V快捷键，或右击，在弹出的快捷菜单中选择“粘贴”选项，此时，所选定的文本的副本被复制到指定的新位置上了。

只要剪贴板上的内容没有被破坏，那么同一块文本可以复制到若干个不同的位置上。

2）使用鼠标拖动复制文本

拖动鼠标指针适用于文本块比较短小，目标位置距源位置较近的文本复制。操作步骤如下。

步骤1：选定所要复制的文本，然后将鼠标指针移到所选定的文本区，使其变成向左上角指的箭头。

步骤2：先按住Ctrl键，再按住鼠标左键，此时鼠标指针下方增加一个灰色的矩形和带“+”的矩形，并在其前方出现一虚竖线段(即插入点)，它表明文本要插入的新位置。

步骤3：拖动鼠标指针前的虚插入点到文本需要复制到的新位置上，松开Ctrl键后再松开鼠标左键，即可将选定的文本复制到新位置上。

3）使用鼠标右键拖动复制文本

选定所要复制的文本，用鼠标右键拖动文本到目标位置，在弹出的快捷菜单中选择“复制到此位置”选项即可。

7. 撤销和恢复操作

撤销操作是指取消“上一步”(或多步)操作，使文档恢复到执行该操作前的状态。若执行过撤销操作,恢复操作是用来恢复"上一步"(或多步)操作。重复操作是指将上一步操作再执行一次或多次。快速访问工具栏的"[撤销图标]"图标是撤销按钮,"[恢复图标]"是恢复按钮。当第一次打开文档或是无撤销操作可以进行时,则相应的图标会变成灰色不可用状态。

(1) 撤销操作:单击快速访问工具栏的"撤销"按钮或按 Ctrl+Z 快捷键可撤销前一次的操作,如果想要撤销多步的操作可以单击"撤销"按钮旁的向下三角,打开如图 5-28 所示可以进行撤销操作的列表,用鼠标选择即可。当然也可以连续地按 Ctrl+Z 快捷键来撤销多步操作。

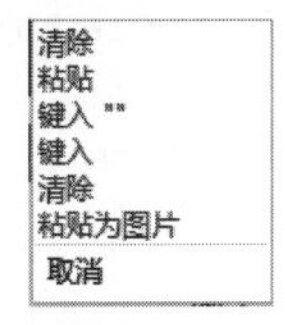

图 5-28 "撤销"操作列表

(2) 恢复操作:单击一次"恢复"按钮或按一次 Ctrl+Y 快捷键,可以恢复最近的一次撤销操作。如果要恢复多次撤销操作,可以连续单击"恢复"按钮或按 Ctrl+Y 快捷键。

(3) 重复操作:单击"重复"按钮、按 F4 功能键可以实现重复执行上一次的操作。也可连续单击或重复按 F4 键实现连续的"重复"操作。

将一段文本格式设置为"仿宋体、加粗、三号",然后再选中另一段文本,按下 F4 键执行重复操作,即可将第二次选中的文本也设置为"仿宋体、加粗、三号";按下 Ctrl+Z 快捷键则撤销刚才的操作;按下 Ctrl+Y 快捷键则恢复刚才的操作。

5.4.3 查找替换和定位

在篇幅较长的文档中要找出一个字符或一种格式时,既会浪费很多时间,又有可能出现遗漏的情况。如果使用"查找"功能进行查找,可以很方便地完成操作。

1. 使用导航窗格搜索文本

打开 Word 2016 导航窗格,通过窗格可查看文档结构,也可以对文档中的某些文本内容进行搜索,搜索到需要的内容后,程序会自动将其进行突出显示。在"视图"选项卡下,勾选"显示"组中"导航窗格"复选框(也可按 Ctrl+F 快捷键),即可打开如图 5-29 所示的"导航"窗格。在"导航"窗格中搜索文本的具体操作如下。

步骤 1:打开"导航"窗格后,在窗格上方的搜索文件框中输入要搜索的文本内容。

步骤 2:在"导航"窗格中,将搜索的内容输入完毕后,Word 2016 会自动执行搜索操作,搜索完毕后,程序会自动将搜索到的内容以突出显示形式显示出来,并将"导航"窗格下面有搜索内容的章节也突出显示。

2. 在"查找和替换"对话框中查找文本

查找文本时,也可以通过"查找和替换"对话框来完成查找操作。使用这种方法,可以对文档中的内容一处一处地进行查找,也可以在固定的区域内查找,具有灵活的特点。在"开始"选项卡"编辑"组的"查找"下拉菜单中选择"高级查找"选项或是单击"编辑"组中的"替换"命令都可以打开"查找和替换"对话框。在对话框中既可进行文本查找也可进行格式查找,文本查找的操作步骤如下。

步骤 1:单击"查找"选项卡,在"查找内容"列表框中键入要查找的文本,如输入文本"标记"。

步骤 2:单击"查找下一处"按钮开始查找。当查找到"标记"一词后,就将该文本移入到窗口工作区内,并用淡蓝底纹显示所找到的文本。

步骤 3:单击"查找下一处"按钮,可继续查找,直到整个文档查找完毕为止;单击"取

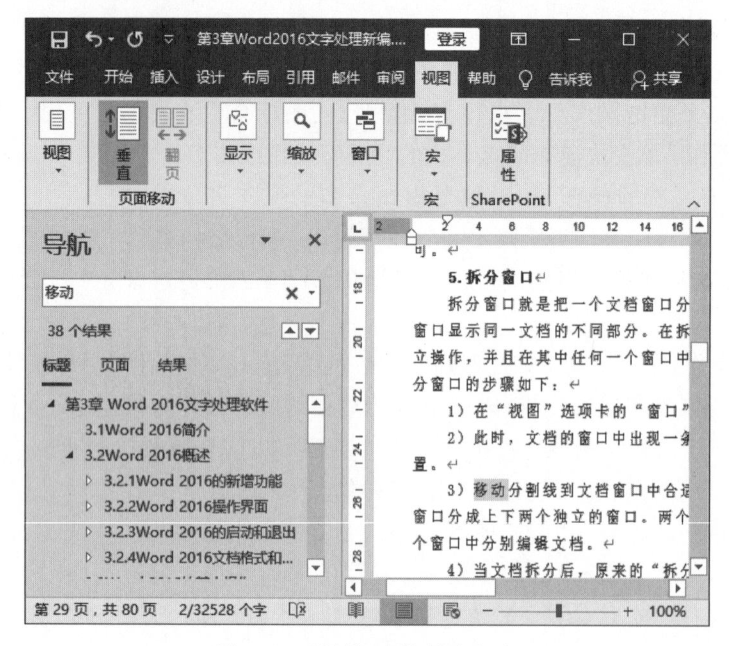

图 5-29 “导航”窗格搜索文本

消”按钮，则关闭“查找和替换”对话框，插入点停留在当前查找到的文本处。

使用“查找和替换”对话框，如图 5-30 所示，将内容查找完毕后，单击“阅读突出显示”按钮，在弹出的下拉列表中选择“全部突出显示”选项，即可将查找到的内容全部突出显示出来。如果所要查找的文本已经设置为某种格式，为了缩小查找范围，提供查找的精度，可在图 5-30 所示的对话框的“更多”按钮中指定格式来查找文本。

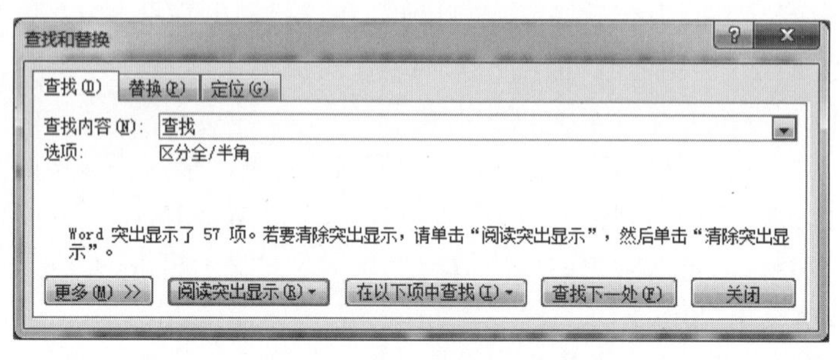

图 5-30 “查找和替换”对话框

3. 替换文字资料

Word 不仅提供了查找功能，还提供了替换功能。利用这个功能，可以快速将文档中错误或者不适合的内容替换掉，相关操作步骤如下。

步骤 1：打开“查找和替换”对话框，选择“替换”选项卡，如图 5-31 所示。在此对话框中多了一个“替换为”列表框。

步骤 2：在“查找内容”列表框中键入要查找的内容：“电脑”。

步骤 3：用鼠标(或按 Tab 键)将插入点移到“替换为”列表框中，键入要替换的内容：“计算机”。

步骤 4：单击“查找下一处”开始查找，找到目标后反白显示。

步骤 5：单击“替换”按钮完成替换，若不替换就单击“查找下一处”按钮继续查找。重复步骤 4、步骤 5 两步可以边查找边替换。如果要全部替换，那么只要单击“全部替换”按钮就可一次替换完毕。

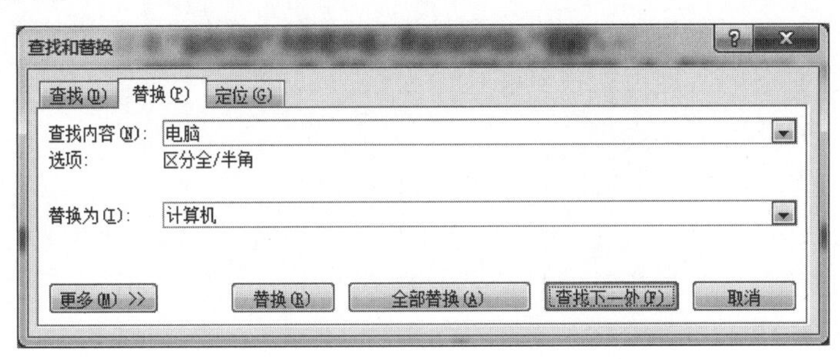

图 5-31 “替换”选项卡

同样，也可以使用高级功能来设置所查找和替换的文字的格式，直接将替换的文字设置成指定的格式。

4. 定位文档

定位文档就是将插入点移到文本中指定的位置(页号、标签名称、段首、段中任一位置等)，定位文档有以下三种方法。

方法 1：利用“定位”对话框快速定位文档。

打开“查找和替换”对话框，单击“定位”选项卡，选择“定位目标”列表框中的某个选项，并指定定位所需的条件(页号、标签名称等)，然后单击“定位”按钮，Word 编辑区将显示定位位置的内容。

方法 2：利用“导航”窗格快速定位文档。

利用“视图”选项卡或按 Ctrl+F 快捷键打开“导航”窗格。如果文档已经建立多级标题列表，那么“导航”列表中默认将显示标题列表，单击任意一个标题，Word 将自动切换到文档中该标题所在的位置。

方法 3：利用“书签”快速定位文档。

将光标定位到需要经常编辑那段文字的位置(段首或段中任一位置)，按 Ctrl+Shift+F5 快捷键，打开如图 5-32 所示的“书签”对话框，随便输入一个名称(例如“desk”)，然后单击“添加”按钮添加一个书签。要返回此段文字的时候只要按 Ctrl+Shift+F5 快捷键并按 Enter 键，即可将光标快速定位到所添加的书签处。这个方法的优点是不受因文档内容改变而使段落相对位置发生变化的影响。

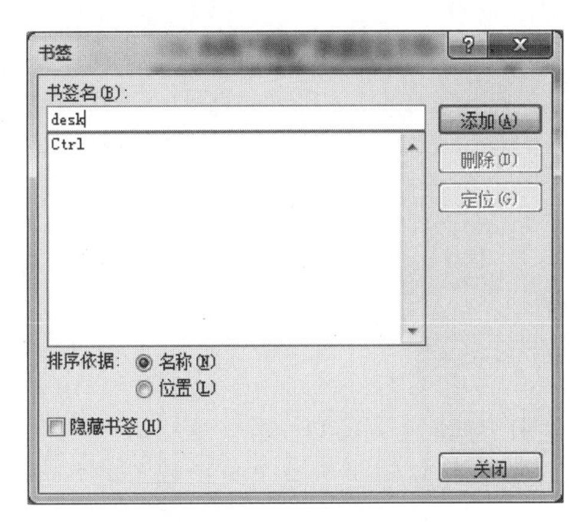

图 5-32 “书签”对话框

5.4.4 多窗口操作

在日常办公中，经常会同时打开多个文档窗口，关于多个文档窗口的操作主要有以下几种情况。

1. 切换文档窗口

通过文档中的“切换窗口”功能,可以轻松实现文档窗口的自由切换。

在“视图”选项卡的“窗口”组中单击“切换窗口”按钮,在弹出的下拉列表中选择想要切换为主窗口的文档文件名,即可切换到相应的文档。

2. 新建文档窗口

通过文档中的“新建窗口”功能,可以轻松打开一个包含当前文档视图的新窗口。

同样切换到“视图”选项卡,在“窗口”组中单击“新建窗口”按钮,此时即可创建一个包含当前文档视图的新窗口,并且在“标题栏”显示的文件名会多出一个序号。

3. 排列文档窗口

当同时打开多个文档时,为了方便比较不同文档的内容,可以对文档窗口进行排列。通过文档中的“全部重排”功能,可以在屏幕中并排平铺所有打开的文档窗口。

在“视图”选项卡的“窗口”组中单击“全部重排”按钮,这时所有的打开的文档窗口将按从上往下依次重新排列,如图 5-33 所示。

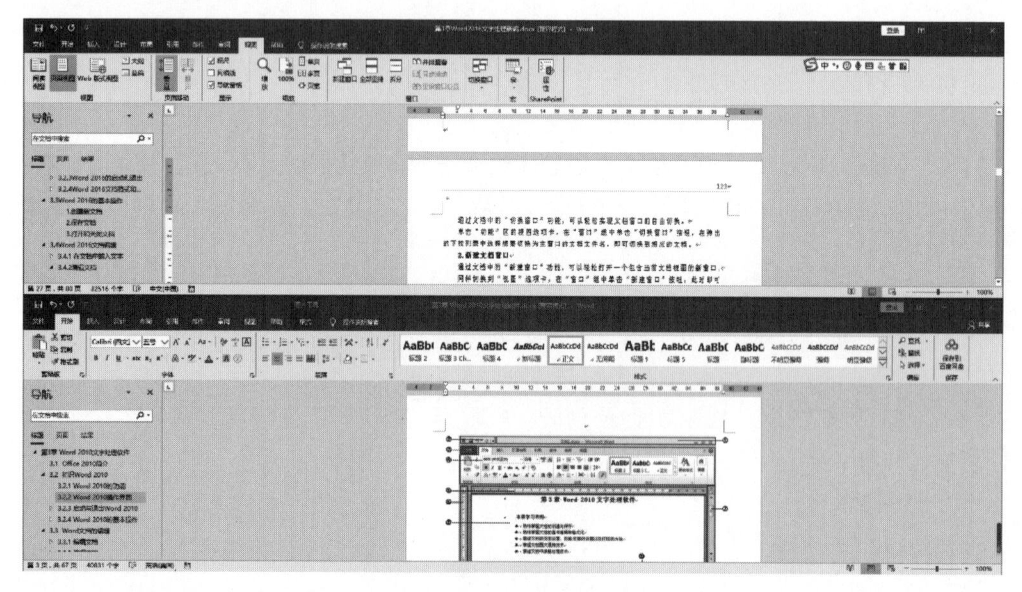

图 5-33　排列文档窗口

4. 并排查看窗口

多个打开的文档除了可以横向排列外也可以纵向排列,并且并排的文档窗口还可以同步滚动。

步骤 1:在“视图”选项卡的“窗口”组中单击“并排查看”按钮,这时所有打开的文档将纵向排列。

步骤 2:当文档窗口纵向排列后,在“窗口”组“并排查看”下的“同步滚动”按钮将变为可用状态,单击“同步滚动”按钮,则左右两个文档窗口可同步滚动,如图 5-34 所示。这种方式适用于进行两个文档比较。

步骤 3:如果要取消并排查看,可在并排的两个文档中单击任意一个文档的“视图”选项卡的“并排查看”按钮即可。

图 5-34　并排查看窗口

【注意】“并排查看”只能两个文档并排，当超两个文档时，Word会在单击“并排查看”后打开“并排选择”对话框，只要选中一个要并排的文档，单击“确定”按钮即可。

5. 拆分窗口

拆分窗口就是把一个文档窗口分成上下两个独立的窗口，从而可以通过两个文档窗口显示同一文档的不同部分。在拆分出的窗口中，对任何一个子窗口都可以进行独立操作，并且在其中任何一个窗口中所做的修改将立即反映到其他的拆分窗口中。拆分窗口的步骤如下。

步骤1：在“视图”选项卡的“窗口”组中单击“拆分”按钮。

步骤2：此时，文档的窗口中出现一条分隔线，上下拖动鼠标指针即可调用拆分线的位置。

步骤3：移动分隔线到文档窗口中合适的位置，单击鼠标左键，即可把一个文档窗口分成上下两个独立的窗口。两个窗口可以分别显示文档的不同位置，也可以在两个窗口中分别编辑文档。

步骤4：当文档拆分后，原来的“拆分”按钮会变为“取消拆分”按钮，单击它即可取消窗口拆分。

5.5　Word 2016 文档格式的设置

在文档中输入与编辑文本后，为了使编排出的文档更加美观与规范，就需要对文本的格式进行一系列设置。文本格式设置主要包括字符格式、段落格式和页面格式，以及用于编排并列内容的项目符号与编号。本节主要讲述：文字格式的设置、段落的排版、页面设置、项目符号及编号等主要排版技术。

5.5.1　设置字符格式

字符格式，主要是指字体、字号、倾斜、加粗、下画线、颜色、字符边框和字符底纹等。在

Word 中，文字通常有默认的格式，在输入文字时采用默认的格式，如果要改变文字的格式，用户可以重新设置。

在设置文字格式时要先选定需要设置格式的文字，如果在设置之前没有选定任何文字，则设置的格式对后来输入的文字有效。

Word 2016 对字符格式化有两种方法。

方法 1：用“字体”功能区工具设置文字的格式。

单击“开始”选项卡，在“字体”功能区可对选中的文本进行格式设置。“开始”选项卡的“字体”组中的按钮分为两行，第 1 行从左到右分别是字体、字号、增大字号、缩小字号、更改大小写、清除所有格式、拼音指南和字符边框按钮，第 2 行从左到右分别是加粗、倾斜、下画线、删除线、下标、上标、文本效果和版式、以文本突出显示颜色、字体颜色、字符底纹和带圈字符按钮，如图 5-35 所示。

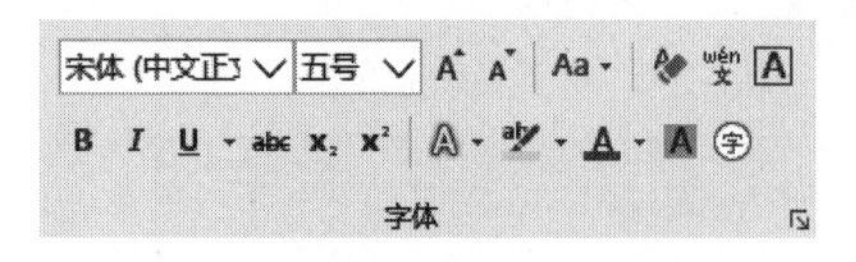

图 5-35 “字体”组

方法 2：用“字体”对话框设置文字的格式。

单击“字体”工具组右下角的“ ”图标或按 Ctrl+D 快捷键，打开“字体”对话框，在“字体”和“高级”选项卡(如图 5-36、图 5-37 所示)中可对字符进行各种格式设置。

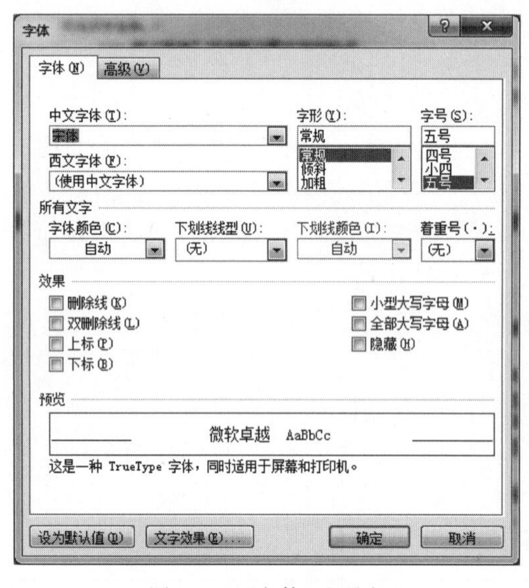

图 5-36 “字体”选项卡

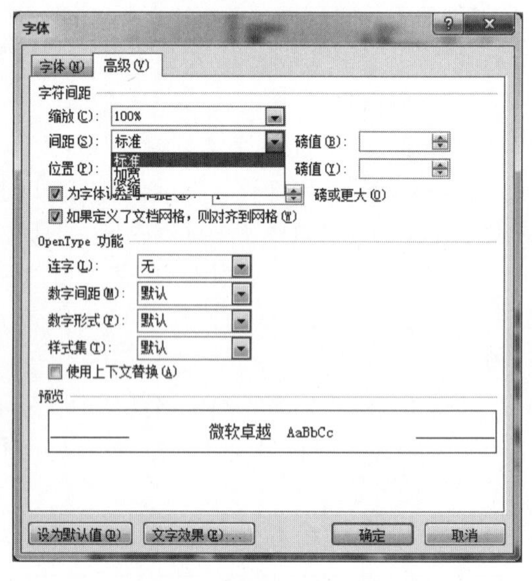

图 5-37 “高级”选项卡

1. 设置字体和字号

在 Word 2016 中，对于汉字，默认的字体和字号分别是等线(中文正)、五号，对于西文字符分别是 Calibri、五号。

字体和字号的设置可以分别用“字体”组中的字体、字号按钮或者“字体”对话框中的“字体”和“字号”下拉列表实现，其中在对话框中设置字体时中文和西文字体可分别进行设置。在字体下拉列表中列出了可以使用的字体，包括汉字和西文，在列出字体名称的同时还会显示该字体的实际外观，如图 5-38 所示。

在设置字号时可以使用中文格式，以“号”作为字号单位，如“初号”“五号”“八号”等，“初号”为最大，“八号”为最小；也可以使用数字格式，以“磅”作为字号单位，如“5”表示 5 磅、

“72”表示 72 磅等,72 磅为最大,5 磅为最小。

2. 设置字形和颜色

文字的字形包括常规、倾斜、加粗和加粗倾斜 4 种,字形可使用“字体”组中的加粗按钮和倾斜按钮进行设置。字体的颜色可使用“字体”组中的“字体颜色”下拉列表进行设置,如图 5-39 所示。文字的字形和颜色还可通过“字体”对话框进行设置。

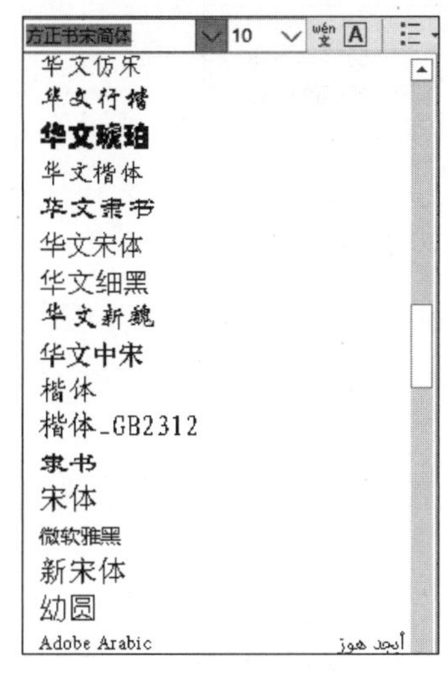

图 5-38　字体下拉列表

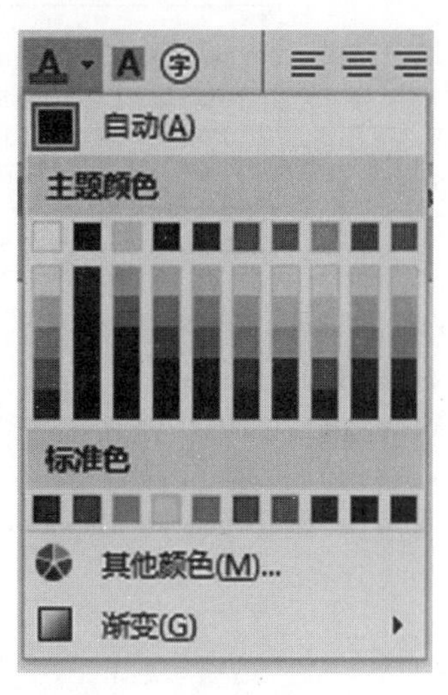

图 5-39　字体颜色下拉列表

3. 设置下画线和着重号

在“字体”对话框的“字体”选项卡中可以对文本设置不同类型的下画线,也可以设置着重号,如图 5-40 所示,在 Word 中默认的着重号为“.”。

图 5-40　在“字体”对话框中设置下画线和着重号

设置下画线最直接的方法是使用“字体”组中的下画线按钮。

4. 设置文字特殊效果

文字特殊效果包括“删除线”“双删除线”“上标”和“下标”等。文字特殊效果的设置方法为选定文字,在“字体”对话框“字体”选项卡下的“效果”选项组中选择需要的效果项,再单击“确定”按钮,如图 5-41 所示。

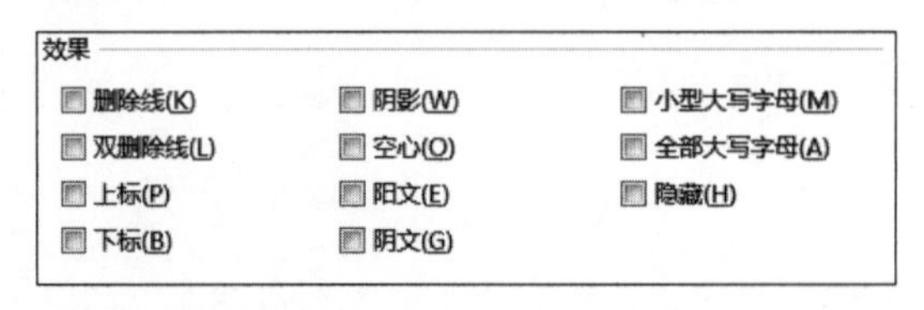

图 5-41　在“字体”对话框中设置文字特殊效果

如果只是对文字加删除线、或者对文字设置上标或下标,直接使用“字体”组中的删除线、上标或下标按钮即可。

5. 设置文字间距

在“字体”对话框“高级”选项卡下的“字符间距”选项组中可设置文字的缩放、间距和位置,如图 5-42 所示。

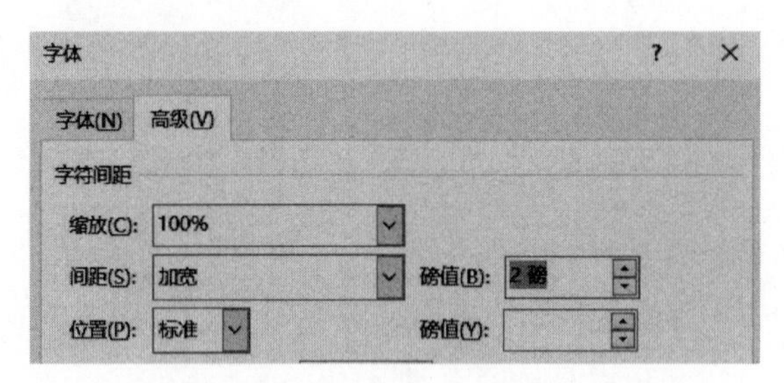

图 5-42　“字体”对话框中的“高级”选项卡

6. 设置文字边框和文字底纹

1) 设置文字边框

(1) 给文字设置系统默认的边框,选定文字后直接在“开始”选项卡的“字体”组中单击字符边框按钮。

图 5-43　“设计”选项卡的“页面背景”组

(2) 给文字设置用户自定义的边框,选定文字后,在“设计”选项卡的“页面背景”组中单击“页面边框”按钮,如图 5-43 所示,打开“边框和底纹”对话框,切换至“边框”选项卡,在“设置”选择区中选择方框类型,再设置方框的“样式”“颜色”和“宽度”;在“应用于”下拉列表中选择“文字”选项,如图 5-44 所示,然后单击“确定”按钮。

2) 设置文字底纹

(1) 给文字设置系统默认的底纹,选定文字后直接在“开始”选项卡的“字体”组中单击字符底纹按钮。

(2) 给文字设置用户自定义的底纹,首先打开“边框和底纹”对话框,然后切换至“底纹”选项卡,在“填充”组中选择颜色,或在“图案”组中选择“样式”,并在“应用于”下拉列表中选择“文字”,如图 5-45 所示,然后单击“确定”按钮。

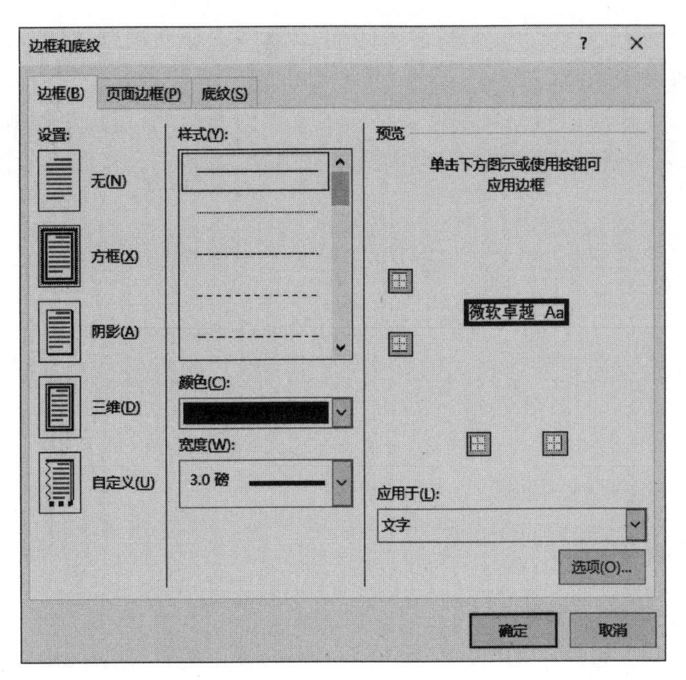

图 5-44　设置文字边框

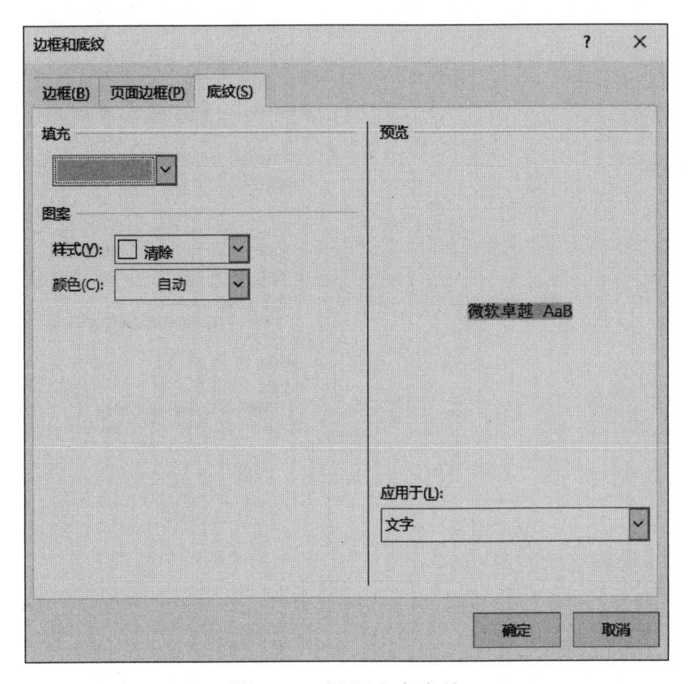

图 5-45　设置文字底纹

7. 文字格式的复制和清除

1）复制文字格式

复制格式需要使用“开始”选项卡的“剪贴板”组中的格式刷按钮完成，这个“格式刷”不仅可以复制文字格式，还可以复制段落格式，复制文字格式的操作如下。

步骤 1：选定已设置好文字格式的文本。

步骤 2：在“开始”选项卡的“剪贴板”组中单击或双击格式刷按钮，此时该按钮呈下沉显示，鼠标指针变成刷子形状。

步骤 3：将光标移动到需要复制文字格式的文本的开始处，按住左键拖动鼠标直到需要复制文字格式的文本结尾处释放鼠标完成格式复制，单击为一次复制格式，双击为多次复制文字格式。

步骤 4：如多次复制，复制完成后还需要再次单击格式刷按钮结束格式的复制状态。

2）清除文字格式

格式的清除是指将用户所设置的格式恢复到默认的状态，可以使用以下两种方法：

方法 1：选定需要使用默认格式的文本，然后用格式刷将该格式复制到要清除格式的文本。

方法 2：选定需要清除格式的文本，然后在“开始”选项卡的“字体”组中单击“清除格式”按钮或按 Ctrl＋Shift＋Z 快捷键。

5.5.2 设置段落格式

设置段落格式常使用两种方法：

方法 1：在“开始”选项卡的“段落”组中单击相应按钮进行设置，如图 5-46 所示。

方法 2：单击“段落”组右下角的段落设置按钮，打开“段落”对话框进行设置，如图 5-47 所示。

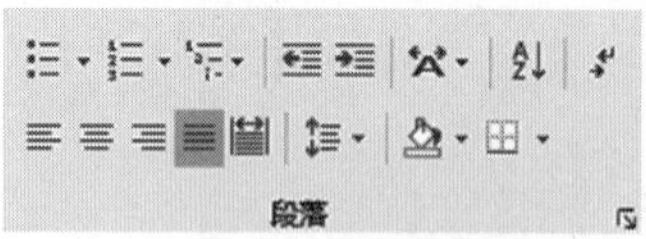

图 5-46 “段落”组按钮

图 5-47 “段落”对话框

“开始”选项卡的“段落”组中的按钮分两行，第 1 行从左到右分别是项目符号、编号、多级列表、减少缩进量、增加缩进量、中文版式、排序和显示/隐藏编辑标记按钮，第 2 行从左到右分别是文本左对齐、居中、右对齐、两端对齐、分散对齐、行和段落间距、底纹和边框按钮。

段落格式的设置包括缩进、对齐方式、段间距与行距、边框与底纹以及项目符号与编号等。

在 Word 中，进行段落格式设置前需先选定段落，当只对某一个段落进行格式设置时，只需选中该段落；如果要对多个段落进行格式设置，则必须先选定需要设置格式的所有段落。

1. 设置对齐方式

Word 段落的对齐方式有“两端对齐”“左对齐”“居中”“右对齐”和“分散对齐”5 种。设置对齐方式的操作方法如下。

方法 1：选定需要设置对齐方式的段落，在“开始”选项卡的“段落”组中单击相应的对齐方式按钮即可，如图 5-46 所示。

方法 2：选定需要设置对齐方式的段落，在“段落”对话框“缩进和间距”选项卡的“常规”组中单击“对齐方式”下拉按钮，在下拉列表中选定用户所需的对齐方式后，单击“确定”按钮，如图 5-47 所示。

2. 设置缩进方式

1）缩进方式

段落缩进方式共有 4 种，分别是左缩进、右缩进、首行缩进和悬挂缩进。

左缩进：实施左缩进操作后，被操作段落会整体向右侧缩进一定的距离。左缩进的数值可以为正数也可以为负数。

右缩进：与左缩进相对应，实施右缩进操作后，被操作段落会整体向左侧缩进一定的距离。右缩进的数值可以为正数也可以为负数。

首行缩进：实施首行缩进操作后，被操作段落的第一行相对于其他行向右侧缩进一定距离。

悬挂缩进：悬挂缩进与首行缩进相对应。实施悬挂缩进操作后，各段落除第一行以外的其余行向右侧缩进一定距离。

2）通过标尺进行缩进

选定需要设置缩进方式的段落后拖动水平标尺（横排文本时）或垂直标尺（纵排文本时）上的相应滑块到合适的位置，在拖动滑块的过程中如果按住 Alt 键，可同时看到拖动的数值。

在水平标尺上有 3 个缩进标记（其中悬挂缩进和左缩进为一个缩进标记），如图 5-48 所示，但可进行 4 种缩进，即悬挂缩进、首行缩进、左缩进和右缩进。用鼠标拖动首行缩进标记，用于控制段落的第一行第一个字的起始位置；用鼠标拖动左缩进标记，用于控制段落的第一行以外的其他行的起始位置；用鼠标拖动右缩进标记，用于控制段落右缩进的位置。

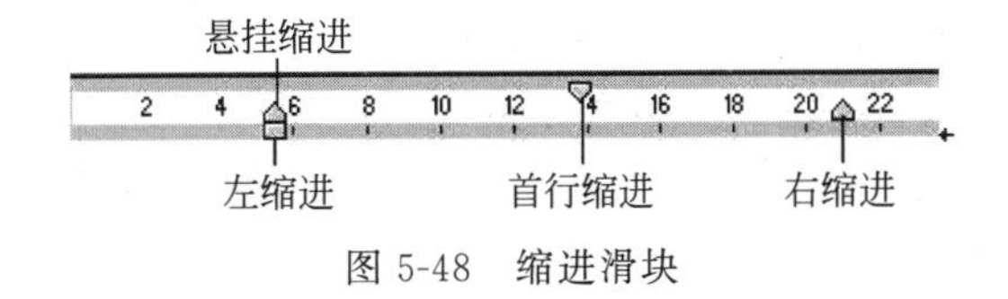

图 5-48　缩进滑块

3）通过“段落”对话框进行缩进

选定需要设置缩进方式的段落后打开“段落”对话框，切换至“缩进和间距”选项卡，如图 5-49 所示，在“缩进”选项区中，设置相关的缩进值后，单击“确定”按钮。

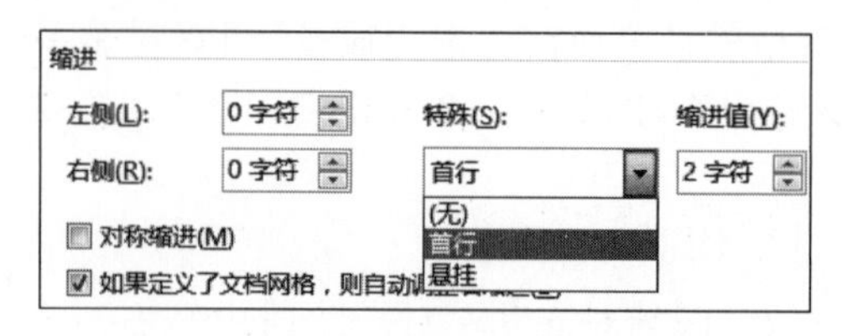

图 5-49　用对话框进行缩进设置

4）通过“段落”组按钮进行缩进

选定需要设置缩进方式的段落后通过单击“减少缩进量”按钮或“增加缩进量”按钮进行缩进操作。

3. 设置段间距和行距

段间距指段与段之间的距离，包括段前间距和段后间距，段前间距是指选定段落与前一段落之间的距离；段后间距是指选定段落与后一段落之间的距离。

行距指各行之间的距离，包括单倍行距、1.5 倍行距、2 倍行距、多倍行距、最小值和固定值。

段间距和行距的设置方法如下。

方法 1：选定需要设置段间距和行距的段落后打开“段落”对话框，切换至“缩进和间距”选项卡，在“间距”选项组中设置“段前”和“段后”间距，在“行距”中设置“行距”，如图 5-50 所示。

方法 2：选定需要设置段间距和行距的段落，在“开始”选项卡的“段落”组中单击行和段落间距按钮，在弹出的下拉列表中选择段间距和行距，如图 5-51 所示。

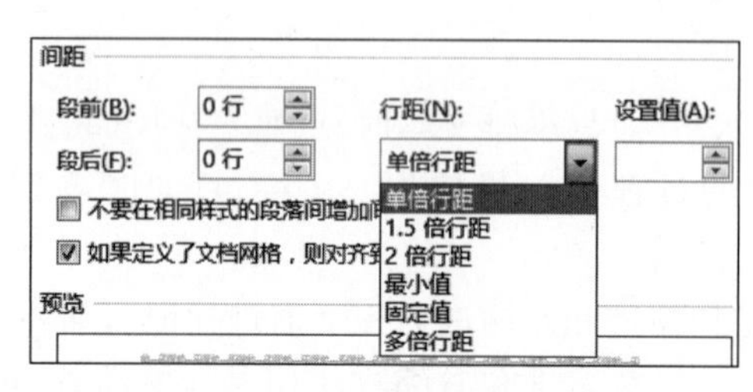

图 5-50　用对话框设置段间距和行距

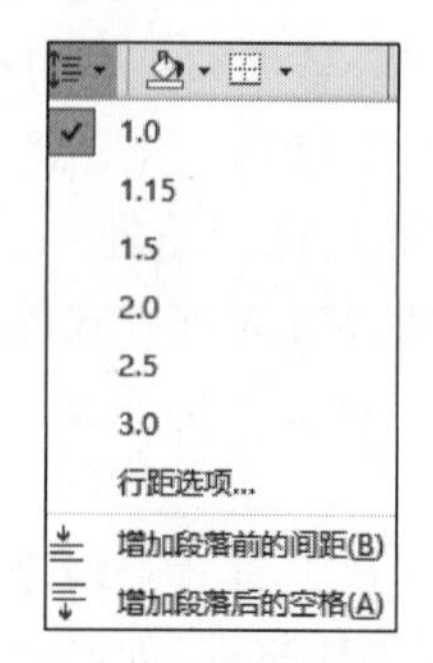

图 5-51　用命令按钮设置

【注意】 不同字号的默认行距是不同的。一般来说字号越大默认行距也越大。默认行距固定值是以磅值为单位，五号字的行距是 12 磅。

4. 设置项目符号和编号

项目符号是一组相同的特殊符号，而编号是一组连续的数字或字母。很多时候，系统会自动给文本添加编号，但更多的时候需要用户手动添加。

对于添加项目符号或编号，用户可以在“段落”组中单击相应的按钮实现，还可以使用自动添加的方法，下面分别予以介绍。

1）自动建立项目符号和编号

如果要自动创建项目符号和编号，应在输入文本前先输入一个项目符号或编号，后跟一个空格，再输入相应的文本，待本段落输入完成后按 Enter 键，项目符号和编号会自动添加到下一并列段的开头。

2）设置项目符号

选定需要设置项目符号的文本段，单击“段落”组中的“项目符号”下拉按钮，在弹出的“项目符号库”列表中单击选择一种需要的项目符号插入的同时系统会自动关闭“项目符号库”列表，如图 5-52 所示。

自定义项目符号的操作步骤如下。

步骤 1：如果给出的项目符号不能满足用户的要求，可在“项目符号”下拉列表中选择“定义新项目符号”选项，打开“定义新项目符号”对话框，如图 5-53 所示。

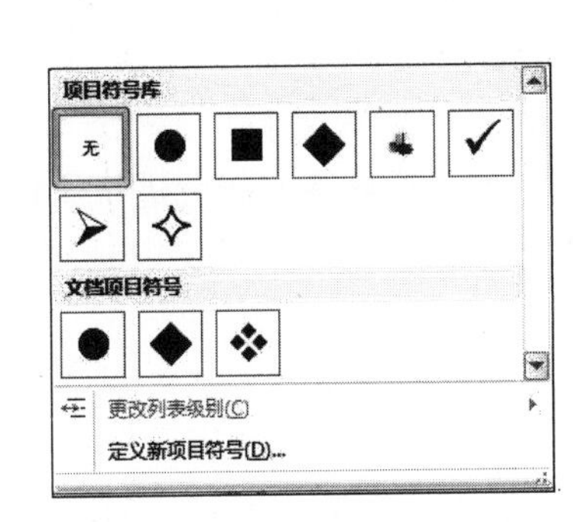

图 5-52 “项目符号库”列表

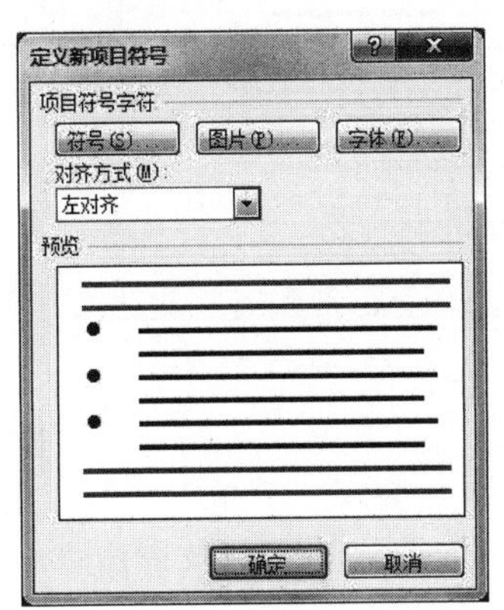

图 5-53 “定义新项目符号”对话框

步骤 2：在打开的“定义新项目符号”对话框中单击“符号”按钮，打开“符号”对话框，如图 5-54 所示，选择一种符号，单击“确定”按钮，返回到“定义新项目符号”对话框。

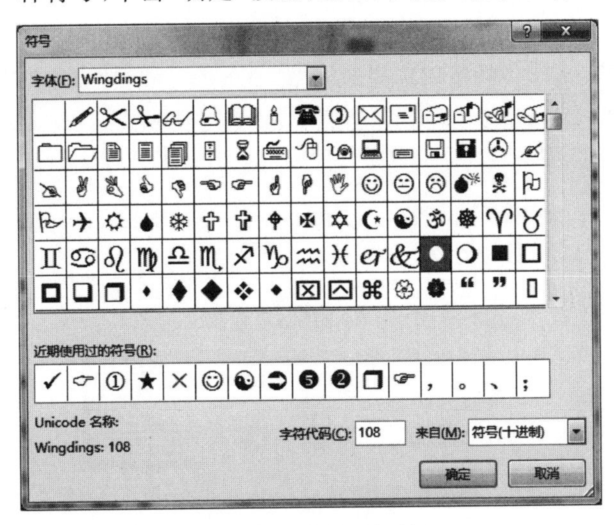

图 5-54 “符号”对话框

步骤 3：单击“字体”按钮，打开“字体”对话框，可以为符号设置颜色，设置完毕后单击“确定”按钮，返回到“定义新项目符号”对话框。

步骤 4：选择一种符号，单击“确定”按钮，插入项目符号的同时关闭对话框。

3）设置编号

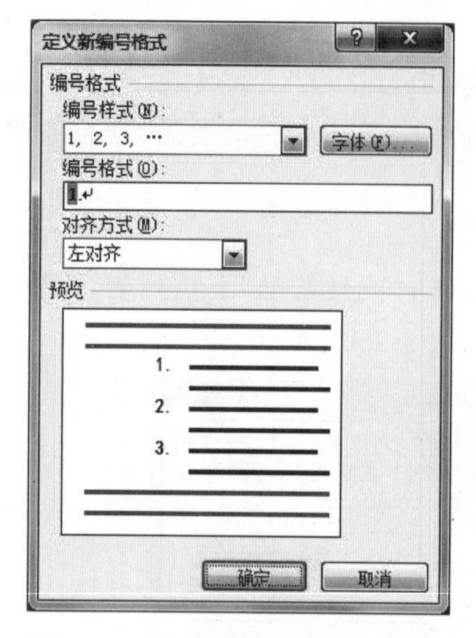

图 5-55 “定义新编号格式”对话框

设置编号的一般方法为在“段落”组中单击“编号”的下拉按钮，打开“编号库”下拉列表，从现有编号列表中选择一种需要的编号后单击“确定”按钮。

自定义编号的操作步骤如下。

步骤 1：如果现有编号列表中的编号样式不能满足用户的要求，则在“编号”下拉列表中选择“定义新编号格式”选项，打开“定义新编号格式”对话框，如图 5-55 所示。

步骤 2：在“编号格式”选项组的“编号样式”下拉列表中选择一种编号样式。

步骤 3：在“编号格式”选项组中单击“字体”按钮，打开“字体”对话框，对编号的字体和颜色进行设置。

步骤 4：在“对齐方式”下拉列表中选择一种对齐方式。

步骤 5：设置完成后单击“确定”按钮，在插入编号的同时系统会自动关闭对话框。

5. 设置段落边框和段落底纹

在 Word 中，边框的设置对象可以是文字、段落、页面和表格；底纹的设置对象可以是文字、段落和表格。前面已经介绍了对文字设置边框和底纹的方法，下面介绍设置段落边框、段落底纹和页面边框的方法。

1）设置段落边框

选定需要设置边框的段落，在打开的“边框和底纹”对话框中切换至“边框”选项卡，在“设置”选项组中选择边框类型，然后选择边框“样式”“颜色”和“宽度”；在“应用于”下拉列表框中选择“段落”选项，如图 5-56 所示，然后单击“确定”按钮。

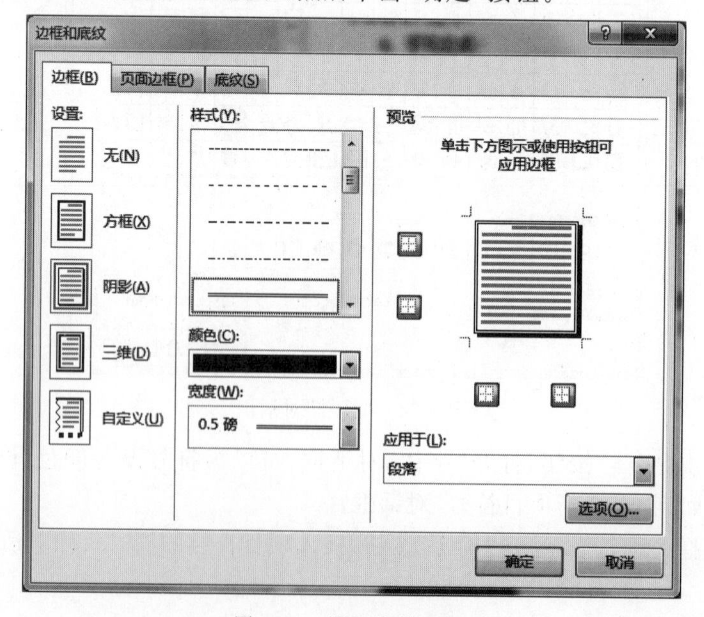

图 5-56 设置段落边框

2）设置段落底纹

选定需要设置底纹的段落，在“边框和底纹”对话框中切换至“底纹”选项卡，在“填充”下拉列表框中选择一种填充色；或者在“图案”组中选择“样式”和“颜色”；在“应用于”下拉列表框中选择“段落”，单击“确定”按钮，如图 5-57 所示。

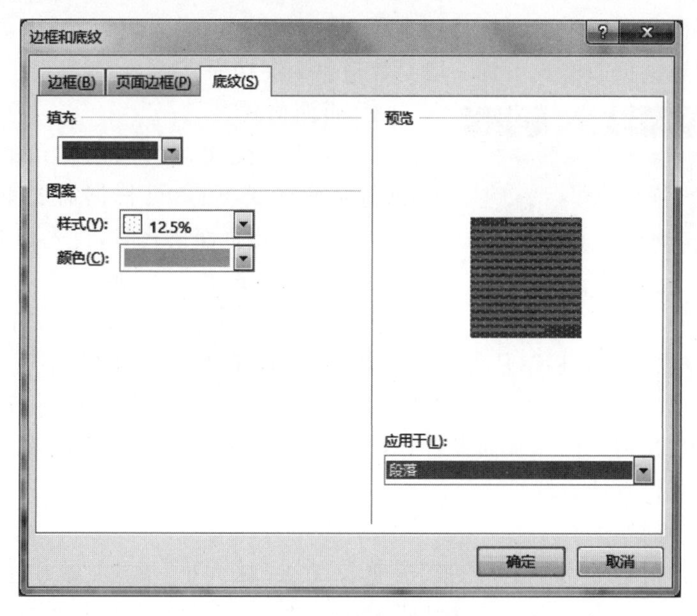

图 5-57 设置段落底纹

3）设置页面边框

将插入点定位在文档中的任意位置，打开“边框和底纹”对话框，切换至“页面边框”选项卡，可以设置普通页面边框，也可以设置“艺术型”页面边框，如图 5-58 所示。

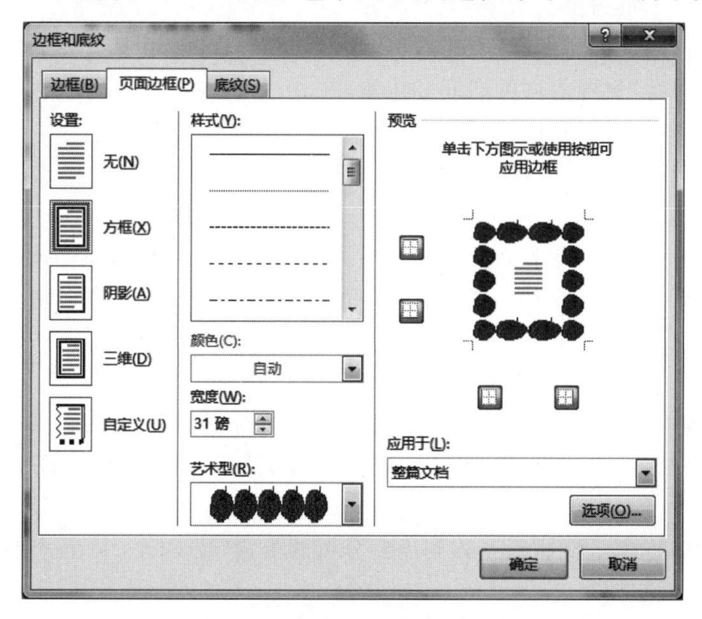

图 5-58 设置艺术型页面边框

取消边框或底纹的操作是先选择带边框和底纹的对象,然后打开"边框和底纹"对话框,将边框设置为"无",将底纹设置为"无填充颜色"即可。

5.5.3 设置页面格式

文档的页面格式设置主要包括页面排版、分页与分节、插入页码、插入页眉和页脚以及预览与打印等设置。页面格式设置一般是针对整个文档而言的。

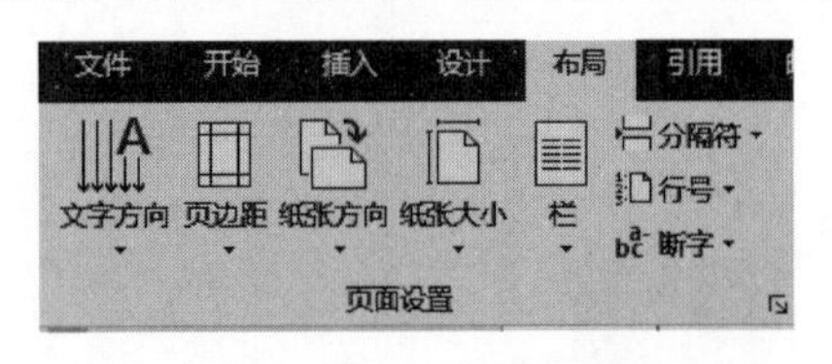

图 5-59 "页面设置"组

1. 页面格式

Word 在新建文档时采用默认的页边距、纸型、版式等页面格式,用户可根据需要重新设置页面格式。用户在设置页面格式时,首先必须切换至"布局"选项卡的"页面设置"组,如图 5-59 所示。"页面设置"组中的按钮从左到右分别是"文字方向""页边距""纸张方向""纸张大小"和"栏",从上到下分别是"分隔符""行号"和"断字"。

页面格式可以通过单击"页边距""纸张方向"和"纸张大小"等按钮进行设置,也可以通过单击"页面设置"按钮,打开"页面设置"对话框进行设置。在此仅介绍利用"页面设置"对话框进行页面格式设置的方法。

1) 设置纸张类型

将"页面设置"对话框切换至"纸张"选项卡,在"纸张大小"下拉列表中选择纸张类型,也可在"宽度"和"高度"文本框中自定义纸张大小,在"应用于"下拉列表框中选择页面设置所适用的文档范围,如图 5-60 所示。

2) 设置页边距

页边距是指文本区和纸张边沿之间的距离,页边距决定了页面四周的空白区域,它包括左、右页边距和上、下页边距。

将"页面设置"对话框切换至"页边距"选项卡,在"页边距"组中设置上、下、左、右 4 个边距值,在"装订线位置"设置占用的空间和位置,在"纸张方向"组中设置纸张显示方向,在"应用于"下拉列表中选择适用范围,如图 5-61 所示。

2. 分页与分节

1) 分页

在 Word 中输入文本,当文档内容到达页面底部时 Word 会自动分页。但有时在一页未写完时希望重新开始新的一页,这时就需要通过手工插入分页符来强制分页。

对文档进行分页的操作步骤如下。

步骤 1: 将插入点定位到需要分页的位置。

步骤 2: 切换至"布局"选项卡的"页面设置"组,单击"分隔符"按钮,如图 5-59 所示。

步骤 3: 在弹出的"分隔符"下拉列表中选择"分页符"选项,即可完成对文档的分页,如图 5-62 所示。

分页的最简单方法是将插入点移到需要分页的位置,按 Ctrl+Enter 快捷键。

2) 分节

为了便于对文档进行格式化,可以将文档分隔成任意数量的节,然后根据需要分别为每

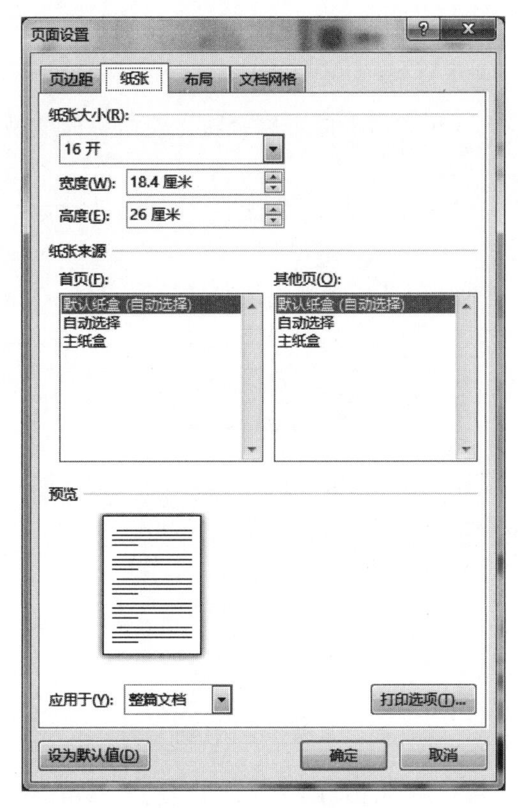

图 5-60 “纸张”选项卡

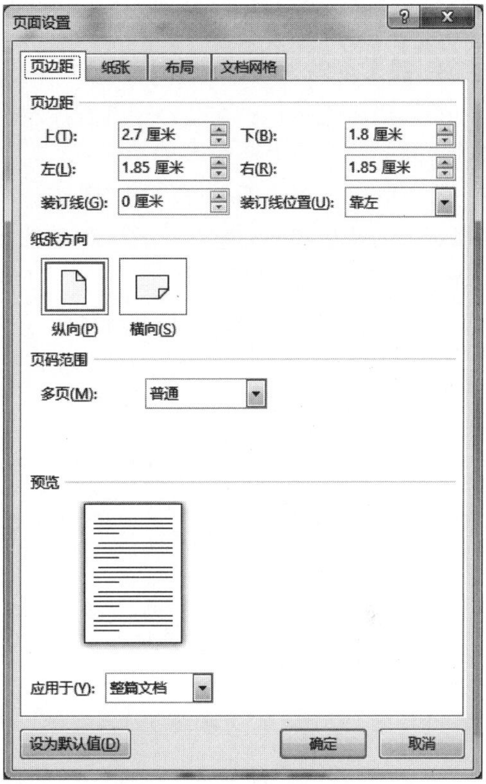

图 5-61 “页边距”选项卡

节设置不同的样式。一般在建立新文档时 Word 将整篇文档默认为是一个节。分节的具体操作步骤如下。

(1) 将光标定位到需要分节的位置,然后切换至“布局”选项卡的“页面设置”组,单击“分隔符”按钮。

(2) 在打开的“分隔符”下拉列表中列出了 4 种不同类型的分节符,如图 5-63 所示,选择文档所需的分节符即可完成相应的设置。

- 下一页:插入分节符并在下一页上开始新节。
- 连续:插入分节符并在同一页上开始新节。
- 偶数页:插入分节符并在下一个偶数页上开始新节。

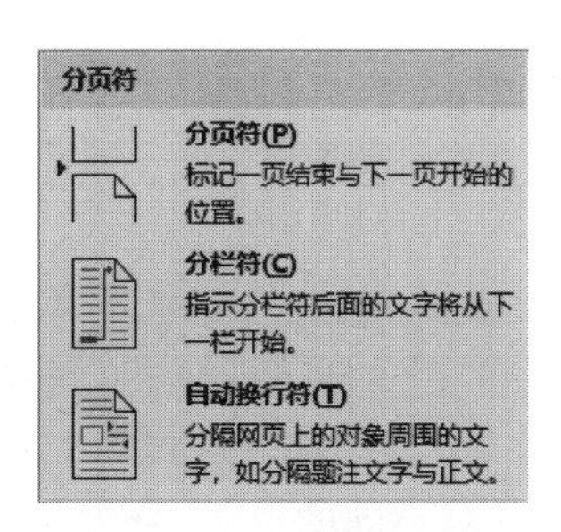

图 5-62 “分页符”选项

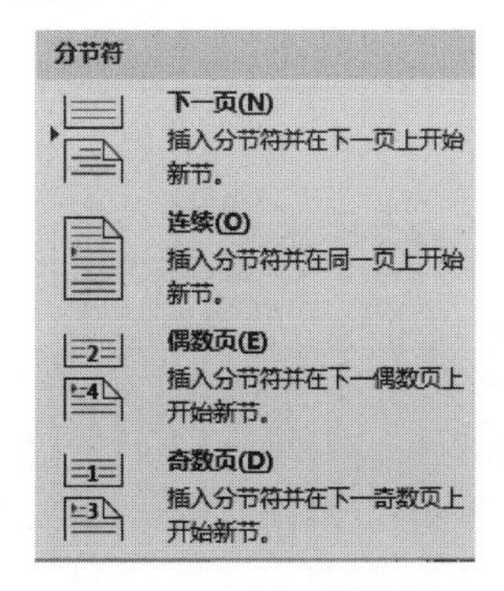

图 5-63 “分节符”选项

- 奇数页：插入分节符并在下一个奇数页上开始新节。

3. 插入页码

页码用来表示每页在文档中的顺序编号，在 Word 中添加的页码会随文档内容的增删自动更新。

在“插入”选项卡的“页眉和页脚”组中单击“页码”按钮，弹出下拉列表，如图 5-64 所示，选择页码的位置和样式进行设置。如果选择“设置页码格式”选项，则打开“页码格式”对话框，可以对页码格式进行设置，如图 5-65 所示。对页码格式的设置包括对编号格式、是否包括章节号和页码的起始编号设置等。

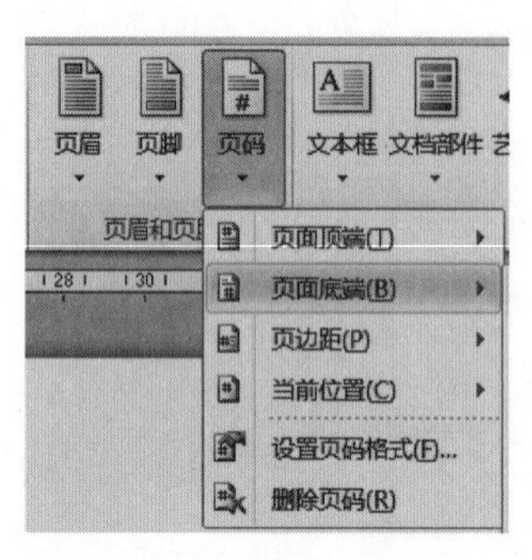

图 5-64 “页码”下拉列表

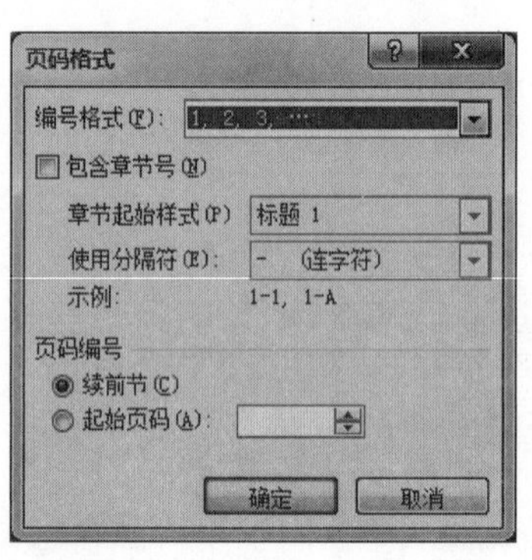

图 5-65 “页码格式”对话框

若要删除页码，只要在“插入”选项卡的“页眉和页脚”组中单击“页码”按钮，在弹出的下拉列表项中选择“删除页码”选项即可。

4. 插入页眉和页脚

页眉是指每页文稿顶部的文字或图形，页脚是指每页文稿底部的文字或图形。页眉和页脚通常用来显示文档的附加信息，例如页码、书名、章节名、作者名、公司徽标、日期和时间等。

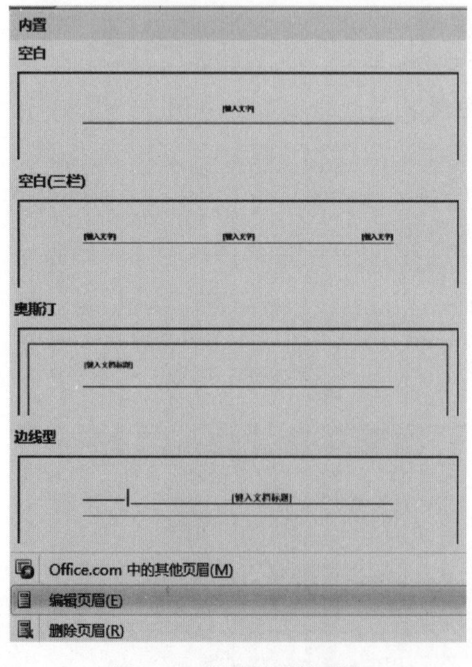

图 5-66 “页眉”下拉列表

1) 插入页眉/页脚

操作步骤如下。

(1) 在“插入”选项卡的“页眉和页脚”组中单击“页眉”按钮，弹出下拉列表，如图 5-66 所示。选择“编辑页眉”选项，或者选择内置的任意一种页眉样式，或者直接在文档的页眉/页脚处双击，进入页眉/页脚编辑状态。

(2) 在页眉编辑区中输入页眉的内容，同时 Word 会自动添加“页眉和页脚-设计”选项卡，如图 5-67 所示。

(3) 如果想输入页脚的内容，可单击“导航”组中的“转至页脚”按钮，转到页脚编辑区中输入文字或插入图形内容。

2) 首页不同的页眉/页脚

对于书刊、信件、报告或总结等 Word 文

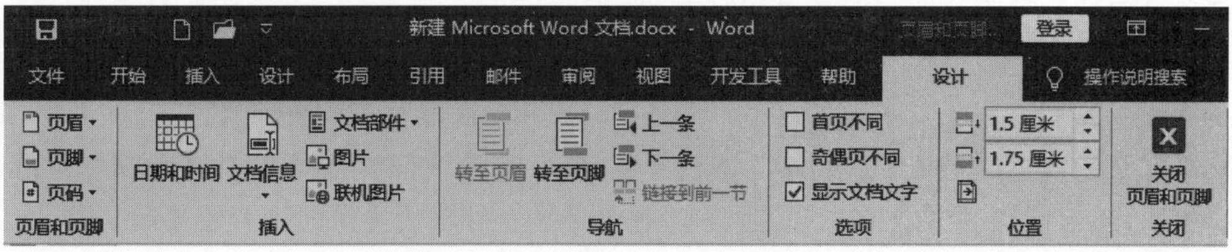

图 5-67 “页眉和页脚-设计”选项卡

档,通常需要去掉或变更首页的页眉/页脚,这时可以按以下步骤操作。

步骤 1：页眉/页脚编辑状态,在“页眉和页脚-设计”选项卡的“选项”组中勾选“首页不同”复选框。

步骤 2：按上述添加页眉和页脚的方法在页眉或页脚编辑区中输入页眉或页脚。

3）奇偶页不同的页眉/页脚

对于进行双面打印并装订的 Word 文档,有时需要在奇数页上打印书名、在偶数页上打印章节名,这时可按以下步骤操作。

步骤 1：进入页眉/页脚编辑状态,在“页眉和页脚-设计”选项卡的“选项”组中勾选“奇偶页不同”复选框。

步骤 2：按上述添加页眉和页脚的方法在页眉或页脚编辑区中分别输入奇数页和偶数页的页眉或页脚。

5. 预览与打印

在完成文档的编辑和排版操作后,首先必须对其进行打印预览,如果用户不满意效果还可以进行修改和调整,满意后再对打印文档的页面范围、打印份数和纸张大小进行设置,然后将文档打印出来。

1）预览文档

在打印文档之前用户可使用打印预览功能查看文档效果。打印预览的显示与实际打印的真实效果基本一致,使用该功能可以避免打印失误或不必要的损失。同时在预览窗格中还可以对文档进行编辑,以得到满意的效果。

在 Word 2016 中单击“文件”按钮,在打开的 Backstage 视图左侧列表中选择“打印”选项,弹出打印界面,其中包含 3 个部分,左侧的 Backstage 视图选项列表、中间的“打印”命令选项栏和右侧的效果预览窗格,在右侧的窗格中可预览打印效果,如图 5-68 所示。

在打印预览窗格中,如果用户看不清预览的文档,可多次单击预览窗格右下方的“显示比例”工具右侧的“＋”号按钮,使之达到合适的缩放比例以便进行查看。单击“显示比例”工具左侧的“－”号按钮,可以使文档缩小至合适大小,以便实现多页方式查看文档效果。此外,拖动“显示比例”滑块同样可以对文档的缩放比例进行调整。单击“＋”号按钮右侧的“缩放到页面”按钮,可以预览文档的整个页面。

总之,在打印预览窗格中可进行以下几种操作。

步骤 1：通过使用“显示比例”工具可设置适当的缩放比例,进行查看。

步骤 2：在预览窗格的左下方可查看到文档的总页数,以及当前预览文档的页码。

步骤 3：通过拖动“显示比例”滑块可以实现将文档的单页、双页或多页方式进行查看。

在中间命令选项栏的底部单击“页面设置”按钮,可打开“页面设置”对话框,使用此对话框可以对文档的页面格式进行重新设置和修改。

2) 打印文档

预览效果满足要求后即可对文档实施打印了,打印的操作方法如下。

在打开的“打印”界面(如图 5-68 所示)中,在中间的“打印”命令选项栏设置打印份数、打印机属性、打印页数和双面打印等,设置完成后单击“打印”按钮即可开始打印文档。

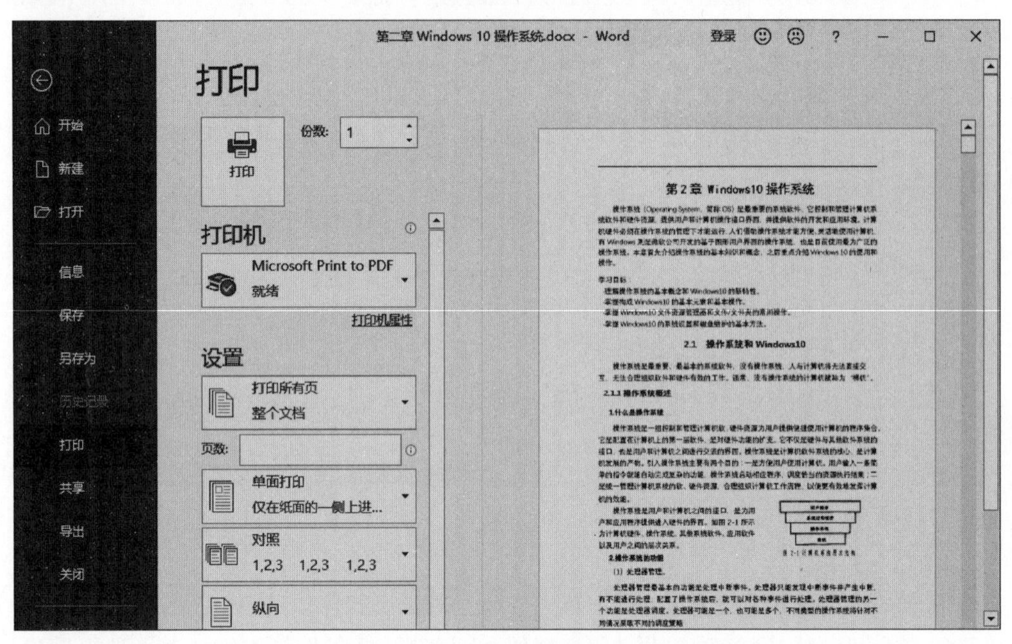

图 5-68 “打印”界面

5.6 Word 2016 文档的高级排版

Word 文档的高级排版主要包括文档的修饰,例如分栏、首字下沉,插入批注、脚注、尾注,编辑长文档以及邮件合并等。

5.6.1 分栏

对于报刊和杂志,在排版时经常需要对文章内容进行分栏排版,以使文章易于阅读,页面更加生动美观。

【例 5.1】 进入“例 5.1”文件夹,打开“分栏(素材).docx”文档,将正文分为等宽的三栏,中间加分隔线,然后将文档以“分栏.docx”为文件名保存到“例 5.1”文件夹中。

操作步骤如下。

步骤 1:打开“分栏(素材).docx”文档,选定需要进行分栏的文本区域(对整篇文档进行分栏不用选定文本区域),本例应该选中除标题文字以外的正文。

步骤 2:在“布局”选项卡的“页面设置”组中单击“分栏”按钮,打开对话框。

步骤 3:在“分栏”按钮的下拉列表中可选择一栏、两栏、三栏或偏左、偏右,本例应该选择“更多栏”选项,打开“分栏”对话框。

步骤 4：在“预设”组中选择“三栏”或在“栏数”微调框中输入 3。如果设置各栏宽相等，可选中“栏宽相等”复选框。如果设置不同的栏宽，则取消选中“栏宽相等”复选框，各栏的“宽度”和“间隔”可在相应文本框中输入和调节。如果选中“分隔线”复选框，可在各栏之间加上分隔线。本例应该选择三栏并选中“栏宽相等”和“分隔线”复选框，如图 5-69 所示。

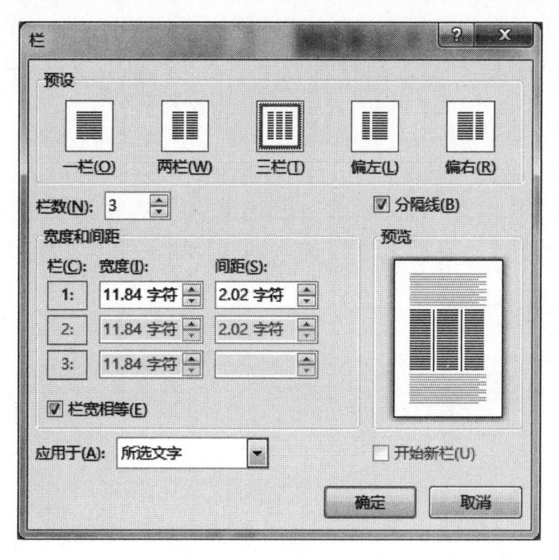

图 5-69 “栏”对话框

步骤 5：在“应用于”下拉列表框中选择分栏设置的应用范围，本例应选择“所选文字”选项。

步骤 6：单击“确定”按钮，完成设置，分栏效果如图 5-70 所示。

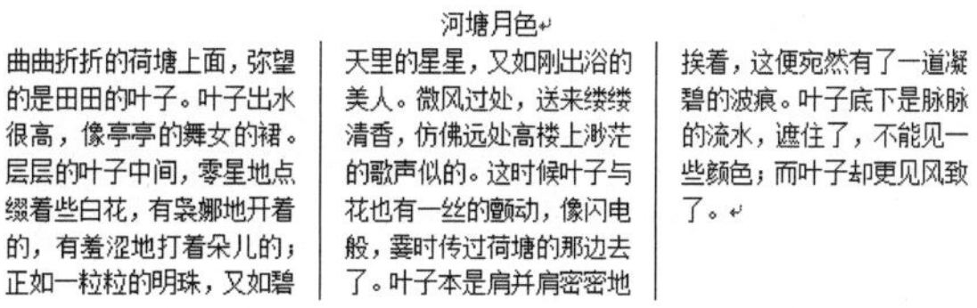

河塘月色

曲曲折折的荷塘上面，弥望的是田田的叶子。叶子出水很高，像亭亭的舞女的裙。层层的叶子中间，零星地点缀着些白花，有袅娜地开着的，有羞涩地打着朵儿的；正如一粒粒的明珠，又如碧天里的星星，又如刚出浴的美人。微风过处，送来缕缕清香，仿佛远处高楼上渺茫的歌声似的。这时候叶子与花也有一丝的颤动，像闪电般，霎时传过荷塘的那边去了。叶子本是肩并肩密密地挨着，这便宛然有了一道凝碧的波痕。叶子底下是脉脉的流水，遮住了，不能见一些颜色；而叶子却更见风致了。

图 5-70 设置分栏效果图

步骤 7：单击“文件”按钮，在打开的 Backstage 视图左侧列表中选择“另存为”选项，在右侧的“另存为”界面中找到并双击“例 5.1”文件夹，打开“另存为”对话框，在“文件名”文本框中输入“分栏”，在保存类型下拉列表框中选择“Word 文档(*.docx)”选项。

【注意】 *若要取消分栏，则需选中分栏的文本，然后在“分栏”对话框中设置为“一栏”；如果遇到最后一段分栏不成功的情况时，则需要在段末加上回车符。*

5.6.2 设置首字下沉

在报刊杂志中，为了使某条新闻或某篇文章醒目往往在每段首字下沉来替代每段的首行缩进。用“插入”选项卡的“文本”组中的“首字下沉”命令可以设置或取消首字下沉，操作步骤如下。

步骤 1：将插入点移到要设置或取消首字下沉的段落的任意处。

步骤 2：在“插入”选项卡的“文本”组中单击“首字下沉”按钮，弹出下拉列表，有“无”“下沉”和“悬挂”三个选项，其中“无”选项是取消首字下沉，根据需要选择其余两项中的一项设置首字下沉。

步骤 3：如果“下沉”和“悬挂”两项不适合，可以选择下拉列表中的“首字下沉”选项，打开“首字下沉”对话框，如图 5-71 所示。

步骤 4：在“位置”的 “下沉”和“悬挂”两种格式选项中选定一种。

步骤 5：在“选项”组中选定首字的字体，填入下沉行数和距正文的距离。

步骤 6：单击“确定”按钮。

【例 5.2】 进入“例 5.2”文件夹，打开“首字下沉(素材).docx”文档，对文档中的文本设置首字下沉效果，下沉 2 行，字体为“华文新魏”，距正文 0.6 厘米，最后将文档以“首字下沉.docx”为文件名保存在“例 5.2”文件夹中。按如上所述步骤操作，最后其设置效果如图 5-72 所示。

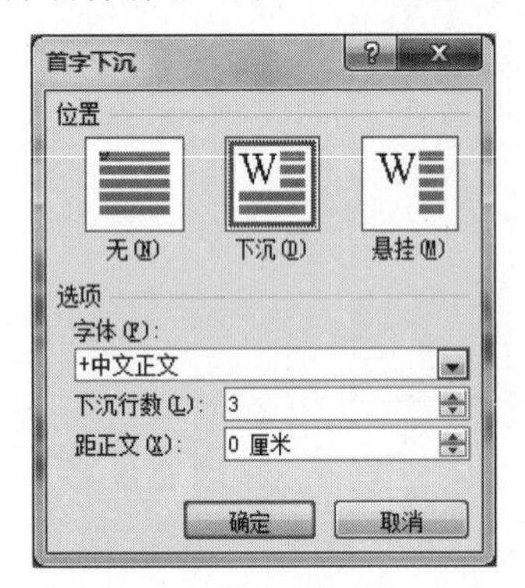

图 5-71 “首字下沉”对话框

荷塘月色↵

曲 曲折折的荷塘上面，弥望的是田田的叶子。叶子出水很高，像亭亭的舞女的裙。层层的叶子中间，零星地点缀着些白花，有袅娜地开着的，有羞涩地打着朵儿的；正如一粒粒的明珠，又如碧天里的星星，又如刚出浴的美人。微风过处，送来缕缕清香，仿佛远处高楼上渺茫的歌声似的。这时候叶子与花也有一丝的颤动，像闪电般，霎时传过荷塘的那边去了。叶子本是肩并肩密密地挨着，这便宛然有了一道凝碧的波痕。叶子底下是脉脉的流水，遮住了，不能见一些颜色；而叶子却更见风致了。↵

图 5-72 首字下沉效果

5.6.3 批注、脚注和尾注

1. 插入批注

批注是审阅者根据自己对文档的理解给文档添加上的注释和说明的文字，一般位于文档正文右侧空白处。文档的作者可以根据审阅者的批注对文档进行修改和更正。

插入批注的操作步骤如下。

步骤 1：将光标置于要批注的词组前或选中该词组。

步骤 2：切换至“审阅”选项卡的“批注”组，单击“新建批注”按钮，如图 5-73 所示。

图 5-73 “审阅”选项卡的“批注”组

步骤 3：在打开的批注框中输入需要注释和说明的文字。

2. 插入脚注和尾注

脚注和尾注用于给文档中的文本提供解释、批注以及相关的参考资料。一般可用脚注对文档内容进行注释说明，用尾注说明引用的文献资料。脚注和尾注分别由两个互相关联的部分组成，即注释引用标记和与其对应的注释文本。脚注位于页面底端，尾注位于文档末尾。

插入脚注和尾注的操作步骤如下。

步骤1：选中需要加注释的文本。

步骤2：在“引用”选项卡的“脚注”组中单击“插入脚注”或“插入尾注”按钮，如图5-74所示。

此时文本的右上角插入一个“脚注”或“尾注”的序号，同时在文档相应页面下方或文档尾部添加了一条横线并出现光标，光标位置为插入“脚注”或“尾注”内容的插入点，输入“脚注”或“尾注”内容即可。

【例5.3】 进入“例5.3”文件夹，打开“插入批注脚注尾注(素材).docx”文档，为标题“荷塘月色”四个字加批注(作者：朱自清)；为“袅娜”两个字加脚注(形容女子体态柔美轻盈)；为“田田”两个字加尾注(意指莲叶，形容荷叶相连、盛密的样子，又引申出形容鲜碧的、浓郁的意思。)最后将文档以“插入批注脚注尾注.docx”为文件名保存在“例5.3”文件夹中。插入批注、脚注、尾注的效果如图5-75所示。

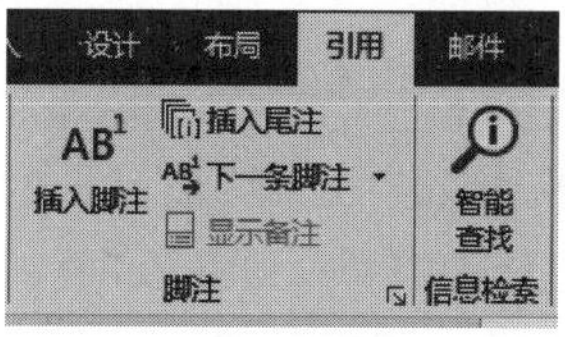

图5-74 “引用”选项卡的“脚注”组

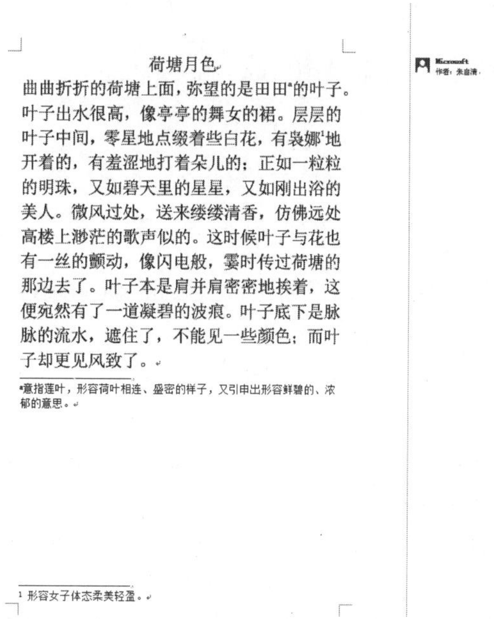

图5-75 插入批注、脚注和尾注的效果

5.6.4 编辑长文档

编辑长文档需要对文档使用高效排版技术。为了提高排版效率，Word字处理软件提供了一系列的高效排版功能，包括样式、模板、生成目录等。

1. 使用样式功能

样式是一组已命名的字符和段落格式的组合。例如，一篇文档有各级标题、正文、页眉和页脚等，它们都有各自的字体大小和段落间距等，各以其样式名存储以便使用。

使用样式可以使文档的格式更容易统一,还可以构造大纲,使文档更具条理性;此外,使用样式还可以更加方便地生成目录。

1)设置样式,操作步骤如下。

步骤1:选定要应用样式的文本。

步骤2:在"开始"选项卡的"样式"组中选择所需样式,图5-76所示为标题文本应用"标题2"样式。

2)新建样式

当Word提供的样式不能满足工作的需要时,可修改已有的样式快速创建特定的样式。新建样式的操作步骤如下。

步骤1:在"开始"选项卡的"样式"组中单击"样式"按钮,打开"样式"任务窗格,如图5-77所示。

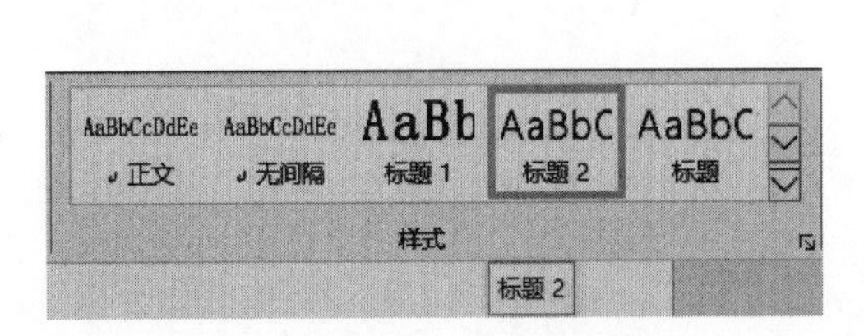

图5-76 标题文本应用"标题2"样式

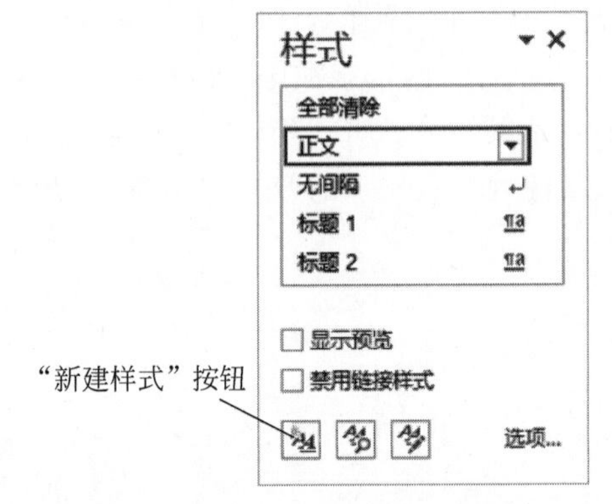

图5-77 "样式"任务窗格

步骤2:在"样式"任务窗格中单击"新建样式"按钮,打开"根据格式化创建新样式"对话框,如图5-78所示。

步骤3:在"名称"框中输入样式名称,选择样式类型、样式基准、格式等,单击"确定"按钮。

新样式建立好以后,用户可以像使用系统提供的样式那样使用新样式。

3)修改和删除样式

在"样式"任务窗格中单击"样式名"右边的下拉箭头,在下拉列表中选择"删除"命令即可将该样式删除,原应用该样式的段落改用"正文"样式;如果要修改样式,则在该"样式名"下拉列表中选择"修改样式"命令,在打开的"修改样式"对话框中进行相应的设置。

2. 生成目录

当编写书籍、撰写论文时一般都应有目录,以便全貌反映文档的内容和层次结构,便于阅读。要生成目录,必须对文档的各级标题进行格式化,通常利用样式的"标题"统一格式化,便于长文档、多人协作编辑的文档的统一。目录一般分为3级,使用相应的"标题1""标题2"和"标题3"样式来格式化,也可以使用其他几级标题样式,甚至还可以是自己创建的标题样式。

由于目录是基于样式创建的,故在自动生成目录前需要将作为目录的章节标题应用样式,一般情况下应用Word内置的标题样式即可。

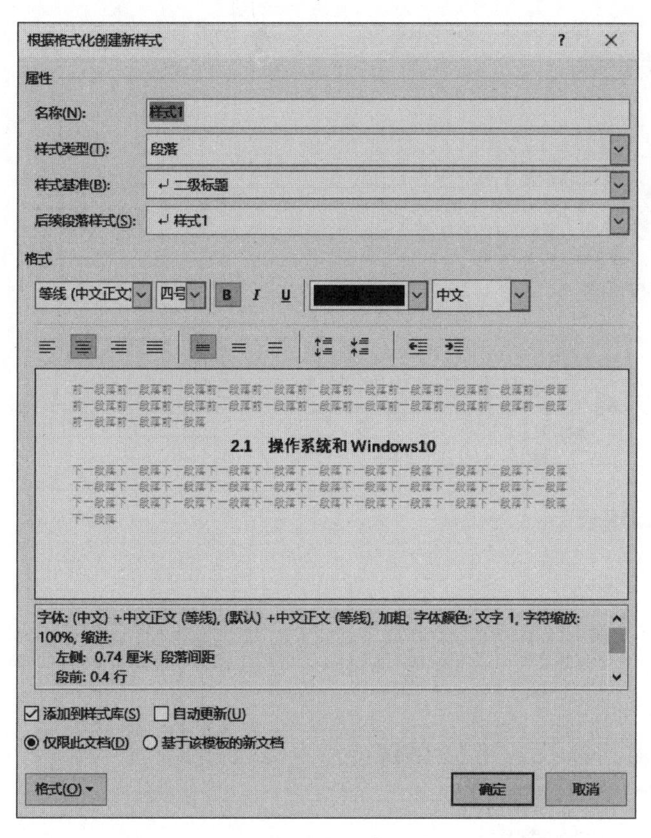

图 5-78 “根据格式化创建新样式”对话框

文档目录的制作步骤如下。

步骤 1：标记目录项：对正文中用作目录的标题应用标题样式，同一层级的标题应用同一种标题样式。

步骤 2：创建目录：

① 将光标定位于需要插入目录处，一般为正文开始前。

② 在“引用”选项卡的“目录”组中单击“目录”按钮，如图 5-79 所示。

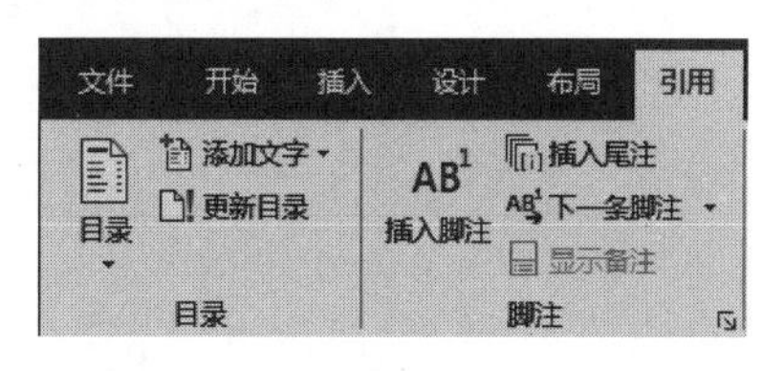

图 5-79 “引用”选项卡的“目录”组

③ 弹出“目录”按钮的下拉列表，如图 5-80 所示，选择“自定义目录”选项，打开“目录”对话框。

④ 在该对话框的“格式”下拉列表框中选择需要使用的目录模板，在“显示级别”下拉列表框中选择显示的最低级别并选中“显示页码”和“页码右对齐”复选框，如图 5-81 所示。

⑤ 单击“确定”按钮，创建的目录如图 5-82 所示。

5.6.5 邮件合并技术

1. 邮件合并的概念

如果用户希望批量创建一组文档，可以通过 Word 2016 提供的邮件合并功能来实现。邮件合并主要指在文档的固定内容中合并与发送信息相关的一组通信资料，从而批量生成

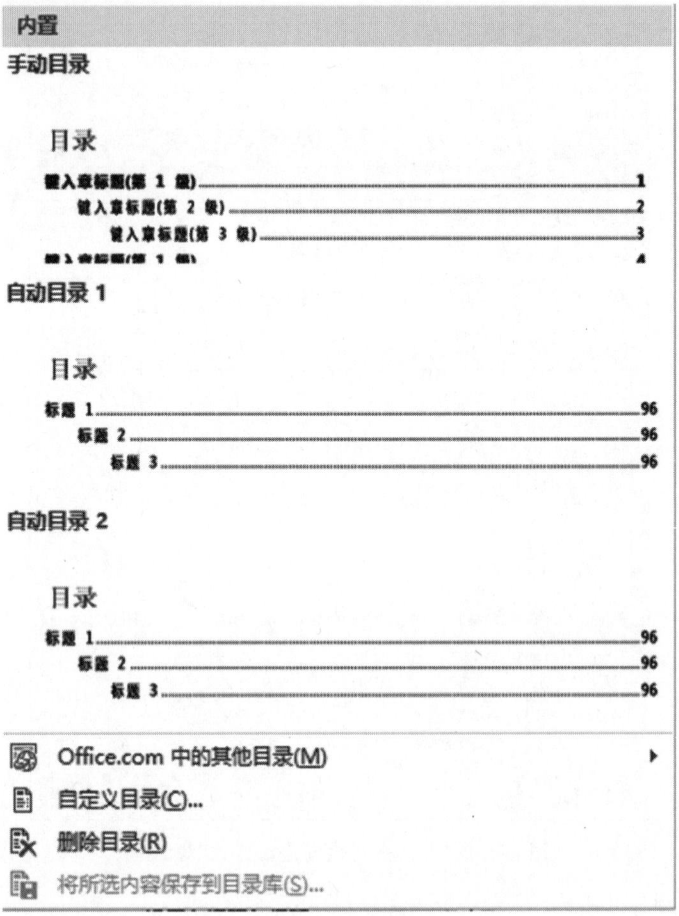

内置

手动目录

目录

键入章标题(第 1 级)........1

键入章标题(第 2 级)........2

键入章标题(第 3 级)........3

自动目录 1

目录

标题 1........96

标题 2........96

标题 3........96

自动目录 2

目录

标题 1........96

标题 2........96

标题 3........96

Office.com 中的其他目录(M)

自定义目录(C)...

删除目录(R)

将所选内容保存到目录库(S)...

图 5-80 “目录”按钮的下拉列表

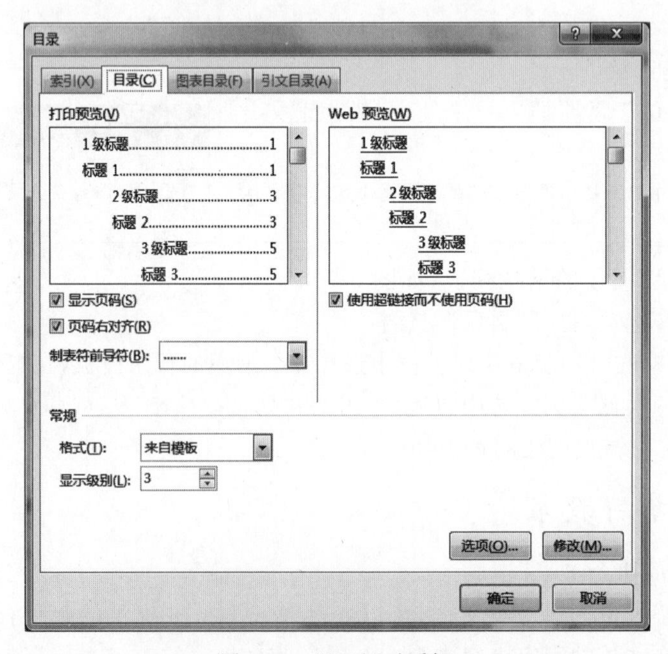

图 5-81 “目录”对话框

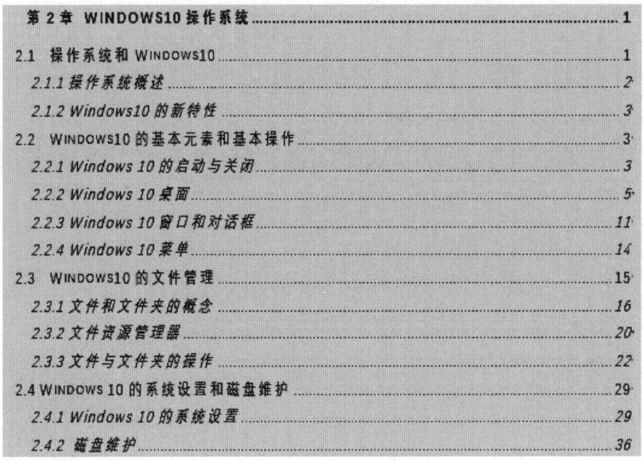

第 2 章 WINDOWS10 操作系统........1
2.1 操作系统和 WINDOWS10........1
2.1.1 操作系统概述........2
2.1.2 Windows10 的新特性........3
2.2 WINDOWS10 的基本元素和基本操作........3
2.2.1 Windows 10 的启动与关闭........3
2.2.2 Windows 10 桌面........5
2.2.3 Windows 10 窗口和对话框........11
2.2.4 Windows 10 菜单........14
2.3 WINDOWS10 的文件管理........15
2.3.1 文件和文件夹的概念........16
2.3.2 文件资源管理器........20
2.3.3 文件与文件夹的操作........22
2.4 WINDOWS 10 的系统设置和磁盘维护........29
2.4.1 Windows 10 的系统设置........29
2.4.2 磁盘维护........36

图 5-82 生成的目录示例

需要的邮件文档,使用这种功能可以大大提高工作效率。

邮件合并功能除了可以批量处理信函、信封、邀请函等与邮件相关的文档外,还可以轻松地批量制作标签、工资条和水电通知单等。

1) 邮件合并所需的文档

邮件合并所需的文档,一个是主文档,另一个是数据源。主文档是用于创建输出文档的蓝图,是一个经过特殊标记的 Word 文档;数据源是用户希望合并到输出文档的一个数据列表。

2) 适用范围

邮件合并适用于需要制作的数量比较大且内容可分为固定不变部分和变化部分的文档,变化的内容来自数据表中含有标题行的数据记录列表。

3) 利用邮件合并向导

Word 2016 提供了"邮件合并分布向导"功能,它可以帮助用户逐步了解整个邮件合并的具体使用过程,并能便捷、高效地完成邮件合并任务。

2. 邮件合并技术的使用

【例 5.4】 使用"邮件合并"功能按如下要求制作邀请函。

问题的提出:为召开云计算技术交流大会,小王需制作一批邀请函,要邀请的人员名单见"Word 人员名单. xlsx",邀请函的样式参见"邀请函参考样式. docx",大会定于 2013 年 10 月 19 日至 20 日在武汉举行。请根据上述活动的描述,利用 Word 2016 制作一批邀请函。要求将制作的邀请函保存到"例 5.4"文件夹,文件名为"Word-邀请函. docx"。

事先准备的素材资料在"例 5.4"文件夹中,主文档的文件名为"Word. docx",数据源文件名为"Word 人员名单. xlsx"。

操作步骤如下。

步骤 1:打开主文档"Word. docx",将鼠标光标置于文中"尊敬的"之后。在"邮件"选项卡的"开始邮件合并"组中单击"开始邮件合并"下的"邮件合并分步向导"命令,如图 5-83 所示。

插入 设计 布局 引用 邮件
开始邮件合并 选择收件人 编辑收件人列表 突出显示合并域
信函(L)
电子邮件(E)
信封(V)...
标签(A)...
目录(D)
普通 Word 文档(N)
邮件合并分步向导(W)...

图 5-83 "开始邮件合并"下拉列表

步骤 2：打开“邮件合并”任务窗格，进入“邮件合并分步向导”的第 1 步。在“选择文档类型”中选择一个希望创建的输出文档的类型，此处我们选择“信函”单选按钮，如图 5-84 所示。

步骤 3：单击“下一步：开始文档”超链接，进入“邮件合并分步向导”的第 2 步，在“选择开始文档”选项区域中选中“使用当前文档”单选按钮，以当前文档作为邮件合并的主文档，如图 5-85 所示。

步骤 4：接着单击“下一步：选择收件人”超链接，进入第 3 步，在“选择收件人”选项区域中选中“使用现有列表”单选按钮，如图 5-86 所示。

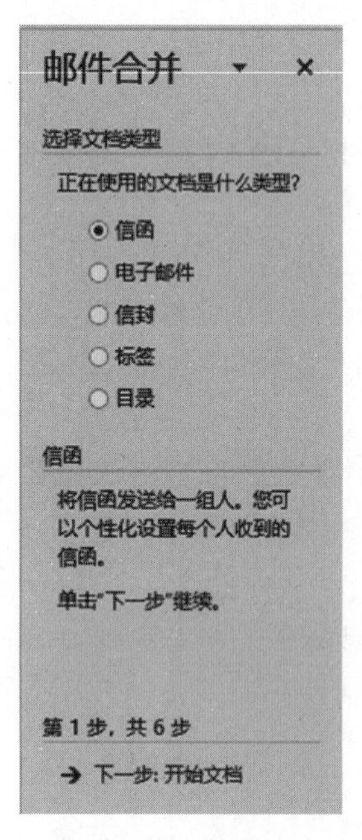

图 5-84 选择“信函”

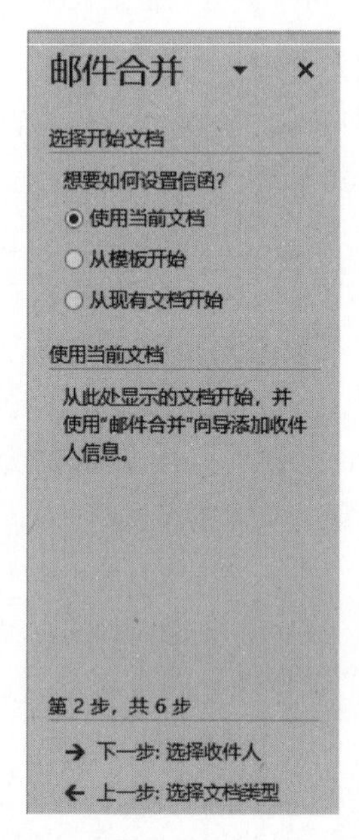

图 5-85 选择“使用当前文档”

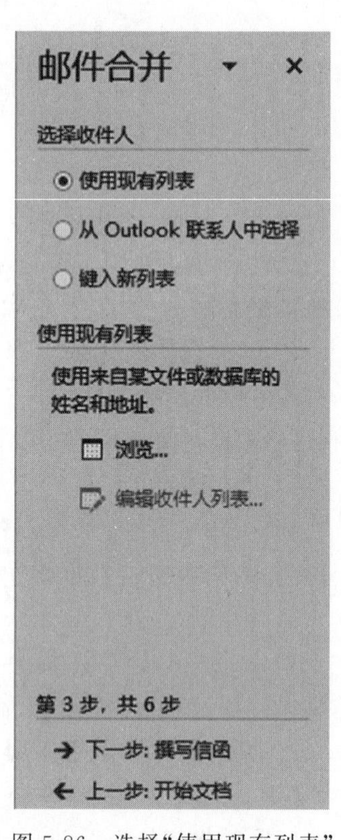

图 5-86 选择“使用现有列表”

步骤 5：然后单击“浏览”超链接，打开“选取数据源”对话框，选择考生文件夹里的“Word 人员名单.xlsx”文件后单击“打开”按钮。此时打开“选择表格”对话框，选择默认选项后单击“确定”按钮即可。

步骤 6：进入“邮件合并收件人”对话框，单击“确定”按钮完成现有工作表的链接工作，如图 5-87 所示。

步骤 7：选择了收件人的列表之后，单击“下一步：撰写信函”超链接，进入第 4 步。在“撰写信函”区域中选择“其他项目”超链接，如图 5-88 所示。

步骤 8：打开“插入合并域”对话框，在“域”列表框中，按照题意选择“姓名”域，单击“插入”按钮。插入完所需的域后，单击“关闭”按钮，关闭“插入合并域”对话框。文档中的相应位置就会出现已插入的域标记，如图 5-89 所示。

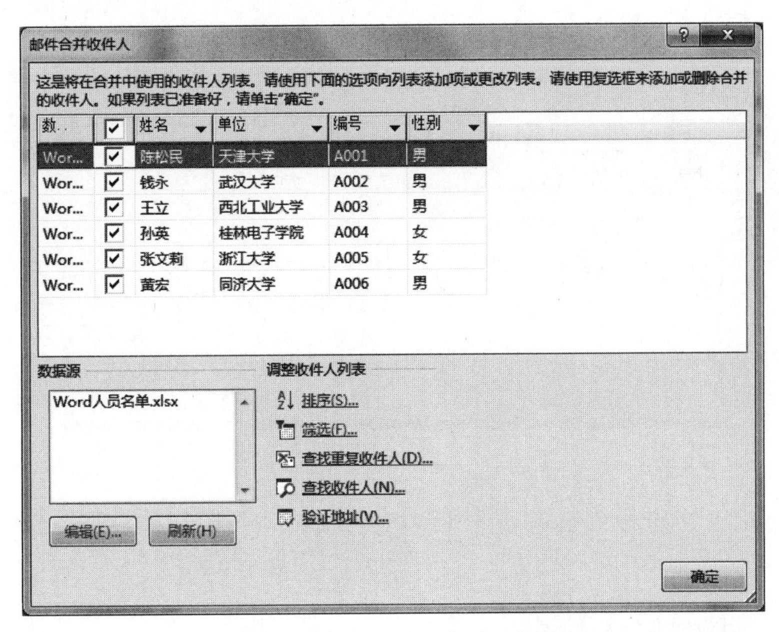

图 5-87 “邮件合并收件人”对话框

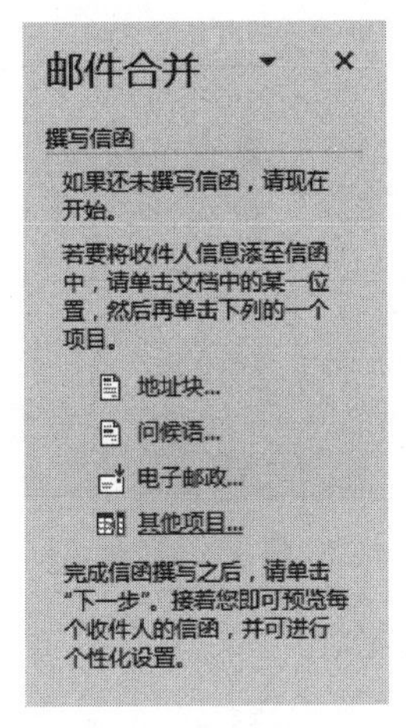

图 5-88 选择“其他项目”

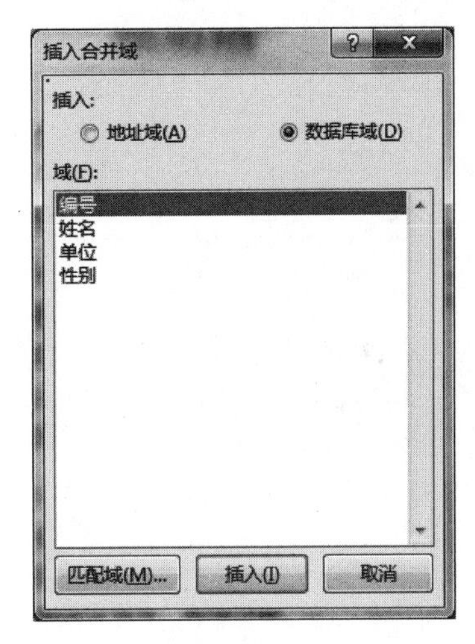

图 5-89 “插入合并域”对话框

步骤 9：在“邮件”选项卡的“编写和插入域”组中单击“规则”下拉列表中的“如果…那么…否则…”命令，打开“插入域”对话框。

步骤 10：在“域名”下拉列表框中选择“性别”，在“比较条件”下拉列表框中选择“等于”，在“比较对象”文本框中输入“男”，在“则插入此文字”文本框中输入“先生”，在“否则插入此文字”文本框中输入“女士”。设置完毕后单击“确定”按钮即可，如图 5-90 所示。

步骤 11：在“邮件合并”任务窗格中，单击“下一步：预览信函”超链接，进入第 5 步。在“预览信函”选项区域中，单击“<<”或“>>”按钮，可查看具有不同邀请人的姓名和称谓的信函，如图 5-91 所示。

步骤 12：预览并处理输出文档后，单击“下一步：完成合并”超链接，进入“邮件合并分步向导”的最后一步。此处，我们选择“编辑单个信函”超链接。

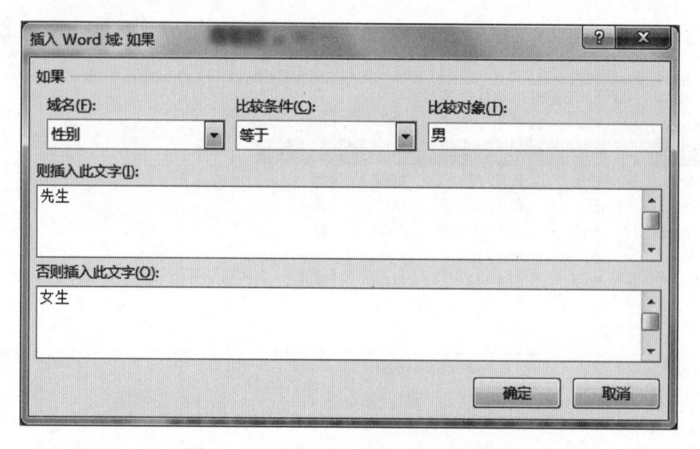

图 5-90 “编写和插入域”组规则

步骤 13：打开“合并到新文档”对话框，在“合并记录”选项区域中选中“全部”单选按钮，如图 5-92 所示。

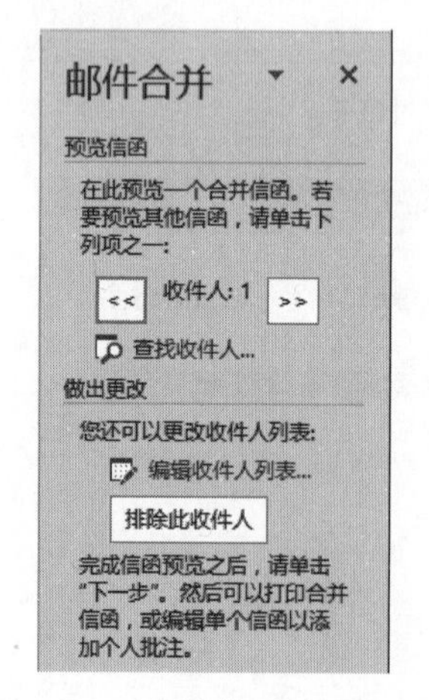

图 5-91 “预览信函”选项区域

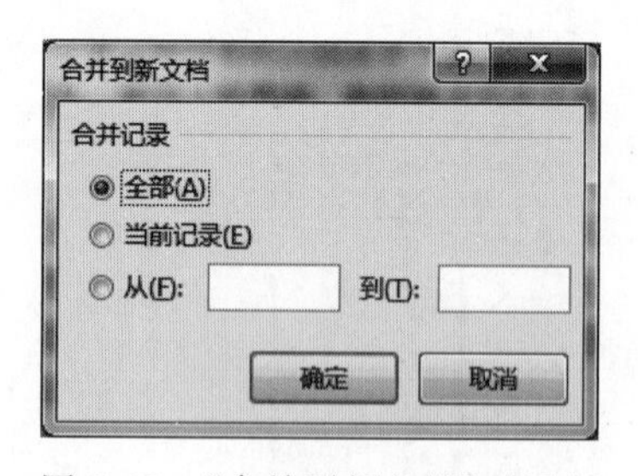

图 5-92 “合并到新文档”对话框

步骤 14：最后单击“确定”按钮，Word 就会将存储的收件人的信息自动添加到请柬的正文中，并合并生成一个新文档“信函 1”，保存“信函 1”，把“信函 1”重命名为”Word-邀请函.docx”。

5.7 Word 2016 图文混排

在文档中插入可以直接用 Word 2016 提供剪贴画库，或使用的绘图工具绘制图形，也可插入由其他软件制作的图片，使一篇文章达到图文并茂的境界。

5.7.1 插入图片

1. 插入图片

向文档中插入的图片可以是“联机图片”，也可以是利用其他图形处理软件制作的图片或者从网上下载的图片，这些图片以文件的形式保存在“此电脑”中的某个文件夹中。

1）插入“联机图片”

计算机必须处于联网状态才能插入联机图片，操作步骤如下。

步骤1：定位插入点到需要插入联机图片的位置，在“插入”选项卡的“插图”组中单击“联机图片”按钮，如图5-93所示。

步骤2：打开“插入图片”对话框，在“必应图像搜索”文本框中输入想要插入的图片名字，如输入文字“蝴蝶”并单击文本框右侧的“必应搜索”按钮，如图5-94所示。

图5-93 “插入”选项卡的“插图”组

图5-94 “插入图片”对话框

步骤3：在搜索结果中选择某个图片，单击“插入”按钮，关闭对话框，即可在文档指定位置插入联机图片，如图5-95所示。

图5-95 搜索结果

2）插入“剪贴画”

插入剪贴画的操作只需在“必应图像搜索”文本框中输入剪贴画-剪贴画名，如“剪贴画-蝴蝶”，然后单击“搜索必应”按钮，其他操作与插入“联机图片”的操作完全相同，如图5-96所示。

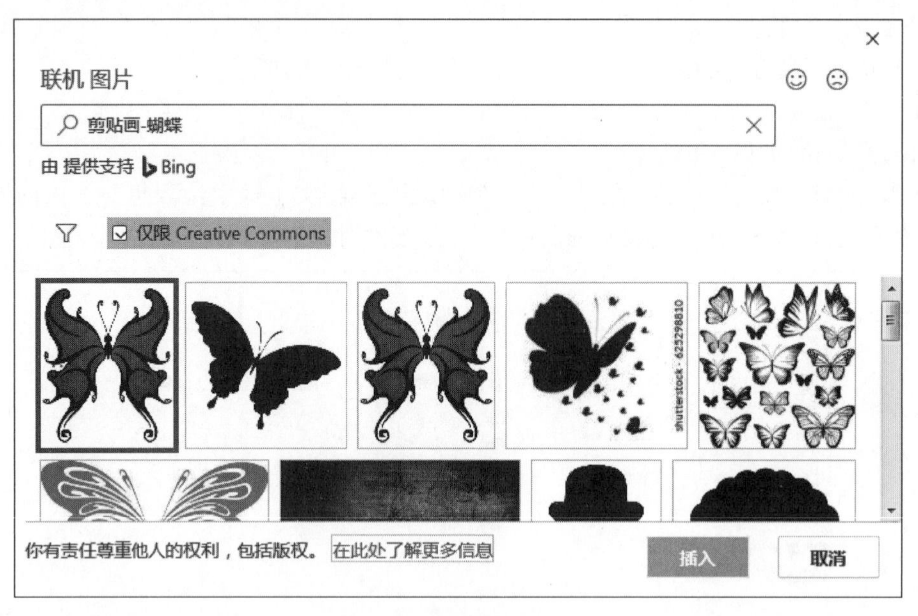

图 5-96　插入“剪贴画”

3）插入图片

插入图片的操作，需要在“插入”选项卡的“插图”组中单击“图片”按钮，在弹出的下拉列表中选择“此设备”选项，如图 5-97 所示，打开“插入图片”对话框，根据图片存放位置查找并选择所需图片，单击“插入”按钮即可。

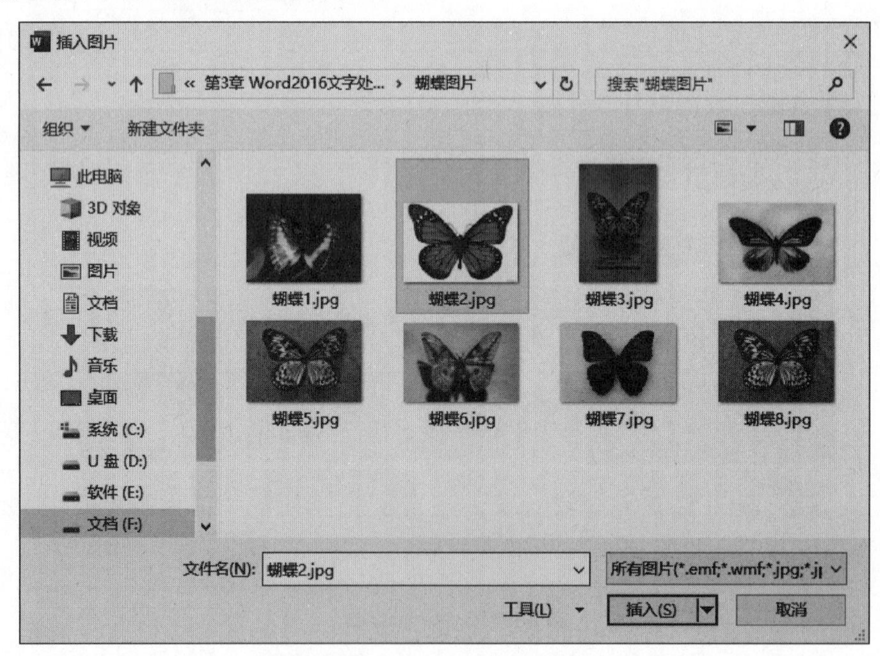

图 5-97　“插入图片”对话框

2. 图片的编辑和格式化

对 Word 文档中插入的图片，可以进行编辑和格式化，包括以下几种操作。

(1) 裁剪、复制、移动、旋转等编辑操作。

(2) 组合与取消组合、叠放次序、文字环绕方式等图文混排操作。

(3) 图片样式、填充、边框线、颜色、对比度、水印等格式化操作。

设置图片格式的方法是单击选中的图片，打开包括“调整”“图片样式”“排列”和“大小”4个组的选项卡，如图5-98所示，根据需要选择相应功能组的命令按钮进行设置。

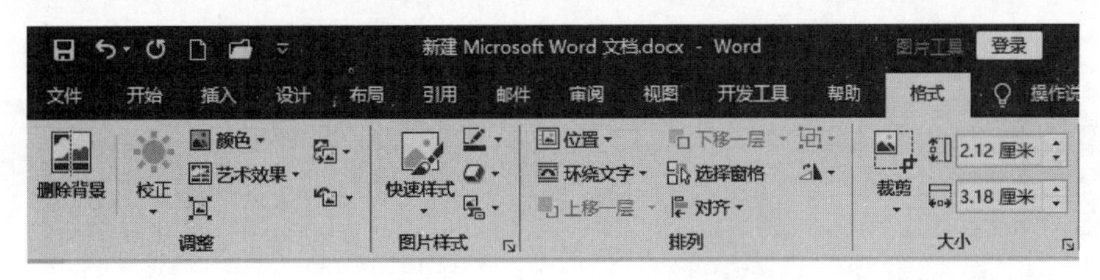

图5-98 “图片工具-格式”选项卡

5.7.2 插入形状

1. 用绘图工具手工绘制图形

Word 2016 中包含一套手工绘制图形的工具，主要包括直线、箭头、各种形状、流程图、星与旗帜等，称为自选图形或形状。

例如插入一个“笑脸”形状的图形，在“插入”选项卡的“插图”组中单击“形状”下拉按钮，弹出下拉列表，如图5-99所示。

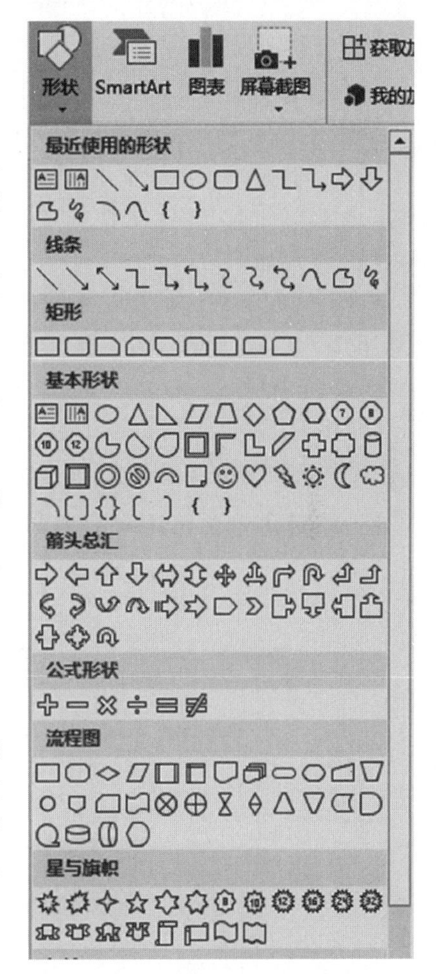

图5-99 “形状”下拉列表

在“基本形状”栏中单击选中“笑脸”图形，然后用鼠标在文档中画出一个图形，如图5-100所示。选中图形后右击，在弹出的快捷菜单中选择“添加文字”选项，可在图形中添加文字。

用鼠标单击图形上方的绿色按钮，可任意旋转图形；用鼠标拖动“笑脸”图形中的黄色按钮向上移动，可把“笑脸”变为“哭脸”，如图5-101所示。

2. 设置图形格式

选中图形，会弹出“绘图工具-格式”选项卡，该选项卡包括“插入形状”“形状样式”“艺术字样式”“文本”“排列”和“大小”6个组的选项卡，如图5-102所示，根据需要选择相应功能组中的命令按钮进行图形格式设置。

5.7.3 插入 SmartArt 图形

SmartArt 图形是信息和观点的视觉表示形式。可以通过从多种不同布局中进行选择来创建 SmartArt 图形，从而快速、轻松、有效地传达信息。SmartArt 图形包括图形列表、流程图以及更为复杂的图形。

图 5-100　新建自选图形“笑脸”

图 5-101　“哭脸”图形

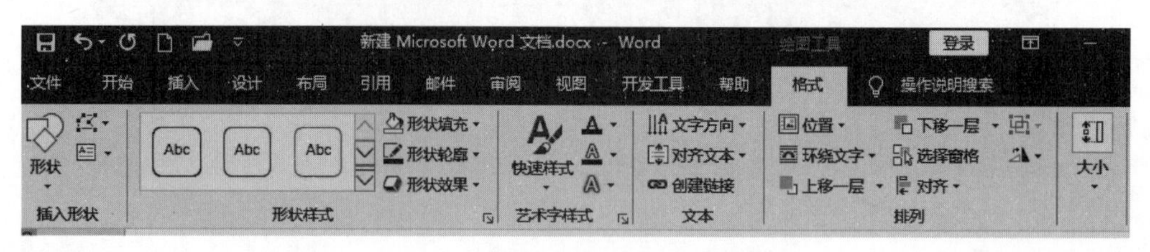

图 5-102　“绘图工具-格式”选项卡

【例 5.5】　四川工商学院计算机学院需要举办一场运动会，欲将运动会组织结构图上传到学校网站，以便学院各个班级对运动会后勤服务组织有一个清晰的了解。该运动会组织结构图样例如图 5-103 所示，要求按样例设计制作，并以“运动会组织结构图. docx”为文件名保存到“例 5.5”文件夹中。

操作步骤如下。

步骤 1：启动 Word 2016，创建新文档。按照样例，输入文本“计算机学院运动会组织结构图”设置为“华文行楷”“小一”“紫色”，按 Enter 键，另起一段。

步骤 2：插入 SmartArt 图形。在“插入”选项卡的“插图”组中单击“SmartArt”按钮，如图 5-104 所示，在弹出的下拉列表中选择“层次结构”选项，在右侧的列表中选择第 2 行第 1 列的“层次结构”样式，如图 5-105 所示。

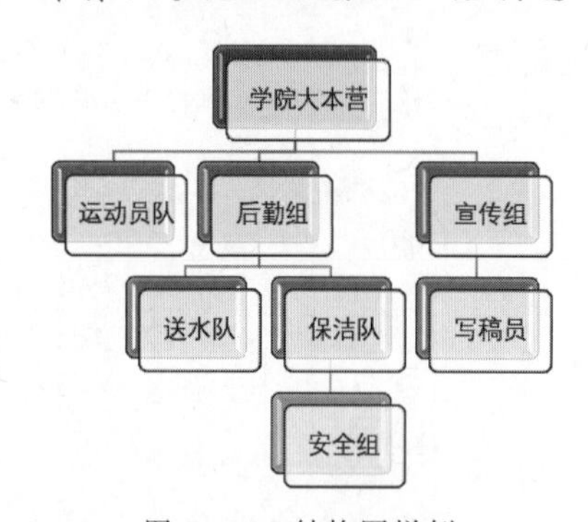

图 5-103　结构图样例

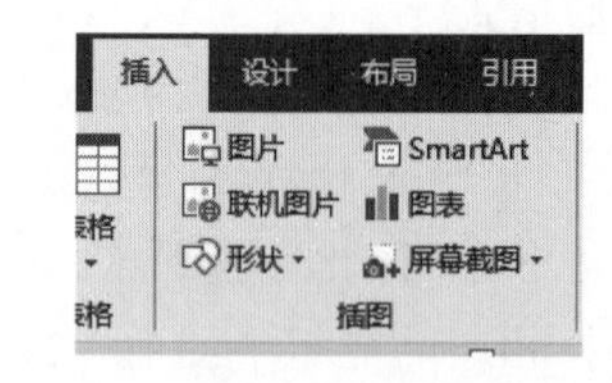

图 5-104　“插入”选项卡的“插图”组

步骤 3：添加/删除形状。通常，插入的 SmartArt 图形形状都不能完全符合要求，当形状不够时需要添加，当形状多余时需要删除。

形状的添加：单击要向其添加外框的 SmartArt 图形，再单击靠近要添加新框的现有框；在“SmartArt 工具-设计”选项卡下的“创建图形”组中单击“添加形状”的下三角形按钮，在弹出的下拉列表中选择其中之一，实现在后面、在前面、在上方或在下方添加形状，如

图 5-106 所示。

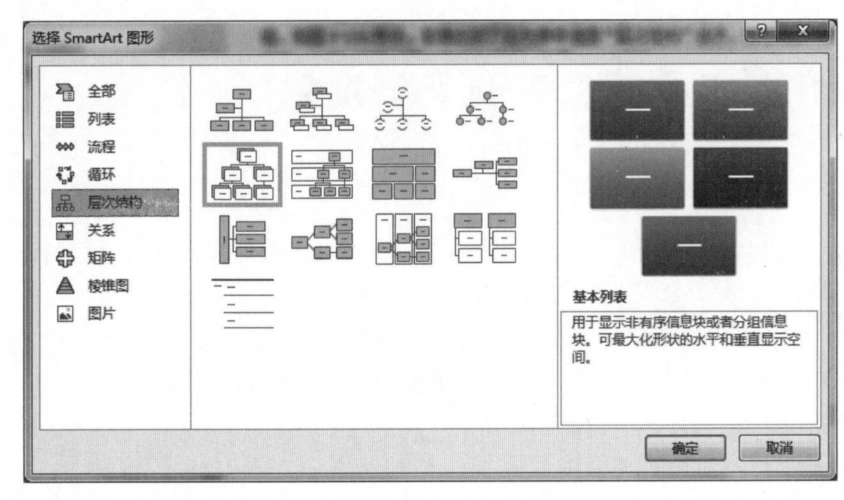

图 5-105 “选择 SmartArt 图形”对话框

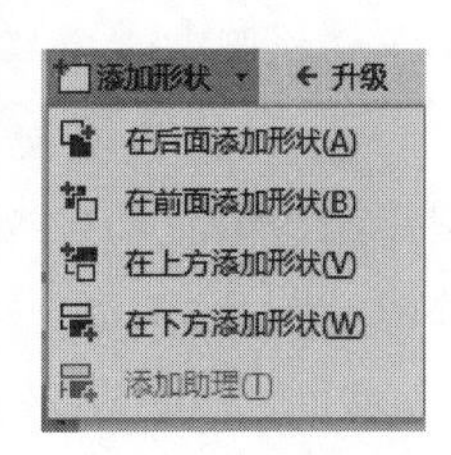

图 5-106 添加形状

形状的删除：若要删除形状，单击要删除形状的边框，然后按 Delete 键。

按照题目要求，按照样例，添加形状并在其中输入对应的文本，字号大小设置为 14 磅。

步骤 4：设置 SmartArt 图形样式。插入的 SmartArt 图形自带有一定的格式，用户也可以通过系统提供的图形样式快速修改当前 SmartArt 图形的样式。方法如下：

① 选中 SmartArt 图形，按照样例，在“SmartArt 工具-设计”选项卡下的“SmartAt 样式”组的样式列表框中选择所需的样式，在此选择“卡通”样式，如图 5-107 所示。

② 选中 SmartArt 图形，按照样例，单击“SmartArt 样式”组中的“更改颜色”按钮，在弹出的下拉列表中选择“彩色-个性色”选项，如图 5-108 所示。

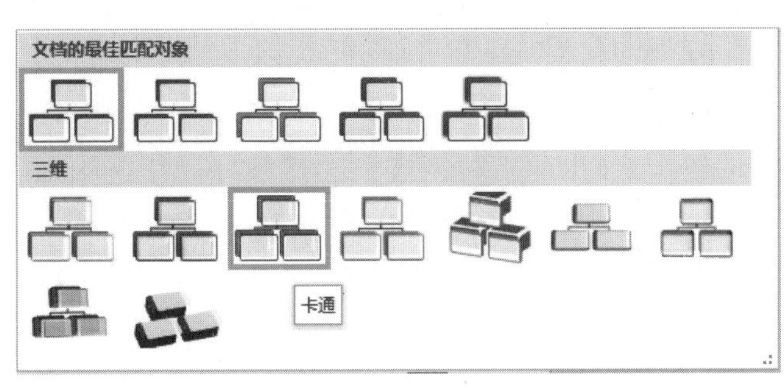

图 5-107 选择“卡通”样式

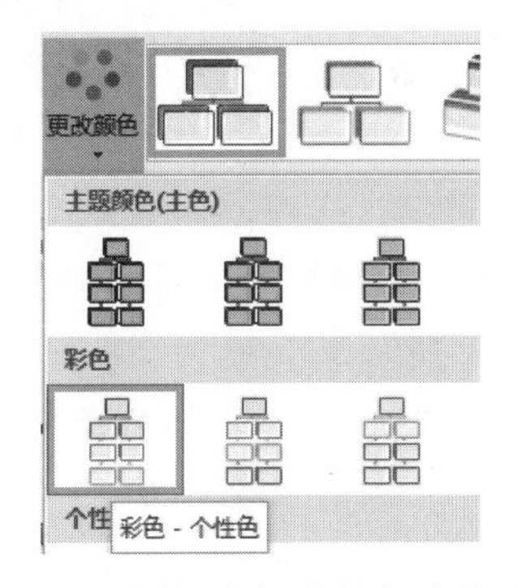

图 5-108 选择“彩色-个性色”颜色方案

步骤 5：保存。以“运动会组织结构图.docx”为文件名保存到“例 5.5”文件夹中。

5.7.4 插入艺术字

艺术字是可添加到文档的装饰性文本。通过使用绘图工具选项可以在诸如字体大小和文本颜色等方面更改艺术字。使用 Word 2016 可以创建出形式多样的艺术字效果，甚至可以把文本扭曲成各种各样的形状或设置为具有三维轮廓的效果。

【**例 5.6**】 进入“例 5.6”文件夹,打开“计算机学院运动会组织结构图.docx”文档,将标题文字设置为艺术字,其设计效果如图 5-109 所示。

计算机学院运动会组织结构

图 5-109 艺术字设计样例

操作步骤如下。

步骤 1:创建艺术字。建立艺术字的方法通常有两种:一种是先选中文字,再将选中的文字转换为艺术字样式;另一种方法是先选择艺术字样式,再输入文字。

进入“例 5.6”文件夹,打开“计算机学院运动会组织结构图.docx”文档,选中标题文字并将其字号修改为“一号”;在“插入”选项卡的“文本”组中单击“艺术字”按钮,在弹出的下拉列表中选择第 1 行第 3 列的“填充:橙色,主题色 2;边框:橙色,主题色 2”样式,如图 5-110 所示。

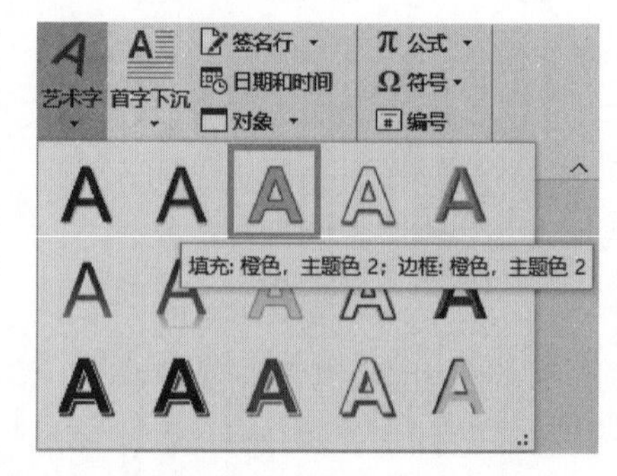

图 5-110 选择艺术字样式

步骤 2:对艺术字进行编辑和格式设置。

选中艺术字,弹出“绘图工具-格式”选项卡,其中包括“艺术字样式”“文本”“排列”和“大小”等 6 个组。利用各组中的命令按钮可以对艺术字进行编辑和格式设置,如图 5-111 所示。

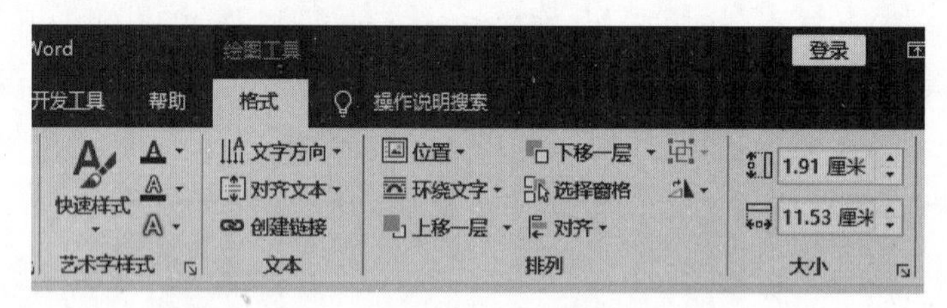

图 5-111 “绘图工具-格式”选项卡

按照设计样例,选中艺术字,进行如下设置。

① 在“排列”组中单击“环绕文字”按钮,在弹出的下拉列表中选择“四周型”选项,如图 5-112 所示。

② 在“大小”组中将艺术字高度值调整为“2 厘米”,宽度值调整为“12 厘米”,如图 5-113 所示。

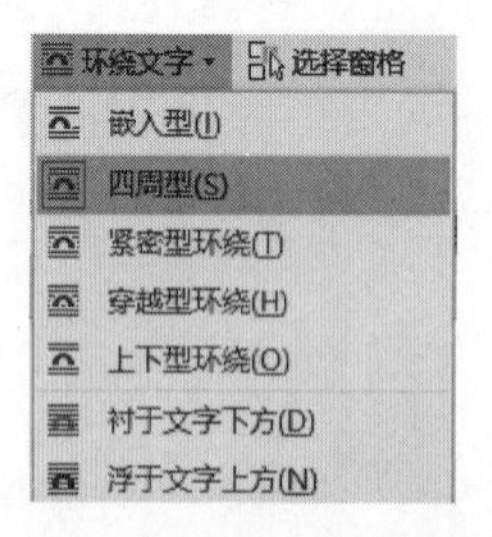

图 5-112 “环绕文字”下拉列表

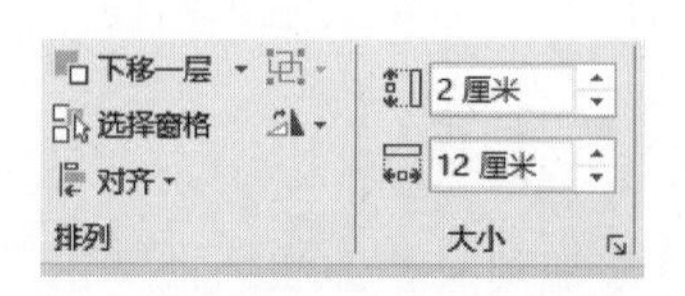

图 5-113 “大小”组

③ 在“艺术字样式”组中单击“文本效果”按钮，在弹出的下拉列表中选择“映像”→“映像变体”中的“半映像：接触”选项，如图 5-114 所示。

④ 在“艺术字样式”组中单击“文本效果”按钮，在弹出的下拉列表中选择“发光”→“发光变体”中的“发光：8 磅；橙色，主题色 2”选项，如图 5-115 所示。

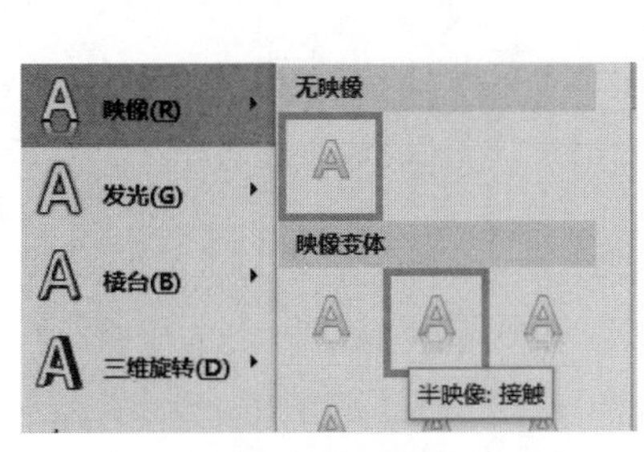

图 5-114　选择“映像”选项

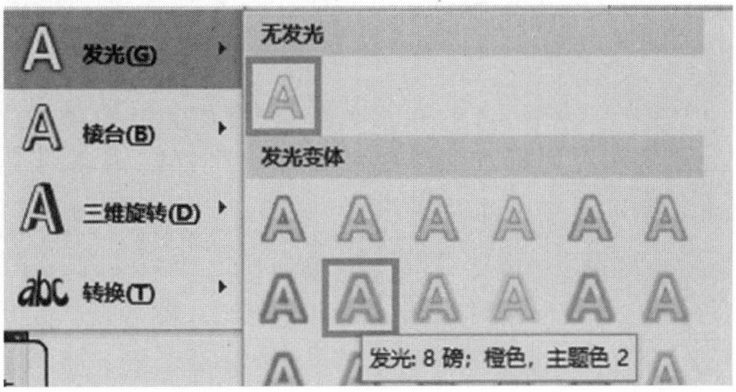

图 5-115　选择“发光”选项

⑤ 在“艺术字样式”组中单击“文本效果”按钮，在弹出的下拉列表中选择“棱台”→“棱台”中的“角度”选项，如图 5-116 所示。

⑥ 在“艺术字样式”组中单击“文本效果”按钮，在弹出的下拉列表中选择“三维旋转”→“角度”中的“透视：适度宽松”选项，如图 5-117 所示。

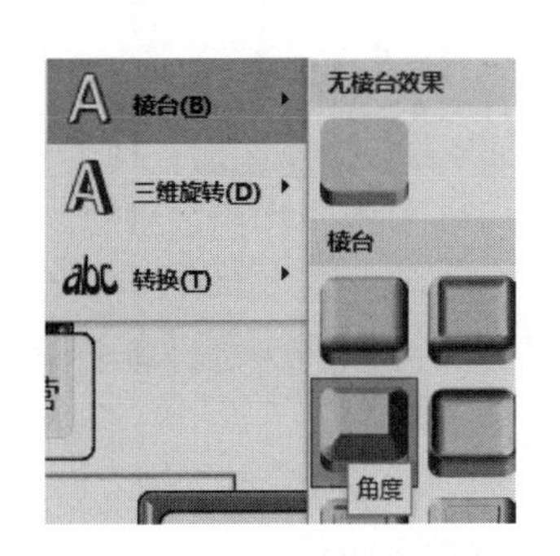

图 5-116　选择“棱台”选项

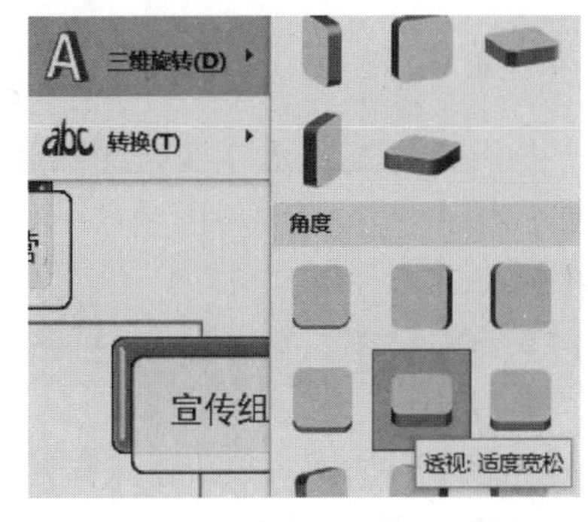

图 5-117　选择“三维旋转”选项

步骤 3：保存文档。全部设计完成后，以“艺术字设计.docx”为文件名保存到“例 5.6”文件夹中。

5.7.5　插入文本框

文本框是一独立的对象，框中的文字和图片可随文本框移动，要区分它与给文字加边框的不同。

1. 插入文本框

1）将光标定位到要插入文档框的位置后选择“插入”选项卡，在其中单击“文本”组中的“文本框”按钮。

2）在弹出的下拉列表中选择适合的文本框类型后在文档要插入文本框的位置出现一个文本框，如图 5-118 所示。

文本框是一独立的对象，框中的文字和图片可随文本框移动，要区分它与给文字加边框的不同。↵

图 5-118　插入的文本框

3）在文本框中输入文字，或者插入图片等。也可以用对正文中的文字、段落格式设置的方法对文本框中的文字、段落进行格式设置。

4）单击文本框，该文本框被选中，文本框周围出现四个小圆点，称为文本框的顶点。这时拖动鼠标可以移动文本框的位置。将鼠标移动到顶点上，鼠标指针变为“↕ ↔ ↘ ↗”形状，拖动鼠标可改变文本框的大小。

图 5-119　“文字方向-文本框”对话框

2. 设置文字竖排

要将文档中的某一段文字放到竖排文本框中，可选定文本框后选择“绘图工具-格式”选项卡，单击“文本”组中的“文字方向”按钮，在其下拉列表中选择“垂直”选项。也可以选择“文字方向选项”选项，打开如图 5-119 所示的“文字方向-文本框”对话框，单击适合的选项即可将文字竖排。

关于文本框的样式、文字效果设置与艺术字的效果设置一致，可以参照艺术字相关设置。

5.7.6　设置水印

在 Word 中，水印是显示在文档文本后面的半透明图片或文字，它是一种特殊的背景，在文档中使用水印可增加趣味性，水印一般用于标识文档，在页面视图模式或打印出的文档中才可以看到水印。

【例 5.7】　进入“例 5.7”文件夹，打开“设置水印(素材).docx”文档，设置文字水印。

操作步骤如下。

步骤 1：在“设计”选项卡的“页面背景”组中单击“水印”按钮。

步骤 2：在打开的“水印”对话框的下拉列表中选择“自定义水印”选项。

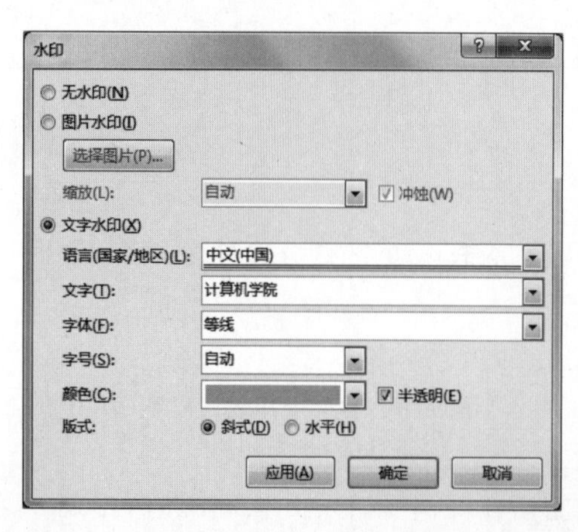

图 5-120　“水印”对话框

步骤 3：如果制作图片水印，则选中“图片水印”单选按钮，并勾选“冲蚀”复选框，单击“选择图片”按钮，打开“插入图片”对话框，选择一幅图片插入，然后单击“确定”按钮，即插入了图片水印。

步骤 4：本例要求制作文字水印，所以选中“文字水印”单选按钮，在“文字”下拉列表中输入文字，再设置字体、字号、字体颜色，并勾选“半透明”复选框，选中“斜式”或“水平”单选按钮，然后单击“确定”或“应用”按钮，再单击“关闭”按钮关闭对话框，如图 5-120 所示，即插入了文字水印。

5.8 Word 2016 表格

在许多报告中，常常采用表格的形式来表达某一数据集，如企业的生产表、职工的销售业绩表等，有时还要对一些文本有规则地排版，这些都可以使用 Word 2016 丰富功能的表格来完成。

5.8.1 插入表格

所谓简单表格是指由多行和多列构成的表格，即表格中只有横线和竖线，不出现斜线。在“插入”选项卡的“表格”组中单击“表格”按钮，在弹出的下拉列表中选择不同的选项，可用不同的方法建立表格，如图 5-121 所示。在 Word 中建立表格的方法一般有 5 种，下面逐一介绍。

方法 1：拖动法将光标定位到需要添加表格的位置，单击“表格”按钮，在弹出的下拉列表中按住鼠标左键拖动设置表格中的行和列，此时可在下拉列表的“表格”区中预览到表格行、列数，待行、列数满足要求后释放鼠标左键，即可在光标定位处插入一个空白表格。图 5-121 所示为使用拖动法建立 5 行 6 列的表格。用这种方法建立的表格不能超过 8 行 10 列。

方法 2：在“表格”下拉列表中选择“插入表格”选项，打开“插入表格”对话框，如图 5-122 所示，输入或选择行、列数及设置相关参数，然后单击“确定”按钮，即可在光标指定位置插入一个空白表格。

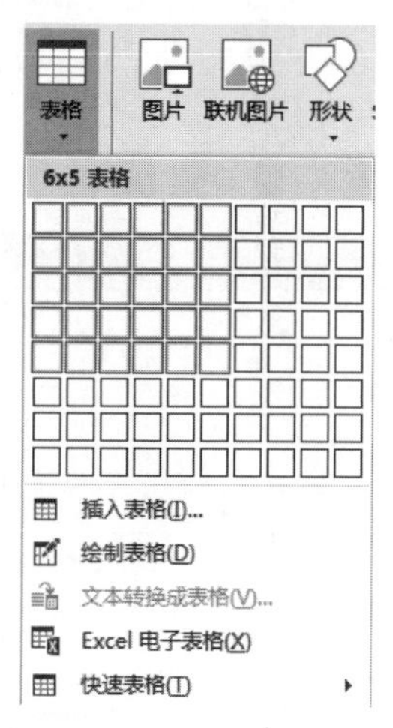

图 5-121 “表格”下拉列表

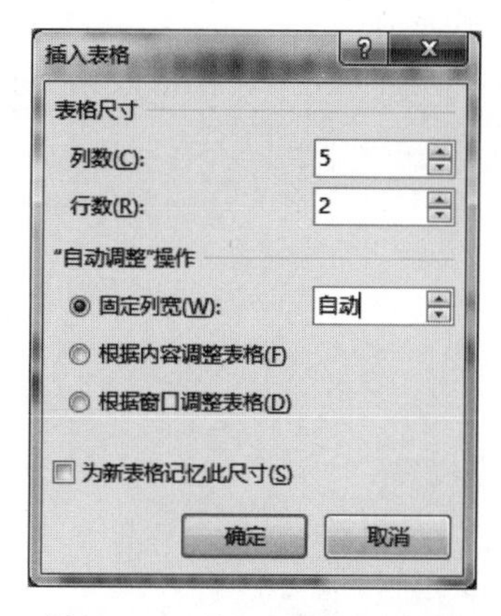

图 5-122 “插入表格”对话框

方法 3：利用“内置”模板插入表格，如果要建立的表格与 Word 2016 内置的表格格式、内容相近，可选择“快速表格”选项，在打开的内置表格中选择一项后，该表格的数据及格式将插入到光标所在位置。

方法 4：手动绘制表格，有的表格除横、竖线外还包含斜线，Word 提供了绘制这种不规则表格的功能。可以用图 5-123 中的“绘制表格”选项，或在“表格工具-布局”选项卡的“绘图”组中单击“绘制表格”按钮来绘制。具体步骤如下。

步骤 1：双击表格左上角的“⊞”图标，Word 功能区自动切换到“表格工具-布局”选项卡,单击"绘图"组中的"绘制表格"按钮,鼠标指针变成一个铅笔形状"✎"。如果没有表格,可以单击图 5-123 中的"绘制表格"命令,鼠标也会变成铅笔形状。

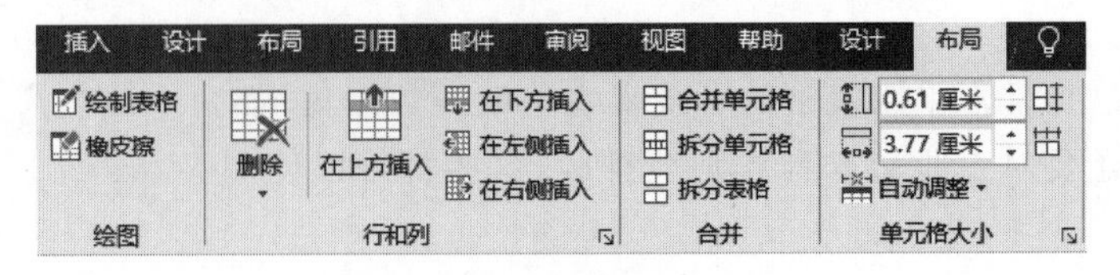

图 5-123 "绘制表格"命令

步骤 2:将铅笔形状的鼠标指针移到要绘制表格的位置,按住鼠标左键拖动鼠标绘出表格的外框虚线,放开鼠标左键生成实线的表格外框。

步骤 3:拖动鼠标笔形指针,在表格中绘制水平或垂直线。也可以将鼠标指针移到单元格的一角向其对角画斜线。

步骤 4:可以利用"绘图边框"组中的"擦除"按钮,使鼠标指针变成橡皮状,把橡皮形鼠标指针移到要擦除的线条的一端,拖动鼠标到另一端,放开鼠标就可擦除选定的线段。

方法 5:将文本转换成表格,在 Word 中可以将一个具有一定行、列宽度的格式文本转换成多行多列的表格。

【例 5.8】 进入"例 5.8"文件夹,打开"文本转换成 Word 表格(素材).docx"文档,将文档中标题后 7 行文字转换成表格,如图 5-124 所示。

操作步骤如下。

步骤 1:选中文档中后 7 行文字。

步骤 2:在"插入"选项卡的"表格"组中单击"表格"按钮,在弹出的下拉列表中选择"文本转换成表格"选项。

步骤 3:打开"将文字转换成表格"对话框,选择一种文字分隔符,如图 5-125 所示。

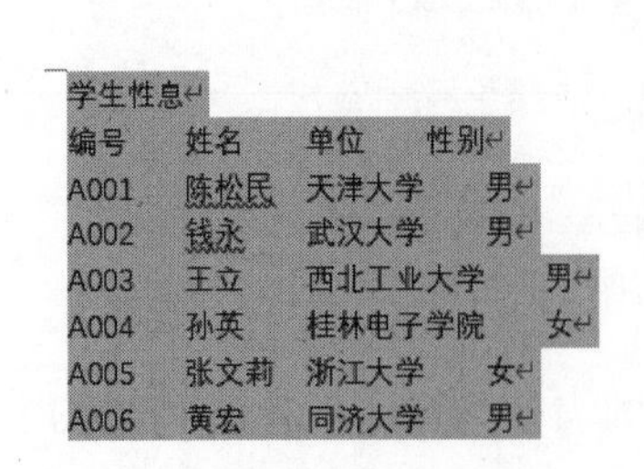

图 5-124 需要转换成表格的文本

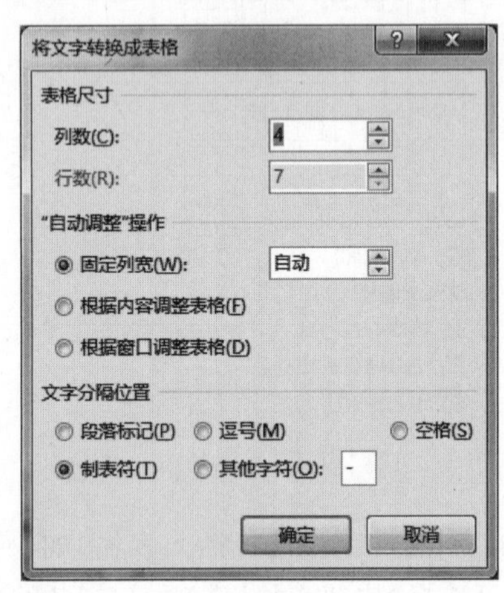

图 5-125 "将文字转换成表格"对话框

步骤 4:单击"确定"按钮关闭对话框,转换后的表格如图 5-126 所示。

5.8.2 编辑表格

在表格操作过程中,表格的控制点和鼠标指针形状如图 5-127 所示。

学生信息

编号	姓名	单位	性别
A001	陈松民	天津大学	男
A002	钱永	武汉大学	男
A003	王立	西北工业大学	男
A004	孙英	桂林电子学院	女
A005	张文莉	浙江大学	女
A006	黄宏	同济大学	男

图 5-126　转换后的表格

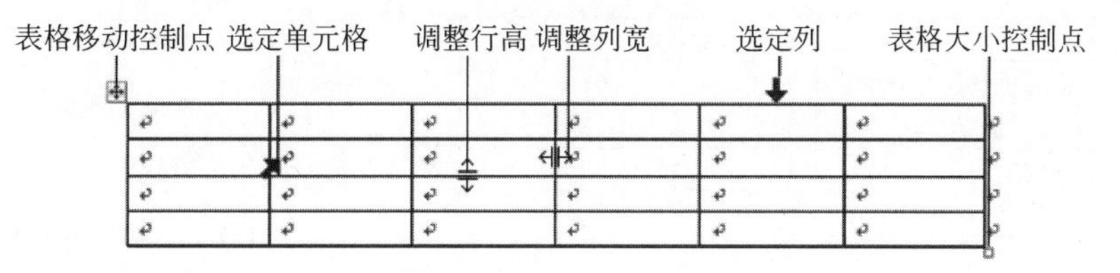

图 5-127　表格中常见的控制点和鼠标指针形状

1. 选定表格

为了对表格进行修改，首先必须选定待修改的表格部分。选定表格的方法有下列几种。

用鼠标选定表格的单元格、行或列的操作方法如下：

(1) 选定单元格：移到鼠标指针到选定的单元格中，单击左键，就可选定所指的单元格。注意观察单元格的选定与单元格内全部文字的选定的表现形式是不同的。

(2) 选定表格的行：移到鼠标指针到文档窗口的选定区，当指针变成向右上角指的箭头时，单击左键就可选定所指的行。若要选定表格的连续多行，只要从要选定的开始行拖动鼠标到要选定的最末一行，放开鼠标左键即可。选定的行呈蓝底显示。

(3) 选定表格的列：把鼠标指针移到表格的顶端，当鼠标指针变成选定列指针时，单击左键就可选定箭头所指的列。若要选定表格的连续多列，只要从要选定的开始列拖动鼠标到要选定的最末一列，放开鼠标左键即可。选定的行呈蓝底显示。

显然，用上述拖动鼠标的方法也可以选定全表。

(4) 选定全表：单击图 5-127 中的“表格移动控制点”可以迅速选定全表。

也可以利用“选择”工具选择表中的行、列或整个表格。

将光标定位于表格中，单击“表格工具-布局”选项卡的“表”组中“选择”旁的箭头，在弹出的“选择”下拉列表中，按需要选择其中一个选项，则相应的单元格将呈灰底色的选中状态。

2. 表格的整体移动和缩放

移动和缩放表格的方法如下：

(1) 移动表格：选中表格左上角的十字小方框“⊞”，接着按下左键拖动鼠标即可移动表格。

(2) 缩放表格：将鼠标放在表格右下方的表格控制点“ロ”上，按下并移动鼠标，均匀缩放表格，虚线的位置就是放开鼠标后表格真实的位置，如图 5-128 所示。

3. 修改行高、列宽

在 Word 2016 中修改表格的行高或列宽的方法也有多种，主要有拖动鼠标、“布局”选项卡中“单元格大小”组和“表格属性”对话框三种方式。

方法 1：用拖动鼠标修改表格的列宽。

这种方法比较直观，操作方便，但对于行高或列宽具体数值不清楚。

方法 2：用“布局”选项卡中“单元格大小”组，操作步骤如下。

步骤 1：将光标定位于要修改行高或列宽的行或列中任意单元格中。

步骤 2：单击“布局”选项卡，在如图 5-129 所示的“单元格大小”工具组中的“高度”或“宽度”框中输入具体数值，或鼠标单击其后的微调按钮增大或减小数值即可。

姓名	单位	计算机成绩	英语成绩
王明洋	计算机科学与技术系	90	68
李兴旺	计算机科学与技术系	80	78
汪兴国	通信工程与技术系	77	88
赵三四	通信工程与技术系	56	80

图 5-128 缩放表格

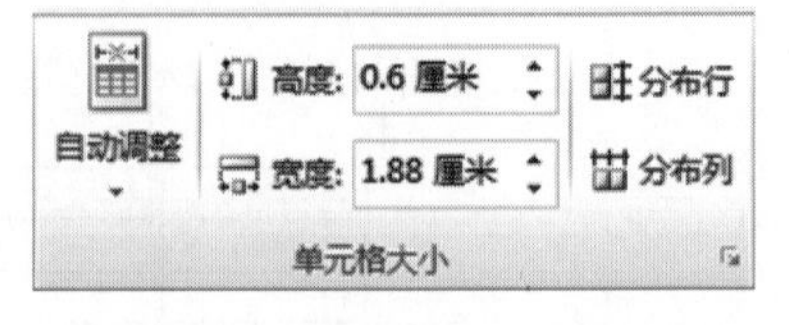

图 5-129 “单元格大小”工具组

步骤 3：如果要让单元格的高度或宽度相等，可以选中要设置的行或列，单击图 5-129 中的“分布行”或“分布列”图标，则相应的行高或列宽将完全相等。

步骤 4：单击图 5-129 中的“自动调整”按钮，在下拉列表中可以根据需要选择“根据内容自动调用表格”“根据窗口自动调整表格”或“固定列宽”三种方式来调整列宽。

方法 3：利用“表格属性”对话框改变行高或列宽。操作步骤如下。

步骤 1：选定要修改行高的一行或数行。

步骤 2：右击，在弹出的快捷菜单中选择“表格属性”选项，打开如图 5-130 所示的“表格属性”对话框的“行”选项卡。

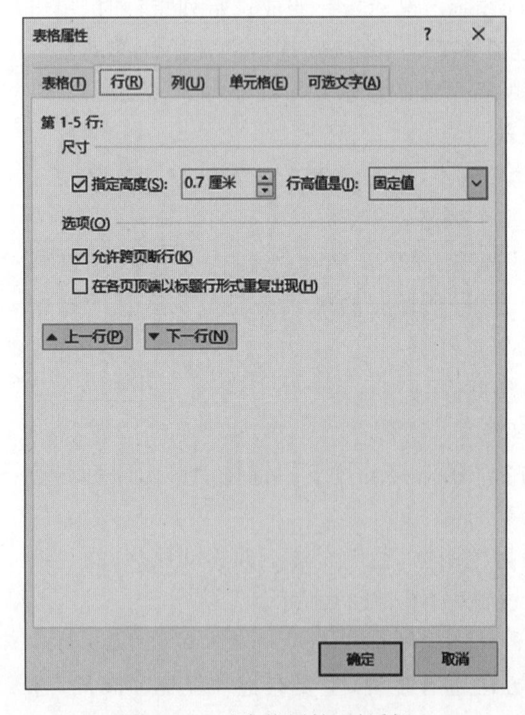

图 5-130 “表格属性”对话框

步骤 3：在文本框中键入行高的数值，并在“行高值是”下拉列表框中选定“最小值”或“固定值”。否则，行高默认为自动设置。

步骤 4：若要设置列宽，可以用相同的方法设置，完成后单击“确定”按钮即可。

4. 插入或删除行或列

插入或删除行或列的方法有工具或快捷菜单命令两种。

方法 1：用工具按钮插入行或列。

步骤 1：将光标定位于要操作的单元格，单击“表格工具-布局”选项卡。

步骤 2：在“布局”选项卡的“行和列”组中单击“在下方插入”，则表格中在当前单元格下方将增加一行。同样也可选择其他操作，其中在上或下方插入表示插入行，在左或右侧插入表示插入列。

方法 2：用快捷菜单命令插入行或列。

步骤 1：将光标定位于要操作的单元格，右击，弹出快捷菜单。

步骤 2：在弹出的快捷菜单中选择“插入”选项，在子菜单中选择相应的操作即可。

【注意】 把插入点移到表格最右下角的单元格中，按 Tab 键，或者把插入点移到表格最后一行的行结束符处，按 Enter 键都可以在表格底部插入一空白行。选定多行(列)后再执行“插入行(列)”命令，可一次插入多行或多列。

5. 增加、删除单元格

1) 用“行和列”工具组插入单元格

操作步骤如下。

步骤 1：将光标置于要插入单元格的位置。

步骤 2：单击 “行和列”工具组中右下角的“ ”图标，打开如图 5-131 所示的“插入单元格”对话框。在该对话框中，可选择插入的单元格方式。选择“活动单元格下移”后的效果如图 5-132 所示。

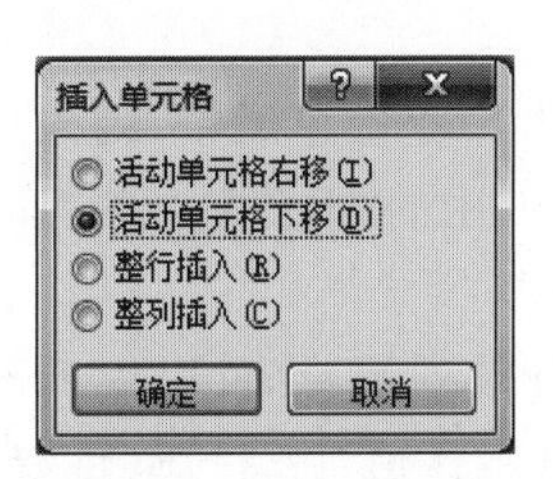

图 5-131 “插入单元格”对话框

姓名	单位	计算机成绩	英语成绩
王明洋	计算机科学与技术系	90	68
李兴旺	计算机科学与技术系		78
汪兴国	通信工程与技术系	80	88
赵三四	通信工程与技术系	77	80
		56	

图 5-132 插入一个单元格(活动单元格下移)

步骤 3：同样可在光标所在处插入一行或一列单元格，当插入一列单元格时原单元格右移。

2) 用“行和列”工具组删除单元格

在表格中删除行或者列的操作步骤如下。

步骤 1：将光标置于要删除的单元格内。

步骤 2：单击“行和列”组“删除”中的“删除单元格”命令，则可以打开如图 5-133 所示的“删除单元格”对话框，选择删除方式后，单击“确定”按钮。同样可删除光标所在处的一行或一列单元格，观察单元格的移动。

通过在表格中右击，在弹出的快捷菜单中选择相应选项，可以打开如图 5-131 所示的“插入单元格”对话框或如图 5-133 所示的“删除单元格”对话框，进行插入或删除单元格操作。选择“右侧单元格左移”后的效果如图 5-134 所示。

删除单元格
右侧单元格左移(L)
下方单元格上移(U)
删除整行(R)
删除整列(C)
确定
取消

图 5-133 “删除单元格”对话框

姓名	单位	计算机成绩	英语成绩
王明洋	计算机科学与技术系	90	68
李兴旺	计算机科学与技术系		78
汪兴国	通信工程与技术系	80	88
赵三四	通信工程与技术系	80	
		56	

图 5-134 删除一个单元格(右侧单元格左移)

6. 合并或拆分单元格

通过对简单表格单元格的合并或拆分可以构成比较复杂的表格。

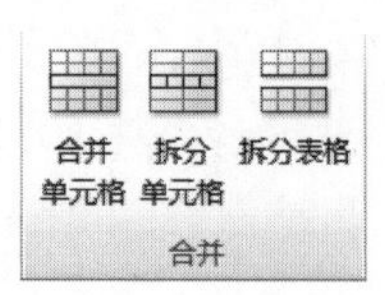

图 5-135 “合并”工具组

1）合并单元格

为了将表格的某一行或某一列中的若干个单元格合并成一个大的单元格，则先选定这些要合并的单元格，再单击图“布局”选项卡的“合并”组中的“合并单元格”命令，如图 5-135 所示。此时这些单元格之间的边线被取消，合并成为一个大单元格，如图 5-136 所示。

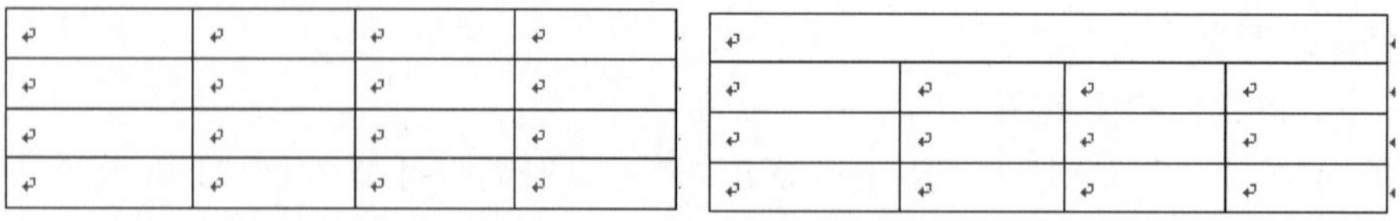

之前

↵	↵	↵	↵
↵	↵	↵	↵
↵	↵	↵	↵
↵	↵	↵	↵

之后

↵			
↵	↵	↵	↵
↵	↵	↵	↵
↵	↵	↵	↵

图 5-136 合并单元格前后对比

图 5-137 “拆分单元格”对话框

2）拆分单元格

为了把某些单元格拆分成几个小的单元格，则先选定这些要拆分的单元格，再单击图 5-135 中的“拆分单元格”命令，打开如图 5-137 所示的“拆分单元格”对话框。

在“列数”框中，输入要拆分的列数，也可以单击其右端的“⬍”按钮来增加或减少列数，其默认值为 2。在“行数”框中键入行数，然后单击“确定”按钮，拆分后表格如图 5-138 所示。

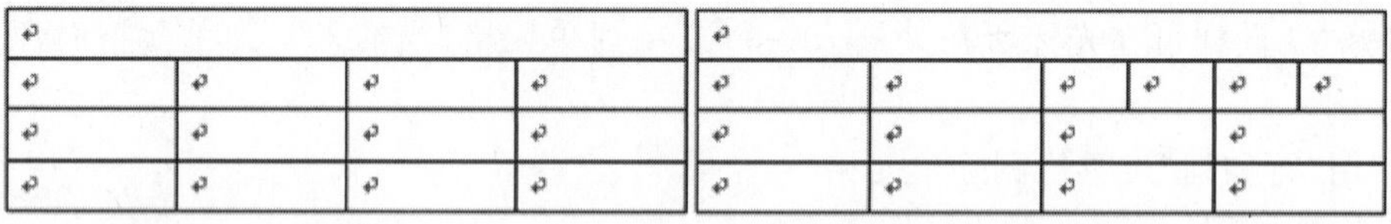

之前

↵			
↵	↵	↵	↵
↵	↵	↵	↵
↵	↵	↵	↵

之后

↵					
↵	↵	↵	↵	↵	↵
↵	↵	↵		↵	
↵	↵	↵		↵	

图 5-138 “拆分单元格”前后对比

7. 设置表格的边框与底纹

1）设置表格边框

步骤 1：选定需要设置边框的单元格区域或整个表格。

步骤 2：在“表格工具-设计”选项卡的“边框”组中选择边框样式、边框线粗细和笔颜色（即边框线颜色），如图 5-139 所示。

图 5-139 设置表格边框

步骤 3：在“表格工具-设计”选项卡的“边框”组中单击“边框”的下三角按钮，在弹出的下拉列表中选择相应的表格边框线，如图 5-140 所示。

2）设置表格底纹

步骤 1：选定需要设置底纹的单元格区域或整个表格。

步骤 2：在“表格工具-设计”选项卡的“表格样式”组中单击“底纹”按钮，从弹出的下拉列表中选择一种颜色，如图 5-141 所示。

图 5-140 “边框”下拉列表

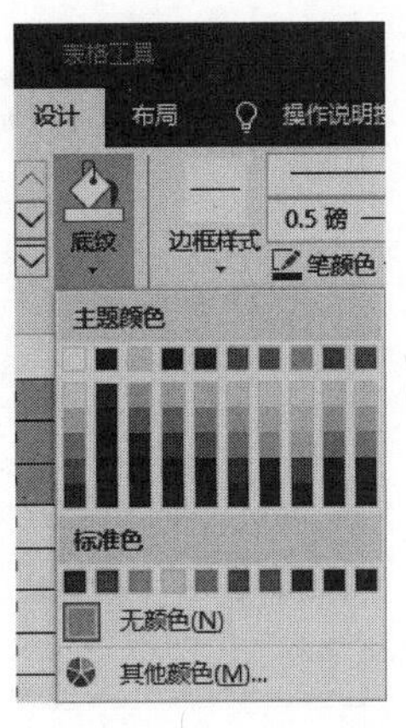

图 5-141 “底纹”下拉列表

8. 拆分表格

如果要拆分一个表格，先将插入点置于拆分后成为新表格第一行的任一单元格中，然后，单击图 5-135 中的“拆分表格”按钮，这样就在插入点所在行的上方插入一空白段，把表格拆分成两张表格，如图 5-142 所示。

↵	↵	↵	↵
↵	↵	↵	↵
↵	↵	↵	↵
↵	↵	↵	↵

之前

↵	↵	↵	↵
↵	↵	↵	↵

↵

↵	↵	↵	↵
↵	↵	↵	↵

之后

图 5-142 拆分表格前后对比

如果要合并两个表格，那么只要删除两表格之间的换行符即可。由上述方法可见，如果把插入点放在表格的第一行的任意列中，用“拆分表格”命令可以在表格头部前面加一空白段。

9. 表格标题跨页重复

当一张表格大小超过一页时，要在第二页的续表中也包括表格的标题行。Word 2016 提供了重复标题的功能，操作步骤如下。

步骤 1：选定第一页表格中的一行或多行标题行。

步骤 2：在“表格工具-布局”选项卡的“数据”组中单击“重复标题行”按钮。

这样，Word 2016 会在因分页而拆开的续表中重复表格的标题行，在页面视图方式下可以查看重复的标题。用这种方法重复的标题，修改时也只要修改第一页表格的标题就可以了。

5.8.3 表格的数据处理

1. 排序

【例 5.9】 进入“例 5.9”文件夹,打开“排序(素材).docx”文档,按数学成绩进行升序排序,当两个学生的数学成绩相同时,再按英语成绩升序排序,操作步骤如下。

步骤 1:将插入点置于要排序的学生考试成绩表格中。

步骤 2:在“布局”选项卡的“数据”组中单击“排序”按钮,打开如图 5-143 所示的“排序”对话框。

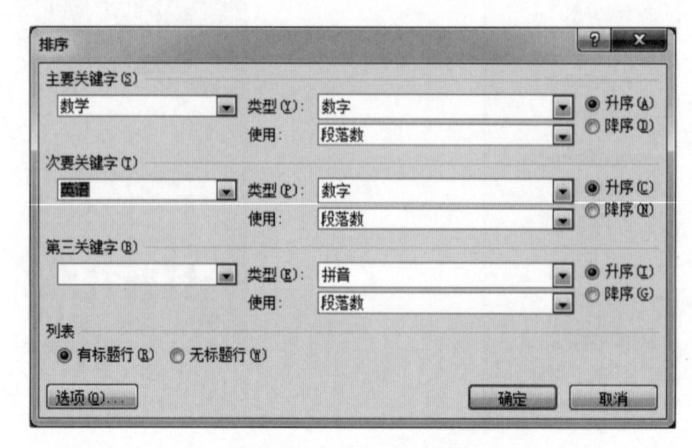

图 5-143 “排序”对话框

步骤 3:在“主要关键字”列表框中选定“数学”项,其右边的“类型”列表框中选定“数字”,再单击“升序”单选框。

步骤 4:在“次要关键字”列表框中选定“英语”项,其右边的“类型”列表框中选定“数字”,再单击“升序”单选框。

步骤 5:在“列表”选项组中,单击“有标题行”单选框。

步骤 6:单击“确定”按钮。排序前、后的结果如图 5-144(a)和(b)所示。

姓名	英语	语文	数学
刘帮	88	89	78
项一	86	85	80
刘得花	90	92	95
敦复城	88	89	80

(a) 排序前的成绩表

姓名	英语	语文	数学
刘帮	88	89	78
项一	86	85	80
敦复城	88	89	80
刘得花	90	92	95

(b) 排序后的成绩表

图 5-144 排序前后数据对比

2. 计算

Word 2016 提供了一些对表格数据诸如求和、求平均值等常用的统计计算功能,利用这些计算功能可以对表格中的数据进行计算。单击"表格工具-布局"选项卡"数据"组中的"公式"按钮,打开如图 5-145 所示的"公式"对话框。读者可自行体验公式的应用。

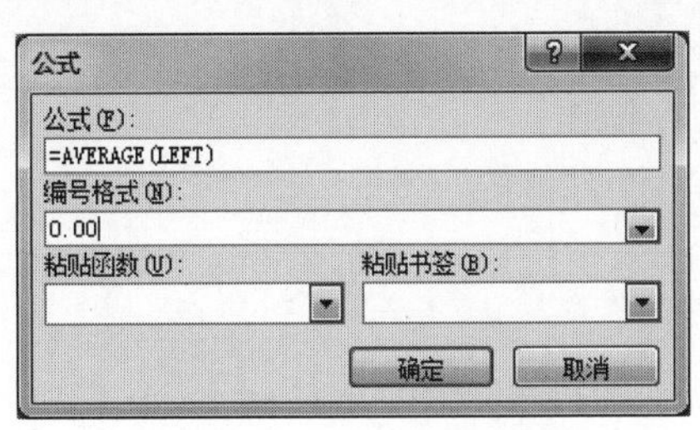

图 5-145 "公式"对话框

本章小结

Word 2016 是最优秀的文字处理软件之一,可以用来制作各种文档,美化文档格式,制作各种图文混排的文档,可以创建表格和图表,是个人办公事务处理的理想工具。Word 2016 功能强大,内容覆盖面比较广泛,本章介绍 Word 2016 的文档管理功能,包括 Word 2016 的基本操作、文档编辑、表格制作、图文混排等日常办公中常用的内容。通过本章的学习,可以轻松实现 Word 2016 的办公自动化。

习题 5

1. 进入"第 5 章素材\习题 5\习题 5.1"文件夹,打开"Word.docx"文档,操作具体要求如下:

某高校学生会计划举办一场"大学生网络创业交流会"的活动,拟邀请部分专家和老师给在校学生进行演讲。因此,校学生会外联部需制作一批邀请函,并分别递送给相关的专家和老师。

请按如下要求,完成邀请函的制作:

(1) 调整文档版面,要求页面高度 18 cm,宽度 30 cm,页边距(上、下)为 2 cm,页边距(左、右)为 3 cm。

(2) 将考生文件夹下的图片"背景图片.jpg"设置为邀请函背景。

(3) 根据"Word-邀请函参考样式.docx"文件,调整邀请函中内容文字的字体、字号和颜色。

(4) 调整邀请函中内容文字段落对齐方式。

(5) 根据页面布局需要,调整邀请函中"大学生网络创业交流会"和"邀请函"两个段落的间距。

(6) 在"尊敬的"和"(老师)"文字之间,插入拟邀请的专家和老师姓名,拟邀请的专家和老师姓名在考生文件夹下的"通讯录.xlsx"文件中。每页邀请函中只能包含 1 位专家或老师的姓名,所有的邀请函页面请另外保存在一个名为“Word-邀请函.docx”文件中。

(7) 邀请函文档制作完成后,请保存“Word.docx”文件。

2. 进入“第5章素材\习题5\习题5.2”文件夹,打开“北京政府统计工作年报.docx”文档,操作具体要求如下。

文档“北京政府统计工作年报.docx”是一篇从互联网上获取的文字资料,请打开该文档并按下列要求进行排版及保存操作:

(1) 将文档中的西文空格全部删除。

(2) 将纸张大小设为16开,上边距设为3.2 cm、下边距设为3 cm,左右页边距均设为2.5 cm。

(3) 利用素材前三行内容为文档制作一个封面页,令其独占一页(参考样例见文件“封面样例.png”)。

(4) 将标题“(三)咨询情况”下用蓝色标出的段落部分转换为表格,为表格套用一种表格样式使其更加美观。基于该表格数据,在表格下方插入一个饼图,用于反映各种咨询形式所占比例,要求在饼图中仅显示百分比。

(5) 将文档中以“一、”“二、”……开头的段落设为“标题1”样式;以“(一)”“(二)”……开头的段落设为“标题2”样式;以“1、”“2、”……开头的段落设为“标题3”样式。

(6) 为正文第3段中用红色标出的文字“统计局队政府网站”添加超链接,链接地址为“http://www.bjstats.gov.cn/”。同时在“统计局队政府网站”后添加脚注,内容为“http://www.bjstats.gov.cn”。

(7) 将除封面页外的所有内容分为两栏显示,但是前述表格及相关图表仍需跨栏居中显示,无须分栏。

(8) 在封面页与正文之间插入目录,目录要求包含标题第1～3级及对应页号。目录单独占用一页,且无须分栏。

(9) 除封面页和目录页外,在正文页上添加页眉,内容为文档标题“北京市政府信息公开工作年度报告”和页码,要求正文页码从第1页开始,其中奇数页眉居右显示,页码在标题右侧,偶数页眉居左显示,页码在标题左侧。

(10) 将完成排版的文档先以原Word格式即文件名“北京政府统计工作年报.docx”进行保存,再另行生成一份同名的PDF文档进行保存。

3. 进入“第5章素材\习题5\习题5.3”文件夹,打开“Word_素材.docx”文档,操作具体要求如下:

某学术杂志的编辑徐雅雯需要对一篇关于艺术史的Word格式的文章进行编辑和排版,按照如下要求,帮助她完成相关工作。

(1) 在“习题5.3”文件夹下,将“Word_素材.docx”文件另存为“Word.docx”(“.docx”为扩展名),后续操作均基于此文件。

(2) 取消文档中的行号显示;将纸张大小设置为A4,上、下页边距为2.7 cm,左、右页边距为2.8 cm,页眉和页脚距离边界皆为1.6 cm。

(3) 接受审阅者文晓雨对文档的所有修订,拒绝审阅者李东阳对文档的所有修订。

(4) 为文档添加摘要属性,作者为“林凤生”,然后再添加如下所示的自定义属性:

名　称	类　型	取　值
机密	是或否	否
分类	文本	艺术史

(5) 删除文档中的全角空格和空行，检查文档并删除不可见内容。在不更改"正文"样式的前提下，设置所有正文段落的首行缩进 2 字符。

(6) 为文档插入"透视"型封面，其中标题占位符中的内容为"鲜为人知的秘密"，副标题占位符中的内容为"光学器材如何助力西方写实绘画"，摘要占位符中的内容为"借助光学器材作画的绝非维米尔一人，参与者还有很多，其中不乏名家大腕，如杨・凡・埃克、霍尔拜因、伦勃朗、哈里斯和委拉斯开兹等，几乎贯穿了 15 世纪之后的西方绘画史。"，上述内容的文本位于文档开头的段落中，将所需部分移动到相应占位符中后，删除多余的字符。

(7) 删除文档中所有以"a"和"b"开头的样式；为文档应用名为"正式"的样式集，并阻止快速样式集切换；修改标题 1 样式的字体为黑体，文本和文本下方的边框线颜色为蓝色，并与下段同页；将文档中字体颜色为红色的 6 个段落设置为标题 1 样式。

(8) 保持纵横比不变，将图 1 到图 10 的图片宽度都调整为 10 cm，居中对齐并与下段同页；对所有图片下方颜色为绿色的文本应用题注样式，并居中对齐。

(9) 将文档中所有脚注转换为尾注，编号在文档正文中使用上标样式，并为其添加"[]"，如"[1]、[2]、[3]……"；将尾注上方的尾注分隔符(横线)替换为文本"参考文献"。

(10) 在文档正文之后(尾注之前)按照如下要求创建索引，完成效果可参考考生文件夹中的"索引参考. png"图片：

① 索引开始于一个新的页面。

② 标题为"画家与作品名称索引"。

③ 索引条目按照画家名称和作品名称进行分类，条目内容储存在文档"画家与作品. docx"中，其中 1～7 行为作品名称，以下的为画家名称。

④ 索引样式为"流行"，分为两栏，按照拼音排序，类别为"无"。

⑤ 索引生成后将文档中的索引标记项隐藏。

(11) 在文档右侧页边距插入样式为"大型(右侧)"的页码，首页不显示页码，第 2 页从 1 开始显示，然后更新索引。

第6章　Excel 2016 电子表格处理软件

Excel 2016 电子表格制作软件，是微软公司办公软件 Microsoft Office 2016 的组件之一，是一款集数据表格、数据库、图表等于一身的优秀电子表格软件。其功能强大，技术先进，使用方便，不仅可以制作各种表格，进行表格编辑和表格管理等，还提供公式、函数和运算符进行算术运算和逻辑运算，进行数据处理、数据分析、报表制作，并且可以把相关数据用各种图表的形式直观表示出来。利用 Excel 2016，可以很容易地进行库存管理、销售管理、建立财政开支与收入状况表，以及建立复杂的会计账目等。

6.1　Excel 2016 简介

6.1.1　Excel 的功能与特点

Excel 是 Microsoft Office 的主要组件之一，是 Windows 环境下的电子表格软件，具有很强的图形、图表处理功能，它可用于财务数据处理、科学分析计算，并能用图表显示数据之间的关系和对数据进行组织。

1. 快速制作表格

在 Excel 2016 中，通过使用工作表能快速制作表格。系统提供了丰富的格式化命令，可以利用这些命令完成数字显示、格式设计和图表美化等多种对表格的操作。

2. 数据运算

在 Excel 2016 中，用户不仅可以使用自己定义的公式，而且可以使用系统提供的九大类函数，以完成各种复杂的数据运算。

3. 丰富的图表

Excel 2016 提供了 14 大类图表，每一大类又有若干子类。用户只需使用系统提供的图表向导功能和选择表格中的数据就可方便、快捷地建立一个既实用又具有多种风格的图表。使用图表可以直观地表达工作表中的数据，增加了数据的可读性。

4. 数据处理

Excel 2016 中的数据都是按照相应的行和列进行存储的。这种数据结构再加上 Excel 2016 提供的有关处理数据库的函数和命令，可以很方便地对数据进行排序、查询、分类汇总等操作，使得 Excel 2016 具备组织和管理大量数据的能力，因而使 Excel 2016 的用途更加广泛。

6.1.2　Excel 2016 的启动与退出

1. 启动

一般有如下几种之一方式来启动 Microsoft Office Excel 2016。

方法 1：从“开始”菜单启动。

步骤 1：在“开始”菜单中选择 Microsoft Office 2016→Excel 2016。

步骤 2：启动 Excel 2016，选择模板新建文档，默认是新建一个空白工作簿。

方法 2：直接启动文档。

如果桌面上存在 Excel 2016 的快捷图标，鼠标双击即可启动即可启动 Excel 2016。双击扩展名为.xlsx 或者.xls 的文件，也能启动 Excel 2016，同时会打开该文件。

方法 3：通过“搜索程序或文件”。

在“开始”菜单的“搜索程序或文件”文本框中输入“Excel”，然后在搜索结果中鼠标单击“Excel”，也可以启动 Excel 2016。

2. 退出

当你要退出 Excel 2016 时，可选择如下所示方法中的一种。

方法 1：在 Excel 2016 主窗口中，单击标题栏右端的“关闭”按钮。

方法 2：在 Excel 2016 主窗口中，选择“文件”选项卡中的“关闭”按钮。

方法 3：双击标题栏左端的窗口“控制菜单”图标。

方法 4：使用 Alt+F4 快捷键。

【注意】 当你尝试关闭一个未保存的更改过的工作簿时，Excel 会打开一个对话框，询问是否需要保存你的更改。单击“保存”按钮，将保存工作簿并退出，单击“不保存”按钮将直接退出，单击“取消”按钮不退出。

6.1.3 Excel 2016 的窗口组成

在 Office 2016 中，Excel 文档的新建、保存、打开和关闭与 Word 文档的操作类似，在此不再赘述。下面主要介绍 Excel 2016 窗口。启动 Excel 2016 程序后，即打开 Excel 2016 窗口，如图 6-1 所示。

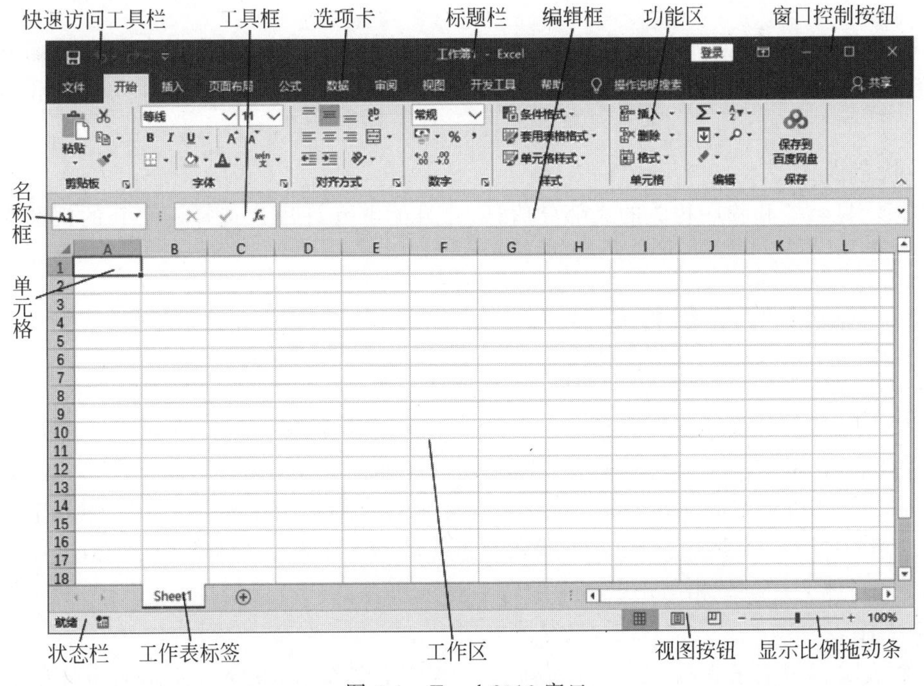

图 6-1 Excel 2016 窗口

1. 快速访问工具栏

单击快速访问工具栏中的按钮可以执行一些常规任务。例如,保存文档、撤销输入或恢复输入,也可由用户添加自定义按钮到快速访问工具栏中。

2. 选项卡

单击“文件”选项卡,可打开 Backstage 视图,该视图用于完成文档的相关操作,如新建、打开、关闭和保存文档等。在“文件”选项卡右侧排列着“开始”“插入”“页面布局”“公式”“数据”“审阅”和“视图”选项卡,单击不同的选项卡,可以打开相应的命令,这些命令按钮按功能显示在不同的功能区中。

3. 功能区

同一类操作命令会放在同一个功能区中。例如,“开始”选项卡主要包括剪贴板、字体、对齐方式、数字、样式、单元格和编辑等功能组。有的功能组右下角有带↘标记的按钮,单击此按钮将打开对应此功能组的设置对话框。

4. 工作区

工作区中包含了当前工作表包含的所有单元格(由顶部的字母确定列,左边的数字确定行)。

5. 数据编辑区域

可以对工作表中的数据进行编辑。它由名称框、工具框和编辑框 3 部分组成。

(1) 名称框:由列标和行标组成,用来显示编辑的位置,如名称框中的 A1,表示当前选中的是第 A 列第 1 行的单元格,称为 A1 单元格。

(2) 工具框:单击“√”(输入)按钮可以确认输入内容;单击“×”(取消)按钮可以取消已输入的内容;单击“fx”(插入函数)按钮可以在打开的“插入函数”对话框中选择要插入的函数。

(3) 编辑框:其中显示的是单元格中已输入或编辑的内容,也可以在此直接输入或编辑内容。例如,在 A1 单元格对应的编辑框内,可以输入数值、文本或者插入公式和函数等操作。

6. 状态栏

状态栏显示了和程序相关的大部分信息,并且能够允许用户选择一个新的视图来放大或缩小工作表。

6.1.4 Excel 电子表格的结构

1. 工作簿

工作簿是计算和存储数据的 Excel 文件,是 Excel 2016 文档中一个或多个工作表的集合,其扩展名为.xlsx。每一个工作簿可由一张或多张工作表组成,新建一个 Excel 文件时默认包含一张工作表(Sheet1),用户可根据需要插入或删除工作表。一个工作簿中最多可包含 255 张工作表,最少 1 张,Sheet1 默认为当前活动工作表。如果把一个 Excel 工作簿看成一个账本,那么一页就相当于账本中的每一张工作表。

2. 工作表

工作表又称为电子表格,是由行和列组成的一个二维表,是 Excel 完成工作的基本单位,所有的操作几乎都是在工作表中进行的。一张 Excel 的工作表由 1 048 576 行,16 384

列组成。工作表的每个列和每个行都有一个唯一的名称，行号由阿拉伯数字表示，编号从上往下为1～1 048 576；列标用字母A～Z，AA～AZ，BA～BZ，…，XFD表示。

3. 单元格

单元格是工作表列和行的交叉部分，它是存储数据的基本单位，这些数据可以是所有的数值型和非数值型的可显示数据。每个单元格都有一个唯一的地址。任何单元格的地址都是其列标题和行标题的组合，且必须是列标在前，行号在后。例如，A1表示的就是第A行第1行的单元格。单元格地址的唯一性有助于用户在其他单元格中引用某个特定的单元格来进行不同的操作。

单击任何一个单元格即选中了这个单元格，称为活动单元格，此时该单元格四周就会被黑色粗线条包围，用户可对此单元格进行数据的录入编辑等操作。

4. 活动工作表

Excel的工作簿中可以有多个工作表，但一般来说，只有一个工作表位于最前面，这个处于正在操作状态的电子表格称为活动工作表，例如，单击工作表标签中的Sheet2标签，就可以将其设置为活动工作表。

5. 单元格的地址

单元格的地址由列标和行标组成，如第C列第5行交叉处的单元格，其地址是C5。单元格的地址可以作为变量名用在表达式中，如“A2＋B3”表示将A2和B3这两个单元格的数值相加。单击某个单元格，该单元格就成为当前单元格，在该单元格右下角有一个小方块，这个小方块称为填充柄或复制柄，用来进行单元格内容的填充或复制。当前单元格和其他单元格的区别是呈突出显示状态。

6. 单元格区域

在利用公式或函数进行运算时，若参与运算的是由若干相邻单元格组成的连续区域，可以使用区域的表示方法进行简化。只写出区域开始和结尾的两个单元格的地址，两个地址之间用冒号(:)隔开，即可表示包括这两个单元格在内的它们之间所有的单元格。如表示A1～A8这8个单元格的连续区域可表示为“A1:A8”。

区域表示法有以下3种情况。

(1) 同一行的连续单元格。如A1:F1表示第一行中的第A列到第F列的6个单元格，所有单元格都在同一行。

(2) 同一列的连续单元格。如A1:A10表示第A列中的第1行到第10行的10个单元格，所有单元格都在同一列。

(3) 矩形区域中的连续单元格。如A1:C4则表示以A1和C4作为对角线两端的矩形区域，共3列4行12个单元格。如果要对这12个单元格的数值求平均值，就可以使用求平均值函数“AVERAGE(A1:C4)”来实现。

6.2 工作簿的基本操作

6.2.1 工作簿的创建

Microsoft Office Excel工作簿是包含一个或多个工作表的文件，可用来组织各种相关信息。要创建新工作簿，可以打开一个空白工作簿，也可以基于现有工作簿、默认工作簿模板或任何其他模板来创建。

1. 新建空白工作簿

在 Excel 2016 启动之后,在默认情况下,系统将自动创建一个空白工作簿。还可以通过以下 3 种方法创建空白工作簿。

方法 1:单击快速访问工具栏中的“新建”按钮。

方法 2:用 Ctrl+N 快捷键来新建空白工作簿。

方法 3:执行“文件”→“新建”命令,然后单击“空白工作簿”按钮,如图 6-2 所示,即可创建一个新的空白工作簿。

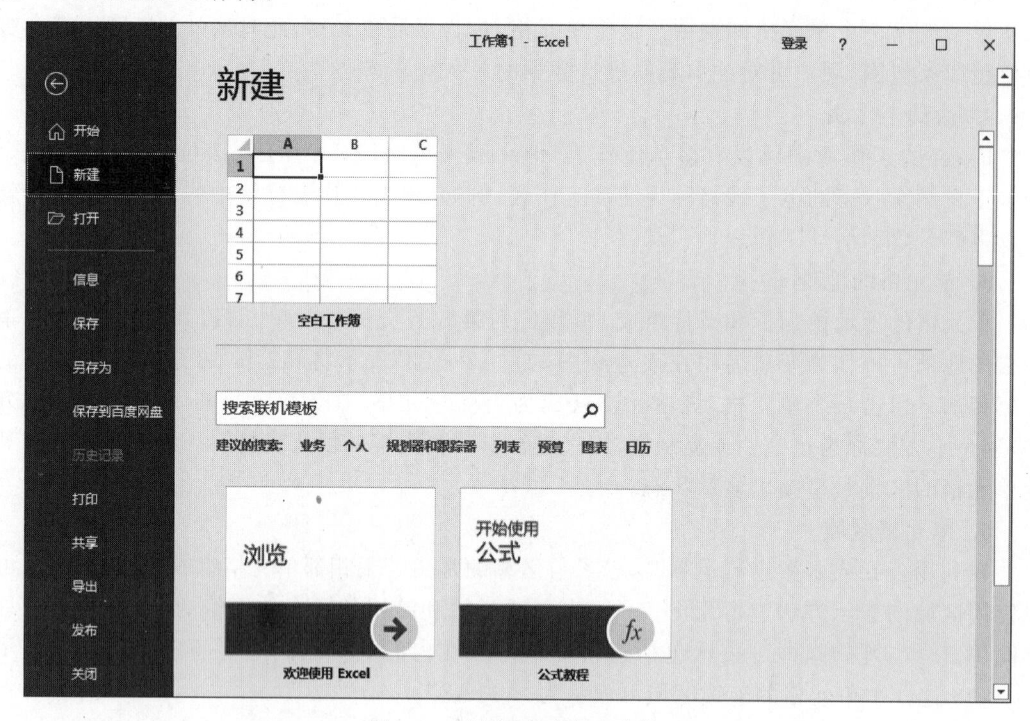

图 6-2 “新建”命令任务窗格

2. 基于模板创建新工作簿

为了提高工作效率,可以利用自带的样本模板或联机搜索模板创建新工作簿。其中,样本模板已预定义了业务、日历、预算等项目,只需经过简单的设计,即可轻松创建文档,大大节约用户创建表格所花费的时间;联机搜索模板提供了比样本模板更丰富的模板供用户创建新工作簿,但需要当前计算机联网,否则该功能不能启用。此处仅以样本模板为例,介绍基于模板创建新工作簿的具体操作方法:执行“文件”→“新建”命令,右侧任务窗格中出现可用的模板,此处选择“员工考勤时间表”,如图 6-3 所示,然后单击“创建”按钮,如图 6-4 所示。这样就创建了一个含有内容的新工作簿。用户可在此工作簿基础上根据需要进行修改,如图 6-5 所示。

6.2.2 工作簿的保存

保存文件时,可以保存原始文件,也可以保存文件的副本,或者是以其他格式保存文件;可以将文件保存到硬盘驱动器上的文件夹、网络位置、CD 或其他存储位置,需要在“保存位

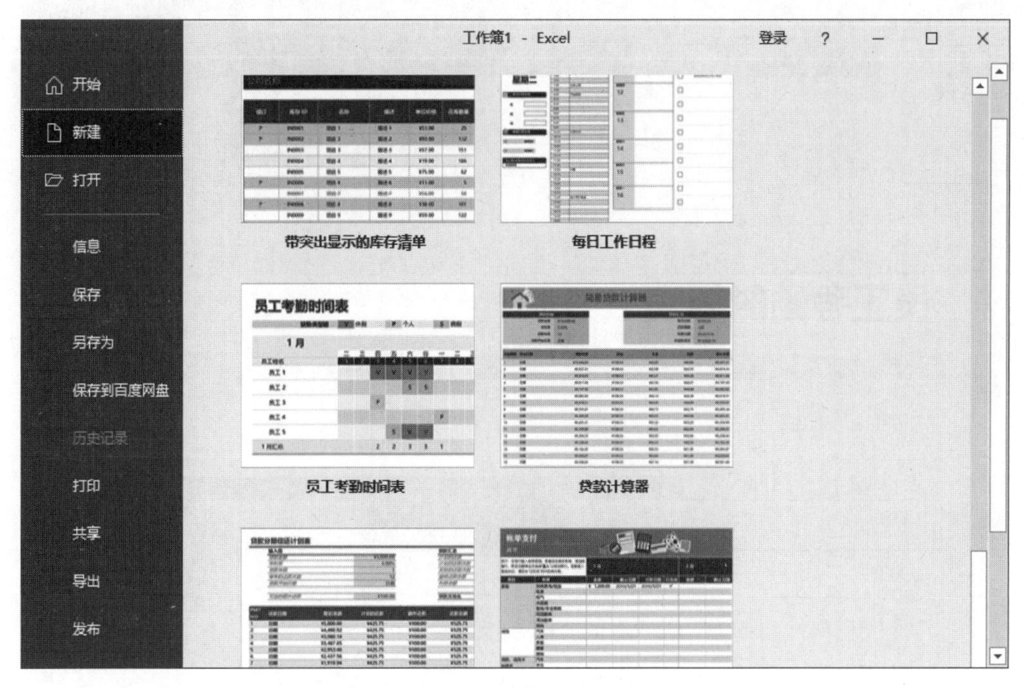

图 6-3　选择“员工考勤时间表”模板

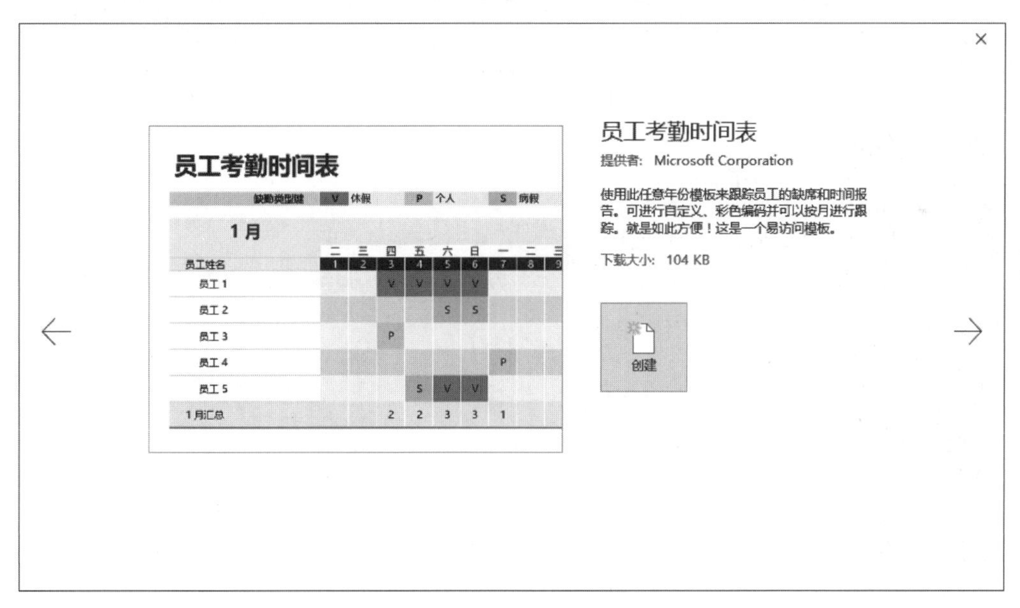

图 6-4　创建“员工考勤时间表”

置”列表中标识目标位置，不管选择什么位置，保存的过程都是相同的。

1. 保存新建工作簿

对新建的工作簿进行首次保存时，系统要求为其命名、设置保存路径等，执行“文件”→“保存”命令（Ctrl+S 快捷键），打开“另存为”对话框，如图 6-6 所示，从中为文件选择合适的“保存位置”，在“文件名”处输入保存的工作簿的文件名，并选择需保存的文件类型，单击“保存”按钮。

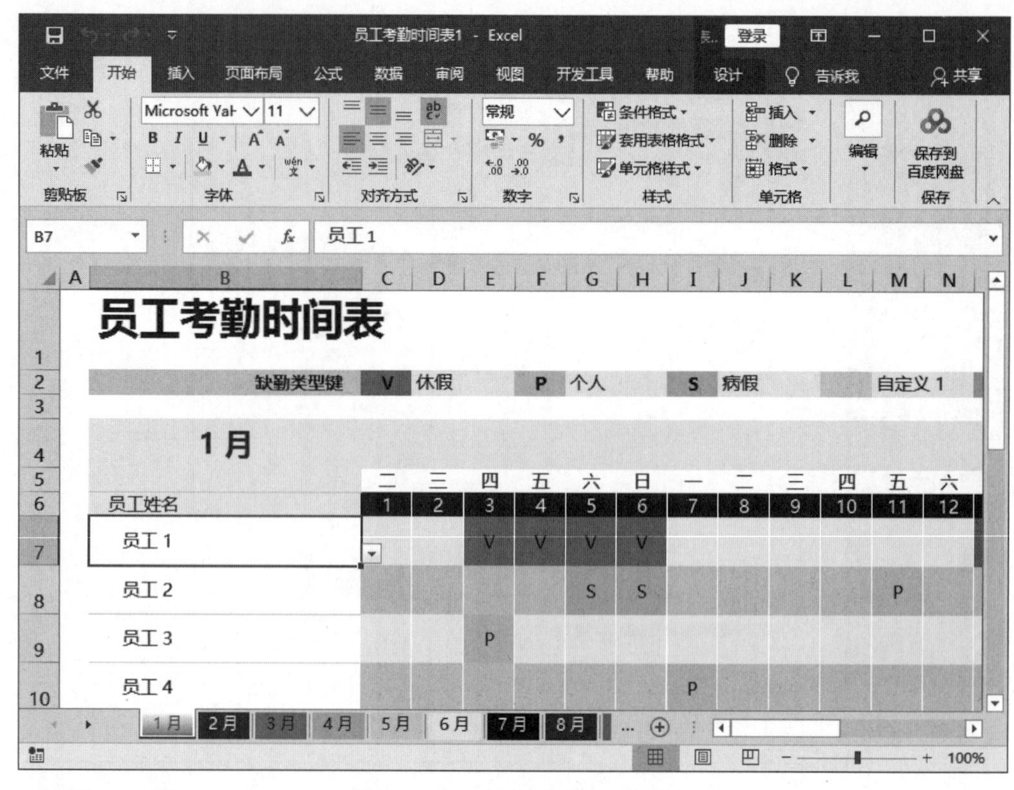

图 6-5　基于模板创建的工作簿

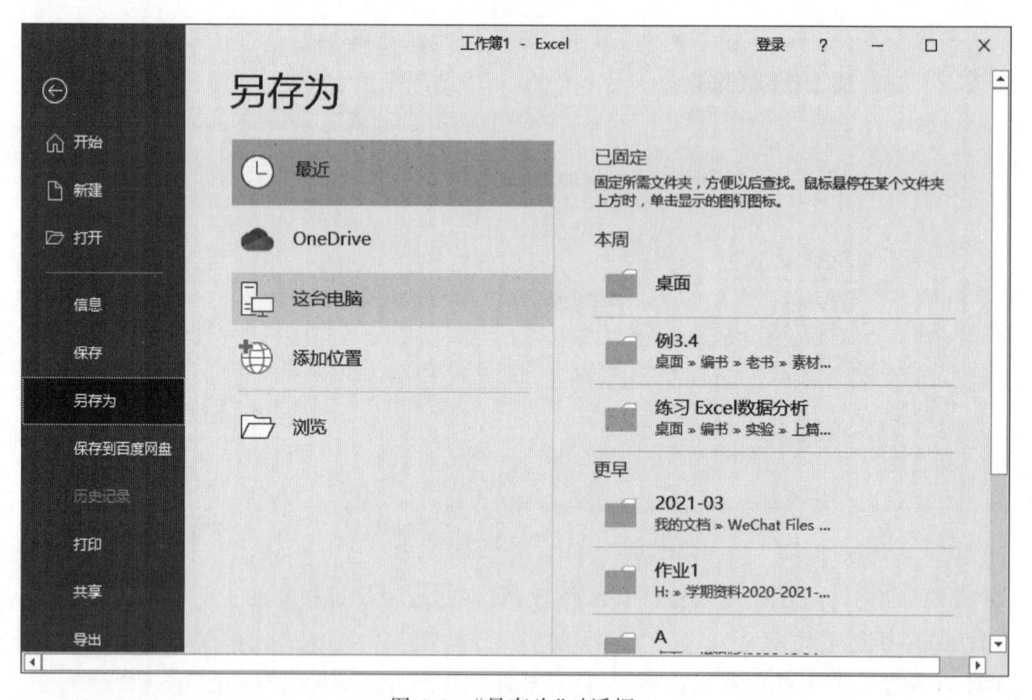

图 6-6　“另存为”对话框

Excel 2016 的默认保存格式是“＊.xlsx”文件，Excel 2003 的默认保存格式是“＊.xls”文件。一般，高版本软件能打开低版本软件产生的文件，Excel 2016 能打开 Excel 2003 中保存的扩展名为“. xls”的文件。Excel 2016 在保存文件时，将“保存类型”选择为“Excel 97-2003 工作簿”，Excel 2003 才能打开该文件，如图 6-7 所示。

图 6-7 保存为“Excel 97-2003”工作簿

2. 另存工作簿

对于新创建的工作簿，第一次进行保存操作时，“保存”和“另存为”命令的功能是完全相同的，但对于之前已经保存过的工作簿来说，再次进行保存时，这两个命令是不同的。

“保存”命令直接将编辑修改后的内容保存到当前工作簿中，工作簿的文件名、保存路径不会发生改变。执行“另存为”命令将打开“另存为”对话框，允许用户重新设置存放路径、文件名称和其他保存选项，以得到当前工作簿的另一个副本。

另存工作簿的具体操作为：执行“文件”→“另存为”命令，打开“另存为”对话框，再从中设置文件的保存路径、文件名称和保存类型，最后单击“保存”按钮即可。

6.2.3 工作簿的打开

Excel 文件有多种打开方式：可以为编辑而打开原始文件，也可以打开副本，还可以将文件以只读方式打开。

1. 以传统方式打开文件

执行“文件”→“打开”命令(Ctrl+O 快捷键)，打开“打开”对话框，从中浏览到要打开的文件所在的位置，单击该文件，然后单击“打开”按钮。

2. 以副本方式打开文件

以副本方式打开文件时，程序将创建文件的副本，用户所查看到的是副本，所做的任何更改将保持到副本中。程序为副本提供新名称，默认情况下是在文件名的开头添加“副本(1)”。

执行“文件”→“打开”命令，打开“打开”对话框，从中浏览到要打开的文件所在的位置，

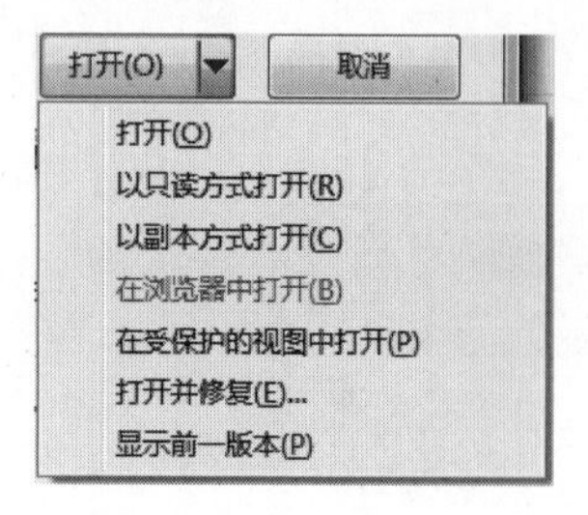

图 6-8　以副本方式打开

单击要以副本方式打开的文件,再单击“打开”按钮旁边的箭头,然后选择“以副本方式打开”,如图 6-8 所示。

3. 以只读方式打开文件

将文件以只读方式打开时,看到的是原始文件,但是无法保存对它的修改。

在“打开”对话框中浏览到要打开的文件所在的位置,单击要以只读方式打开的文件,再单击“打开”按钮旁边的箭头,然后选择“以只读方式打开”(见图 6-8)。

6.2.4　工作簿的关闭

要关闭一个工作簿主要有以下几种方法。

方法 1：直接单击标题栏右上角的关闭按钮或者使用 Alt＋F4 快捷键。此操作会关闭工作簿并退出 Excel 2016 应用程序。

方法 2：执行“文件”→“关闭”命令,此操作会关闭工作簿,但不会退出 Excel 2016 应用程序。

方法 3：双击打开的工作簿窗口左上角系统图标；或单击系统图标,在弹出的快捷菜单中选择“关闭”选项。

6.3　工作表的基本操作

6.3.1　工作表的创建

新建立的工作簿中只包含 1 张工作表,用户还可以根据需要添加工作表,如前所述,最多可以增加到 255 张。对工作表的操作是指对工作表进行选择、插入、删除、移动、复制和重命名等操作,所有这些操作都可以在 Excel 窗口的工作表标签上进行。

6.3.2　工作表的数据输入

Excel 2016 中提供了两种形式的数据输入：常量和公式。常量是指不以“＝”开头的数据,包括文本、数字及日期和时间。公式是以“＝”开头的,中间包含了常量、函数、单元格名称、运算符等。

对工作表输入数据,实际上是向工作表中的单元格输入数据。其一般操作步骤如下。

步骤 1：在工作表中单击要输入数据的单元格。

步骤 2：在单元格中直接输入数据,也可以在编辑栏中输入数据,输入的数据会同时显示在单元格和编辑栏中。

步骤 3：如果输入的数据有错误,可单击编辑栏中的 ✗ 按钮或按 Esc 键取消输入,然后重新输入即可。若正确,可单击编辑栏中的 ✓ 按钮或按 Enter 键确认。

步骤 4：继续向其他单元格中输入数据。选择其他单元格可采用：直接单击、方向键移动、Enter 键移动、Tab 键移动等。

若不想每次的输入都替换单元格中的内容,可以双击单元格,这时将会有光标出现在单元格内,可按实际需要对单元格里的内容进行修改。

6.3.3 工作表的插入、删除、重命名等操作

1. 选择工作表

选择工作表操作可以分为选择单张工作表和选择多张工作表。

1）选择单张工作表

选择单张工作表时只需单击某个工作表的标签即可，该工作表的内容将显示在工作簿窗口中，对应的标签同时变为白色。

2）选择多张工作表

（1）选择连续的多张工作表可先单击第一张工作表的标签，然后按住 Shift 键单击最后一张工作表的标签。

（2）选择不连续的多张工作表可按住 Ctrl 键后分别单击要选择的每一张工作表的标签。

对于选定的工作表，用户可以进行复制、删除、移动和重命名等操作。最快捷的方法是右击选定工作表的工作表标签，然后在弹出的快捷菜单中选择相应的选项，快捷菜单如图 6-9 所示。用户还可利用快捷菜单选定全部工作表。

图 6-9 工作表标签的快捷菜单

2. 插入工作表

如果要在某个工作表前面插入一张新工作表，操作步骤如下。

步骤 1：右击工作表标签，弹出其快捷菜单，如图 6-9 所示，选择“插入”选项，打开“插入”对话框，如图 6-10 所示。

步骤 2：切换到“常用”选项卡，选择“工作表”，或者切换到“电子表格方案”选项卡，选择某个固定格式表格，然后单击“确定”按钮关闭对话框。

插入的新工作表会成为当前工作表。其实，插入新工作表最快捷的方法还是单击工作表标签右侧的“＋”按钮。

3. 删除工作表

删除工作表的方法是首先选定要删除的的工作表，然后右击工作表标签，在弹出的快捷菜单中选择“删除”选项。

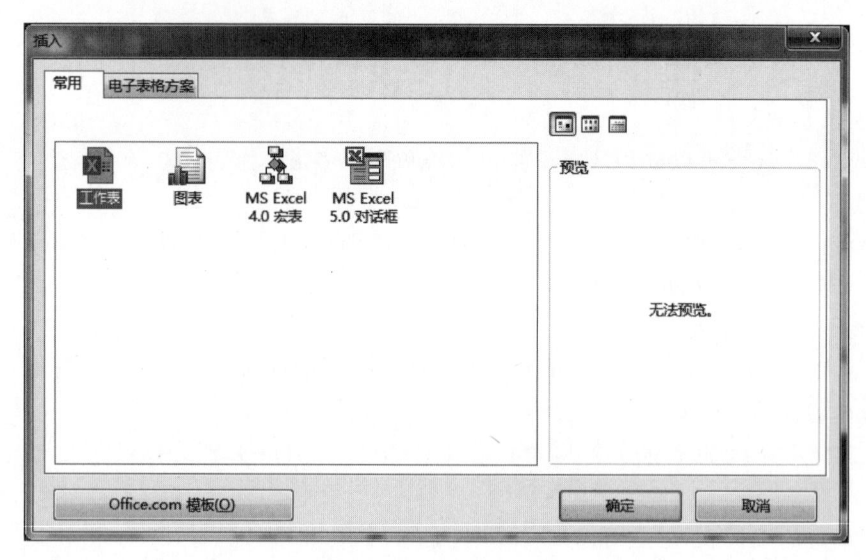

图 6-10 “插入”对话框

如果工作表中含有数据,则会打开确认删除对话框,如图 6-11 所示,单击“删除”按钮,则该工作表即被删除,该工作表对应的标签也会消失。被删除的工作表无法用撤销命令来恢复。

图 6-11 确定删除对话框

如果要删除的工作表中没有数据,则不会打开确认删除对话框,工作表将被直接删除。

4. 重命名工作表

Excel 2016 在建立一个新的工作簿时只有一个工作表且以“Sheet1”命名。但在实际工作中,这种命名不便于记忆,也不利于进行有效管理,用户可以为工作表重新命名。重命名工作表常采用如下两种方法:

方法 1:双击工作表标签。

方法 2:右击工作表标签,选择快捷菜单中的“重命名”选项。

【说明】 上述两种方法均会使工作表标签变成黑底白字,输入新的工作表名后单击工作表中其他任意位置或按 Enter 键即可确认重命名。

5. 更改工作表标签颜色

要更改默认的工作表标签颜色,可在工作表标签上右击,在弹出的快捷菜单中选择“工作表标签颜色”选项,然后选择需要的颜色即可,如图 6-9 所示。

6.3.4 工作表的移动、复制

使用工作表的移动和复制功能,可以实现工作表在同一个工作簿或不同工作簿间的移动和复制。

1. 在同一个工作簿中移动和复制工作表

1）移动工作表

方法1：选中需要移动的工作表，按住鼠标左键向左或向右拖动，到达目标位置后再释放鼠标，即可移动工作表。

方法2：选中需要移动的工作表，右击，在弹出的快捷菜单中选择“移动或复制”选项，会打开如图6-12所示的对话框，在“下列选定工作表之前”列表中选择工作表的位置，单击“确定”按钮即可。

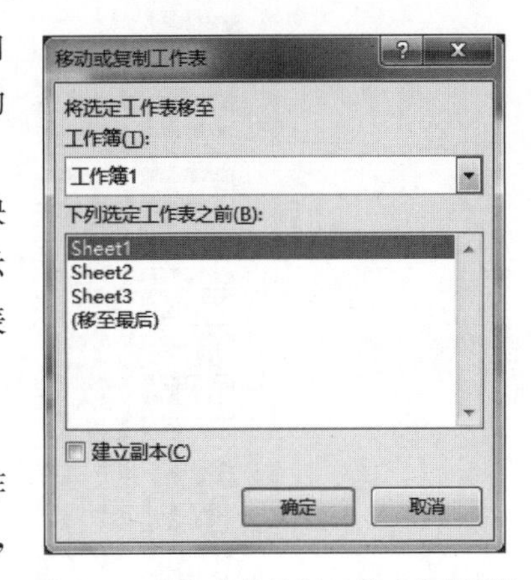

图6-12 “移动或复制工作表”对话框

2）复制工作表

方法1：选中工作表，按住Ctrl键的同时拖动工作表标签，到达目标位置后，先释放鼠标，再松开Ctrl键，即可复制工作表。

方法2：在图6-12所示的对话框中勾选建立副本选项，也可完成复制。

2. 在不同工作簿之间移动和复制工作表

在不同工作簿之间移动或复制工作表的具体操作步骤如下。

步骤1：打开用于接收工作表的工作簿，再切换到要移动或复制工作表的工作簿中。

步骤2：右击要移动或复制的工作表标签，在弹出的快捷菜单中选择“移动或复制”选项，打开如图6-12所示的“移动或复制工作表”对话框。

步骤3：在“工作簿”下拉列表中选择用于接收工作表的工作簿名称。

步骤4：在“下列选定工作表之前”列表框中选择把要移动或复制的工作表放在接收工作簿中的哪个工作表之前。如果要复制工作表，则勾选“建立副本”复选框，否则只是移动工作表。单击“确定”按钮，即可完成工作表的移动或复制。

6.3.5 自动套用格式

Excel 2016提供了自动套用格式化的功能，预定了许多表格格式供用户选择，使得用户的编辑工作变得十分轻松。具体的操作步骤如下。

步骤1：选中要格式化的单元格区域。

步骤2：选择“开始”→“套用表格格式”选项，会弹出如图6-13所示的下拉列表。

步骤3：单击要套用的表格格式，所选定的单元格区域将会被格式化为所选定的格式。

6.3.6 工作表窗口的拆分和冻结

1. 拆分工作表

对于包含大量记录的工作表，有时期望同时看到工作表的不同部分。这时可将工作表拆分，将工作表进行横向或者纵向分割，这样就能观察或编辑同一张表格的不同部分。

工作表的拆分方式有水平拆分、垂直拆分和水平垂直同时拆分3种，即在工作表窗口中加上水平拆分线、垂直拆分线以及同时加上水平拆分线和垂直拆分线。

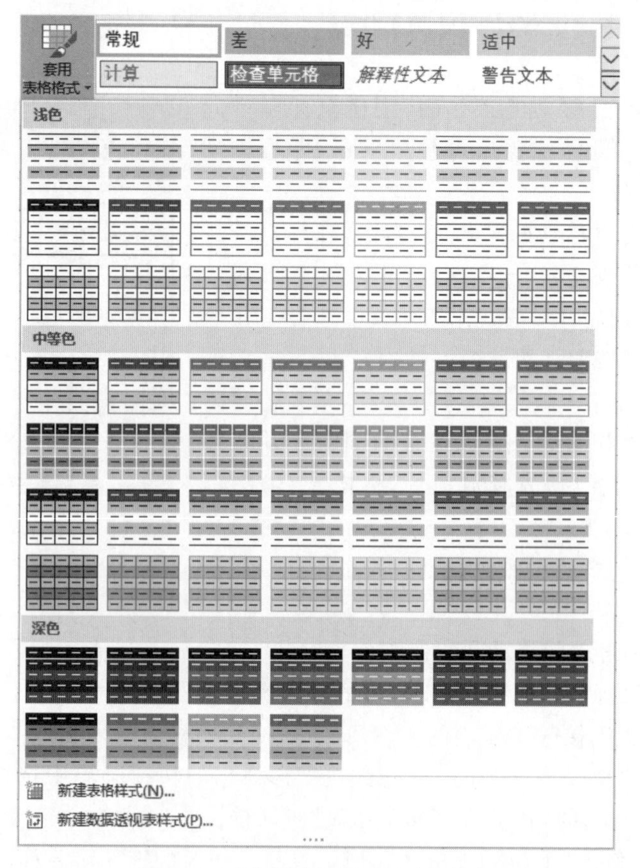

图 6-13 “套用表格格式”下拉列表

1）水平拆分

要进行水平拆分，先单击水平拆分线下一行的行号，然后执行“视图”→“窗口”→“拆分”命令。这时，所选行的上方将出现水平拆分线。

2）垂直拆分

要进行垂直拆分，要先单击垂直拆分线右边一列的列标。然后执行“视图”→“窗口”→“拆分”命令。这时，所选列的左边将出现垂直拆分线。

3）水平垂直拆分

要进行水平垂直拆分，即在水平方向和垂直方向都有拆分线，需要先选择一个不为第一列或第一行的单元格，然后执行“视图”→“窗口”→“拆分”命令。这时，在该单元格的上边和左边将出现拆分线。

要取消拆分直接双击拆分线，或再次执行“视图”→“窗口”→“拆分”命令。

2. 冻结工作表

有时，为了浏览的方便，可以把工作表中的标题总显示在工作表的最上方，即不管表中数据如何移动，总能看到标题。这时，可以冻结工作表。工作表的冻结分为首行冻结、首列冻结和冻结拆分窗格 3 种。具体的操作方法如下：

1）首行冻结

执行“视图”→“窗口”→“冻结窗口”命令，在弹出的下拉列表中选择“冻结首行”选项即可。

2）首列冻结

执行“视图”→“窗口”→“冻结窗口”命令，在弹出的下拉列表中选择“冻结首列”选项即可。

3）冻结拆分窗格

选中某一单元格，执行“视图”→“窗口”→“冻结窗口”命令，在弹出的下拉列表中选择“冻结窗格”选项即可。

4）取消冻结

要取消冻结，只需执行“视图”→“窗口”→“冻结窗口”命令，在弹出的下拉列表中选择“取消冻结窗格”选项即可。

6.4 单元格的基本操作

6.4.1 数据的编辑

1. 输入数据的基本方法

输入数据的一般操作步骤如下。

步骤1：单击某个工作表标签，选择要输入数据的工作表。

步骤2：单击要输入数据的单元格，使之成为当前单元格，此时名称框中显示该单元格的名称。

步骤3：向该单元格直接输入数据，也可以在编辑框输入数据，输入的数据会同时显示在该单元格和编辑框中。

步骤4：如果输入的数据有错，可单击工具框中的“×”按钮或按Esc键取消输入，然后重新输入。如果正确，可单击工具框中的“√”按钮或按Enter键确认。

继续向其他单元格输入数据。选择其他单元格可用如下方法：

（1）按方向键→、←、↓、↑。

（2）按Enter键。

（3）直接单击其他单元格。

每个单元格中可以输入的数据类型有：数值、文本、日期和时间等。每种不同的数据类型，在输入时有不同的格式要求，只有这样Excel 2016才能识别输入的数据类型。

2. 各种类型数据的输入

在每个单元格中可以输入不同类型的数据，如数值、文本、日期和时间等。输入不同类型的数据时必须使用不同的格式，只有这样Excel才能识别输入数据的类型。

1）文本型数据的输入

文本型数据即字符型数据，包括英文字母、汉字、数字以及其他字符。显然，文本型数据就是字符串，在单元格中默认左对齐。在输入文本时，如果输入的是数字字符，则应在数字文本前加上英文单引号以示区别，而输入其他文本时可直接输入。

数字字符串是指全由数字字符组成的字符串，如学生学号、身份证号和邮政编码等。这种数字字符串是不能参与诸如求和、求平均值等运算的。所以在此特别强调，输入数字字符串时不能省略单引号，这是因为Excel无法判断输入的是数值还是字符串。

2）数值型数据的输入

数值型数据可以直接输入，在单元格中默认靠右对齐，有效的数值输入可以是：数字“0～9”、正负号“+、-”、货币符号“￥、$”、百分号“%”等。数值数据能以下面几种方式输入：

(1) 整数形式，如 10。

(2) 小数形式，如 10.5。

(3) 由于分数线、除号和日期分隔符均使用同一个符号“/”，所以为了使系统区分输入的是日期还是分数，规定在输入分数时要在分数前面加上 0 和空格。例如，输入分数 1/3，则应先在单元格输入 0 和空格，再输入 1/3，即 0 1/3，这时编辑框显示的是 0.333333333333333，而单元格仍显示 1/3。如果要输入 5/3，应向单元格输入“0 5/3”或输入“1 2/3”。

(4) 百分数形式，如 5%。

(5) 科学计数形式，如 5.28E+01。如果输入的数值超过 11 位字符宽度，将会自动转换成科学记数法，即指数法表示。

3）日期时间型数据

日期型数据的输入格式比较多，例如要输入日期 2011 年 1 月 25 日。

(1) 如果要求按年月日顺序，常使用以下 3 种格式输入：

- 11/1/25
- 2011/1/25
- 2011-1-25

上述 3 种格式输入确认后，单元格中均显示相同格式，即 2011-1-25。在此要说明的是，第 1 种输入格式中年份只用了两位，即 11 表示 2011 年。但如果要显示 1909 年，则年份就必须按 4 位格式输入。

(2) 如果要求按日月年顺序，常使用以下两种格式输入，输入结果均显示为第 1 种格式：

- 11-Jan-11
- 11/Jan/11

如果只输入两个数字，则系统默认为输入的是月和日。例如，如果在单元格中输入 2/3，则表示输入的是 2 月 3 日，年份默认为系统年份。如果要输入当天的日期，可按 Ctrl+；快捷键。

输入的日期型数据在单元格中默认右对齐。

4）时间型数据的输入

在输入时间时，时和分之间、分和秒之间均用冒号(：)隔开，也可以在时间后面加上 A 或 AM、P 或 PM 等分别表示上午、下午，即使用格式“hh：min：ss[a/am/p/pm]”，其中秒 ss 和字母之间应该留有空格，例如“7：30 AM”。

另外，也可以将日期和时间组合输入，输入时日期和时间之间要留有空格，例如“2009-1-5 10：30”。

若要输入当前系统时间，可以按 Ctrl+Shift+；快捷键。

输入的时间型数据和输入的日期型数据一样，在单元格中默认右对齐。

3. 数据验证

Excel 2016 强大的制表功能,给我们的工作带来了方便,但在录入数据时,难免会出错,比如输入超出范围的无效数据、重复的身份证号码。只要设置好数据的有效性规则,就可以避免错误。要进行数据验证检查可按如下步骤操作。

步骤 1:选中需要进行验证检查的单元格。

步骤 2:执行“数据”→“数据工具”→“数据验证”命令,会打开如图 6-14 所示的对话框。默认的“有效性条件”为允许“任何值”。

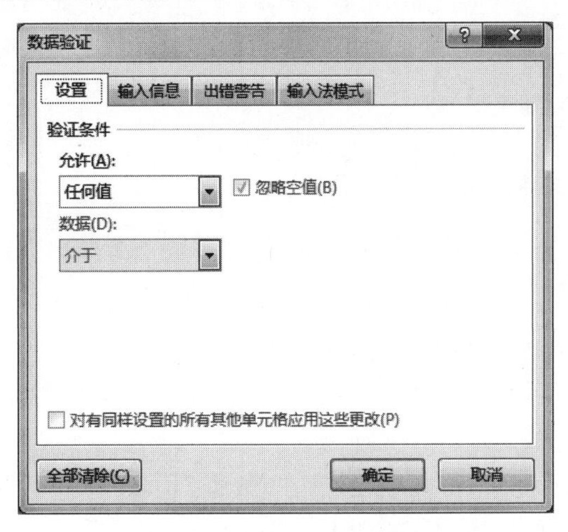

图 6-14 “数据验证”对话框

步骤 3:图 6-14 中的“允许”下拉列表中,按照需要选择一种允许输入的数据。

【例 6.1】 打开素材“例 6.1”中的“教师工资表.xlsx”文件,如图 6-15 所示。在 B3:B10 单元格区域,强制输入特定的下拉列表中的内容为“教授”“副教授”“讲师”和“助教”。在 C3:C10 单元格区域,单元格只允许文本输入 18。在 D3:D10 单元格区域,职务工资只能取整,且最高不得超过 10000。

	A	B	C	D	E	F	G	H
1	工资表							
2	姓名	职称	身份证	职务工资	生活津贴	奖励补贴	岗位补贴	实发工资
3	陈寻共				242	150	900	1292.0
4	李禄寿				291.6	160	1000	1451.6
5	李文和				242.6	150	900	1292.6
6	马甫仁				150	120	600	870.0
7	宋城式				194.4	130	700	1024.4
8	王克仁				175.6	130	700	1005.6
9	魏文鼎				300	180	1100	1580.0
10	钟梦生				150	120	600	870.0

图 6-15 教师工资表

步骤 1:选定 B3:B10 单元格区域,然后在“数据”选项卡的“数据工具”组中单击“数据验证”按钮,打开“数据验证”对话框,如图 6-14 所示。

步骤 2:在“设置”选项卡中选择“验证允许”为“序列”,然后在“来源”文本框中输入特定的内容,如图 6-16 所示,注意,文本之间用英文逗号隔开。设置完后,在单元格可见一个下拉列表,从中可看到图 6-16 中所示的“来源”文本框中设置的内容,如图 6-17 所示。

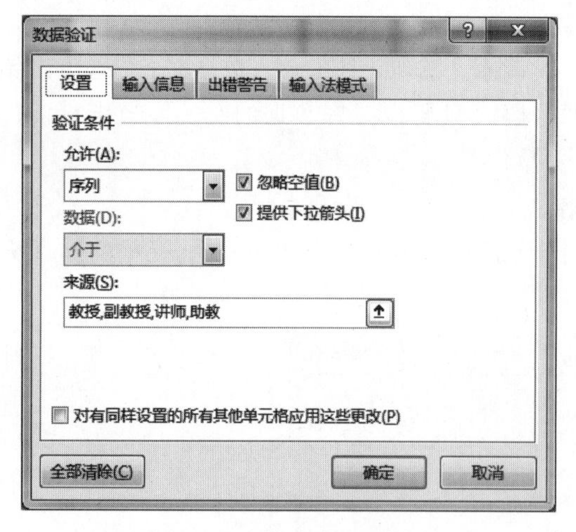

图 6-16　有效条件为“序列”

图 6-17　设置了序列的单元格下拉列表

步骤 3：选定 C3:C10 单元格区域，然后在“数据”选项卡的“数据工具”组中单击“数据验证”按钮，打开“数据验证”对话框，如图 6-14 所示。

步骤 4：在“设置”选项卡中选择“验证允许”为“文本长度”，“数据”选择“等于”，“长度”填 18，单击“确定”按钮完成，如图 6-18 所示。

步骤 5：选定 D3:D10 单元格区域，然后在“数据”选项卡的“数据工具”组中单击“数据验证”按钮，打开“数据验证”对话框，如图 6-14 所示。

步骤 6：在“设置”选项卡中选择“允许”为“整数”，“数据”选择“介于”，最小值填 0，最大值填 10000，单击“确定”按钮完成，如图 6-19 所示。

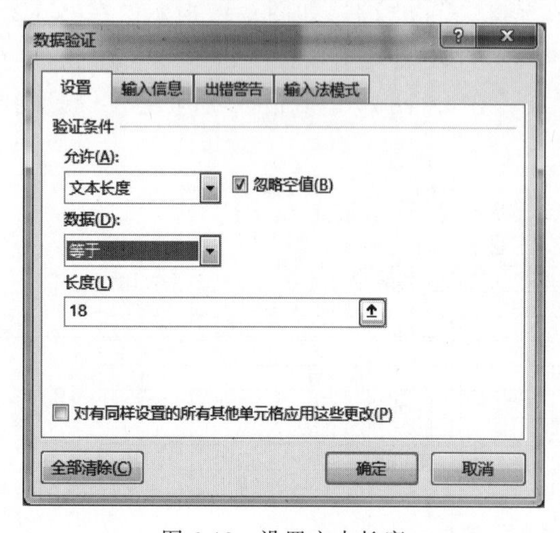

图 6-18　设置文本长度

图 6-19　设置整数

6.4.2　单元格格式的设置

单元格格式的设置主要指数据的外观设置，Excel 2016 提供了对单元格的内容进行数字、字体对齐方式、颜色、边框等外观修饰的功能，这种修饰称为工作表的格式化。

1. 数字格式的设置

Excel 2016 提供了多种数字格式。在对数字进行格式化时，可通过设置小数位数、百分号以及货币符号等来表示单元格中的数据。

首先选择要进行格式设置的单元格或区域，单击“开始”选项卡，在“数字”组中单击“ ”按钮，也可在选定的单元格上右击，在弹出的快捷菜单中选择“设置单元格格式”选项，将打开“设置单元格格式”对话框，如图 6-20 所示。

图 6-20 “设置单元格格式”对话框

在图 6-20 所示的“设置单元格格式”对话框中切换到“数字”选项卡，在“分类”列表框中选择一种分类格式，在对话框的右侧窗格中进一步设置小数位数、货币符号等即可。

2. 设置字体格式

在“设置单元格格式”对话框中切换到“字体”选项卡，如图 6-21 所示，可对字体、字形、字号、颜色、下画线及特殊效果等进行设置。

3. 设置对齐方式

默认情况下，Excel 2016 会根据数据的类型来确定数据靠左对齐还是靠右对齐。为了根据需要自定义对齐方式，可在“设置单元格格式”对话框中切换到“对齐”选项卡，如图 6-22 所示。在该选项卡中可设置文本对齐方式、文本控制以及文字方向等。

4. 设置边框和底纹

在 Excel 2016 工作表中，虽然默认可以看到灰色网格线，但是在打印时，这些网格线并不会被打印出来。为了突出工作表中的内容，美化工作表，可以为工作表添加边框和底纹。

在“设置单元格格式”对话框中切换到“边框”选项卡，如图 6-23 所示。可以通过“样式”确定边框的线型和粗细，通过“边框”和“预置”可对单元格上、下、左、右以及外边框、内边框加以设置。在“颜色”下拉列表中选择线条颜色。

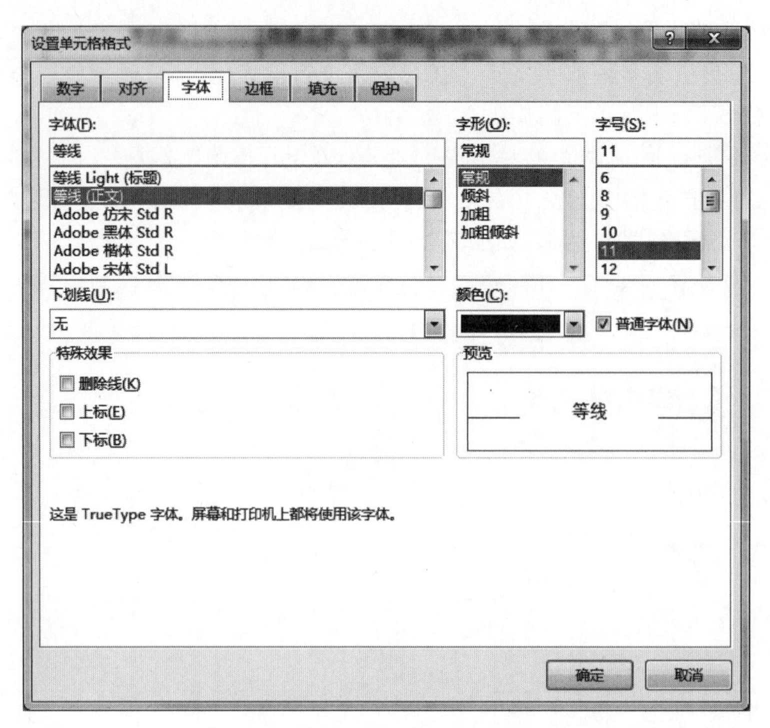

图 6-21 “字体”选项卡

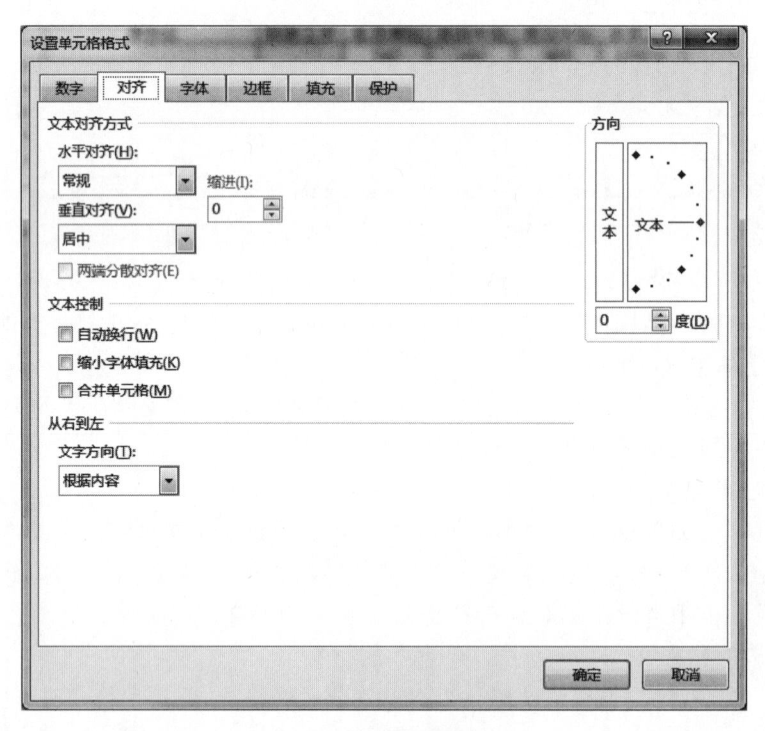

图 6-22 “对齐”选项卡

要设置单元格的底纹可在“设置单元格格式”对话框中切换到“填充”选项卡,这里可以设置单元格的背景颜色和填充效果,使工作表更加美观、生动。

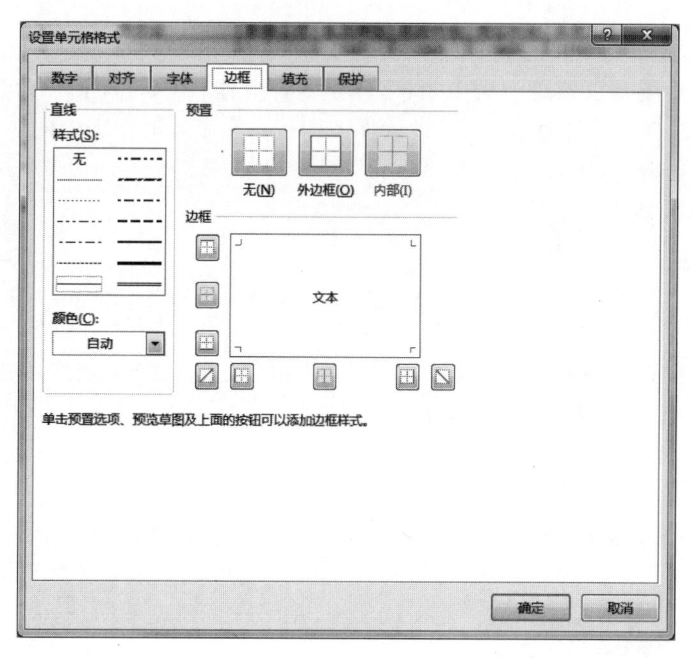

图 6-23 “边框”选项卡

5. 设置保护

设置单元格保护是为了保护单元格中的数据和公式，其中有锁定和隐藏两个选项。

锁定可以防止单元格中的数据被更改、移动，或单元格被删除；隐藏可以隐藏公式，使得编辑栏中看不到所应用的公式。

首先选定要设置保护的单元格区域，打开“设置单元格格式”对话框，在“保护”选项卡中即可设置其锁定和隐藏，如图 6-24 所示。但是，只有在工作表被保护后锁定单元格或隐藏公式才生效。

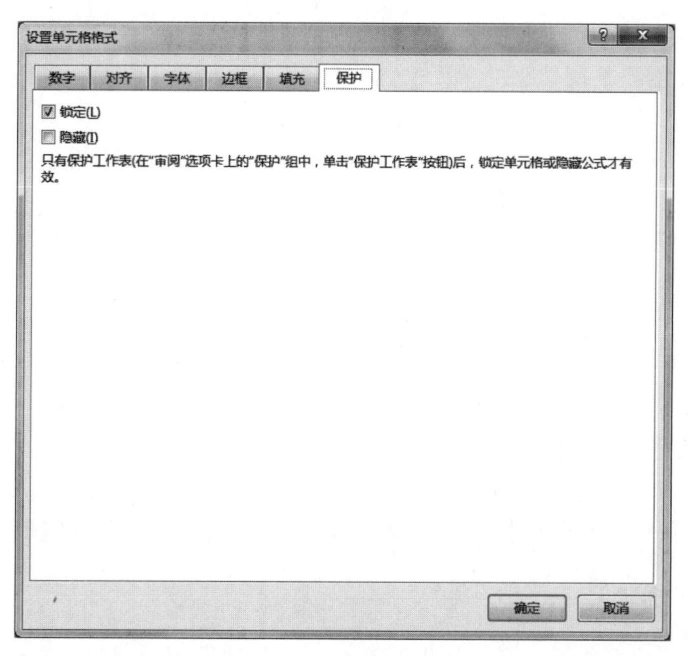

图 6-24 “保护”选项卡

【例 6.2】 进入“例 6.2”文件夹,打开“学生成绩表.xlsx”文件,进行工作表格式化。对“学生成绩表”的标题行设置跨列居中,将字体设置为楷体、20 磅、加粗、红色,添加浅绿色底纹;表格中其余数据水平和垂直居中,设置保留两位小数;为工作表中的 A2:D8 数据区域添加虚线内框线、实线外框线。

操作步骤如下。

步骤 1:选中 A1:D1 单元格区域。

步骤 2:打开“设置单元格格式“对话框,切换至“对齐”选项卡,在“水平对齐”下拉列表中选择“跨列居中”选项,在“垂直对齐”下拉列表中选择“居中”选项;切换至“字体”选项卡,从“字体”列表框中选择“楷体”选项,在“字形”列表框中选择“加粗”选项,在“字号”列表框中选择“20”选项,设置颜色为“红色”;切换至“填充”选项卡,在“背景栏”选项组中设置颜色为“浅绿色”,然后单击“确定”按钮关闭对话框。

步骤 3:选中 A2:D8 单元格区域。

步骤 4:打开“设置单元格格式”对话框,切换至“对齐”选项卡,在“水平对齐”和“垂直对齐”两个下拉列表中均选择“居中”选项;切换至“数字”选项卡,在“分类”列表框中选择“数值”选项,在“小数位数”数值框中输入“2”或调整为“2”;切换至“边框”选项卡,在“线条样式”列表框中选择“实线”选项,在“预置”选项组中选择“外边框”选项,再从“线条样式”列表框中选择“虚线”选项,然后在“预置”选项组中选择“内部”选项。单击“确定”按钮关闭对话框。

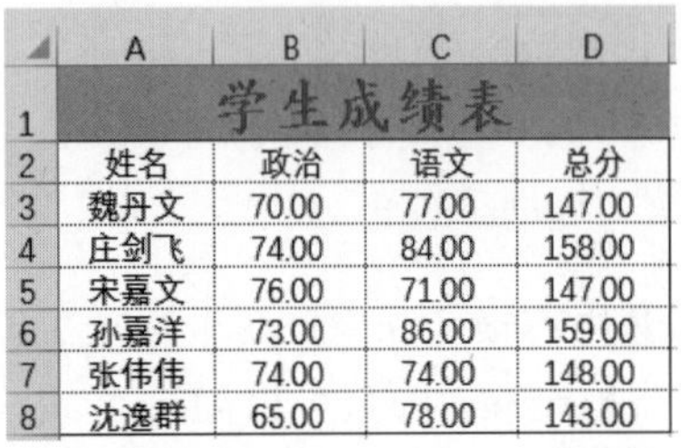

	A	B	C	D
1	学生成绩表			
2	姓名	政治	语文	总分
3	魏丹文	70.00	77.00	147.00
4	庄剑飞	74.00	84.00	158.00
5	宋嘉文	76.00	71.00	147.00
6	孙嘉洋	73.00	86.00	159.00
7	张伟伟	74.00	74.00	148.00
8	沈逸群	65.00	78.00	143.00

图 6-25 格式化工作表示例效果

格式化后的工作表效果如图 6-25 所示。

6.4.3 数据的复制和移动

1. 复制

要将单元格中的数据复制到其他位置时,可采取以下方法中的一种:

方法 1:选中需要复制数据的单元格,按 Ctrl+C 快捷键,再选中粘贴区域的左上角单元格,按 Ctrl+V 快捷键,即完成复制。

方法 2:选中需要复制数据的单元格,右击,在弹出的快捷菜单中选择“复制”选项,然后选中粘贴区域的左上角单元格,右击,在弹出的快捷菜单中选择“粘贴”选项即可。

方法 3:选中需要复制数据的单元格,单击“开始”选项卡中的“复制”按钮,然后选中粘贴区域的左上角单元格,然后单击“开始”选项卡中的“粘贴”按钮。

2. 移动

要移动单元格中的数据,可使用剪切功能,剪切数据之后,再粘贴就是移动。操作方法与复制数据大同小异,只是将复制数据的操作换成剪切操作。

3. 快速移动/复制单元格

先选定单元格,然后移动鼠标指针到单元格边框上,按下鼠标左键并拖动到新位置,然后释放按键即可移动。若要复制单元格,按住 Ctrl 键的同时移动即可实现复制操作。

6.4.4 数据填充

若是想在连续的单元格中输入相同或具有某种规律的数据,可以使用 Excel 2016 的自动填充功能。

1. 填充相同数据

选中单元格后鼠标移至单元格右下角，会变成一个黑色的十字，称为填充柄或复制柄。选定一个已输入数据的单元格后拖动填充柄向相邻的单元格移动，可填充相同的数据，如图 6-26 所示。

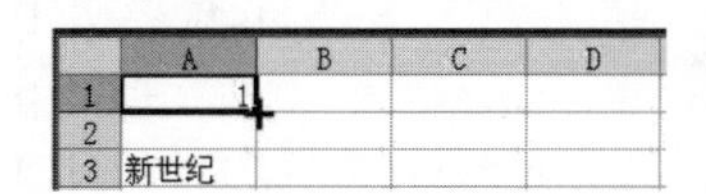

	A	B	C	D
1	1			
2				
3	新世纪			

	A	B	C	D
1	1	1	1	1
2				
3	新世纪	新世纪	新世纪	新世纪

图 6-26　自动填充相同数据

2. 填充数字序列

如果要输入的数值型数据具有某种特定的规律，如等差序列、等比序列等，可以使用自动填充功能完成。

【例 6.3】 在 A1:A7 单元格中分别输入数字 1、2、3、4、5、6、7。操作步骤如下。

步骤 1：在 A1 和 A2 单元格中分别输入 1 和 2。

步骤 2：选中 A1、A2 两个单元格，此时这两个单元格被黑框包围。

步骤 3：将鼠标移动到 A2 右下角填充柄处。

步骤 4：按住鼠标左键，并向下拖动到 A7 单元格后释放，这时 A3 到 A7 单元格会分别填充数字 3、4、5、6、7。

上述操作中用鼠标拖动填充柄填充的数字序列默认为填充等差序列，如果要填充等比序列，需要执行“开始”→“编辑”→“填充”命令，在弹出的下拉菜单中选择“系列”，会打开如图 6-27 所示的对话框，然后在“类型”组中选择“等比序列”，按照需要选择其他选项以及步长。设置完成后，单击“确定”按钮即可。

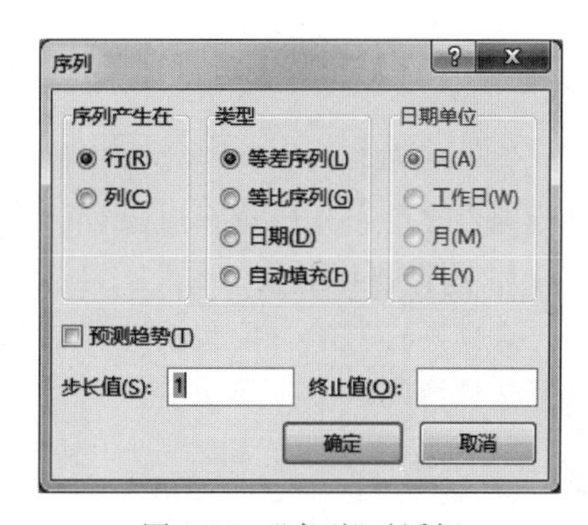

图 6-27　“序列”对话框

3. 填充文字序列

使用填充柄填充数据还可以填充文字序列。

【例 6.4】 利用填充柄在 B1:B7 中分别输入星期一至星期日，如图 6-28 所示。操作步骤如下。

	A	B
1	1	星期一
2	2	星期二
3	3	星期三
4	4	星期四
5	5	星期五
6	6	星期六
7	7	星期日
8		

图 6-28　填充结果

步骤 1：在 B1 单元格中输入文字“星期一”。

步骤 2：选中 B1 单元格，并将鼠标移动到右下角填充柄处。

步骤 3：按住鼠标左键，并向下拖动到 B7 单元格后释放，这时 B2 到 B7 单元格会分别填充星期二、星期三、……、星期日。

在本例中的“星期一”、“星期二”……、“星期日”等文字是 Excel 2016 预先定义好的文字序列，只有定义好的文字序列才能自动填充。要自定义序列，可执行“文件”→“选项”→“高级”命令，然后滑动右侧的滚动条，找到并单击“编辑自定义列表”，打开如图 6-29 所示的“自定义序列”对话框，在“自定义序列”中选择新序列，在“输入序列”中输入新的序列，项与项之间用 Enter 键隔开，然后单击“添加”按钮即完成自定义序列的添加。要删除序列只需在“自定义序列”中选中需要删除的序列，然后单击“删除”按钮即可。

完成操作后,单击“确定”按钮关闭对话框。

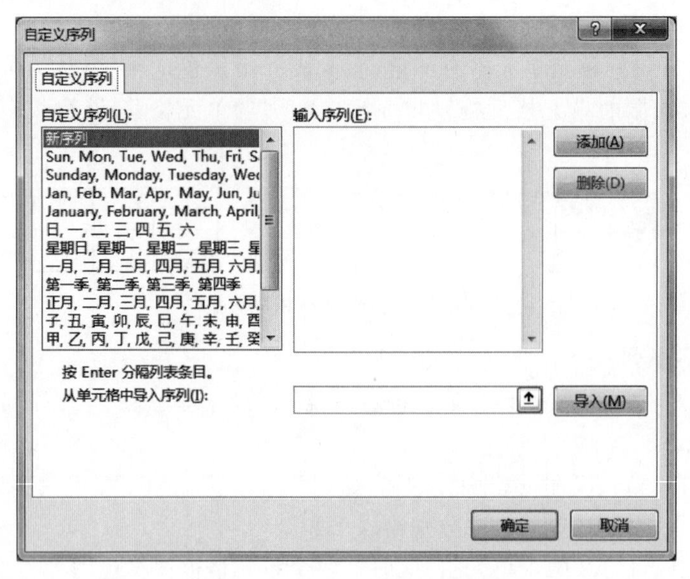

图 6-29 “自定义序列”对话框

6.4.5 单元格、行、列的格式化

编辑工作表的操作主要包括修改内容、复制内容、移动内容、删除内容、增删行/列等,在进行编辑之前首先要选择对象。

1. 选择操作对象

选择操作对象主要包括选择单个单元格、选择连续区域、选择不连续多个单元格或区域以及选择特殊区域。

1) 选择单个单元格

选择单个单元格可以使某个单元格成为活动单元格。单击某个单元格,该单元格以黑色方框显示,即表示被选中。

2) 连续区域的选择

选择连续区域的方法有以下 3 种(以选择 A1:F5 为例)。

方法 1: 单击区域左上角的单元格 A1,然后按住鼠标左键拖动到该区域的右下角单元格 F5。

方法 2: 单击区域左上角的单元格 A1,然后按住 Shift 键后单击该区域右下角的单元格 F5。

方法 3: 在名称框中输入“A1:F5”,然后按 Enter 键。

3) 不连续多个单元格或区域的选择

按住 Ctrl 键的同时分别选择各个单元格或单元格区域。

4) 特殊区域的选择

特殊区域的选择主要是指以下不同区域的选择。

(1) 选择某个整行: 直接单击该行的行号。

(2) 选择连续多行: 在行标区按住鼠标左键从首行拖动到末行。

（3）选择某个整列：直接单击该列的列号。

（4）选择连续多列：在列标区按住鼠标左键从首列拖动到末列。

（5）选择整个工作表：单击工作表的左上角（即行标与列标相交处）的“全部选定区”按钮或按 Ctrl＋A 快捷键。

2. 修改单元格内容

修改单元格内容的方法有以下两种：

方法 1：双击单元格或选中单元格后按 F2 键，使光标变成闪烁的方式，便可直接对单元格的内容进行修改。

方法 2：选中单元格，在编辑框中进行修改。

3. 移动单元格内容

若要将某个单元格或某个区域的内容移动到其他位置上，可以使用鼠标拖动法或剪贴板法。

方法 1：鼠标拖动法。

首先将鼠标指针移动到所选区域的边框上，然后按住鼠标左键拖动到目标位置即可。在拖动过程中，边框显示为虚框。

方法 2：剪贴板法。

步骤 1：选定要移动内容的单元格或单元格区域。

步骤 2：在“开始”选项卡的“剪贴板”组中单击“剪切”按钮。

步骤 3：单击目标单元格或目标单元格区域左上角的单元格。

步骤 4：在“剪贴板”组中单击“粘贴”按钮。

4. 复制单元格内容

若要将某个单元格或某个单元格区域的内容复制到其他位置，同样也可以使用鼠标拖动法或剪贴板的方法。

方法 1：鼠标拖动法。

首先将鼠标指针移动到所选单元格或单元格区域的边框，然后同时按住 Ctrl 键和鼠标左键拖动鼠标到目标位置即可。在拖动过程中边框显示为虚框，同时鼠标指针的右上角有一个小的十字符号“＋”。

方法 2：剪贴板法。

使用剪贴板复制的过程与移动的过程是一样的，只是要单击“剪贴板”组中的“复制”按钮。

5. 清除单元格

清除单元格或某个单元格区域不会删除单元格本身，而只是删除单元格或单元格区域中的内容、格式等之一或全部清除。

操作步骤如下。

步骤 1：选中要清除的单元格或单元格区域。

步骤 2：在“开始”选项卡的“编辑”组中单击“清除”按钮，在其下拉列表中选择“全部清除”“清除格式”“清除内容”等选项之一，即可实现相应项目的清除操作，如图 6-30 所示。

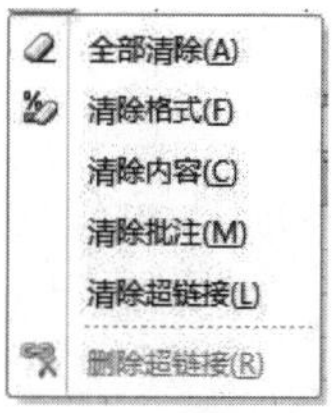

全部清除(A)
清除格式(F)
清除内容(C)
清除批注(M)
清除超链接(L)
删除超链接(R)

图 6-30 “清除”选项

【注意】 选中某个单元格或某个单元格区域后按 Delete 键，只能清除该单元格或单元格区域的内容。

6. 行、列、单元格的插入与删除

1) 插入行、列

执行“开始”→“单元格”→“插入”命令,在弹出的下拉列表中选择“插入工作表行”或“插入工作表列”选项即可插入行或列。插入的行或列分别显示在当前行或当前列的上端或左端。如图 6-31 所示。

选中某一行(单击行号)或某一列(单击列标),右击,在弹出的快捷菜单中选择“插入”选项,也可完成行或列的插入。

2) 删除行、列

选中要删除的行或列或该行、列所在的一个单元格,然后单击“单元格”组中的“删除”按钮,在下拉列表中选择“删除工作表行”或“删除工作表列”选项,即可完成行或列的删除工作。

选中要删除的行或列中的某一单元格,然后右击,在弹出的快捷菜单中选择“删除”选项,会打开如图 6-32 所示的对话框,在对话框中选择“整行”或“整列”,然后单击“确定”按钮,也可完成行或列的删除。

3) 插入单元格

选中要插入单元格的位置,单击“单元格”组中的“插入”按钮,在弹出的下拉列表中选择“插入单元格”选项,打开“插入”对话框,如图 6-33 所示,选中“活动单元格右移”或“活动单元格下移”,单击“确定”按钮,可插入新的单元格,插入后,原来的单元格会右移或下移。

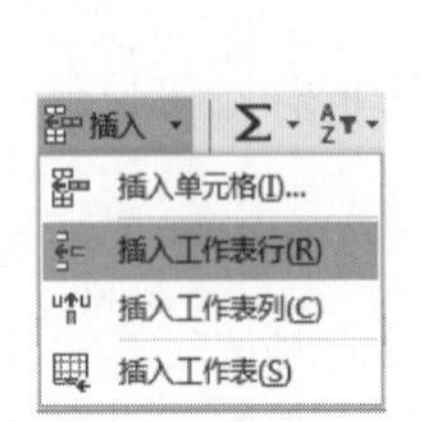

图 6-31 插入行、列

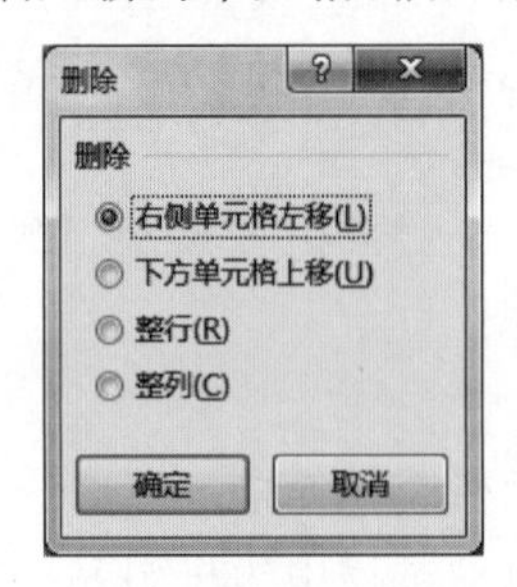

图 6-32 “删除”对话框

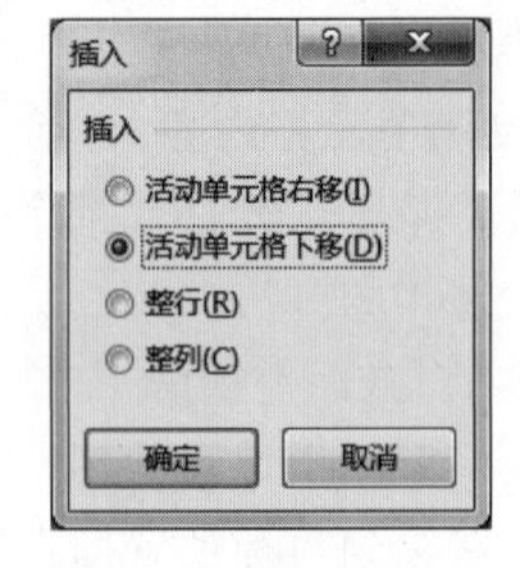

图 6-33 “插入”对话框

4) 删除单元格

选中要删除的单元格,然后右击,在弹出的快捷菜单中选择“删除”选项,会打开如图 6-32 所示的对话框,在对话框中选择“右侧单元格左移”或“下方单元格上移”,然后单击“确定”按钮,可完成单元格的删除。

7. 行高、列宽的调整

工作表新建立时,所有单元格具有相同的高度和宽度。由于单元格中的数据的长度不同,字体大小也可能不相同,用户可以根据自己的实际需要调整行高和列宽,操作方法有以下几种。

方法 1:使用鼠标拖动法。

将鼠标移动到行号或列标的分界线上,鼠标指针变成双向箭头时,按住左键拖动鼠标,即可调整行高或列宽。

方法 2:使用行高、列宽对话框设置。

选定需要设置行高或列宽的单元格的行号或列标，然后右击，在弹出的快捷菜单中选择行高或列宽，会打开“行高”对话框，如图 6-34 所示。行高或列宽对话框，输入数值后，单击“确定”按钮，即可精确设置行高或列宽。

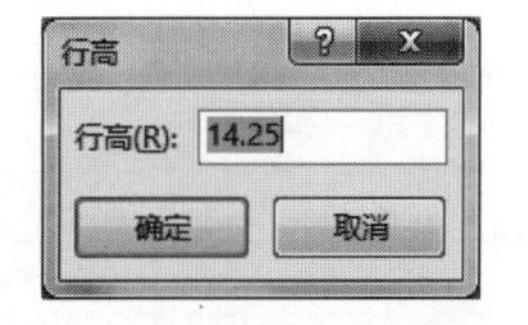

图 6-34 “行高”对话框

选择需要设置行高或列宽的单元格或单元格区域，执行“开始”→“单元格”→“格式”命令，在下拉列表框中选择“行高”或“列宽”选项，也可打开相应对话框。如果在下拉列表框中选择“自动调整行高”或“自动调整列宽”选项，系统将自动根据内容调整行高或列宽。

6.5 Excel 2016 的数据运算

Excel 电子表格系统除了能进行一般的表格处理外，最主要的是它的数据计算功能。在 Excel 中，用户可以在单元格中输入公式或使用 Excel 提供的函数完成对工作表中的数据计算，并且当工作表中的数据发生变化时计算的结果也会自动更新，可以帮助用户快速、准确地完成数据计算。

6.5.1 简单运算

在 Excel 2016“开始”选项卡中的“编辑”选项组中提供了一些数值快速运算的按钮，如求和、平均值、计数、最大值、最小值等，如图 6-35 所示。

在表格运算中，求和是经常使用的。若要对一个区域中的各行数据使用自动求和功能，可选择这个区域以及该区域右侧的一列单元格，然后单击“自动求和”按钮，各行数据之和就会自动地显示在右侧单元格中。若要对一个区域的列求和，可选择该区域以及其下方的一行单元格，然后单击“自动求和”按钮，各列数据之和就会出现在下方单元格中。另外，选择图 6-35 中的其他功能，如“平均值”“最大值”等会得到相应的计算结果。

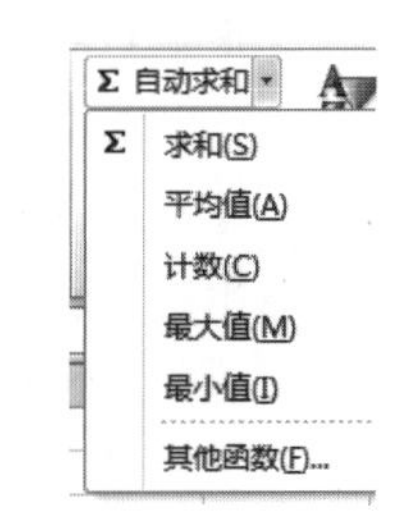

图 6-35 常用快速运算

6.5.2 使用公式计算

在 Excel 2016 中使用公式是处理数据的一种重要手段，能对数据进行加、减、乘、除等多种运算。在使用公式时，总是以“=”开头，然后是公式的表达式，表达式由运算符和运算数组成，运算数包括常量、单元格引用值、名称以及工作表函数等元素。常用的运算符有算术运算符、比较运算符、文本运算符等，下面分别介绍。

1. 算术运算符

Excel 2016 中的算术运算符如表 6-1 所示。

表 6-1 算术运算符

运 算 符	含 义	示 例	计 算 结 果
+	加法运算	=2+3	5
−	减法运算	=5−2	3

续表

运　算　符	含　　义	示　　例	计 算 结 果
*	乘法运算	=2*3	6
/	除法运算	=6/2	3
	百分数	=5%	0.05
^	乘方运算	=2^3	8

执行算术运算时,通常都要求有两个或两个以上参数,但是对于百分数运算来说,只有一个参数。

2. 比较运算符

比较运算符用于对两个数据进行比较运算,其结果为 TRUE(真)或 FALSE(假)。在 Excel 2016 中能使用的比较运算符如表 6-2 所示。

表 6-2　比较运算符

运　算　符	含　　义	示　　例	计 算 结 果
=	等于	=2=3	FALSE
<	小于	=5<2	FALSE
>	大于	=2>3	FALSE
<=	小于等于	=2<=3	TRUE
>=	大于等于	=5>=5	TRUE
<>	不等于	=2<>3	TRUE

3. 文本运算符

文本运算符 & 用来合并文本串,如在编辑栏中输入“="四川工商"&"学院"”,再按 Enter 键,则单元格中显示公式计算的结果为“四川工商学院”。

4. 引用运算符

引用运算符用于将单元格区域合并运算,包括冒号、逗号和空格。

“:”运算符用于定义一个连续的数据区域,例如“A1:B3”,表示从 A1 到 B3 的 6 个单元格,即 A1、A2、A3、B1、B2、B3。

“,”运算符称为并集运算符,用于将多个单元格或区域合并成一个引用。如公式“=SUM(B5:B10,D5:D10)”,计算 B 列和 D 列共 12 个单元格之和。

“ ”运算符称为交集运算符,表示只处理区域中相互重叠的部分。如公式“=SUM(B5:B10 A6:C8)”,计算 B6 到 B8 的 3 个单元格之和。

在公式中出现多个运算符时,Excel 将按照公式的优先级别由高到低的顺序进行运算。运算符的优先级别由高到低次序为:引用运算符、算术运算符、文本运算符、比较运算符。

6.5.3　单元格引用

单元格的地址由该单元格所在的行号和列标构成,一个引用代表工作表上的一个或者一组单元格,指明公式中数据所在的位置。

1. 相对引用

默认情况下,在同一张工作表中引用公式采用相对引用。相对引用是指公式或函数复制或填充到其他单元格后,所引用的单元格会随着新公式所在的位置相应地发生变化。相对引用的表示方式是直接使用单元格的地址，如 A5、B4 等。

2. 绝对引用

绝对引用是指单元格中的公式复制或填充到其他单元格后，公式中引用的单元格固定不变。绝对引用的形式为在引用单元格的行号和列标前都加“＄”。即“＄列标＄行号”，如＄A＄6、＄B＄5：＄E＄7 等，都是绝对引用。

【例 6.6】 打开在图 6-36 所示的工作表中计算出各种商品的销售比例。

操作步骤如下。

步骤 1：计算各种商品销售合计并置于 B7 单元格。

步骤 2：选中单元格 C3，向 C3 单元格输入公式“＝B3/＄B＄7”，然后按 Enter 键。

步骤 3：选中单元格 C3，设置其百分数格式。在“开始”选项卡的“数字”组中直接单击“百分比”按钮，再单击“增加小数位数”或“减少小数位数”按钮以调整小数位数，如图 6-37 所示，或者打开“设置单元格格式”对话框，切换到“数字”选项卡，在“分类”列表框中选择“百分比”选项，并调整小数位数，然后单击“确定”按钮关闭对话框。

	A	B	C
1	各商品的销售情况		
2	商品名称	销售数量	所占百分比
3	雪花碑酒	500	
4	山水碑酒	680	
5	哈尔滨碑酒	420	
6	小角楼	20	
7	泸州老窖	6	
8	五粮液	5	
9	贵州茅台	3	
10	合计		

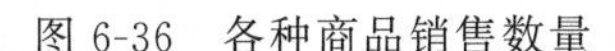
图 6-36 各种商品销售数量

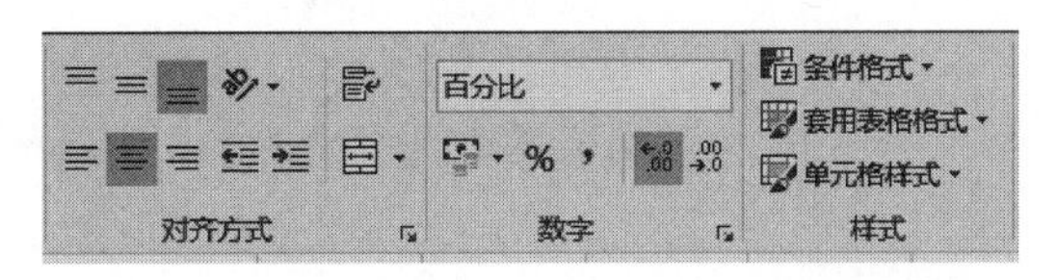

图 6-37 “开始”选项卡的“数字”组

步骤 4：再次选中单元格 C3，拖动其右下角的复制柄到 C6 单元格后释放。这样 C3 到 C6 单元格中就存放了各种书籍的销售比例。

【分析】 百分比为每一种商品的销售量除以销售总计，由于在格式复制时，每一种商品的销售量在单元格区域 B3:B6 中是相对可变的，因此分子部分的单元格引用应为相对引用；而在公式复制时，销售总计的值是固定不变的且存放在 B7 单元格，因此公式中的分母部分的单元格引用应为绝对引用。由于得到的结果是小数，然后通过步骤 3 将小数转换成百分数，步骤 4 则是完成公式的复制。计算的结果如图 6-38 所示。

	A	B	C
1	各商品的销售情况		
2	商品名称	销售数量	所占百分比
3	雪花碑酒	500	30.60%
4	山水碑酒	680	41.62%
5	哈尔滨碑酒	420	25.70%
6	小角楼	20	1.22%
7	泸州老窖	6	0.37%
8	五粮液	5	0.31%
9	贵州茅台	3	0.18%
10	合计	1634	

图 6-38 各种商品的销售比例

3. 混合引用

如果公式或函数在复制、移动时，公式中单元格的行号或列标只有一个要随着新公式的位置进行自动调整，而另一个保持不变，这种方式为混合引用。在引用单元格中，若只在行号或者列标前加“＄”，如“＄E4”“E＄4”等，则当公式被复制或填充到其他单元格时，加“＄”的部分为绝对引用，未加“＄”的部分为相对引用。

6.5.4 条件格式的设置

条件格式是以单元格中数据为依据对单元格进行格式化设置的一种方法。通过条件格式化可增加工作表的可读性。下面以一个例子来说明条件格式化的用法。

【例 6.6】 在某班学生成绩表中利用条件格式化功能,将小于 60 分的各项成绩设置为浅红色填充。

步骤 1:选定要进行条件格式化的区域。

步骤 2:执行“开始”→“样式”→“条件格式”→“突出显示单元格规则”→“小于”命令,打开如图 6-39 所示的对话框,在“为小于以下值的单元格设置格式”文本框中输入“60”,在“设置为”下拉列表中选择“浅红色填充”,然后单击“确定”按钮即可,设置的效果如图 6-40 所示。

图 6-39 “小于”对话框

	A	B	C	D	E
1	某班学生成绩表				
2	学号	姓名	英语	数学	语文
3	201510001	祁连山	85	60	90
4	201510002	周珊	92	95	88
5	201510003	张强	35	80	15
6	201510004	李斯	65	62	80
7	201510005	李秀丽	82	20	70

图 6-40 设置效果

若要设置自定义的格式,可在“设置为”下拉列表框中选择“自定义格式”,然后在打开的对话框中设置所需格式。如果还需要设置其他条件,按照上面的方法步骤继续操作即可。

6.5.5 函数使用

1. 常用函数

函数是预先编制好的用于数值计算和数据处理的公式。在 Excel 2016 中内置了许多函数,涵盖了数学与三角函数、时间与日期、财务、统计、工程、数据库、文本、信息、逻辑、查找与引用等 10 种分类函数。下面介绍一些常用的函数。

1) 数学函数

数学函数如表 6-3 所示。

表 6-3 数学函数

函　　数	功　　能
INT(number)	返回参数 number 向下取舍入后的整数值
MOD(number,divisor)	返回 number/divisor 的余数
PI()	π 值
ROUND(number,n)	按指定位数四舍五入
SQRT(number)	返回 number 的平方根值
SUM(number1,number2,……)	返回若干个数的和
SUMIF(range,criteria,sum_range)	按指定条件求若干个数的和

2）统计函数

统计函数如表 6-4 所示。

表 6-4 统计函数

函　数	功　能
AVERAGE(number1,number2,……)	返回参数中数值的平均值
COUNT(number1,number2,……)	求参数中数值数据的个数
COUNTIF(range,criteria)	返回区域 range 中符合条件 criteria 的个数
MAX(number1,number2,……)	返回参数中数值最大的那个
MIN(number1,number2,……)	返回参数中数值最小的那个
FREQUENCY(data_array,bins_array)	以一列垂直数组返回某个区域中数据的频率分布
RAND()	求 0～1 平均分布的随机数据
RANK(number1,ref,order)	返回一个在一组数值中与该组数据清单中其他数值相对大小的排位数值
IF(criteria,number1,number2)	条件 criteria,为真时,返回 number1,否则返回 number2

3）文本函数

文本函数如表 6-5 所示。

表 6-5 文本函数

函　数	功　能
LEFT(text,n)	取 text 左边 n 个字符
LEN(text)	求 text 的字符个数
MID(text,n,p)	从 text 的第 n 个字符开始取连续 p 个字符
RIGHT(text,n)	取 text 右边 n 个字符
FIND(find_text,within_text,n)	从 within_text 中第 n 个字符开始查找 find_text
TRIM(text)	从 text 中去除头、尾空格

4）日期和时间函数

日期和时间函数如表 6-6 所示。

表 6-6 日期和时间函数

函　数	功　能
DATE(year,month,day)	生成日期
DAY(date)	取日期的天数
MONTHH(date)	取日期的月份
NOW()	取系统的日期和时间
TIME(hour,minute,second)	返回代表指定时间的序列数
TODAY()	求系统日期
YEAR(date)	取日期的年份

2. 函数的使用方法

下面用两个例子来说明函数的使用方法。

【例 6.7】 若 A18:E18 单元格中数据分别为 10,7,9,27 和 2,A2:A4 分别为 true,Apples,0,则

SUM(A18:E18)=55;　　　　　　SUM(A18:A21)=10。

AVERAGE(A18:E18)=11；　　AVERAGE(A1:A4)=0。

MAX(A18:E18)=27；　　MAX(A18:E18,30)=30。

MIN(A18:E18)=2；　　MIN(A18:E18,-1)=-1。

【例 6.8】 在某班成绩表中计算出每个学生的平均成绩，如图 6-41 所示。

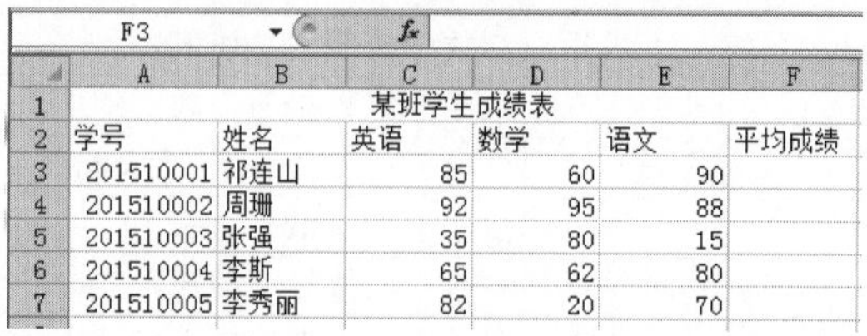

	A	B	C	D	E	F
1			某班学生成绩表			
2	学号	姓名	英语	数学	语文	平均成绩
3	201510001	祁连山	85	60	90	
4	201510002	周珊	92	95	88	
5	201510003	张强	35	80	15	
6	201510004	李斯	65	62	80	
7	201510005	李秀丽	82	20	70	

图 6-41　某班成绩表

步骤 1：选定要存放结果的单元格 F3。

步骤 2：执行“公式”→“函数库”→“插入函数”命令，或单击编辑栏上的 fx 按钮，打开“插入函数”对话框，如图 6-42 所示。

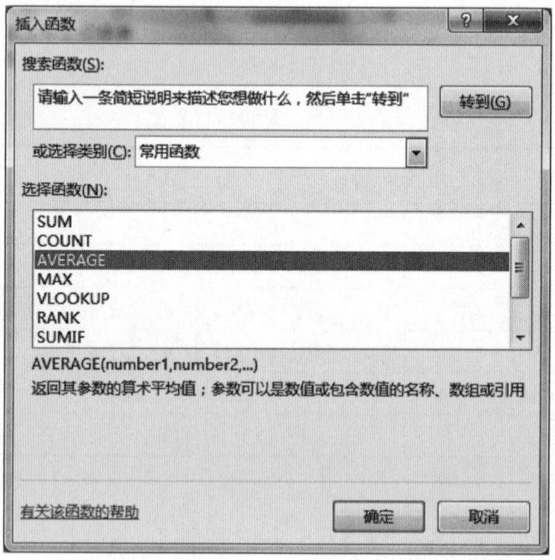

图 6-42　“插入函数”对话框

步骤 3：在“或选择类别”下拉列表中选择“常用函数”选项，在“选择函数”列表框中选择“AVERAGE”选项，然后单击“确定”按钮，打开“函数参数”对话框，如图 6-43 所示。

步骤 4：在 Number1 编辑框中输入函数的正确参数，如 C3:E3，或者单击 Number1 编辑框后面的数据拾取按钮，使函数参数对话框缩小成一个横条，如图 6-44 所示，再用鼠标拖动选择数据区域，然后按 Enter 键或再次单击拾取按钮，返回“函数参数”对话框，最后单击“确定”按钮。

步骤 5：拖曳 F3 单元格右下角的填充柄到 F7 单元格。这是 F3～F7 单元格分别计算出了 5 个学生的平均成绩。

6.5.6 常见出错信息及解决方法

在使用 Excel 公式进行计算时有时不能正确地计算出结果，并且在单元格内会显示出各种错误信息，下面介绍几种常见的错误信息及处理方法。

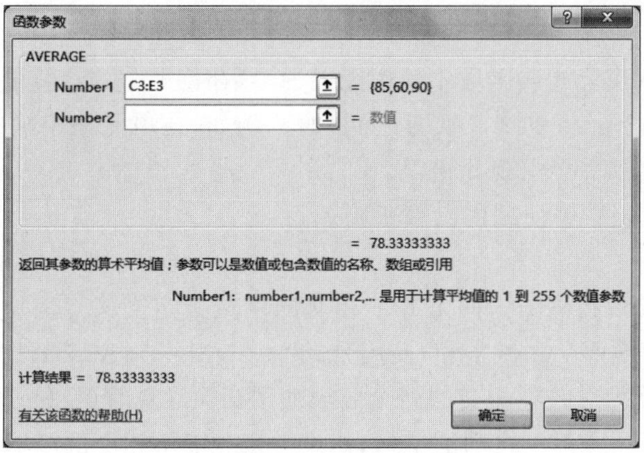

图 6-43 "函数参数"对话框

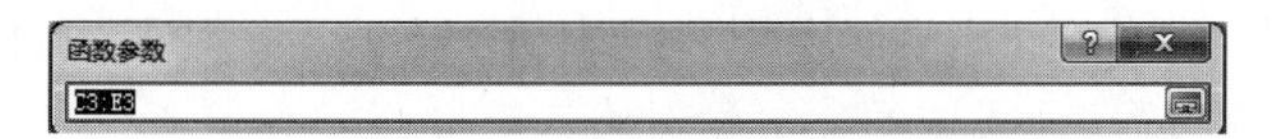

图 6-44 函数参数的拾取

1. ＃＃＃＃

这种错误信息常见于列宽不够。

解决方法：调整列宽。

2. ＃DIV/0！

这种错误信息表示除数为0，常见于公式中除数为0或在公式中除数使用了空单元格的情况下。

解决方法：修改单元格引用，用非零数字填充。如果必须使用"0"或引用空单元格，也可以用IF函数使该错误信息不再显示。例如，该单元格中的公式原本是"＝A5/B5"，若B5可能为零或空单元格，那么可将该公式修改为"＝IF(B5＝0," ",A5/B5)"，这样当B5单元格为零或为空时就不显示任何内容，否则显示A5/B5的结果。

3. ＃N/A

这种错误信息通常出现在数值或公式不可用时。例如，想在F2单元格中使用函数"＝RANK(E2,＄E＄2：＄E＄96)"求E2单元格数据在E2：E96单元格区域中的名次，但E2单元格中却没有输入数据时，则会出现此类错误信息。

解决方法：在单元格E2中输入新的数值。

4. ＃REF！

这种错误信息的出现是因为移动或删除单元格导致了无效的单元格引用，或者是函数返回了引用错误信息。例如Sheet2工作表的C列单元格引用了Sheet1工作表的C列单元格数据，后来删除了Sheet1工作表中的C列，就会出现此类错误。

解决方法：重新修改公式，恢复被引用的单元格范围或重新设定引用范围。

5. ＃！

这种错误信息常出现在公式使用的参数错误的情况下。例如，要使用公式"＝A7＋A8"计算A7与A8两个单元格的数字之和，但是A7或A8单元格中存放的数据是姓名不是数字，这时就会出现此类错误。

解决方法：确认所用公式参数没有错误，并且公式引用的单元格中包含有效的数据。

6. #NUM!

这种错误出现在当公式或函数中使用无效的参数时,即公式计算的结果过大或过小,超出了 Excel 的范围(正负 10 的 307 次方之间)时。例如,在单元格中输入公式"=10^300 * 100^50",按 Enter 键后即会出现此错误。

解决方法:确认函数中使用的参数正确。

7. #NULL!

这种错误信息出现在试图为两个并不相交的区域指定交叉点时。例如,使用 SUM 函数对 A1:A5 和 B1:B5 两个区域求和,使用公式"=SUM(A1:A5 B1:B5)"(注意:A5 与 B1 之间有空格),便会因为对并不相交的两个区域使用交叉运算符(空格)而出现此错误。

解决方法:取消两个范围之间的空格,用逗号来分隔不相交的区域。

8. #NAME?

这种错误信息出现在 Excel 不能识别公式中的文本时。例如函数拼写错误、公式中引用某区域时没有使用冒号、公式中的文本没有用双引号等。

解决方法:尽量使用 Excel 所提供的各种向导完成函数输入。例如使用插入函数的方法来插入各种函数、用鼠标拖动的方法来完成各种数据区域的输入等。

另外,在某些情况下不可避免地会产生错误。如果希望打印时不打印错误信息,可以单击"文件"按钮,在打开的 Backstage 视图中执行"打印"→"页面设置"命令,打开"页面设置"对话框,切换至"工作表"选项卡,在"错误单元格打印为"下拉列表中选择"空白"选项,确定后将不会打印错误信息,如图 6-45 所示。

图 6-45 "页面设置"对话框

6.6 制作 Excel 图表

6.6.1 创建图表

Excel 2016 中可将工作表中的数据以图表的形式展示,这样可使数据更加直观易懂。

在工作簿中创建图表,可分为“嵌入式图表”和“独立图表”两种。嵌入式图表是图表作为工作表的一部分,当在保存和打印某工作表时,该图表也连同一起打印;而独立图表是工作簿中一个独立的具有工作表名称的图表,只包含图表。

1. 创建独立图表

按 F11 键可以创建独立图表。若想使用默认的图表类型、图表选项和格式而不加修改直接生成图表,快速的方法是打开包含用来制作图表数据的工作表,选取用来制作图表的数据区域,然后按 F11 键。图表存放在新工作表图表中,它是一个二维柱形图。

2. 创建嵌入式图表

创建嵌入式图表需要选择图表所需的数据以及所要创建的图表类型。一般创建步骤如下。

步骤 1:从工作表中选择创建图表所需的数据。

步骤 2:单击“插入”,然后在“图表”组(如图 6-46 所示)中选择所需的图表类型。

选择各类图表类型的方法有以下两种。

(1) 若已确定要创建的“图表”类型,如“折线图”,则单击“折线图”的三角按钮,在弹出的下拉列表中选择某个子类型即可,如图 6-47 所示。

图 6-46 “图表”组

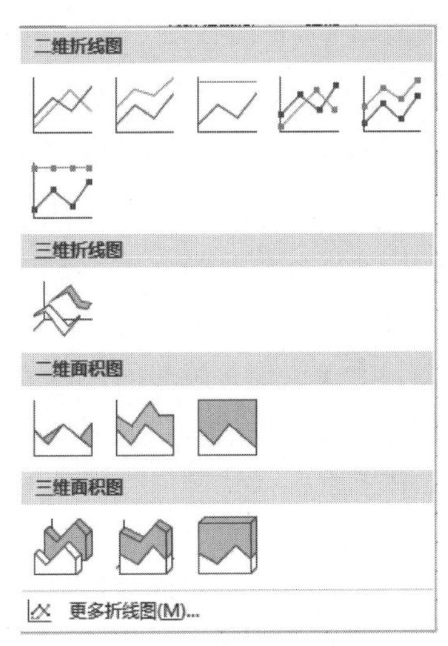

图 6-47 折线图下拉列表

(2) 如果创建的图表不在“图表”组所列项中,则可单击“查看所有图表”按钮,打开“插入图表”对话框,该对话框包括“推荐的图表”和“所有图表”两个选项,“推荐的图表”是根据所选数据源,由系统建议使用的图表决定。例如,当选择的数据源属于学生成绩分布类或者数据比例类,则系统会建议使用饼图。如果对系统推荐的图表类型不满意,可切换至“所有图表”选项卡,则列出所有图表类型,然后在对话框左侧列表中选择一种类型,右侧可预览效果。例如在左侧选择柱形图,在右侧选择族状柱形图,如图 6-48 所示。图表类型选择后单击“确定”按钮。

(3) 对第(2)步创建的初始化图表进行编辑和格式化设置,以满足自己的需要。

如图 6-48 所示,Excel 2016 中提供了 15 种图表类型,每一种图表类型中又包含了少到几种多到十几种不等的若干子图表类型,在创建图表时需要针对不同的应用场合和不同的

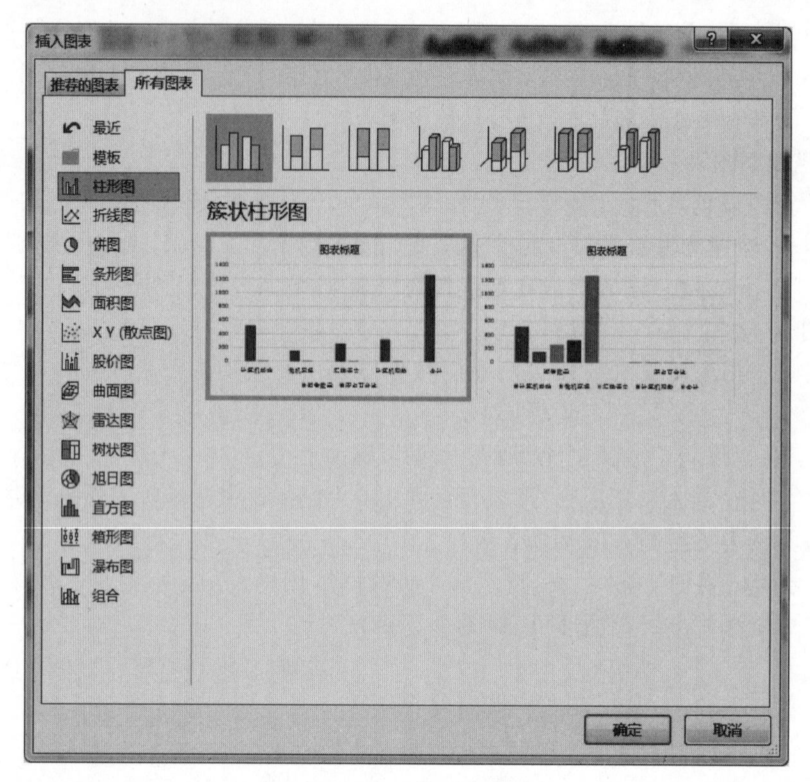

图 6-48 “插入图表”对话框

使用范围选择不同的图表类型及其子类型。为了便于读者创建不同类型的图表,以满足不同场合的需要,下面对几种常见图表类型及其用途作简要说明。

- 柱形图:用于比较一段时间中两个或多个项目的相对大小。
- 折线图:按类别显示一段时间内数据的变化趋势。
- 饼图:在单组中描述部分与整体的关系。
- 条形图:在水平方向上比较不同类型的数据。
- 面积图:强调一段时间内数值的相对重要性。
- XY(散点图):描述两种相关数据的关系。
- 股价图:综合了柱形图的折线图,专门设计用来跟踪股票价格。
- 曲面图:一个三维图,当第 3 个变量变化时跟踪另外两个变量的变化。
- 圆环图:以一个或多个数据类别来对比部分与整体的关系,在中间有一个更灵活的饼状图。
- 气泡图:突出显示值的聚合,类似于散点图。
- 雷达图:表明数据或数据频率相对于中心点的变化。

6.6.2 编辑图表

在初始化图表建立以后,往往需要使用“图表工具-设计/格式”选项卡中的相应功能按钮,或者双击图表区某元素所在区域,在弹出的设置某元素格式的选项框中选择相应的命令,或者右击图表区任何位置,在弹出的快捷菜单中选择相应的选项,从而实现对初始化图表进行编辑和格式化设置。

单击选中图表或图表区的任何位置，即会弹出“图表工具-设计”和“图表工具-格式”选项卡，如图 6-49 所示。下面先简单介绍这两个选项卡的使用，然后用例题说明如何对初始化图表进行编辑和格式化设置。

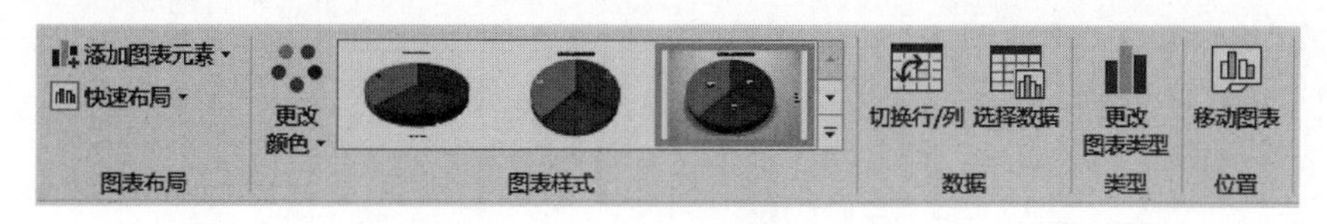

图 6-49 “图表工具-设计”选项卡

“图表工具-设计”选项卡，主要包括“图表布局”“图表样式”“数据”“类型”和“位置”5 个功能组，如图 6-49 所示。“图表布局”功能组包括“添加图表元素”和“快速布局”两个按钮。“添加图表元素”按钮主要用于图表标题、数据标签和图例的设置。“快速布局”按钮用于布局类型的设置。“图表样式”功能组用于图表样式和颜色的设置。“数据”功能组包括“切换行/列”和“选择数据”两个按钮，主要用于行、列的切换和选择数据源。“类型”功能组主要用于更改图表类型。“位置”功能组用于创建嵌入式或独立式图表。

“图表工具-格式”选项卡，主要包括“当前所选内容”“插入形状”“形状样式”“艺术字样式”“排列”和“大小”功能组，主要用于图表格式的设置，如图 6-50 所示。图表格式设置还可双击图表中某元素所在区域，在弹出的选项框中进行设置。

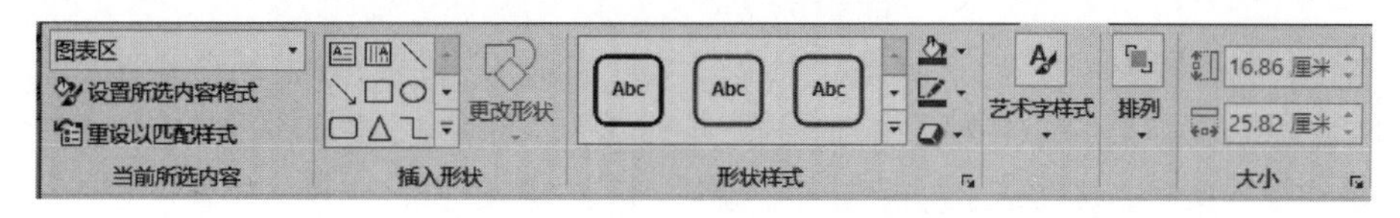

图 6-50 “图表工具-格式”选项卡

【例 6.9】 根据图 6-51 所示的某班学生成绩表，创建赵晓晓同学三门科目成绩的三维饼图。要求图表独立放置，图表名和图表标题均为“赵晓晓三门课成绩分布图”，图表标题放于图表上方，图表标题字体为“华文行楷 24 磅 加粗”，字体颜色为红色；图表样式选“样式 2”；图表布局选“布局 1”；数据标签选“最佳匹配”，字体选“华文行楷 16 磅”；图例选“底部”，图例字体选“华文行楷 18 磅”；图表绘图区设置为“渐变填充”。

	A	B	C	D	E
1	某班学生成绩表				
2	姓名	性别	数学	英语	计算机
3	祁连山	男	85	60	90
4	周珊	女	92	95	88
5	张强	男	35	80	15
6	李斯	男	65	62	80
7	李秀丽	女	82	20	70
8	张霞	女	65	75	64
9	彭涛	男	76	88	90
10	赵晓晓	女	78	68	90

图 6-51 某班学生成绩表

操作步骤如下。

步骤 1：选择数据源。按照题目要求只需选择姓名、数学、英语和计算机 4 个字段关于赵晓晓的记录，即选择 A2，A10，C2：E2，C10：E10 这些不连续的单元格和单元格区域，如

图 6-51 所示。

步骤 2：选择图表类型及其子类型。在“插入”选项卡的“图表”组中单击“插入饼图或圆环图”的下三角按钮，在下拉列表中选择“三维饼图”选项，如图 6-52 所示。

步骤 3：设置图表位置。按题目要求，应设置为独立式图表。在“图表工具-设计”选项卡的“位置”组中单击“移动图表”按钮，在打开的“移动图表”对话框中选择“新工作表”单选按钮，将图表名字“Chart1”更名为“赵晓晓三门课成绩分布图”，单击“确定”按钮关闭对话框，如图 6-53 所示。

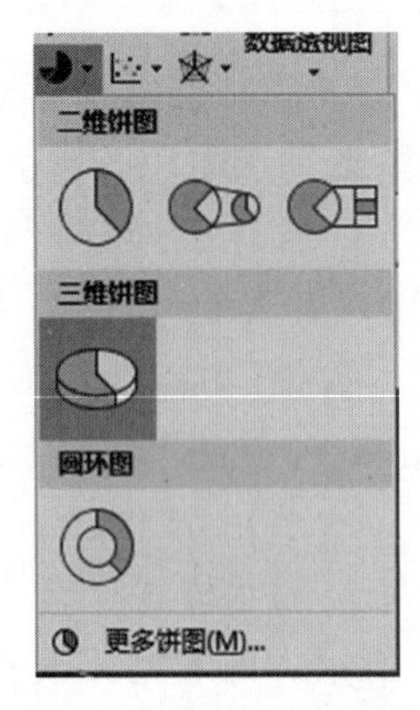

图 6-52　选择“三维饼图”

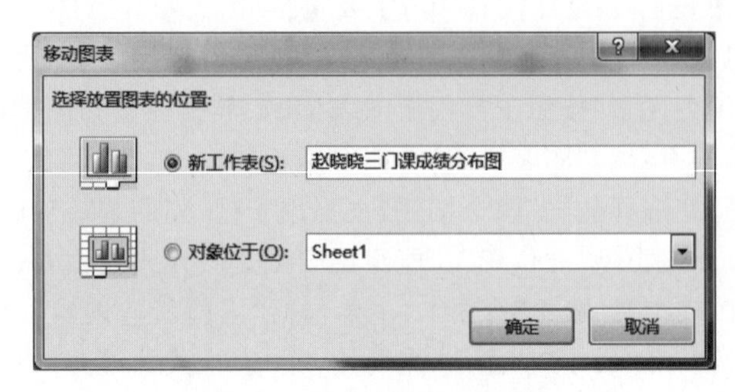

图 6-53　“移动图表”对话框

步骤 4：设置图表标题。在“图表工具-设计”选项卡的“图表布局”组中单击“添加图表元素”下拉按钮，在弹出的下拉列表中选择“图表标题”→“图表上方”选项，如图 6-54 所示。在图表标题框输入文字：赵晓晓三门课成绩分布图，字体“华文行楷 24 磅”，字体颜色：红色。

步骤 5：设置图表样式。在“图表工具-设计”选项卡的“图表样式”组中选择“样式 2”，如图 6-55 所示。

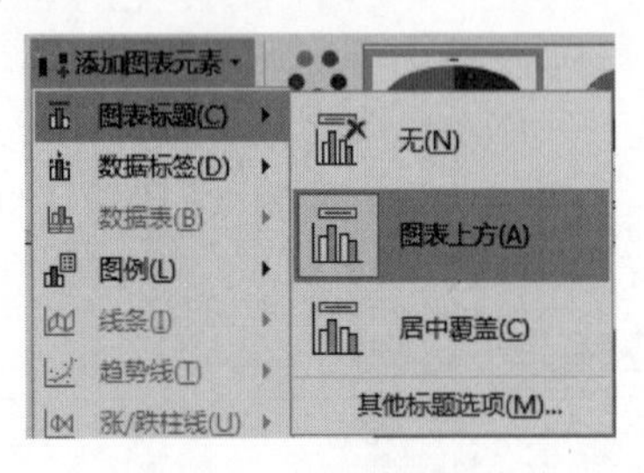

图 6-54　设置图表标题

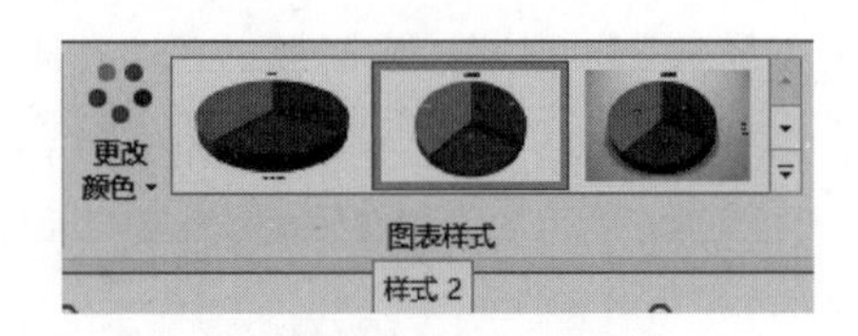

图 6-55　设置图表样式

步骤 6：图表布局设置。在“图表工具-设计”选项卡的“图表布局”组中单击“快速布局”按钮，在弹出的下拉列表中选择“布局 1”选项，如图 6-56 所示。

步骤 7：设置数据标签。在“图表工具-设计”选项卡的“图表布局”组中单击“添加图表元素”按钮，在弹出的下拉列表中选择“数据标签”→“最佳匹配”选项，如图 6-57 所示。字体为“华文行楷 16 磅”。

步骤 8：设置图例。在“图表工具-设计”选项卡的“图表布局”组中单击“添加图表元素”按钮，在弹出的下拉列表中选择“图例”→“底部”选项，如图 6-58 所示，字体为“华文行楷 18 磅”。

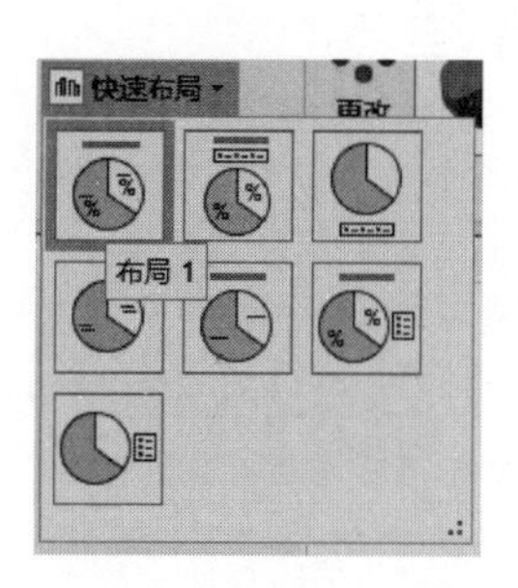

图 6-56　设置图表布局

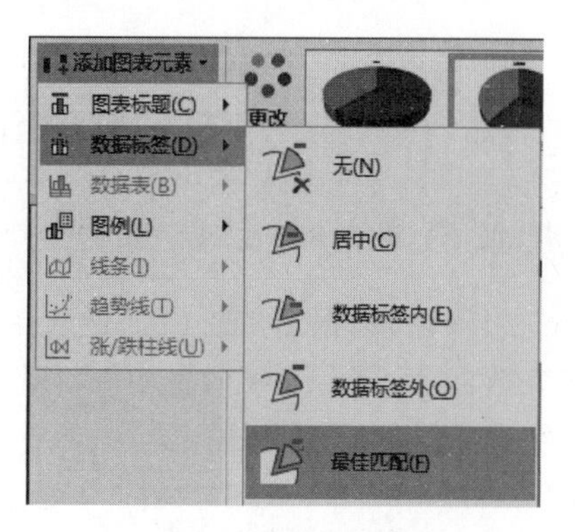

图 6-57　设置数据标签

步骤 9：设置绘图区为“渐变填充”。双击绘图区，打开“设置绘图区格式”选项框，在“绘图区选项”下方，选择“填充与线条”→“渐变填充”单选按钮，关闭选项框，如图 6-59 所示。

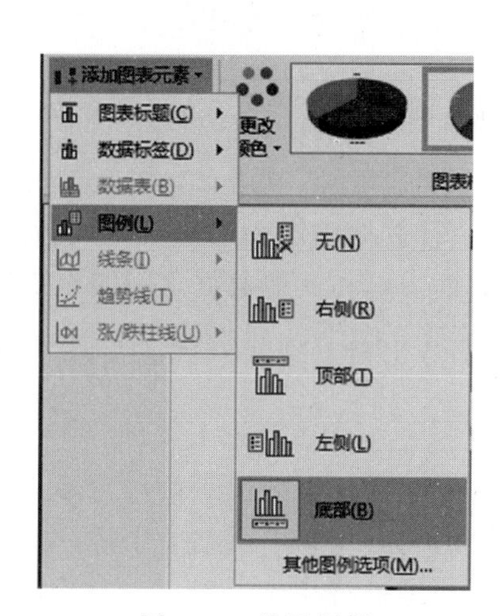

图 6-58　设置图例

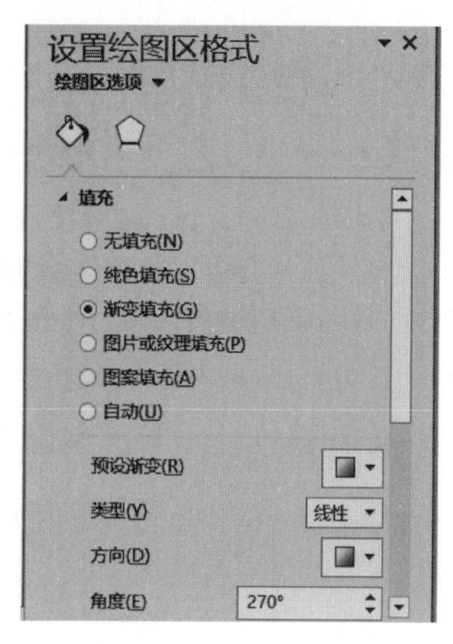

图 6-59　设置绘图区格式

步骤 10：调整图表大小并放置合适位置。最后设置效果如图 6-60 所示。

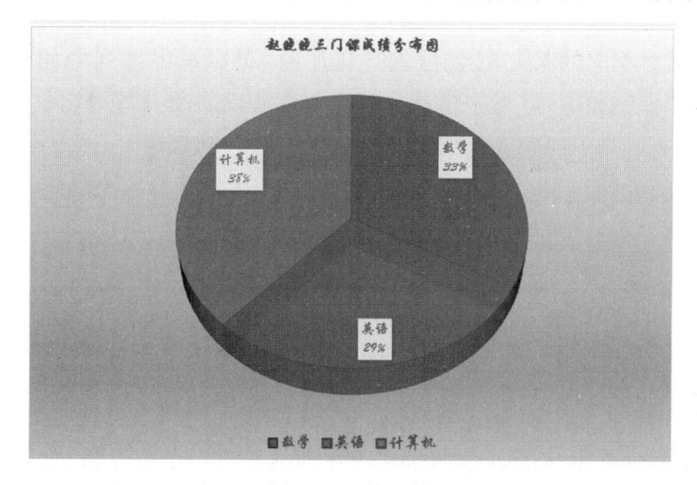

图 6-60　效果图

6.7 数据清单的管理

6.7.1 数据清单的建立和编辑

在 Excel 2016 中,数据清单是由工作表单元格构成的矩形数据区域,包含相关数据的一系列工作表数据行,与二维数据表相似,如图 6-61 所示。单独一行称为一条记录,单独一列称为一个字段,列标题称为字段名。

	学号	姓名	性别	英语	语文	数学	总分
2	学号	姓名	性别	英语	语文	数学	总分
3	20150009	刘明山	男	82	90	77	249
4	20150007	张强	男	62	88	82	232
5	20150006	李磊	男	68	72	92	232
6	20150003	王明	男	65	65	70	200
7	20150002	李四	男	70	78	85	233
8	20150001	张三	男	90	85	70	245
9	20150010	李丽	女	85	79	86	250
10	20150008	肖月	女	78	82	85	245
11	20150005	韩梅梅	女	72	86	90	248
12	20150004	苏珊	女	88	80	78	246
13							

图 6-61 简单的数据清单

在图 6-61 中,第一行由许多列标题组成:学号、姓名、性别、英语、语文、数学、总分,这些就是字段名。列标题之下的连续数据区域中的每一行数据表示一条记录,每一列数据具有同一属性,每一个记录包含一行中的各个属性。数据清单和其他数据之间应至少留出一个空白列和一个空白行,以便对数据清单进行排序、筛选等操作。

6.7.2 数据排序

数据排序是指按一定规则对数据进行整理、排列。数据表中的记录按用户输入的先后顺序排列以后往往需要按照某一属性(列)顺序显示。例如,在学生成绩表中统计成绩时常常需要按成绩从高到低或从低到高显示,这就需要对成绩进行排序。用户可对数据清单中一列或多列数据按升序(数字 1→9,字母 A→Z)或降序(数字 9→1,字母 Z→A)排序。数据排序分为简单排序和多重排序。

1. 简单排序

当需要将数据清单中的某一列数据进行排序时,只需选中该列中的任一单元格,选择“数据”选项卡,在“排序和筛选”组中选择升序或降序按钮进行排序,如图 6-62 所示。

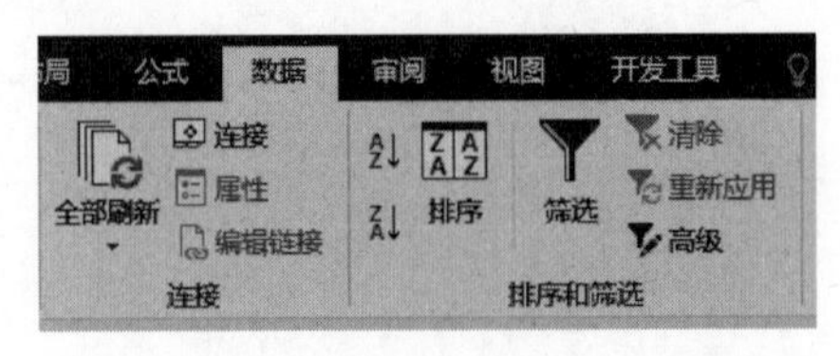

图 6-62 “数据”选项卡的“排序和筛选”组

【例 6.10】 在某班学生成绩表中要求按英语成绩由高分到低分进行降序排序。

操作步骤如下。

步骤 1:单击某班学生成绩表中“数学”所在列的任意一个单元格,如图 6-63 所示。

步骤 2:切换到“数据”选项卡。

	A	B	C	D	E	F	G	H
1	学号	姓名	政治	语文	数学	历史	计算机	体育
2	20200001	魏丹文	70	77	91	84.5	75	70
3	20200002	庄剑飞	74	84	97	53.5	76	75
4	20200003	宋嘉文	76	71	64	72	80	70
5	20200004	孙嘉洋	73	86	60	83	84	75
6	20200005	张伟伟	74	74	90	84	78	65
7	20200006	沈逸群	65	78	100	93.5	86	64
8	20200007	冯意	74	67	92	92.5	80	50
9	20200008	黄松坚	76	78	86	91	86	56
10	20200009	陆玲玲	69	91	84	85.5	91	61
11	20200010	金渔斌	81	81	97	91.5	89	48
12	20200011	王倪波	76	76	98	81	83	70
13	20200012	史苏娜	66	83	97	93	82	65
14	20200013	陈祥	77	56	95	91	80	67
15	20200014	李泱泱	65	74	92	84	82	75
16	20200015	沈冬清	68	77	95	83.5	92	53
17	20200016	应琴琴	60	82	90	76.5	74	65

图 6-63　简单排序前的数据表

步骤 3：在“排序和筛选”组中单击降序按钮，排序结果如图 6-64 所示。

	A	B	C	D	E	F	G	H
1	学号	姓名	政治	语文	数学	历史	计算机	体育
2	20200006	沈逸群	65	78	100	93.5	86	64
3	20200011	王倪波	76	76	98	81	83	70
4	20200002	庄剑飞	74	84	97	53.5	76	75
5	20200010	金渔斌	81	81	97	91.5	89	48
6	20200012	史苏娜	66	83	97	93	82	65
7	20200013	陈祥	77	56	95	91	80	67
8	20200015	沈冬清	68	77	95	83.5	92	53
9	20200007	冯意	74	67	92	92.5	80	50
10	20200014	李泱泱	65	74	92	84	82	75
11	20200001	魏丹文	70	77	91	84.5	75	70
12	20200005	张伟伟	74	74	90	84	78	65
13	20200016	应琴琴	60	82	90	76.5	74	65
14	20200008	黄松坚	76	78	86	91	86	56
15	20200009	陆玲玲	69	91	84	85.5	91	61
16	20200003	宋嘉文	76	71	64	72	80	70
17	20200004	孙嘉洋	73	86	60	83	84	75

图 6-64　经过简单排序后的数据表

2. 多重排序

使用“排序和筛选”组中的升序按钮和降序按钮只能按一个字段进行简单排序。当排序的字段出现相同数据项时必须按多个字段进行排序，即多重排序，多重排序就一定要使用对话框来完成。Excel 2016 中为用户提供了多级排序功能，包括主要关键字、次要关键字、……，每个关键字就是一个字段，每一个字段均可按“升序”（即递增方式）或“降序”（即递减方式）进行排序。

【例 6.11】 在某班的学生成绩表中，如图 6-65 所示，按照数学成绩由高到低排序，若数学成绩相同，则按照语文成绩由高到低排序，若语文成绩也相同则按照政治成绩由高到低排序。

操作步骤如下。

步骤 1：单击数据清单中的任一单元格。

步骤 2：执行“数据”→“排序和筛选”→“排序”命令，打开如图 6-66 所示的“排序”对话框。

步骤 3：在“主要关键字”中选择“数学”，“排序依据”中选择“单元格值”，在“次序”中选择“降序”。然后单击“添加条件”按钮，增加“次要关键字”为语文，“排序依据”为“单元格值”，“次

	A	B	C	D	E	F	G	H
1	学号	姓名	政治	语文	数学	历史	计算机	体育
2	20200001	魏丹文	70	77	91	84.5	75	70
3	20200002	庄剑飞	74	84	97	53.5	76	75
4	20200003	宋嘉文	76	78	100	72	80	70
5	20200004	孙嘉洋	73	86	60	83	84	75
6	20200005	张伟伟	74	74	90	84	78	65
7	20200006	沈逸群	65	78	100	93.5	86	64
8	20200007	冯意	74	67	92	92.5	80	50
9	20200008	黄松坚	76	78	86	91	86	56
10	20200009	陆玲玲	69	91	84	85.5	91	61
11	20200010	金渔斌	81	81	100	91.5	89	48
12	20200011	王倪波	76	76	98	81	83	70
13	20200012	史苏娜	66	83	97	93	82	65
14	20200013	陈祥	77	56	95	91	80	67
15	20200014	李泱泱	65	74	92	84	82	75
16	20200015	沈冬清	68	77	95	83.5	92	53
17	20200016	应琴琴	60	82	90	76.5	74	65

图 6-65 排序前成绩表

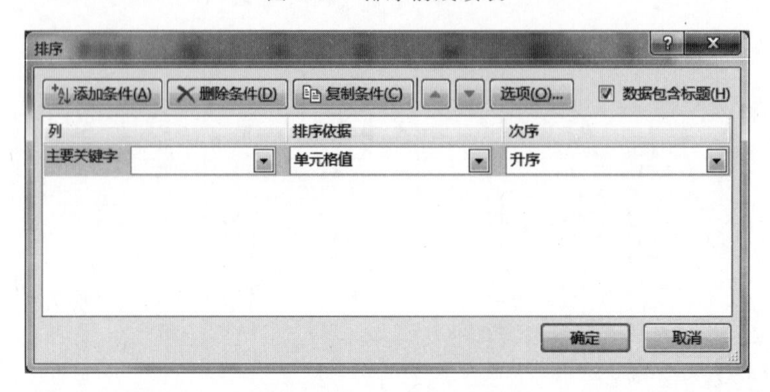

图 6-66 排序对话框

序”为“降序”,再单击“添加条件”按钮,增加“次要关键字”为“政治”,“排序依据”为“单元格值”,“次序”为“降序”,如图 6-67 所示。

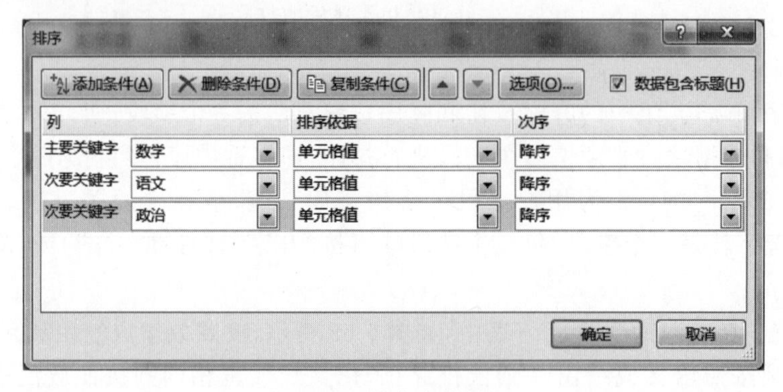

图 6-67 排序条件设置

步骤 4：设置完成之后,单击“确定”按钮关闭对话框,即完成排序,排序结果如图 6-68 所示。

6.7.3 数据筛选

数据筛选就是在数据清单中有条件地筛选出部分满足某种条件的记录行,而另一部分不满足条件的记录行只是暂时隐藏起来,这对于在一个大的数据清单中,快速找到所需数据

	A	B	C	D	E	F	G	H
1	学号	姓名	政治	语文	数学	历史	计算机	体育
2	20200010	金渔斌	81	81	100	91.5	89	48
3	20200003	宋嘉文	76	78	100	72	80	70
4	20200006	沈逸群	65	78	100	93.5	86	64
5	20200011	王倪波	76	76	98	81	83	70
6	20200002	庄剑飞	74	84	97	53.5	76	75
7	20200012	史苏娜	66	83	97	93	82	65
8	20200015	沈冬清	68	77	95	83.5	92	53
9	20200013	陈祥	77	56	95	91	80	67
10	20200014	李泱泱	65	74	92	84	82	75
11	20200007	冯意	74	67	92	92.5	80	50
12	20200001	魏丹文	70	77	91	84.5	75	70
13	20200016	应琴琴	60	82	90	76.5	74	65
14	20200005	张伟伟	74	74	90	84	78	65
15	20200008	黄松坚	76	78	86	91	86	56
16	20200009	陆玲玲	69	91	84	85.5	91	61
17	20200004	孙嘉洋	73	86	60	83	84	75

图 6-68　排序后成绩表

十分有益。在 Excel 2016 中提供了"自动筛选"和"高级筛选"两种筛选方式。一般情况下，自动筛选就能够满足大部分的需要。但是，当需要利用复杂的条件来筛选数据时就必须使用高级筛选。

1. 自动筛选

自动筛选是在访问含有大量数据的数据清单中，快速获取所需数据的简单处理方法，仅显示需要看到的内容。

【例 6.12】 在某班学生成绩表中显示"语文"成绩排在前五位的记录。

操作步骤如下。

步骤 1：选定数据清单中的任一单元格。

步骤 2：执行"数据"→"排序和筛选"→"筛选"命令，数据清单中的每个字段名旁边会显示一个向下的三角箭头，为筛选器箭头，如图 6-69 所示。

	A	B	C	D	E	F	G	H
1	学号	姓名	政治	语文	数学	历史	计算机	体育
2	20200001	魏丹文	70	77	91	84.5	75	70
3	20200002	庄剑飞	74	84	97	53.5	76	75
4	20200003	宋嘉文	76	71	100	72	80	70
5	20200004	孙嘉洋	73	86	60	83	84	75
6	20200005	张伟伟	74	74	90	84	78	65
7	20200006	沈逸群	65	78	100	93.5	86	64
8	20200007	冯意	74	67	92	92.5	80	50
9	20200008	黄松坚	76	78	86	91	86	56
10	20200009	陆玲玲	69	91	84	85.5	91	61
11	20200010	金渔斌	81	81	100	91.5	89	48
12	20200011	王倪波	76	76	98	81	83	70
13	20200012	史苏娜	66	83	97	93	82	65
14	20200013	陈祥	77	56	95	91	80	67
15	20200014	李泱泱	65	74	92	84	82	75
16	20200015	沈冬清	68	77	95	83.5	92	53
17	20200016	应琴琴	60	82	90	76.5	74	65

图 6-69　含筛选器的数据清单

步骤 3：单击"语文"字段名旁边的筛选器箭头，弹出下拉列表，选择"数字筛选"→"前 10 项"选项，打开"自动筛选前 10 个"对话框，在该对话框中指定显示条件为"最大""5""项"，如图 6-70 所示。

步骤 4：单击"确定"按钮，将关闭对话框，完成筛选。即显示"语文"成绩最高的 5 条记

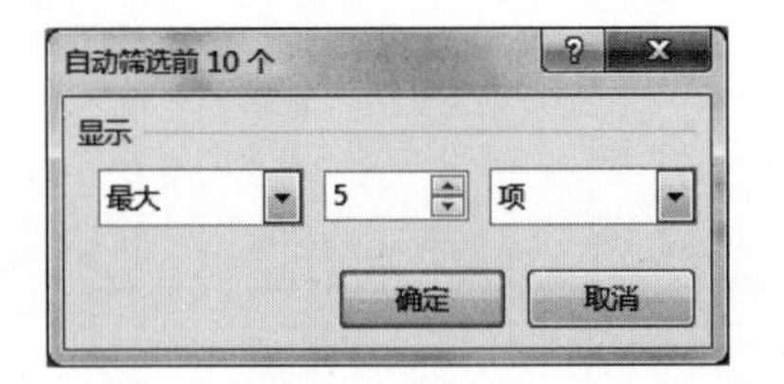

图 6-70 “自动筛选前 10 个”对话框

录,其他记录被隐藏,如图 6-71 所示。

	A	B	C	D	E	F	G	H
1	学号	姓名	政治	语文	数学	历史	计算机	体育
3	20200002	庄剑飞	74	84	97	53.5	76	75
5	20200004	孙嘉洋	73	86	60	83	84	75
10	20200009	陆玲玲	69	91	84	85.5	91	61
13	20200012	史苏娜	66	83	97	93	82	65
17	20200016	应琴琴	60	82	90	76.5	74	65

图 6-71 筛选后的数据清单

【例 6.13】 在某班学生成绩表中筛选出“数学”成绩大于 80 分且小于 90 分的记录。

操作步骤如下。

步骤 1:选中某班学生成绩表中的任一单元格。

步骤 2:按例 6.12 步骤 2 操作将数据表置于筛选器界面。

步骤 3:单击“数学”字段名旁边的筛选器箭头,从弹出的下拉列表中选择“数字筛选”→“自定义筛选”选项,打开“自定义自动筛选方式”对话框,在其中一个输入条件中选择“大于”,右边的文本框中输入“80”;另一个条件中选择“小于”,右边的文本框中输入“90”,两个条件之间的关系选项中选择“与”单选按钮,如图 6-72 所示。

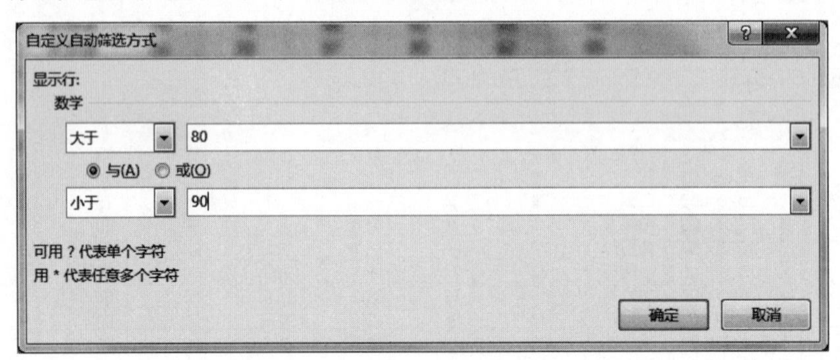

图 6-72 “自定义自动筛选方式”对话框

步骤 4:单击“确定”按钮关闭对话框,即可筛选出数学成绩满足条件的记录,如图 6-73 所示。

	A	B	C	D	E	F	G	H
1	学号	姓名	政治	语文	数学	历史	计算机	体育
9	20200008	黄松坚	76	78	86	91	86	56
10	20200009	陆玲玲	69	91	84	85.5	91	61

图 6-73 自动筛选出数学成绩满足条件的记录

【说明】 如果要取消自动筛选功能,只需在“数据”选项卡的“排序和筛选”组中再次单击“筛选”按钮,数据表中字段名右边的箭头按钮就会消失,数据表被还原。

2. 高级筛选

高级筛选是根据复合条件或计算条件来对数据进行筛选。要进行高级筛选需要在工作表的任意空白处建立筛选条件区域,该区域用来指定筛选出的数据必须要满足的条件。筛选条件区域类似于一个只包含条件的数据清单,由两部分组成:条件的列标题和具体的筛选条件,首行为列标题,必须与数据清单中对应列的标题一模一样,具体条件区域至少要有一行筛选条件。条件区域中,若条件是“与”关系则将条件放在同一行,若是“或”关系则将条件放在不同行。下面以一个例子来说明。

【例 6.14】 筛选出某班学生成绩表,如图 6-74 所示,要求选出语文成绩和计算机成绩都大于 80 分的记录。

	A	B	C	D	E	F	G	H	I
1	学号	姓名	性别	政治	语文	数学	历史	计算机	体育
2	20200001	魏丹文	男	70	77	91	84.5	75	70
3	20200002	庄剑飞	男	74	84	97	53.5	76	75
4	20200003	宋嘉文	男	76	71	100	72	80	70
5	20200004	陆玲玲	女	69	91	84	85.5	91	61
6	20200005	金渔斌	男	81	81	100	91.5	89	48
7	20200006	王倪波	男	76	76	98	81	83	70
8	20200007	史苏娜	女	66	83	97	93	82	65
9	20200008	陈祥	男	77	56	95	91	80	67
10	20200009	李泱泱	女	65	74	92	84	82	75
11	20200010	沈冬清	女	68	77	95	83.5	92	53
12	20200011	应琴琴	女	60	82	90	76.5	74	65

图 6-74 某班学生成绩表

操作步骤如下:

步骤 1:输入条件区域,打开某班学生成绩表,在单元格 B16 中输入“语文”,C16 中输入“计算机”。在 B17,C17 中都输入“>80”,表示语文和计算机都要“>80”分。条件设置如图 6-75 所示。

步骤 2:在工作表中选中数据清单中的任一单元格,执行“数据”→“排序和筛选”→“高级”命令,打开“高级筛选”对话框,如图 6-76 所示。

16		语文	计算机	
17		>80	>80	

图 6-75 “与”的条件

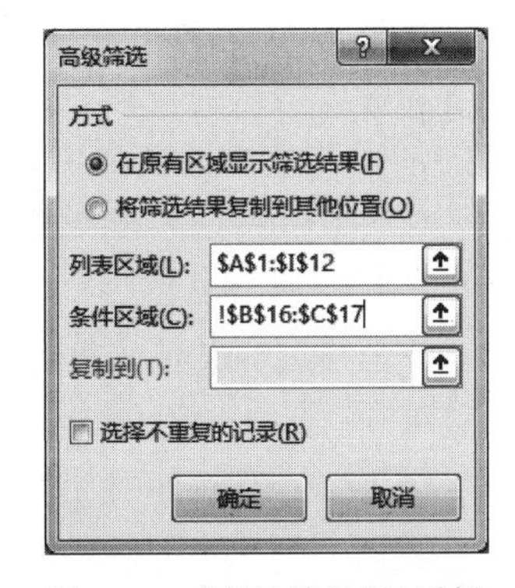

图 6-76 “高级筛选”对话框

步骤 3:单击“条件区域”编辑框右边的拾取按钮,打开“高级筛选-条件区域”对话框,然后用鼠标从条件区域 B16 拖动到 C17,再单击右边的拾取按钮。回到“高级筛选”对话框,如图 6-76 所示。

步骤 4:单击“确定”按钮,关闭“高级筛选”对话框,得到筛选结果,如图 6-77 所示。

	A	B	C	D	E	F	G	H	I
1	学号	姓名	性别	政治	语文	数学	历史	计算机	体育
5	20200004	陆玲玲	女	69	91	84	85.5	91	61
6	20200005	金渔斌	男	81	81	100	91.5	89	48
8	20200007	史苏娜	女	66	83	97	93	82	65

图 6-77　高级筛选结果

【注意】 若要不在原数据清单中显示筛选结果,可在步骤 2"高级筛选"对话框中选择"将筛选结果复制到其他位置",并且在步骤 3 中选择"复制到"区域。

【例 6.15】 在某班学生成绩表中筛选出语文成绩大于 80 分或者男生的记录。

操作步骤如下。

步骤 1：输入条件区域：打开某班学生成绩表,在单元格 B16 中输入"语文",C16 中输入"性别"。在 B17 中输入"＞80",在 C118 中输入"男",条件设置如图 6-78 所示。

步骤 2：在工作表中选中 A1:I12 单元格区域或其中的任意一个单元格。

步骤 3：在"数据"选项卡的"排序和筛选"组中单击"高级"按钮,打开"高级筛选"对话框,如图 6-79 所示。

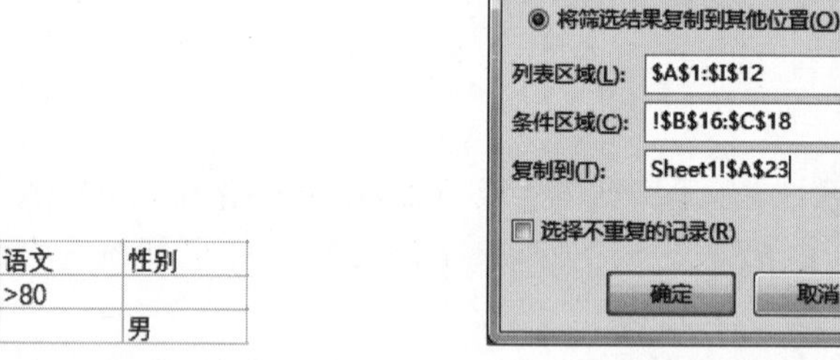

语文	性别
>80	
	男

图 6-78　"或"的条件　　　　图 6-79　"高级筛选"对话框

步骤 4：在对话框的"方式"选项组中选中"将筛选结果复制到其他位置"单选按钮。

步骤 5：如果列表区为空白,可单击"列表区域"编辑框右边的拾取按钮,然后用鼠标从列表区域的 A1 单元格拖动到 I10 单元格,输入框中出现"＄A＄1:＄I＄12"。

步骤 6：单击"条件区域"编辑框右边的拾取按钮,然后用鼠标从条件区域的 B16 拖动到 C18,输入框中出现"＄B＄16:＄C＄18"。

步骤 7：单击"复制到"编辑框右边的拾取按钮,然后选择筛选结果显示区域的第一个单元格 A23。

步骤 8：单击"确定"按钮关闭对话框,筛选结果如图 6-80 所示。

6.7.4　分类汇总

数据的分类汇总是指对数据清单某个字段中的数据进行分类,并对各类数据快速进行统计计算。Excel 提供了 11 种汇总类型,包括求和、计数、统计、最大、最小及平均值等,默认的汇总方式为求和。在实际工作中常常需要对一系列数据进行小计和合计,这时可以使用 Excel 提供的分类汇总功能。

需要特别指出的是,在分类汇总之前必须先对需要分类的数据项进行排序,然后再按该

	A	B	C	D	E	F	G	H	I
1	学号	姓名	性别	政治	语文	数学	历史	计算机	体育
2	20200001	魏丹文	男	70	77	91	84.5	75	70
3	20200002	庄剑飞	男	74	84	97	53.5	76	75
4	20200003	宋嘉文	男	76	71	100	72	80	70
5	20200004	陆玲玲	女	69	91	84	85.5	91	61
6	20200005	金渔斌	男	81	81	100	91.5	89	48
7	20200006	王倪波	男	76	76	98	81	83	70
8	20200007	史苏娜	女	66	83	97	93	82	65
9	20200008	陈祥	男	77	56	95	91	80	67
10	20200009	李泱泱	女	65	74	92	84	82	75
11	20200010	沈冬清	女	68	77	95	83.5	92	53
12	20200011	应琴琴	女	60	82	90	76.5	74	65
13									
14									
15									
16		语文	性别						
17		>80							
18			男						
19									
20									
21									
22									
23	学号	姓名	性别	政治	语文	数学	历史	计算机	体育
24	20200001	魏丹文	男	70	77	91	84.5	75	70
25	20200002	庄剑飞	男	74	84	97	53.5	76	75
26	20200003	宋嘉文	男	76	71	100	72	80	70
27	20200004	陆玲玲	女	69	91	84	85.5	91	61
28	20200005	金渔斌	男	81	81	100	91.5	89	48
29	20200006	王倪波	男	76	76	98	81	83	70
30	20200007	史苏娜	女	66	83	97	93	82	65
31	20200008	陈祥	男	77	56	95	91	80	67
32	20200011	应琴琴	女	60	82	90	76.5	74	65

图 6-80　高级筛选结果

字段进行分类,并分别为各类数据的数据项进行统计汇总。

【例 6.16】 在图 6-81 所示的某班学生成绩表中,分别计算出男生、女生的政治、语文、数学成绩的平均值。

	A	B	C	D	E	F	G	H	I
1	学号	姓名	性别	政治	语文	数学	历史	计算机	体育
2	20200001	魏丹文	男	70	77	91	84.5	75	70
3	20200002	庄剑飞	男	74	84	97	53.5	76	75
4	20200003	宋嘉文	男	76	71	100	72	80	70
5	20200004	陆玲玲	女	69	91	84	85.5	91	61
6	20200005	金渔斌	男	81	81	100	91.5	89	48
7	20200006	王倪波	男	76	76	98	81	83	70
8	20200007	史苏娜	女	66	83	97	93	82	65
9	20200008	陈祥	男	77	56	95	91	80	67
10	20200009	李泱泱	女	65	74	92	84	82	75
11	20200010	沈冬清	女	68	77	95	83.5	92	53
12	20200011	应琴琴	女	60	82	90	76.5	74	65

图 6-81　某班学生成绩表

操作步骤如下。

步骤 1:首先,需要对分类汇总的字段进行排序,即需要对"性别"进行排序。选中性别字段中的任一单元格,执行"数据"→"排序和筛选"命令,然后选择升序或降序排列,结果如图 6-82 所示。

步骤 2:执行"数据"→"分级显示"→"分类汇总"命令,打开如图 6-83 所示的对话框。

	A	B	C	D	E	F	G	H	I
1	学号	姓名	性别	政治	语文	数学	历史	计算机	体育
2	20200004	陆玲玲	女	69	91	84	85.5	91	61
3	20200007	史苏娜	女	66	83	97	93	82	65
4	20200009	李泱泱	女	65	74	92	84	82	75
5	20200010	沈冬清	女	68	77	95	83.5	92	53
6	20200011	应琴琴	女	60	82	90	76.5	74	65
7	20200001	魏丹文	男	70	77	91	84.5	75	70
8	20200002	庄剑飞	男	74	84	97	53.5	76	75
9	20200003	宋嘉文	男	76	71	100	72	80	70
10	20200005	金渔斌	男	81	81	100	91.5	89	48
11	20200006	王倪波	男	76	76	98	81	83	70
12	20200008	陈祥	男	77	56	95	91	80	67

图 6-82　按性别排序

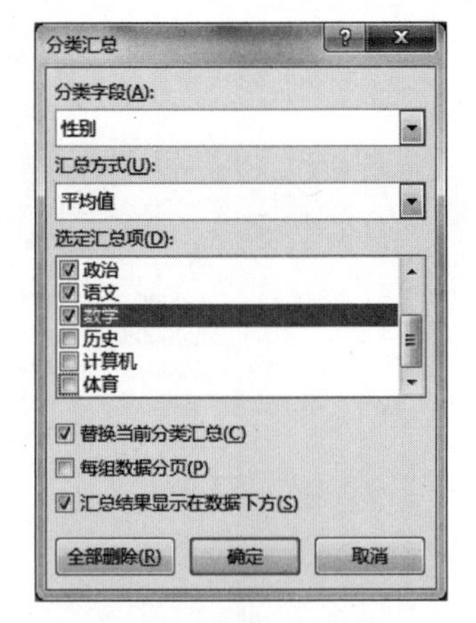

图 6-83　“分类汇总”对话框

步骤 3：在“分类字段”中选择“性别”。

步骤 4：在“汇总方式”中选择“平均值”。

步骤 5：在“选定汇总项”中选择“政治”“语文”“数学”,并取消其他的默认选项。

步骤 6：单击“确定”按钮关闭对话框,即完成分类汇总,结果如图 6-84 所示。

	A	B	C	D	E	F	G	H	I
1	学号	姓名	性别	政治	语文	数学	历史	计算机	体育
2	20200004	陆玲玲	女	69	91	84	85.5	91	61
3	20200007	史苏娜	女	66	83	97	93	82	65
4	20200009	李泱泱	女	65	74	92	84	82	75
5	20200010	沈冬清	女	68	77	95	83.5	92	53
6	20200011	应琴琴	女	60	82	90	76.5	74	65
7			女 平均值	65.6	81.4	91.6			
8	20200001	魏丹文	男	70	77	91	84.5	75	70
9	20200002	庄剑飞	男	74	84	97	53.5	76	75
10	20200003	宋嘉文	男	76	71	100	72	80	70
11	20200005	金渔斌	男	81	81	100	91.5	89	48
12	20200006	王倪波	男	76	76	98	81	83	70
13	20200008	陈祥	男	77	56	95	91	80	67
14			男 平均值	75.66667	74.16667	96.83333			
15			总计平均值	71.09091	77.45455	94.45455			

图 6-84　分类汇总结果

6.7.5 数据透视表

数据透视表是比分类汇总更为灵活的一种数据统计和分析方法。它可以同时灵活地变换多个需要统计的字段,对一组数值进行统计分析,统计可以是求和、计数、最大值、最小值、平均值、数值计数、标准偏差及方差等。利用数据透视表可以从不同方面对数据进行分类汇总。

下面通过实例来说明如何创建数据透视表。

【例 6.17】 对图 6-85 所示的“某部门科目的发生额”内的数据建立数据透视表,按行为“月”、列为“部门”、数据为“发生额”进行求和布局,并置于现有工作表的 H2：Q16 单元格区域。

操作步骤如下。

步骤 1：选定产品销售表 A1:F1044 区域中的任意一个单元格。

	A	B	C	D	E	F
1	月	日	凭证号数	部门	科目划分	发生额
2	01	29	记-0023	一车间	邮寄费	5
3	01	29	记-0021	一车间	出租车费	14.8
4	01	31	记-0031	二车间	邮寄费	20
5	01	29	记-0022	二车间	过桥过路费	50
6	01	29	记-0023	二车间	运费附加	56
7	01	24	记-0008	财务部	独子费	65
1040	12	20	记-0089	技改办	技术开发费	35,745.00
1041	12	31	记-0144	一车间	设备使用费	42,479.87
1042	12	31	记-0144	一车间	设备使用费	42,479.87
1043	12	4	记-0009	一车间	其他	62,000.00
1044	12	20	记-0068	技改办	技术开发费	81,137.00

图 6-85　某部门科目的发生额

步骤 2：在“插入”选项卡的“表格”组中单击“数据透视表”按钮，打开“创建数据透视表”对话框，如图 6-86 所示。

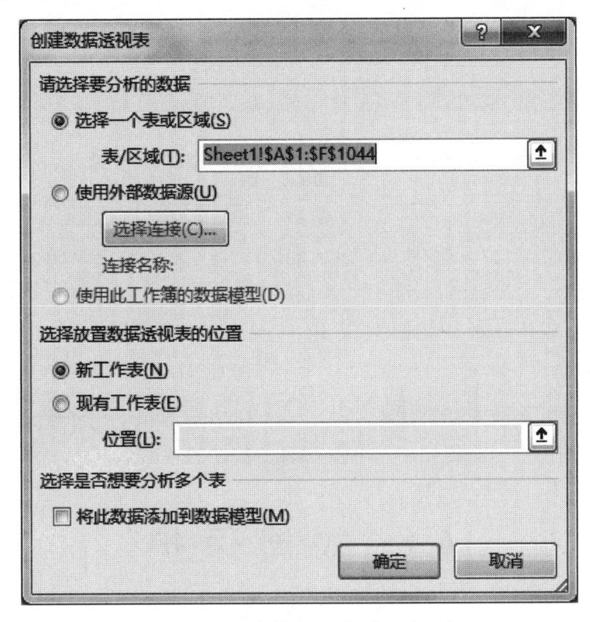

图 6-86　“创建数据透视表”对话框 1

步骤 3：在“请选择要分析的数据”选项组中选中“选择一个表或区域”单选按钮，并在“表/区域”框中选中 A1:F1044 单元格区域(前面步骤 1 已选)；在“选择放置数据透视表的位置”选项组中选中“现有工作表”单选按钮，在“位置”编辑框中选中 H2:Q16 单元格区域，如图 6-87 所示。

步骤 4：单击“确定”按钮关闭对话框，打开“数据透视表字段列表”任务窗格，拖动“月”到“行标签”文本框，拖动“部门”到“列标签”文本框，拖动“发生额”到“∑值”文本框，如图 6-88 所示。

步骤 5：单击“数据透视表字段列表”任务窗格的关闭按钮，数据透视表创建完成。数据透视表设置效果如图 6-89 所示。

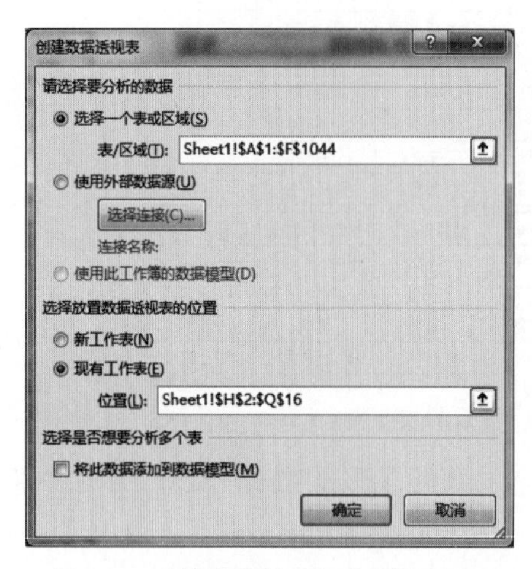

图 6-87 “创建数据透视表”对话框 2

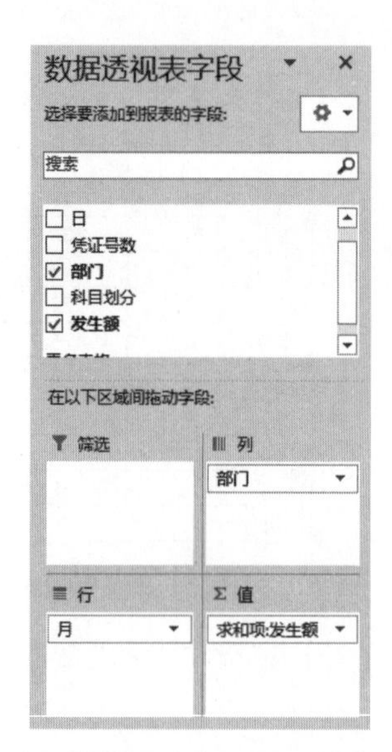

图 6-88 “数据透视表字段列表”任务窗格

H	I	J	K	L	M	N	O	P	Q
求和项:发生额	列标签								
行标签	财务部	二车间	技改办	经理室	人力资源部	销售1部	销售2部	一车间	总计
01	18461.74	9594.98		3942	2392.25	7956.2	13385.2	31350.57	87082.94
02	18518.58	10528.06		7055	2131	11167	16121	18	65538.64
03	21870.66	14946.7		17491.3	4645.06	40314.92	28936.58	32026.57	160231.79
04	19016.85	20374.62	11317.6	4121	2070.7	13854.4	27905.7	5760.68	104421.55
05	29356.87	23034.35	154307.23	28371.9	2822.07	36509.35	33387.31	70760.98	378550.06
06	17313.71	18185.57	111488.76	13260.6	2105.1	15497.3	38970.41	36076.57	252898.02
07	17355.71	21916.07	54955.4	19747.2	2103.08	70604.39	79620.91	4838.9	271141.66
08	23079.69	27112.05	72145	10608.38	3776.68	64152.12	52661.83	19	253554.75
09	22189.46	13937.8	47264.95	21260.6	12862.2	16241.57	49964.33	14097.56	197818.47
10	22863.39	14478.15		14538.85	21223.89	41951.8	16894	16	131966.08
11	36030.86	26340.45	5438.58	21643.45	4837.74	26150.48	96658.5	20755.79	237855.85
12	46937.96	21892.09	206299.91	36269	3979.24	39038.49	38984.12	146959.74	540360.55
总计	292995.48	222340.89	663217.43	198309.28	64949.01	383438.02	493489.89	362680.36	2681420.36

图 6-89 商品销售的数据透视表

6.8 数据保护

6.8.1 保护工作簿

如果想要使工作簿中的工作表不能被移动、删除、隐藏、取消隐藏或重命名操作,也不能插入新的工作表,就需要对工作簿的结构进行保护。具体操作如下:执行“审阅”→“更改”的“保护工作簿”,在打开的对话框中勾选“结构”,如图 6-90 所示。

图 6-90 “保护工作簿”对话框

如果希望每次打开工作簿时都保持窗口的固定位置和大小,可选中“窗口”复选框。为了防止他人取消工作簿的保护,还可设置密码。

执行“文件”→“信息”→“保护工作簿”→“保护工作簿结构”命令,也可打开如图 6-90 所示的对话框,完成相同的功能。

如果要撤销对工作簿的保护,需要先打开工作簿,然后执行“审阅”→“撤销工作簿保护”命令,如果设置了密码,必须要输入密码才能撤销对工作簿的保护。

6.8.2 保护工作表

保护工作表可以禁止未授权的用户在工作表中进行输入、修改、删除数据等操作。进行工作表的保护的具体步骤如下：切换到要实施保护的工作表，执行“审阅”→“保护工作表”命令，打开“保护工作表”对话框，如图 6-91 所示。

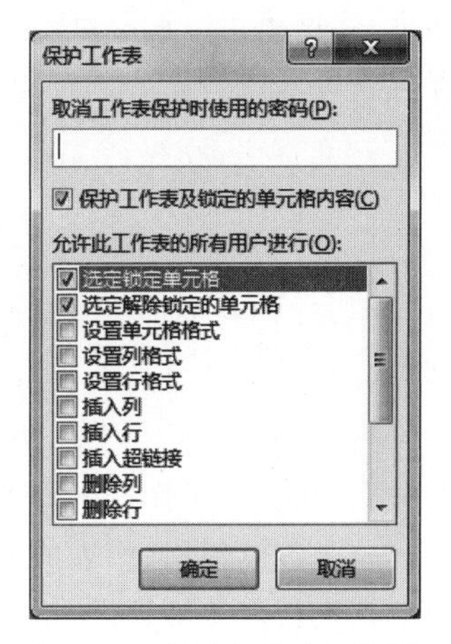

图 6-91 “保护工作表”对话框

要限制他人对工作表进行更改，可将图 6-91 中“允许此工作表的所有用户进行”列表框中的所有选项前的复选框设置为空。为了防止他人取消工作表的保护，可设置密码，然后单击“确定”按钮，在打开的确认密码对话框中，再输入一次密码，就完成了对工作表的保护。

要撤销工作表的保护，需要执行“审阅”→“撤销工作表保护”命令，若设置了密码，则需要输入密码，才能撤销。

6.9 工作表和图的打印

输入、编辑以及格式化等各项工作完成之后，为了阅读方便和用户存档，常需将工作表打印出来。打印表格之前，可以进行页面设置，如页面、页眉页脚以及页边距等设置，合理布局页面，还可以使用打印预览查看打印效果。要使用预览功能只需将工作表打开，执行“文件”→“打印”命令，在窗口的右边会立即显示工作表的预览效果，如图 6-92 所示。

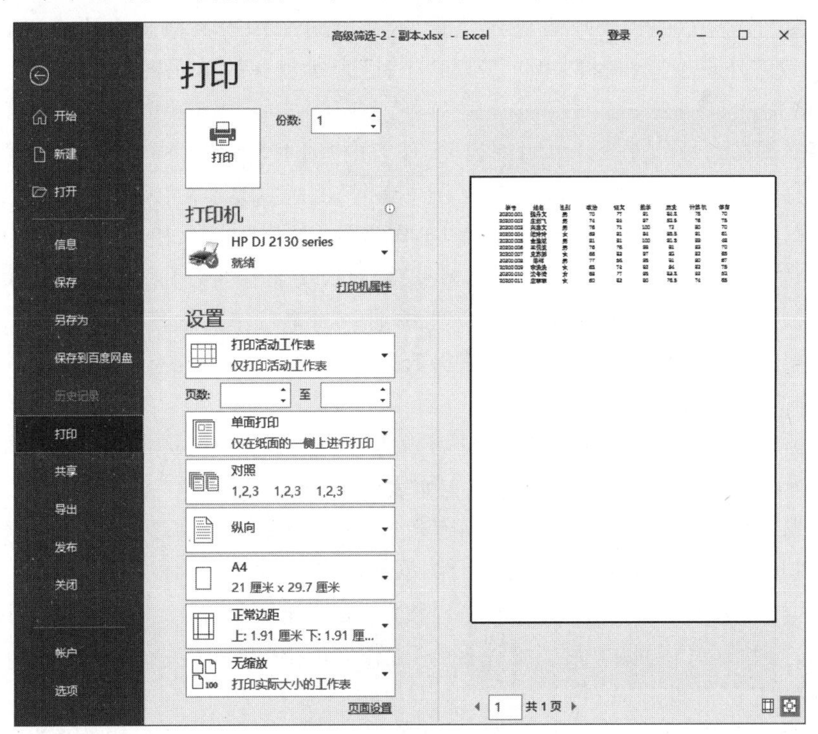

图 6-92 预览效果

要在打印之前对各项打印属性进行设置,可单击“页面设置”字样,会打开“页面设置”对话框,在这里可以调整纸型、打印方向、页边距等属性。当全部设置完毕后,单击“确定”按钮保存设置,然后可单击“打印”按钮,打印出用户所需的工作表。

本章小结

Excel 适合处理大量的数据,用户不仅可以轻松处理大量的数据,还能通过数据表生成各种具有直观效果的图表。

本章介绍了 Excel 2016 表格处理软件的主要功能,包括 Excel 2016 的基本操作、数据的输入和编辑、工作表的管理和美化、数据的筛选和排序、数据的分类汇总和分级显示、常用公式及函数的使用、图表的创建和编辑、数据透视表。通过本章学习,可以利用 Excel 2016 对数据进行有效处理。

习 题 6

1. 进入“第 6 章素材\习题 6\”下的“习题 6.1”文件夹,打开“Excel”文档,按如下要求进行操作。

小李今年毕业后,在一家计算机图书销售公司担任市场部助理,主要的工作职责是为部门经理提供销售信息的分析和汇总。

请你根据销售数据报表(“Excel. xlsx”文件),按照如下要求完成统计和分析工作:

(1) 请对“订单明细表”工作表进行格式调整,通过套用表格格式方法将所有的销售记录调整为一致的外观格式,并将“单价”列和“小计”列所包含的单元格调整为“会计专用”(人民币)数字格式。

(2) 根据图书编号,请在“订单明细表”工作表的“图书名称”列中,使用 VLOOKUP 函数完成图书名称的自动填充。“图书名称”和“图书编号”的对应关系在“编号对照”工作表中。

(3) 根据图书编号,请在“订单明细表”工作表的“单价”列中,使用 VLOOKUP 函数完成图书单价的自动填充。“单价”和“图书编号”的对应关系在“编号对照”工作表中。

(4) 在“订单明细表”工作表的“小计”列中,计算每笔订单的销售额。

(5) 根据“订单明细表”工作表中的销售数据,统计所有订单的总销售金额,并将其填写在“统计报告”工作表的 B3 单元格中。

(6) 根据“订单明细表”工作表中的销售数据,统计《MS Office 高级应用》图书在 2012 年的总销售额,并将其填写在“统计报告”工作表的 B4 单元格中。

(7) 根据“订单明细表”工作表中的销售数据,统计隆华书店在 2011 年第 3 季度的总销售额,并将其填写在“统计报告”工作表的 B5 单元格中。

(8) 根据“订单明细表”工作表中的销售数据,统计隆华书店在 2011 年的每月平均销售额(保留 2 位小数),并将其填写在“统计报告”工作表的 B6 单元格中。

(9) 保存“Excel. xlsx”文件。

2. 进入“第 6 章素材\习题 6\”下的“习题 6.2”文件夹,打开“学生成绩单”文档,按如下要求进行操作。

小蒋是一位中学教师，在教务处负责初一年级学生的成绩管理。由于学校地处偏远地区，缺乏必要的教学设施，只有一台配置不太高的计算机可以使用。他在这台计算机中安装了 Microsoft Office，决定通过 Excel 来管理学生成绩，以弥补学校缺少数据库管理系统的不足。现在，第一学期期末考试刚刚结束，小蒋将初一年级三个班的成绩均录入了文件名为“学生成绩单. xlsx”的 Excel 工作簿文档中。

请你根据下列要求帮助小蒋老师对该成绩单进行整理和分析：

(1) 对工作表“第一学期期末成绩”中的数据列表进行格式化操作：将第一列“学号”列设为文本，将所有成绩列设为保留两位小数的数值；适当加大行高列宽，改变字体、字号，设置对齐方式，增加适当的边框和底纹以使工作表更加美观。

(2) 利用“条件格式”功能进行下列设置：将语文、数学、英语三科中不低于 110 分的成绩所在的单元格以一种颜色填充，其他四科中高于 95 分的成绩以另一种字体颜色标出，所用颜色深浅以不遮挡数据为宜。

(3) 利用 sum 和 average 函数计算每一个学生的总分及平均成绩。

(4) 学号第 3、4 位代表学生所在的班级，例如：“120105”代表 12 级 1 班 5 号。请通过函数提取每个学生所在的班级并按下列对应关系填写在“班级”列中：

“学号”的 3、4 位	对应班级
01	1 班
02	2 班
03	3 班

(5) 复制工作表“第一学期期末成绩”，将副本放置到原表之后；改变该副本表标签的颜色，并重新命名，新表名需包含“分类汇总”字样。

(6) 通过分类汇总功能求出每个班各科的平均成绩，并将每组结果分页显示。

(7) 以分类汇总结果为基础，创建一个簇状柱形图，对每个班各科平均成绩进行比较，并将该图表放置在一个名为“柱状分析图”新工作表中。

3. 进入“第 6 章素材\习题 6\”下的“习题 6.3”文件夹，打开“Excel”文档，按如下要求进行操作。

小李是东方公司的会计，利用自己所学的办公软件进行记账管理，为节省时间，同时又确保记账的准确性，她使用 Excel 编制了 2014 年 3 月员工工资表“Excel. xlsx”。

请你根据下列要求帮助小李对该工资表进行整理和分析(提示：本题中若出现排序问题则采用升序方式)：

(1) 通过合并单元格，将表名“东方公司 2014 年 3 月员工工资表”放于整个表的上端、居中，并调整字体、字号。

(2) 在“序号”列中分别填入 1 到 15，将其数据格式设置为数值、保留 0 位小数、居中。

(3) 将“基础工资”(含)往右各列设置为会计专用格式、保留 2 位小数、无货币符号。

(4) 调整表格各列宽度、对齐方式，使得显示更加美观。并设置纸张大小为 A4、横向，整个工作表需调整在 1 个打印页内。

(5) 参考考生文件夹下的“工资薪金所得税率. xlsx”，利用 IF 函数计算 “应交个人所得税”列。(提示：应交个人所得税=应纳税所得额 * 对应税率-对应速算扣除数)

(6) 利用公式计算“实发工资”列,公式为：实发工资＝应付工资合计－扣除社保－应交个人所得税。

(7) 复制工作表“2014 年 3 月”,将副本放置到原表的右侧,并命名为“分类汇总”。

(8) 在“分类汇总”工作表中通过分类汇总功能求出各部门“应付工资合计”“实发工资”的和,每组数据不分页。

第7章 PowerPoint 2016 演示文稿

PowerPoint 2016 是微软公司开发的 Office 2016 办公系列软件中的一个组件，主要用于制作演示文稿。利用该软件，能够制作出集文字、图形、图像、声音、视频等多媒体元素为一体的幻灯片。演示文稿被广泛应用于学术报告、教师授课、毕业答辩、产品演示、广告宣传等各种信息传播活动中。

本章先向读者介绍演示文稿的基本概念，接下来介绍如何制作演示文稿，最后介绍演示稿的效映、打印和打包的方法。

7.1 初识 PowerPoint 2016

7.1.1 PowerPoint 2016 的简介

Powerpoint 2016 是 Microsoft Office 2016 办公套装软件的一个重要组成部分，也是目前制作演示文稿最常用的工具软件。使用该软件可以将文本、图形、图像、声音和视频等媒体元素有机组合，让信息以更高效、更直观的方式表达出来，常用于会议报告、产品展示、课堂教学等领域。

在学习 PowerPoint 2016 之前，首先介绍三个概念：

(1) 演示文稿。利用 PowerPoint 制作的文件称为演示文稿，它是一个文件。

(2) PPT。它的全称是 PowerPoint，PowerPoint 2003 以及以前版本保存的文件默认扩展名是 ppt，所以人们经常将演示文稿简称为 PPT。

(3) 幻灯片。它指的是一个 PowerPoint 文件中的一页，一个演示文稿一般由多页幻灯片组成。

7.1.2 PowerPoint 2016 的主要功能

1. 多种媒体高度集成

演示文稿支持插入文本、图表、艺术字、公式、音频及视频等多种媒体信息。PowerPoint 2016 新增了墨迹公式、多样化图表和屏幕录制等新功能，有助于工作效率的提升，数据可视化的呈现。

2. 模板和母版自定风格

使用模板和母版能快速生成风格统一、独具特色的演示文稿。模板提供了演示文稿的格式、配色方案、母版样式及产生特效的字体样式等，PowerPoint 提供了多种美观大方的模板，也允许用户创建和使用自己的模板。

3. 内容动态演绎

动画是演示文稿的一个亮点，各幻灯片间的切换可通过切换方式进行设定、幻灯片中各对象的动态展示可通过添加动画效果来实现。PowerPoint 2016 新增了"平滑"的切换方式,可实现连贯变化的效果。

4. 共享方式多样化

演示文稿共享方式有"使用电子邮件发送""以 PDF/XPS 形式发送""创建为讲义""广播幻灯片"及"打包到 CD"等。PowerPoint 2016 将共享功能和 OneDrive 进行了整合,在"文件"按钮的"共享"界面中,可以直接将文件保存到 OneDrive 中,可实现同时多人协作编辑文档。

5. 各版本间的兼容性

PowerPoint 2016 向下兼容 PowerPoint 97-2013 版本的.ppt、.pps、pot 文件,可以打开多种格式的 Office 文档、网页文件等,保存的格式也更加多样。

7.1.3 PowerPoint 2016 的启动和退出

1. PowerPoint 2016 的启动

与普通的应用程序类似,用户可以使用多种方式启动 PowerPoint 2016。

方法 1:常规启动。选择"开始"→"所有程序"→ Microsoft Office → Microsoft PowerPoint 2016 命令启动。

方法 2:桌面快捷方式启动。双击桌面上的 Microsoft PowerPoint 2016 快捷图标。

方法 3:双击已有的 Microsoft PowerPoint 2016 文档。

2. PowerPoint 2016 的退出

退出 PowerPoint 2016 的方法主要有:

方法 1:单击窗口右上角的"退出"按钮 × 。

方法 2:执行"文件"→"关闭"命令。

方法 3:右击 PowerPoint 2016 的标题栏,在弹出的快捷菜单中选择"关闭"选项;或者直接按下 Alt+F4 快捷键。

7.1.4 PowerPoint 2016 的窗口组成

启动 Microsoft PowerPoint 2016 后,打开如图 7-1 所示的工作界面,其中 PowerPoint 2016 窗口主要由标题栏、选项卡与功能区、幻灯片编辑区、缩略图窗格、状态栏、备注窗格和视图按钮等部分组成。

下面就 PowerPoint 2016 窗口所特有的部分作简要介绍。

1. 标题栏

标题栏位于工作界面的顶端,其中自左至右显示的是快速访问工具栏、标题栏、登录账号、功能区显示选项按钮、窗口控制按钮。

2. 快速访问工具栏

快速访问工具栏中包含常用操作的快捷按钮,方便用户使用。在默认状态下,只有"保存""撤销"和"恢复"3 个按钮,单击右侧的下拉按钮可添加其他快捷按钮。

3. 选项卡与功能区

PowerPoint 2016 的选项卡包括文件、开始、插入、设计、切换、动画、幻灯片放映、审阅和视图等,单击某选项卡即打开相应的功能区。

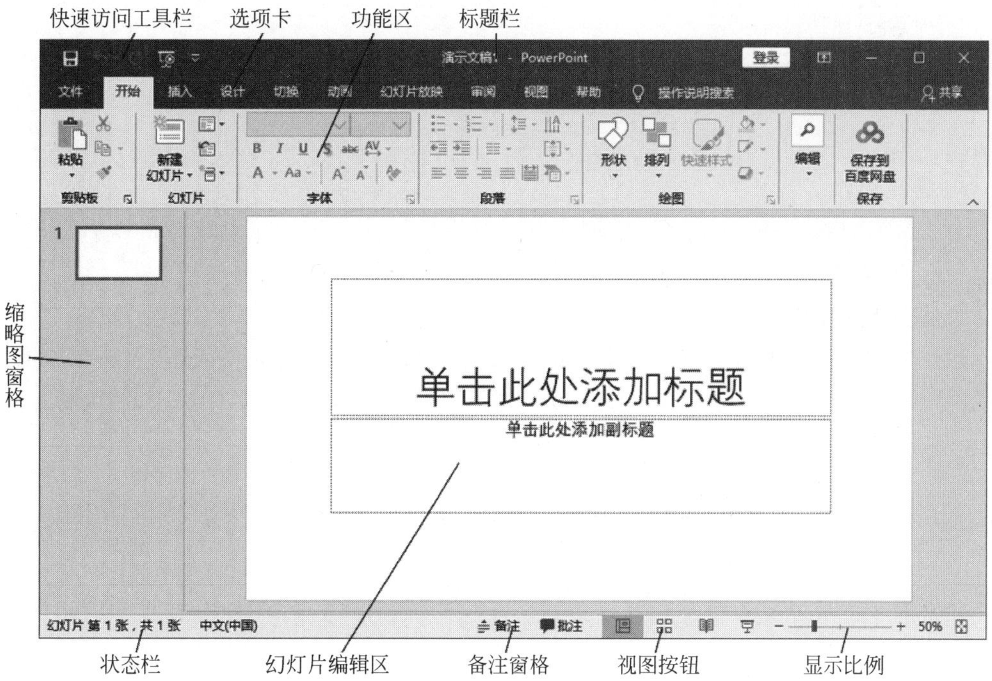

图 7-1　PowerPoint 2016 的工作界面

(1) 开始："开始"功能区包括"剪贴板""幻灯片""字体""段落""绘图"和"编辑"组，主要用于插入幻灯片及幻灯片的版式设计等。

(2) 插入："插入"功能区包括"表格""图像""插图""链接""文本""符号"和"媒体"组。主要用于插入表格、图形、图片、艺术字、音频、视频等多媒体信息以及设置超链接。

(3) 设计："设计"功能区包括"页面设置""主题"和"背景"组，主要用于选择幻灯片的主题及背景设计。

(4) 切换："切换"功能区包括"预览""切换到此幻灯片"和"计时"组，主要用于设置幻灯片的切换效果。

(5) 动画："动画"功能区包括"预览""动画""高级动画"和"计时"组，主要用于幻灯片中被选中对象的动画及动画效果设置。

(6) 幻灯片放映："幻灯片放映"功能区包括"开始放映幻灯片""设置"和"监视器"组，主要用于放映幻灯片及幻灯片放映方式设置。

(7) 审阅："审阅"功能区包括"校对""语言""中文简繁转换""批注"和"比较"组，主要实现文稿的校对和插入批注等。

(8) 视图："视图"功能区包括"演示文稿视图""母版视图""显示""显示比例""颜色/灰度""窗口"和"宏"等几个组，主要实现演示文稿的视图方式选择。

4. 幻灯片编辑区

幻灯片编辑区又名工作区，是 PowerPoint 的主要工作区域，在此区域可以对幻灯片进行各种操作，例如添加文字、图形、影片、声音，创建超链接，设置幻灯片的切换效果和幻灯片中对象的动画效果等。注意，工作区不能同时显示多张幻灯片的内容。

5. 缩略图窗格

缩略图窗格也称大纲窗格，显示了幻灯片的排列结构，每张幻灯片前会显示对应编号，用户可在此区域编排幻灯片顺序。单击此区域中的不同幻灯片，可以实现工作区内幻灯片的切换。

6. 备注窗格

备注窗格也叫作备注区，可以添加演说者希望与观众共享的信息或者供以后查询的其他信息。若需要向其中加入图形，必须切换到备注页视图模式下操作。

7. 状态栏和视图栏

通过单击视图切换按钮能方便、快捷地实现不同视图方式的切换，从左至右依次是“普通视图”按钮、“幻灯片浏览视图”按钮、“阅读视图”按钮、“幻灯片放映”按钮，需要特别说明的是，单击“幻灯片放映”按钮只能从当前选中的幻灯片开始放映。

7.2 演示文稿的基本操作

通常演示文稿的基本操作包括新建、打开、保存、关闭/查看等操作，在操作演示文稿时需要熟练掌握这些基本操作。接下来具体介绍幻灯片的几个基本操作。

7.2.1 新建演示文稿

在 PowerPoint 2016 中，新建演示文稿不仅可以新建空白演示文稿，还可以根据模板和主题来新建带有一定格式的演示文稿。

1. 新建空白演示文稿

新建空白演示文稿的方法有以下几种：

方法 1：启动 PowerPoint 2016 程序，系统会自动创建一个名为“演示文稿 1”的空白演示文稿，在此后新建的演示文稿，系统会以“演示文稿 2”“演示文稿 3”……这样的顺序对新演示文稿进行命名。

方法 2：按下 Ctrl＋N 快捷键，或者单击快速访问工具栏上的“新建”按钮。

方法 3：执行“文件”→“新建”命令，在“可用的模板和主题”中选择“空白演示文稿”，然后单击“创建”按钮，如图 7-2 所示。

2. 根据模板创建演示文稿

模板是一个包含初始设置的文件，设计好外观、可改变内容的演示文稿，它决定了演示文稿的基本结构，同时决定了其配色方案，应用模板可以使演示文稿具有统一的风格，构建演示文稿注重其华丽性和专业性，才能充分感染观众。在模板中，演示文稿的样式、风格、背景、装饰图案、文字布局及颜色、大小等都已定义好，用户在设计演示文稿时可以先选择演示文稿的整体风格，再进行进一步的编辑和修改。

PowerPoint 2016 为用户提供了数千种关于各种主题的免费演示文稿模板，并且 Office 官网上还提供了大量的 PowerPoint 模板供用户下载使用，用户可以在启动 PowerPoint 2016 后立即搜索这些模板。根据模板创建演示文稿的方法为：执行“文件”→“新建”命令，在可用的模板中选择某个模板，单击“创建”按钮，如图 7-3 所示。

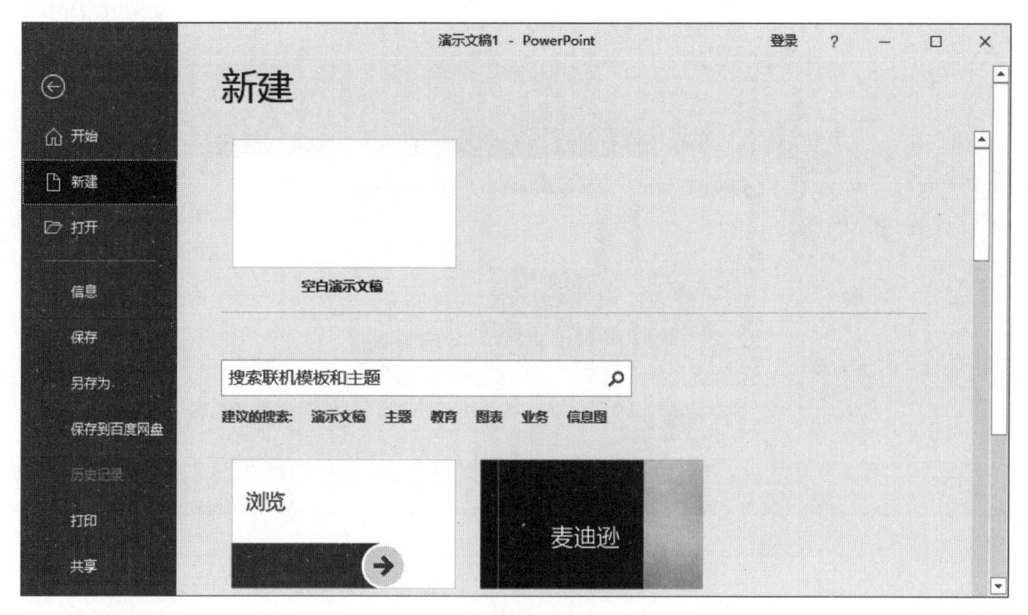

图 7-2　新建空白演示文稿

图 7-3　根据模板创建演示文稿

3. 根据主题创建演示文稿

主题是配套设计了主题字体、主题颜色等规范的精品模板，它是组成模板的元素，包括颜色、字体、设计风格等都是主题的要素。PowerPoint 内置的主题属于模板的一种，是更加高级和细致化的模板。使用主题可以使没有专业设计水平的用户设计出专业的演示文稿效果。

PowerPoint 2016 中根据主题创建演示文稿的过程为：执行“文件”→“新建”命令，在“搜索联机模板和主题”中选择“主题”，然后选中某一主题，单击“创建”按钮，如图 7-4 所示。

4. 根据已有内容创建演示文稿

除了上述三种方法以外，还可以根据已有内容新建演示文稿。在“新建演示文稿”任务窗格中选择“根据现有内容新建”，将创建现有演示文稿的副本，并可以在此基础上进行演示

图 7-4　根据主题创建演示文稿

文稿的编辑。

7.2.2　打开演示文稿

对于已经保存在计算机中的演示文稿，要想对其进行浏览、编辑、放映等操作，需要先将其打开。PowerPoint 2016 允许用户通过以下几种方法打开演示文稿：

方法 1：直接双击打开。双击已有的演示文稿，就可以启动 PowerPoint 2016，同时打开指定的演示文稿。

方法 2：执行"文件"→"打开"命令，从打开的"打开"对话框中选择相应的演示文稿，然后单击"打开"按钮，如图 7-5 所示。

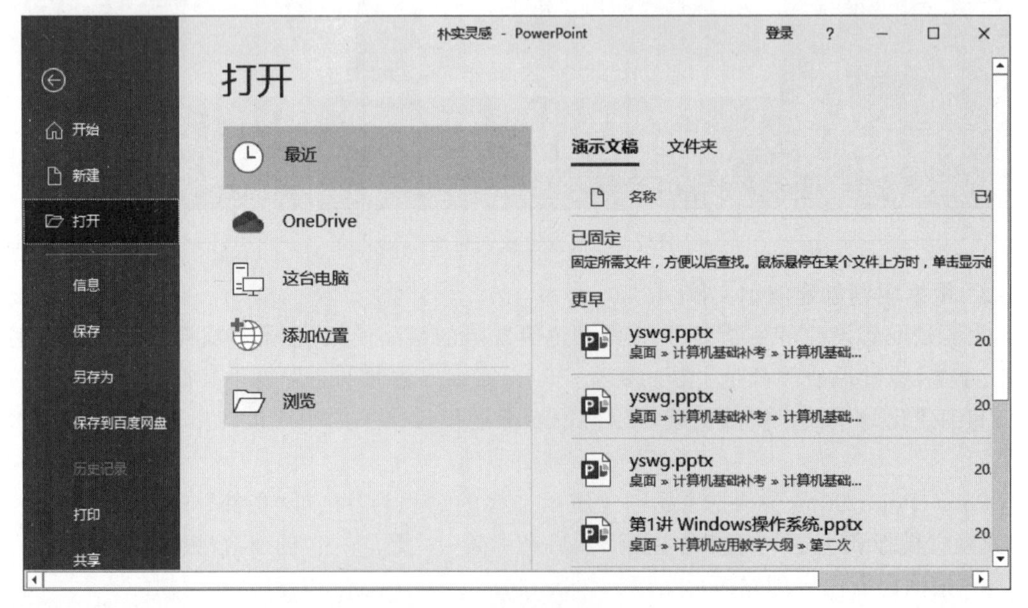

图 7-5　打开演示文稿窗口

方法 3：使用 Ctrl+O 快捷键，或者在快速访问工具栏中执行“打开”命令，也可以打开“打开”对话框。

方法 4：执行“文件”→“最近所用文件”命令，可以快速打开最近使用过的演示文稿。

7.2.3 保存与关闭演示文稿

文件的保存是一种常规作，在编辑过程中及时保存演示文稿，可以避免数据的意外丢失，保存演示文稿的方法与保存其他应用程序相似，分为新建演示文稿的保存、现有演示文稿的保存和另存为三种情况。保存的方法不再介绍，下面对保存的注意事项做以下说明：

(1) PowerPoint 2016 默认的保存类型为 PowerPoint 演示文稿，扩展名为.pptx。

(2) 在第一次保存演示文稿时，无论是选择“保存”还是“另存为”命令，都会打开“另存为”对话框。

(3) 保存文档中，可以将保存类型选择为 PowerPoint 97-2003 演示文稿(*.ppt)，这样该演示文稿可以在 PowerPoint 2003 以及以前版本中使用。

(4) 可以设置 PowerPoint 2016 的自动保存，方法是：执行“文件”→“选项”→“保存”命令，在右侧窗口中设置“保存自动恢复信息时间间隔”即可，如图 7-6 所示，这样即使在退出 PowerPoint 之前未保存文档，系统也可以恢复到最近一次的自动备份。当要恢复未保存的文件时，执行“文件”→“最近所用文件”命令，在右侧的窗格中单击“恢复未保存的演示文稿”按钮。

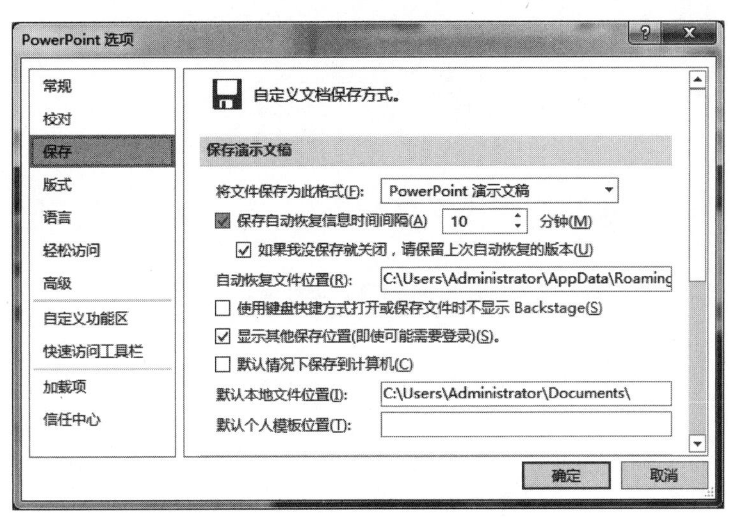

图 7-6 设置自动保存

完成文件保存后，确定文件不再进行其他的操作，可以将其窗口关闭，以释放所占用的系统内存。具体方法：执行“文件”→“关闭”命令或者使用 Ctrl+W 快捷键关闭当前演示文稿。

7.2.4 查看演示文稿

为了满足用户不同的需求，PowerPoint 2016 提供了多种编辑和查看幻灯片的方式。PowerPoint 2016 提供了 5 种视图模式，分别为普通视图、大纲视图、幻灯片浏览视图、备注页视图和阅读视图模式,用户可根据自己的操作需要选择不同的视图模式。切换视图的方式可以在“视图”→“演示文稿视图”分组中单击对应的视图按钮,如图 7-7 所示,或者单击任务栏右侧的视图切换按钮 。

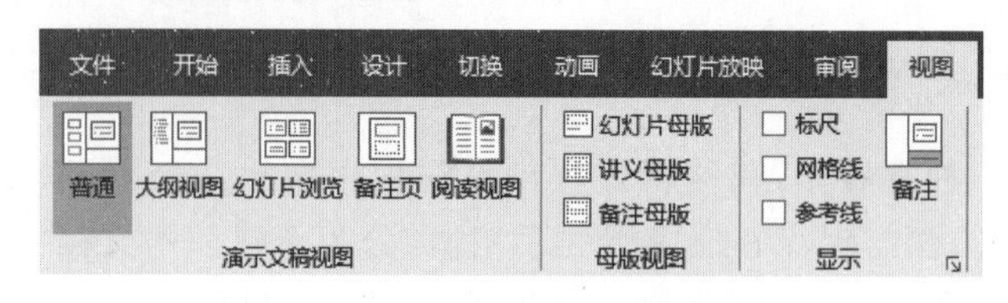

图 7-7 “演示文稿视图”组切换按钮

1. 普通视图

普通视图是 PowerPoint 2016 的默认视图模式,共包含大纲窗格、幻灯片窗格和备注窗格三种窗格。这些窗格让用户可以在同一位置使用演示文稿的各种特征。拖动窗格边框可调整不同窗格的大小。

其中在大纲窗格可以输入演示文稿中的所有文本,然后重新排列项目符号点、段落和幻灯片;在幻灯片窗格中,可以查看每张幻灯片中的文本外观,还可以在单张幻灯片中添加图形、影片和声音,并创建超级链接以及向其中添加动画;而备注窗格使得用户可以添加与观众共享的演说者备注或信息,普通视图状态如图 7-8 所示。

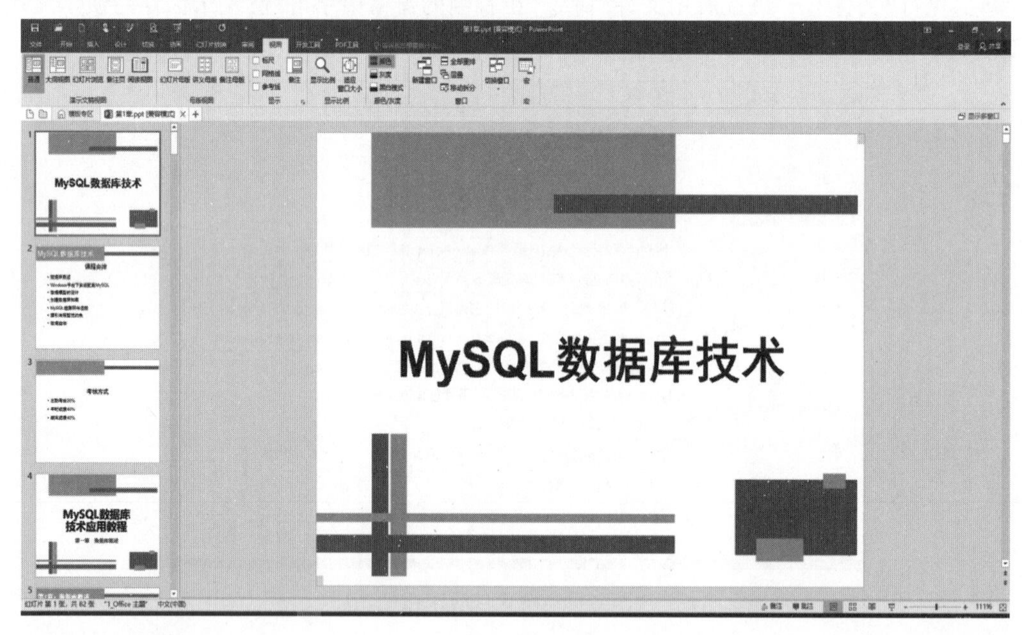

图 7-8 普通视图

2. 大纲视图

大纲视图含有大纲窗格、幻灯片缩图窗格和幻灯片备注页窗格。在大纲窗格中显示演示文稿的文本内容和组织结构,不显示图形、图像、图表等对象。

在大纲视图下编辑演示文稿,可以调整各幻灯片的前后顺序;在一张幻灯片内可以调整标题的层次级别和前后次序;可以将某幻灯片的文本复制或移动到其他幻灯片中,大纲视图状态如图 7-9 所示。

图 7-9　大纲视图

3. 幻灯片浏览视图

在幻灯片浏览视图中，可以在屏幕上同时看到演示文稿中的所有幻灯片，这些幻灯片是以缩略图方式整齐地显示在同一窗口中。

在该视图中可以看到改变幻灯片的背景设计、配色方案或更换模板后文稿发生的整体变化，可以检查各个幻灯片是否前后协调、图标的位置是否合适等问题；同时在该视图中也可以很容易地在幻灯片之间添加、删除和移动幻灯片的前后顺序以及选择幻灯片之间的动画切换，幻灯片浏览视图状态如图 7-10 所示。

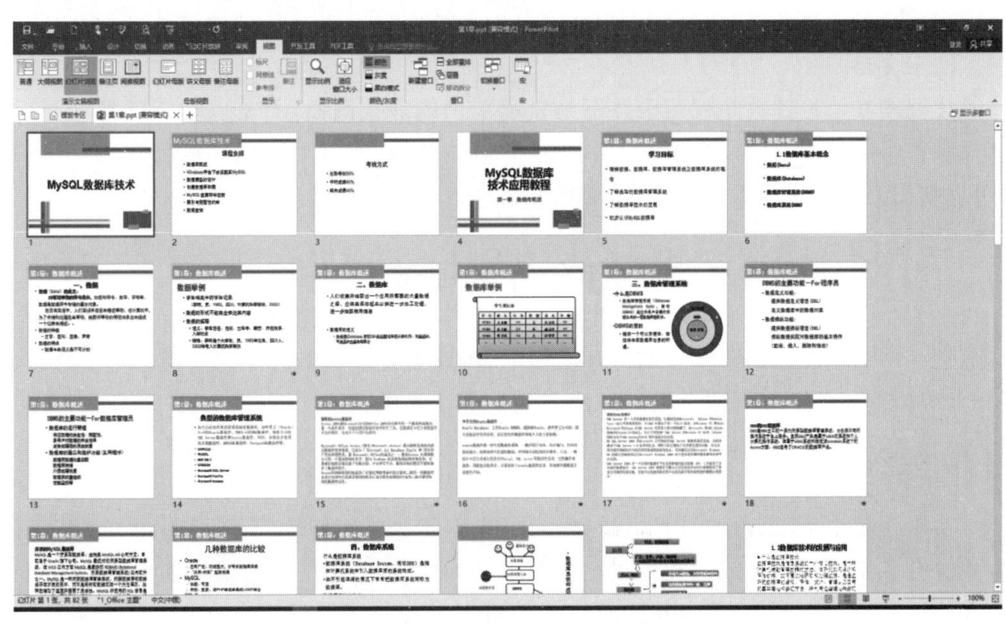

图 7-10　幻灯片浏览视图

4. 备注页视图

备注页视图主要用于为演示文稿中的幻灯片添加备注内容或对备注内容进行编辑修改,在该视图模式下无法对幻灯片的内容进行编辑。

切换到备注页视图后,页面上方显示当前幻灯片的内容缩览图,下方显示备注内容占位符。单击该占位符,向占位符中输入内容,即可为幻灯片添加备注内容,如图 7-11 所示。

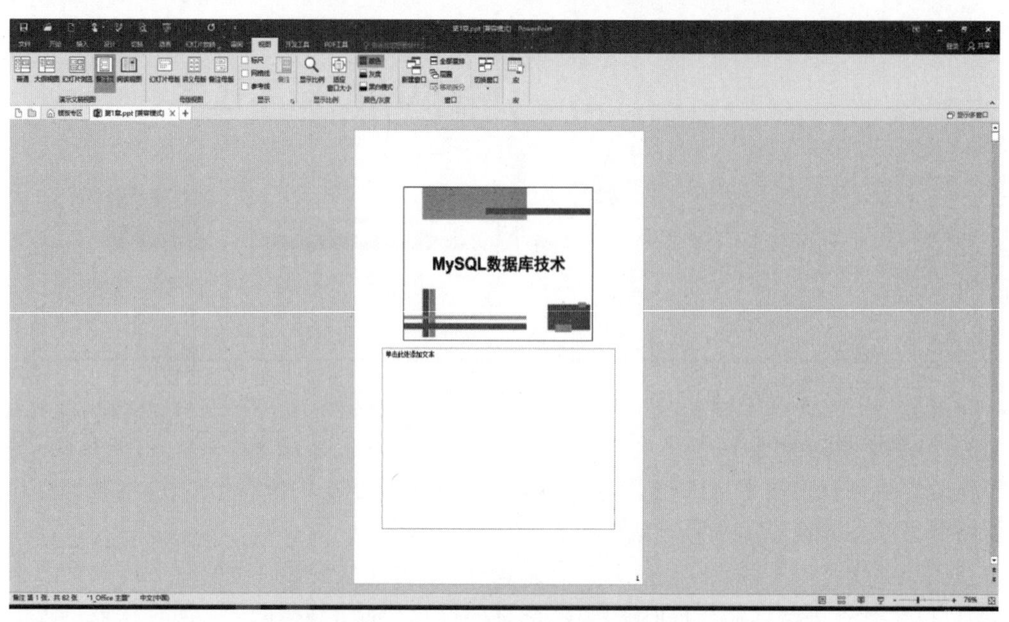

图 7-11　备注页视图

5. 阅读视图

在创建演示文稿的任何时候,用户都可以通过单击"幻灯片放映"按钮启动幻灯片放映和预览演示文稿。

阅读视图在幻灯片放映视图中并不是显示单个的静止画面,而是以动态的形式显示演示文稿中各个幻灯片。阅读视图是演示文稿的最后效果,所以当演示文稿创建到一个段落时,可以利用该视图来检查,从而可以发现不满意的地方并及时进行修改。

7.3　幻灯片的基本操作

通常一个演示文稿是由多张幻灯片组成的,因此需要掌握幻灯片的选择、新建、移动、复制、删除等操作。接下来具体介绍幻灯片的几个基本操作。

7.3.1　选择幻灯片

在演示文稿中,要想对幻灯片进行操作,首先需要选择幻灯片,不同的视图,选择幻灯片的方式也有差别。在普通视图和备注页视图中,当前显示的幻灯片就是被选中的,不必单击它。在幻灯片浏览视图中,单击某张幻灯片就可以选择整张幻灯片;如果要选择不连续的几张幻灯片,按住 Ctrl 键,再单击其他要选择的幻灯片;若要选择连续的几张幻灯片,可以先单击第一张幻灯片,按住 Shift 键后,再单击最后一张幻灯片;若要选择全部的幻灯片,按下 Ctrl+A 快捷键即可。

7.3.2 新建幻灯片

演示文稿通常需要使用多张幻灯片来表达需要演示的内容，在制作和编辑演示文稿的过程中，如果演示文稿中的幻灯片不够，用户可以根据需要进行新建，添加更多的幻灯片。常用的方法有以下 3 种：

方法 1：选择“开始”选项卡，在“幻灯片”组中单击“新建幻灯片”组下方的下拉按钮，从弹出的下拉列表中选取一种幻灯片版式，即可直接添加一张新幻灯片。

方法 2：在普通视图中选择一张幻灯片，然后按 Enter 键，或者按 Ctrl+M 快捷键，即可快速插入一张与选中幻灯片具有相同版式的新幻灯片。

方法 3：选择幻灯片后右击，在弹出的快捷菜单中选择“新建幻灯片”选项，即可在当前幻灯片后面添加一张新幻灯片。

7.3.3 复制幻灯片

在编辑幻灯片的过程中，还可对幻灯片进行移动和编辑操作。在制作演示文稿时，为了使新建的幻灯片与已有的幻灯片保持版式、风格等的一致，可以利用幻灯片的复制功能，复制以后，只需要在原有幻灯片的基础上进行适当的修改即可。复制幻灯片的常用方法如下。

方法 1：选中需要复制的幻灯片，然后执行“开始”→“复制”命令；或者右击选中的幻灯片，在弹出的快捷菜单中选择“复制”选项；或者按 Ctrl+C 快捷键。

方法 2：移动光标到目标位置，然后执行“开始”→“粘贴”命令；或者在目标位置右击，在弹出的快捷菜单中选择“粘贴选项”选项中某一项；或者按 Ctrl+V 快捷键。

方法 3：使用拖动的方法也能实现幻灯片的复制。选择需要复制的幻灯片，按住 Ctrl 键，使用鼠标左键拖动到目标位置，此时目标位置上将出现一条横线，释放鼠标即可。

7.3.4 移动幻灯片

在编辑演示文稿的过程中，如果要调整幻灯片的顺序，可以使用移动操作。移动幻灯片的方法与复制相似。

方法 1：选中需要操作的幻灯片，然后执行“开始”→“剪切”命令；或者右击选中的幻灯片，在弹出的快捷菜单中选择“剪切”选项；或者按 Ctrl+X 快捷键。

方法 2：移动光标到目标位置，然后执行“开始”→“粘贴”命令；或者在目标位置右击，在弹出的快捷菜单中选择“粘贴选项”选项中某一个选项；或者按 Ctrl+V 快捷键。

方法 3：使用拖动的方法也能实现幻灯片的移动。选择需要移动的幻灯片，使用鼠标左键拖动到目标位置，此时目标位置上将出现一条横线，释放鼠标即可。

7.3.5 删除幻灯片

在编辑演示文稿的过程中，对于无用的幻灯片，可以将其删除。其方法为：选中需要删除的幻灯片，右击，在弹出的快捷菜单中选择“删除幻灯片”选项即可，也可以直接按 Delete 键删除。

7.3.6 隐藏幻灯片

在编辑演示文稿的过程中,如果不想放映个别幻灯片,此时可以将它们隐藏起来。选择要隐藏的幻灯片,然后右击,在弹出的快捷菜单中选择"隐藏幻灯片"选项,就可以将幻灯片隐藏起来。被隐藏的幻灯片编号上将显示斜线标志。

7.4 幻灯片内容的添加

通常为了使幻灯片内容丰富,需要往幻灯片中添加内容,因此需要掌握幻灯片文本、图像、表格、图表、形状、SmartArt 图形、视频、音频等内容的添加。接下来具体介绍幻灯片的几种常用的内容添加基本操作。

7.4.1 添加与编辑文本

在 PowerPoint 2016 演示文稿中添加文本常见的有 3 种方法,使用占位符、使用大纲视图和使用文本框。下面分别介绍这 3 种输入文本的方法。

方法 1:使用占位符。占位符是一种含有虚线边缘的框,绝大部分的幻灯片版式中都有这种框,在这边框中可以放置标题及正文,或者是图表、表格和图片等对象。在创建幻灯片时,用户选择的幻灯片版式其实就是占位符的位置。在这些幻灯片中,预置了占位符的位置,用户可以直接通过选择、移动与调整占位,修改占位符的版式。

方法 2:使用大纲视图。一些演示文稿中展示的文字具有不同的层次结构,有时还需要带有项目符号,使用 PowerPoint 2016 的大纲视图能够在幻灯片中很方便地创建这种文字结构的幻灯片。切换至"视图"选项卡,单击"大纲视图",在"大纲"窗格中选择这张空白幻灯片,然后在幻灯片图标后面直接输入幻灯片标题,按 Enter 键再插入一张新幻灯片,同样在此幻灯片中输入标题;在"大纲"窗格中选择需要创建子标题的幻灯片,将光标移到主标题的末尾,按 Enter 键创建一张新幻灯片,然后按 Tab 键将其转换为下级标题,同时输入文字。完成一行输入后,按 Enter 键继续输入同级文字。

方法 3:使用文本框。幻灯片中的占位符是一个特殊的文本框,其出现在幻灯片中固定的位置,包含预设的文本格式。实际上,用户可以根据自己的需要在幻灯片的任意位置绘制文本框,并能设置文本框的文本格式,从而灵活地创建各种形式的文字。在演示文稿中选择需要插入文本框的幻灯片,然后在功能区中选择"插入"选项卡,在"文本"组中单击"文本框"按钮,可在幻灯片中单击插入一个文本框,或者单击"文本框"下的下三角按钮,选择下拉列表中的"横排文本框"或者"竖排文本框",此处选择"横排文本框";拖动鼠标在幻灯片中绘制文本框,然后在文本框中输入文字。

如果想要对文本设置一定的格式,需要输入文本内容后将其选中,在"开始"选项卡中,通过"字体"组可以编辑字体、字号、颜色等字符格式,通过"段落"组可以设置对齐方式、行距、项目符号、编号和缩进等格式,设置方法与 Word 中文字的编辑方法相似。

7.4.2 添加图像

在幻灯片中插入图像能够丰富幻灯片的内容,增强幻灯片的演示效果。PowerPoint

2016 允许用户在幻灯片中插入各种常见格式的图片文件，并对图片的大小、亮度和色彩等进行调整。幻灯片中图片的添加分为多种情况，一般情况下用户可以添加文件中的图片，如果文件中不包含需要的图片，也可以添加联机图片、屏幕截图或从相册中添加。在演示文稿中添加图像，主要有以下两种方法。

(1) 使用“插入”选项卡。打开演示文稿，选中一张幻灯片，切换到“插入”选项卡，单击“图像”组中的“图片”“联机图片”“屏幕截图”等按钮，就可以添加相应的图像对象，如图 7-12 所示。

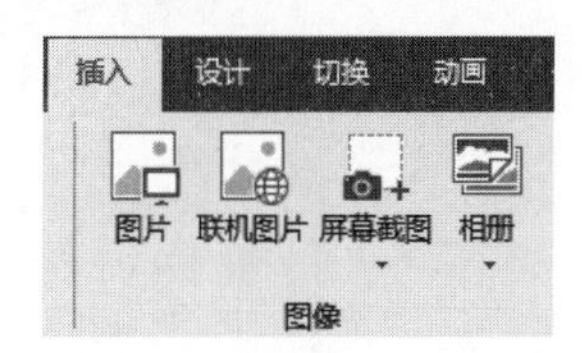

图 7-12　使用“插入”选项卡添加图像

(2) 使用占位符。当采用“标题和内容”“两栏内容”等版式时，占位符框中会提供图片、图形等对象的占位符图标，单击某个图标就可以在幻灯片中添加相应的对象，如图 7-13 所示。

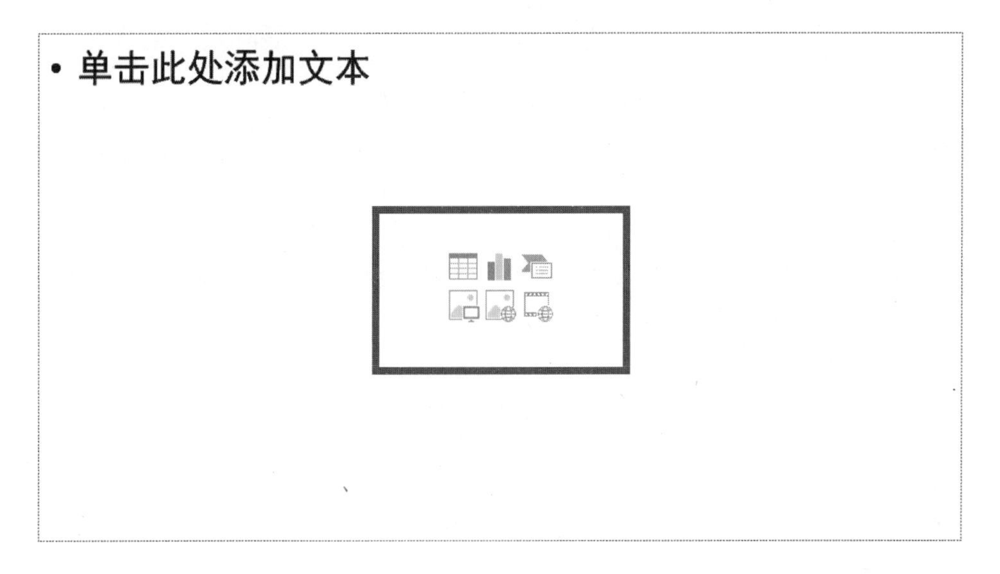

图 7-13　图片占位符

7.4.3　添加表格和图表

表格和图表是组织和展示数据有力的工具，当幻灯片中涉及数据时，使用表格或者图表可以使数据更加直观清晰，更利于理解。使用“插入”选项卡或者占位符即可添加相应的表格或者图表，具体方法同上添加图像的两种操作。

7.4.4　添加 SmartArt 图形和形状

大多专业性的幻灯片都会使用示意图，示意图通常由形状和 SmartArt 图形构成。

SmartArt 图形是信息和观点的视觉表示形式。可以从多种布局中进行选择来创建 SmartArt 图形，从而快速、轻松、有效地传达信息。PowerPoint 2016 共提供了 7 种 SmartArt 图形，虽然种类多样，但操作方式大同小异。

打开需要创建 SmartArt 图形的幻灯片，在“插入”选项卡的“插图”组中单击 SmartArt 按钮，打开“选择 SmartArt 图形”对话框，在对话框中选择需要使用的 SmartArt 图形后单击“确定”按钮，如图 7-14 所示，或者利用版式中占位符中的 SmartArt 图形来添加 SmartArt 图形。

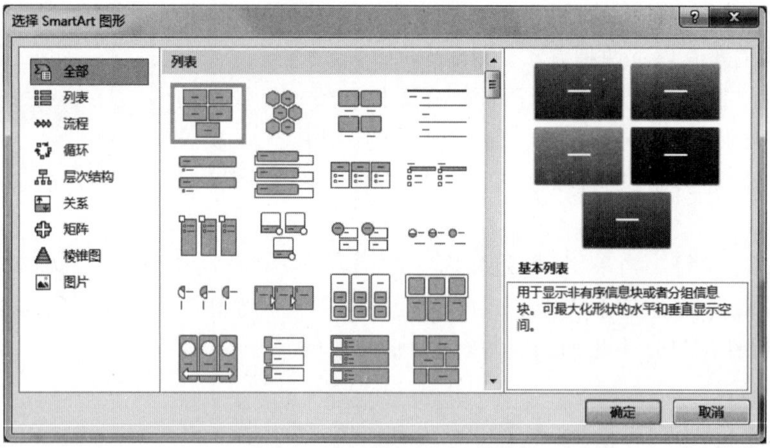

图 7-14　添加 SmartArt 图形

使用 PowerPoint 2016 提供的图形工具，能够十分容易地绘制诸如线条、箭头以及标注等常见图形。创建图形并对图形进行设置后，还可对图形样式进行设置，包括设置图形的轮廓宽度、颜色以及图形的填充效果和形状效果。

在功能区“插入”选项卡的“插图”组中单击“形状”按钮，再在下拉列表中选择需要绘制的形状，在幻灯片中拖动鼠标即可绘制该形状，如图 7-15 所示。

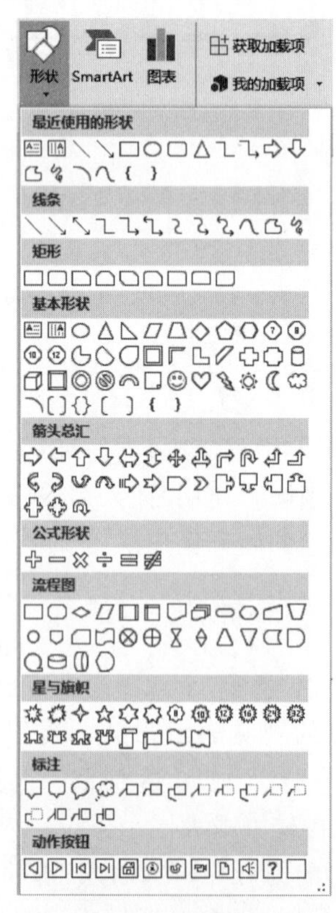

图 7-15　添加形状

7.4.5 添加音频和视频

在 PowerPoint 2016 中,用户可以添加与编辑视频和音频文件,让整个演示文稿更加生动。PowerPoint 2016 为用户提供了多种兼容的视频格式,如. flv、. avi、. wmv、. mp3 等,同时用户可以插入“PC 上的音频”“录制音频”。

在功能区“插入”选项卡的“媒体”组中单击“视频”或者“音频”按钮,可为幻灯片添加媒体文件,如图 7-16 所示。

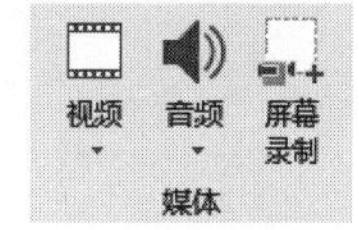

图 7-16 添加媒体文件

7.5 幻灯片外观的设计

幻灯片的外观一致会显得演示文稿整齐美观,在 PowerPoint 2016 中,用户通常可以通过主题、背景、版式、母版等方式统一设计幻灯片的外观。接下来具体介绍幻灯片外观设计的几种常用的操作。

7.5.1 幻灯片的主题

幻灯片主题是指对幻灯片的标题、文本、图表、背景等设定的一组样式配置,包括颜色、字体、效果和背景样式 3 大类。默认创建的演示文稿都是空白演示文稿,这样的演示文稿只有白色的背景,没有其他装饰,非常单调,不能吸引观众的眼球。用户在创建演示文稿时可以套用主题样式或更改主题的颜色、字体等来实现演示文稿的美化。

PowerPoint 2016 为用户提供了多种主题样式,用户在创建演示文稿时可以直接应用一种主题样式,从而使演示文稿更加美观。常用的两种方法如下。

1. 应用 PowerPoint 2016 提供的主题

(1) 如果想设置所有的幻灯片为统一样式,可以新建或打开需要操作的演示文稿,执行“设计”→“主题”命令,如图 7-17 所示,在主题组的列表框中通过单击主题分组的下拉按钮 ,选择需要的主题样式;也可以在某个主题上右击,在弹出的快捷菜单中选择“应用于所有幻灯片”选项。

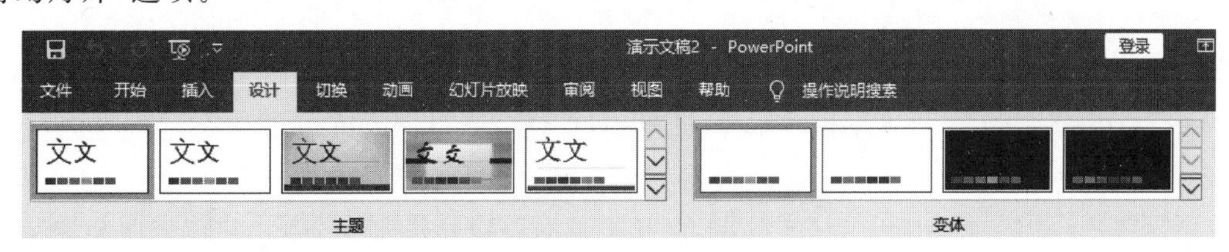

图 7-17 “设计”选项卡

(2) 如果想设置单张或者几张幻灯片为统一样式,可以先选中要设置样式的一张或几张幻灯片,单击某个主题应用该主题样式,也可以在某个主题上右击,在弹出的快捷菜单中选择“应用于选定幻灯片”选项,如图 7-18 所示。

2. 自定义主题

如果 PowerPoint 2016 提供的主题不能满足用户的要求,用户也可以自己创建主题。自定主题时,首先执行“设计”→“变体”命令,在变体组的列表框中通过单击变体分组的下拉按钮 ,自定义幻灯片的颜色、字体、效果、背景样式,然后如图 7-19 所示,选择“保存当前主

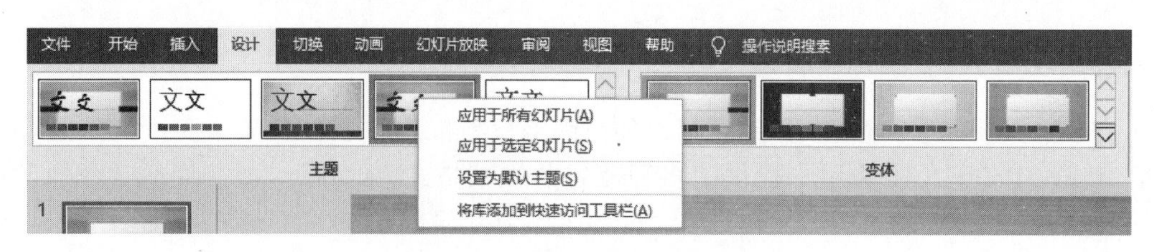

图 7-18　为不同幻灯片应用主题

题”命令,打开“保存当前主题”对话框,即可完成自定义主题的保存。以后若要重复使用自定义的主题,可以在“浏览主题”命令,选择保存的自定义主题应用。

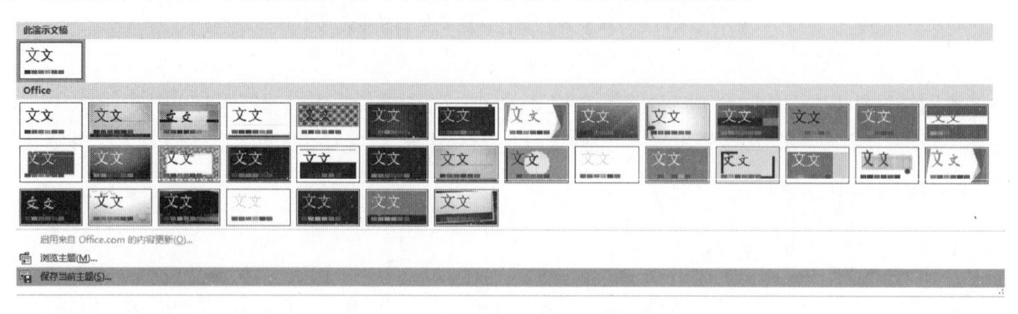

图 7-19　自定义主题保存与应用

7.5.2　幻灯片的背景

用户可以通过更改幻灯片背景美化幻灯片,可以使用内置的背景样式或自定义设置幻灯片的背景样式。PowerPoint 2016 提供了 12 种背景样式,每一种背景样式显示的效果都不相同,在一定程度上可以满足用户的需求,如果对内置样式不满意,用户也可以自定义其他背景样式。

打开幻灯片,切换到“设计”选项卡,单击“背景”组中的“背景样式”按钮,在展开的样式库中选择“样式 11”样式,可以看到演示文稿中的幻灯片应用了内置的背景样式效果。

7.5.3　幻灯片的版式

幻灯片版式是指幻灯片中各元素排版的方式,通过幻灯片版式的应用可以更加合理简洁地完成对文字、图片、图表等元素的布局。要更改幻灯片的版式布局可以从添加新母版、利用母版自定义幻灯片版式、使用母版添加固定信息、设计讲义母版格式等方面入手,如图 7-20 所示。

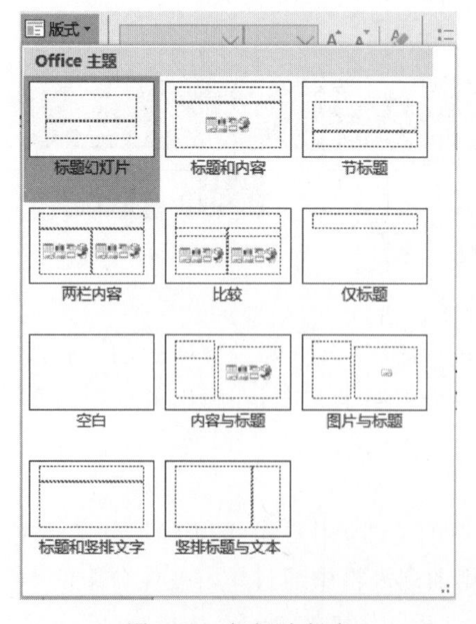

图 7-20　幻灯片版式

7.5.4　幻灯片的母版

母版用于设置演示文稿中幻灯片的默认格式,包括每张幻灯片的标题、正文的字体格式和位置、项目符号的样式、背景设计等。母版有“幻灯片母版”“讲义母版”“备注母版”,本书只介绍常用的“幻灯片母版”。在“视图”功能区的“母版版式”组中单击“幻灯片母版”按钮，即可进入幻灯片母版编辑环境，如图 7-21 所示。母版视图不会显示幻灯片的具体内容，只显示版式及占位符。

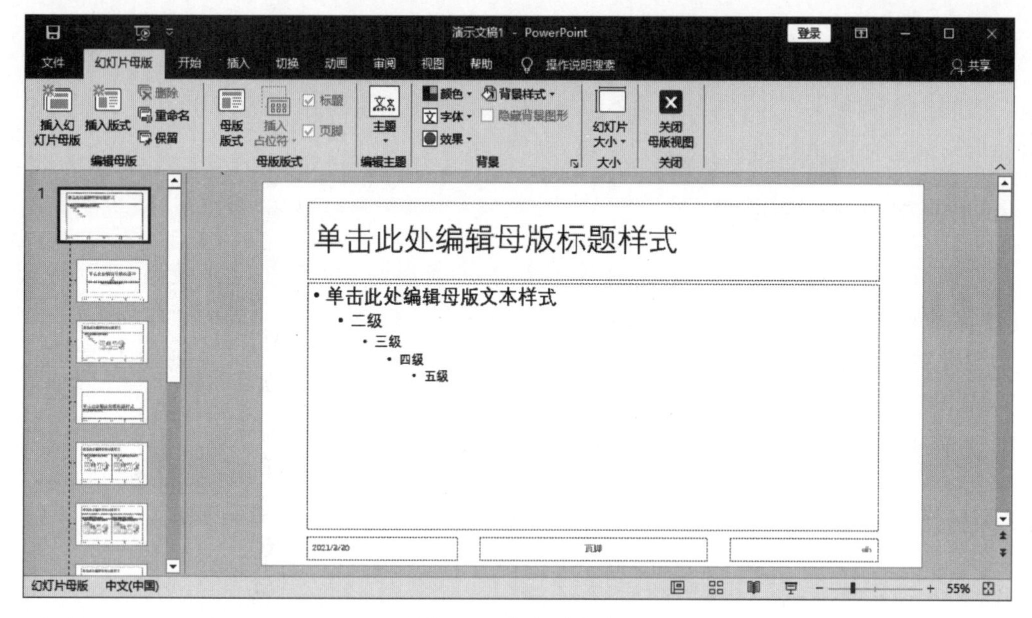

图 7-21　幻灯片母版

幻灯片母版的常用功能如下。

（1）预设各级项目符号和字体：按照母版上的提示文本单击标题或正文各级项目所在位置，可以配置字体格式和项目符号，设置的格式将成为本演示文稿每张幻灯片上文本的默认格式。

【注意】 占位符标题和文本只用于设置样式，内容则需要在普通视图下另行输入。

（2）调整或插入占位符：单击占位符边框，鼠标移到边框线上，当其变成十字形状时按住左键拖动可以改变占位符的位置；在“视图”功能区的“母版版式”组中单击“插入占位符”按钮，如图 7-22 所示，在下拉列表中选择需要的占位符样式（此时鼠标变成细十字形），然后拖动鼠标在母版幻灯片上绘制占位符。

（3）插入标志性图案或文字（例如插入某公司的 logo）：在母版上插入的对象（例如图片、文本框）将会在每张幻灯片上的相同位置显示出来。在普通视图下，这些插入的对象不能删除、移动、修改。

（4）设置背景：设置的母版背景会在每张幻灯片上生效。设置方法和普通视图下设置幻灯片背景的方法相同。

（5）设置页脚、日期、幻灯片编号：幻灯片母版下面有 3 个区域，分别是日期区、页脚区、数字区，单击它们可以设置对应项的格式，也可以拖动它们改变位置。

要退出母版编辑状态，可以单击“视图”功能区的“关闭母版视图”按钮。

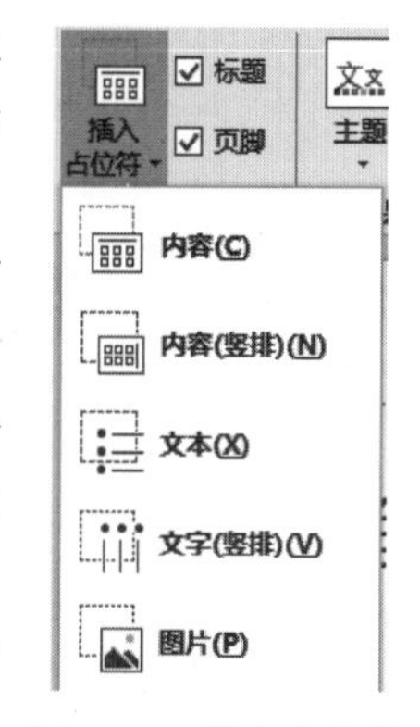

图 7-22　插入占位符

7.6 动画和超链接的设置

制作演示文稿,不仅需要在内容设计上制作精美,还需要在动画上下功夫,好的演示文稿动画能给演示带来一定的帮助与推力,增强对观看演示文稿用户的吸引力。本节主要介绍如何给演示文稿添加动画,让演示文稿“动”起来。

7.6.1 动画效果设置

一张幻灯片中可以包含文本、图片等多个对象,可以为它们添加动画效果,包括进入动画、退出动画、强调动画;还可以设置动画的动作路径,编排各对象动画的顺序。

设置动画效果一般在普通视图模式下进行,动画效果只有在幻灯片放映视图或阅读视图模式下才有效。

图 7-23 “添加退出效果”对话框

1. 添加动画效果

要为对象设置动画效果,应首先选择对象,然后在“动画”选项卡下的“动画”“高级动画”和“计时”组中进行各种设置。可以设置的动画效果有如下几类。

(1)“进入”效果:设置对象以怎样的动画效果出现在屏幕上。

(2)“强调”效果:对象将在屏幕上展示一次设置的动画效果。

(3)“退出”效果:对象将以设置的动画效果退出屏幕,如图 7-23 所示。

(4)“动作路径”:放映时对象将按事先设置好的路径运动,路径可以采用系统提供的,也可以自己绘制。

2. 编辑动画效果

如果对动画效果设置不满意,还可以重新编辑。

1)调整动画的播放顺序

设有动画效果的对象前面具有动画顺序标志,如 0、1、2、3 这样的数字,表示该动画出现的顺序,选中某动画对象,单击“计时”组中的“向前移动”或“向后移动”按钮,就可以改变动画播放顺序。

还有一种方法是在“高级动画”组中单击“动画窗格”按钮,打开动画窗格,在其中进行相应设置,还可以单击“全部播放”按钮展示动画效果.

2)更改动画效果

选中动画对象,在“动画”组的列表框中另选一种动画效果即可。

3)删除动画效果

选中对象的动画顺序标志,按 Delete 键,或者在动画列表中选择“无”选项。

7.6.2 幻灯片切换效果设置

所谓切换效果,就是指从一张幻灯片切换到另一张幻灯片这个过程中的动态效果。当用户为幻灯片添加了切换效果后，可以对切换效果的方向、切换时的声音、速度等做出适当的设置。

在 PowerPoint 2016 中，系统为用户提供了许多种不同的切换效果，总共包括了细微型、华丽型、动态内容这三大类型。

7.6.3 超链接与动作按钮设置

为幻灯片对象添加交互式动作，可以在单击或指向一个对象的时候，执行一个指定的操作。具有良好交互性的演示文稿会更加具有感染力，引人入胜。要实现这种效果，可以为对象创建超链接和添加动作。

超链接的指向范围很广，一般分为链接同一演示文稿中的幻灯片、链接到其他演示文稿、链接到电子邮件等。

动作和超链接有着异曲同工之妙。用户既可以为一个已有的对象添加动作，也可以直接添加形状中的动作按钮，这些都能实现超链接的一些功能。在幻灯片中适当添加动作按钮，然后加上适当的动作链接操作，可以方便地对幻灯片的播放进行操作。

在 PowerPoint 2016 中可以使用"插入"选项卡的"链接"组中的"链接"和"动作"按钮设置超链接，如图 7-24 所示。

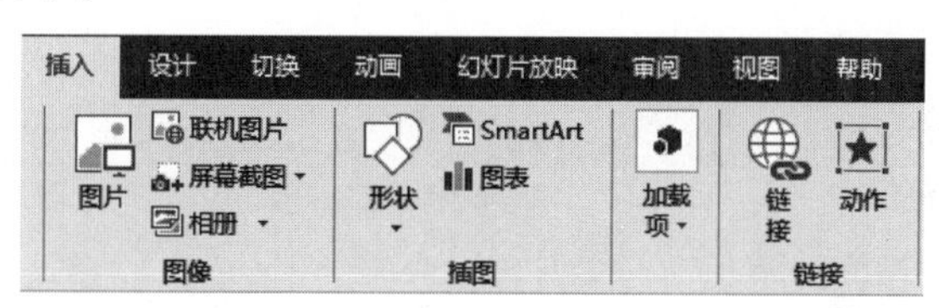

图 7-24 "插入"选项卡的"链接"组

7.7 演示文稿的放映、打印与打包

制作幻灯片的目的就是为了放映，所以控制好放映幻灯片的时间、范围等都非常重要。另外，除了通过将演示内容在观众面前放映之外，还可以将幻灯片打印出来制作成投影片或讲义。

7.7.1 演示文稿放映

1. 启动放映与结束放映

放映幻灯片的方法有以下几种。

方法 1：在"幻灯片放映"选项卡的"开始放映幻灯片"组中单击"从头开始"按钮，即可从第 1 张幻灯片开始放映；单击"从当前幻灯片开始"按钮，即可从当前选中的幻灯片开始放映。

方法 2：单击窗口右下方的"幻灯片放映"按钮，即从当前幻灯片开始放映。

方法 3：按 F5 键，从第 1 张幻灯片开始放映。

方法 4：按 Shift+F5 快捷键，从当前幻灯片开始放映。

放映幻灯片时，幻灯片会占满整个计算机屏幕，在屏幕上右击，在弹出的快捷菜单中有一系列命令可以实现幻灯片翻页、定位、结束放映等功能。为了不影响放映效果,建议演说者使用以下常用功能快捷键。

(1) 切换到下一张(触发下一对象):单击鼠标,或者按↓键、→键、PageDown键、Enter键、Space键之一,或者鼠标滚轮向后拨。

(2) 切换到上一张(回到上一步):按↑键、←键、PageUp键或Backspace键均可,或者鼠标滚轮向前拨。

(3) 鼠标功能转换:按Ctrl+P快捷键转换成"绘画笔",此时可按住鼠标左键在屏幕上勾画做标记;按Ctrl+A快捷键可还原成普通指针状态。

(4) 结束放映:按Esc键。

在默认状态下放映演示文稿时,幻灯片将按序号顺序播放,直到最后一张,然后计算机黑屏,退出放映状态。

2. 设置放映方式

用户可以根据不同需要设置演示文稿的放映方式。在"幻灯片放映"选项卡的"设置"组中单击"设置幻灯片放映"按钮,打开"设置放映方式"对话框,如图7-25所示。可以设置放映类型、需要放映的幻灯片的范围等。其中,"放映选项"组中的"循环放映,按Esc键终止"适合于无人控制的展台、广告等幻灯片放映,能实现演示文稿反复循环播放,直到按Esc键终止。

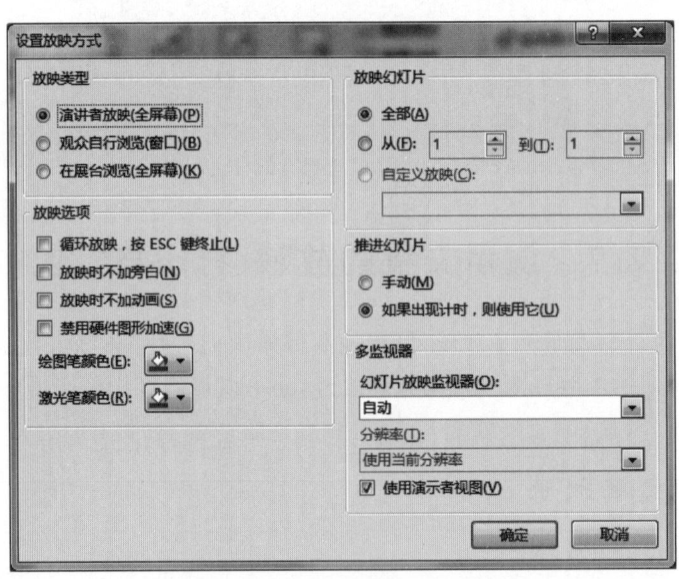

图7-25 "设置放映方式"对话框

PowerPoint2016有以下3种放映类型可以选择。

1) 演讲者放映

演讲者放映是默认的放映类型,是一种灵活的放映方式,以全屏幕的形式显示幻灯片。演说者可以控制整个放映过程,也可以用"绘画笔"勾画,适用于演说者一边讲解一边放映的场合,例如会议、课堂等。

2) 观众自行浏览

该方式以窗口的形式显示幻灯片,观众可以利用菜单自行浏览、打印,适用于终端服务设备且同时被少数人使用的场合。

3）在展台浏览

该方式以全屏幕的形式显示幻灯片。放映时，键盘和鼠标的功能失效，只保留鼠标指针最基本的指示功能，因而不能现场控制放映过程，需要预先将换片方式设为自动方式或者通过"幻灯片放映"功能区中的"排练计时"命令来设置时间和次序。该方式适用于无人看守的展台。

7.7.2 演示文稿打印

用 PowerPoint 建立的演示文稿，除了可在计算机屏幕上做展示外，还可以将它们打印出来长期保存。PowerPoint 的打印功能非常强大，在打印演示文稿之前，应在 Windows 中完成打印机的设置工作。

7.7.3 演示文稿打包

如果要在其他计算机上放映制作完成的演示文稿，可以有下面 3 种途径。

1. PPTX 形式

通常，演示文稿是以.pptx 类型保存的，将它复制到其他计算机上，双击打开后即可人工控制进入放映视图，使用这种方式的好处是可以随时修改演示文稿。

2. PPSX 形式

将演示文稿另存为 PowerPoint 放映类型（扩展名.ppsx），再将该文件复制到其他计算机上，双击该文件可立即放映演示文稿。

3. 打包成 CD 或文件夹

PPTX 形式和 PPSX 形式要求放映演示文稿的计算机安装 Microsoft Office PowerPoint 软件，如果演示文稿中包含指向其他文件（例如声音、影片、图片）的链接，还应该将这些资源文件同时复制到计算机的相应目录下，操作起来比较麻烦。在这种情况下建议将演示文稿打包成 CD。

打包成 CD 能更有效地发布演示文稿，可以直接将放映演示文稿所需要的全部资源打包，刻录成 CD 或者打包到文件夹。

PowerPoint 2016 还提供了多种共享演示文稿的方式，例如"创建视频""创建 PDF/XPS 文档"等。

本章小结

本章对演示软件 PowerPoint 2016 的使用进行了详细论述。PowerPoint 2016 以幻灯片的形式提供了一种演示和演讲的手段，可以制作图、文、音频、视频、动画等并茂的演讲稿。

本章主要内容包括认识 PowerPoint 2016、如何设计好幻灯片、在幻灯片中使用文本、在幻灯片中使用图片、在幻灯片中使用 SmartArt 图形、在幻灯片中插入表格和图表、在幻灯片中插入影音文件、编辑幻灯片母版、为幻灯片添加动画效果、幻灯片的放映与输出以及幻灯片的高级应用等。通过本章学习，可以提高 PowerPoint 2016 的综合应用能力。

习　题　7

1. 进入“第 7 章素材\习题 7\习题 7.1”文件夹,新建一个 PPT 文档,操作具体要求如下:

为了更好地控制教材编写的内容、质量和流程,小李负责起草了图书策划方案(请参考“图书策划方案.docx”文件)。他需要将图书策划方案 Word 文档中的内容制作为可以向教材编委会进行展示的 PowerPoint 演示文稿。

现在,请你根据图书策划方案(请参考“图书策划方案.docx”文件)中的内容,按照如下要求完成演示文稿的制作。

(1) 创建一个新演示文稿,内容需要包含“图书策划方案.docx”文件中所有讲解的要点,包括:

① 演示文稿中的内容编排,需要严格遵循 Word 文档中的内容顺序,并仅需要包含 Word 文档中应用了“标题 1”“标题 2”“标题 3”样式的文字内容。

② Word 文档中应用了“标题 1”样式的文字,需要成为演示文稿中每页幻灯片的标题文字。

③ Word 文档中应用了“标题 2”样式的文字,需要成为演示文稿中每页幻灯片的第一级文本内容。

④ Word 文档中应用了“标题 3”样式的文字,需要成为演示文稿中每页幻灯片的第二级文本内容。

(2) 将演示文稿中的第一页幻灯片,调整为“标题幻灯片”版式。

(3) 为演示文稿应用一个美观的主题样式。

(4) 在标题为“2012 年同类图书销量统计”的幻灯片页中,插入一个 6 行、5 列的表格,列标题分别为“图书名称”“出版社”“作者”“定价”“销量”。

(5) 在标题为“新版图书创作流程示意”的幻灯片页中,将文本框中包含的流程文字利用 SmartArt 图形展现。

(6) 在该演示文稿中创建一个演示方案,该演示方案包含第 1、2、4、7 页幻灯片,并将该演示方案命名为“放映方案 1”。

(7) 在该演示文稿中创建一个演示方案,该演示方案包含第 1、2、3、5、6 页幻灯片,并将该演示方案命名为“放映方案 2”。

(8) 保存制作完成的演示文稿,并将其命名为“PowerPoint.pptx”。

2. 进入“第 7 章素材\习题 7\习题 7.2”文件夹,打开“PPT.pptx”文档,操作具体要求如下:

在会议开始前,市场部助理小王希望在大屏幕投影上向与会者自动播放本次会议所传递的办公理念,按照如下要求完成该演示文稿的制作:

(1) 打开“PPT 素材.pptx”文件,将其另存为“PPT.pptx”(“.pptx”为扩展名),之后所有的操作均基于此文件,否则不得分。

(2) 将演示文稿中第 1 页幻灯片的背景图片应用到第 2 页幻灯片。

(3) 将第 2 页幻灯片中的“信息工作者”“沟通”“交付”“报告”“发现”5 段文字内容转换

为“射线循环”SmartArt 布局，更改 SmartArt 的颜色，并设置该 SmartArt 样式为“强烈效果”。调整其大小，并将其放置在幻灯片页的右侧位置。

(4) 为上述 SmartArt 智能图示设置由幻灯片中心进行“缩放”的进入动画效果，并要求上一动画开始之后自动、逐个展示 SmartArt 中的文字。

(5) 在第 5 页幻灯片中插入“饼图”图形，用以展示如下沟通方式所占的比例。为饼图添加系列名称和数据标签，调整大小并放于幻灯片适当位置。设置该图表的动画效果为按类别逐个扇区上浮进入效果。

消息沟通	24%
会议沟通	36%
语音沟通	25%
企业社交	15%

(6) 将文档中的所有中文文字字体由“宋体”替换为“微软雅黑”。

(7) 为演示文档中的所有幻灯片设置不同的切换效果。

(8) 将考试文件夹中的“BackMusic. mid”声音文件作为该演示文档的背景音乐，并要求在幻灯片放映时即开始播放，至演示结束后停止。

(9) 为了实现幻灯片可以在展台自动放映，设置每张幻灯片的自动放映时间为 10 秒钟。

第三篇　应用技术篇

本篇主要介绍计算机网络基础知识及 Internet 应用、计算机信息安全，以及常用工具软件简介三方面的计算机应用技术。

通过学习网络的基本知识，学生将掌握 Internet 应用的基本技能，了解网页的基本概念。通过计算机信息安全章节的学习，学生可了解信息安全的基本概念，掌握计算机病毒、网络安全、计算机安全法律和法规。最后通过常用工具软件的学习，学生的计算机应用能力将提高。

第 8 章　网络基础知识及 Internet 应用

21 世纪的今天已完全进入计算机网络时代。计算机网络极大普及，计算机应用已进入更高层次，计算机网络成了计算机行业的一部分。计算机网络尤其是 Internet 技术必将改变人们的生活、学习、工作乃至思维方式，并对科学、技术、政治、经济乃至整个社会产生巨大的影响，每个国家的经济建设、社会发展、国家安全乃至政府的高效运转都将依赖于计算机网络。

本章主要介绍计算机网络基础知识、Internet 基础及 Internet 的基本应用。

8.1　计算机网络基础知识

8.1.1　计算机网络的定义

计算机网络是计算机技术与通信技术发展相结合的产物，并在用户需求的促进下得到进一步的发展。通信技术为计算机之间的数据传输和交换提供了必需的手段，而计算机技术又渗透到了通信领域，提高了通信网络的性能。在计算机网络发展的不同阶段，人们对计算机网络的理解和侧重点不同而提出了不同的定义。从目前计算机网络现状来看，主要从资源共享观点定义了计算机网络：用通信路线和通信设备将分布在不同地点的具有独立功能的多个计算机系统互相连接起来，在功能完善的网络软件的支持下实现彼此之间的数据通信和资源共享的系统。

通信路线和通信设备：可以用多种传输介质和多种通信设备实现计算机的互联，如双绞线、同轴电缆、光纤、微波、无线电、集线器、交换机、路由器等。

独立功能的计算机系统：网络中各计算机系统具有独立的数据处理功能，它们既可以连入网络工作，也可以脱离网络独立工作。从分布的地理位置来看，它们既可以相距很近，也可以相隔千里。

数据通信：网络中各计算机按照共同遵守的通信规则，对文本、图形、声音、图像等多媒体信息进行相互交换。

资源共享：网络中各计算机按照共同遵守的通信规则，对计算机的硬件、软件和信息进行共享传递。

8.1.2　计算机网络的发展

计算机网络的形成和发展大致可以分为 4 个阶段。

1. 远程终端联机阶段

远程终端计算机系统是在分时计算机系统基础上，通过调制解调器（modem）和 PSTN

(public switched telephone network,公用交换电话网络)把计算机资源向分布在不同地理位置上的许多远程终端用户提供共享资源服务的。这虽然还不能算是真正的计算机网络系统,但它是计算机与通信系统结合的最初尝试。远程终端用户似乎已经感觉到使用“计算机网络”的味道了,如图 8-1 所示。

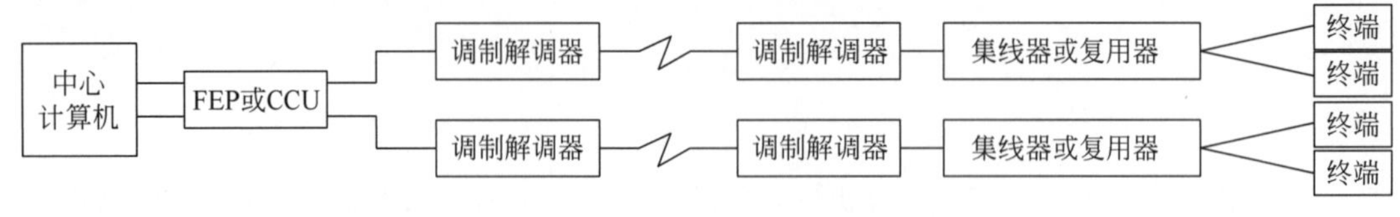

图 8-1 “主机—终端”系统

2. 计算机网络阶段

在远程终端计算机系统基础上,人们开始研究把计算机与计算机通过 PSTN 等已有的通信系统互联起来。为了使计算机之间的通信连接可靠,建立了分层通信体系和相应的网络通信协议,于是诞生了以资源共享为主要目的的计算机网络。由于在网络中计算机之间具有数据交换的能力,提供了在更大范围内计算机之间协同工作、实现分布处理甚至并行处理的能力,联网用户之间直接通过计算机网络进行信息交换的通信能力也大大增强,如图 8-2 所示。

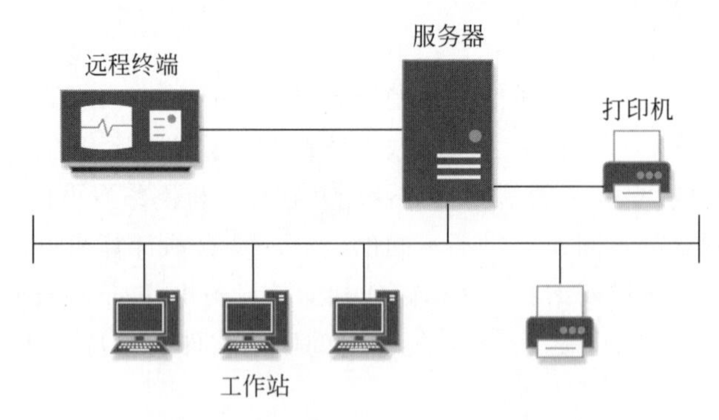

图 8-2 “服务器—工作站—终端”系统

3. 计算机网络互联阶段

以阿帕网(ARPANET)为主干发展起来的国际互联网,它的覆盖范围已遍及全世界,全球各种各样的计算机和网络都可以通过网络互联设备接入国际互联网,实现全球范围内的计算机之间的通信和资源共享。

4. 信息高速公路阶段

进入 20 世纪 90 年代,计算机技术、通信技术以及建立在计算机和网络技术基础上的计算机网络技术得到了迅猛的发展。特别是 1993 年美国宣布建立国家信息基础设施 NII 后,全世界许多国家纷纷制定和建立本国的 NII,从而极大地推动了计算机网络技术的发展,使计算机网络进入了一个崭新的阶段。全球以美国为核心的高速计算机互联网络即 Internet 已经形成,Internet 已经成为人类最重要的、最大的知识宝库。而美国政府又分别于 1996 年和 1997 年开始研究发展更加快速可靠的互联网 2(Internet 2)和下一代互联网。可以说,网络互联和高速计算机网络正成为最新一代的计算机网络的发展方向。

8.1.3 计算机网络的组成

计算机网络首先是一个通信网络，各计算机之间通过通信媒体、通信设备进行数字通信。在此基础上各计算机可以通过网络软件共享其他计算机上的资源，包括硬件资源、软件资源和数据资源。为了简化计算机网络的分析与设计，有利于网络的硬件和软件配置，按照计算机网络的系统功能，一个网络可分为“资源子网”和“通信子网”两大部分，如图 8-3 所示。

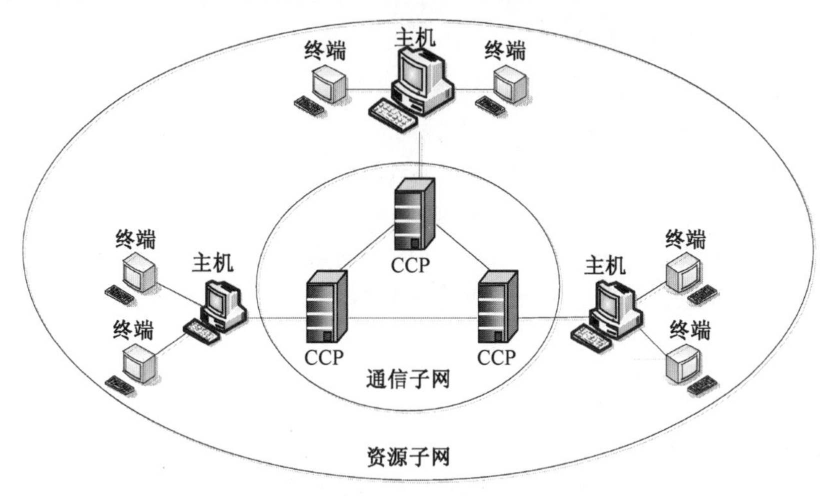

图 8-3 通信子网—资源子网

资源子网主要负责全网的信息处理，为网络用户提供网络服务和资源共享等功能。它主要包括网络中所有的计算机、I/O 设备和终端、各种网络协议、网络软件和数据库等。而通信子网主要负责全网的数据通信，为网络用户提供数据传输、转接、加工和转换等通信处理工作。它主要包括通信线路(即传输介质)、网络连接设备(如网络接口设备、通信控制处理机、网桥、路由器、交换机、网关、调制解调器和卫星地面接收站等)、网络通信协议和通信控制软件等。

在局域网中，资源子网主要由网络的服务器、工作站、共享的打印机和其他设备及相关软件所组成。通信子网由网卡、线缆、集线器、中继器、网桥、路由器、交换机等设备和相关软件组成。

在广域网中，通信子网由一些专用的通信处理机(即节点交换机)及其运行的软件、集中器等设备和连接这些节点的通信链路组成。资源子网由上网的所有主机及其外部设备组成。

8.1.4 计算机网络的功能

计算机网络的实现，为用户构造分布式的网络计算环境提供了基础。计算机网络的主要功能表现为以下几个方面：

(1) 数据传输。这是计算机网络的最基本功能之一，用以实现计算机与终端或计算机与计算机之间传送各种信息，如发送电子邮件、进行电子商务、远程登录等。

(2) 资源共享。包括共享软件、硬件和数据资源，是计算机网络最常用的功能。资源共享指的是网上用户都能部分或全部地享受这些资源，使网络中各地理位置的资源互通信息，分工协作，从而极大地提高系统资源的利用率。

(3) 提高处理能力的可靠性和可用性。网络中一台计算机或一条传输线路出现故障，可通过其他无故障线路传递信息，在无故障的计算机上运行需要的处理。分布广阔的计算机网络的处理能力，对不可抗拒的自然灾害有着较强的应对能力。

(4) 易于分布式处理。计算机网络用户可根据情况合理选择网上资源。对于较大型的综合性问题可以通过一定的算法将任务分别交给不同的计算机去完成，以达到均衡使用网络资源、实现分布处理的目的。

8.1.5 计算机网络的分类

1. 根据网络的覆盖范围和规模划分

1) 局域网

局域网(local area network，LAN)的分布范围一般在 1～2 km 内，通常是把一个单位内的计算机连接在一起而组成的网络。局域网能够高速地在联网计算机间传递信息，因此资源共享和数据传输非常快捷。同时，局域网的组网成本低、应用广、组网方便、使用灵活，是计算机网络技术发展比较活跃的一个分支。目前，许多学校都建立了局域网，如联网的微机教室等，并得到广泛的应用。

2) 城域网

城域网(metropolitan area network，MAN)是介于局域网与广域网之间的一种较大范围的高速网络，其覆盖范围一般是在一个城市内。它的主要作用是将一个城市内的各个局域网连接起来，以便在更大范围内进行信息传输与共享。

3) 广域网

广域网(wide area network，WAN)又称远程网，它是把分布在若干城市、地区甚至国家中的计算机联接在一起而组成的一种大型网络。由于广域网的范围太大，因此网络之间的通信线路大多是从通信部门租用专线、光纤或卫星等。

4) 互联网

互联网(internet)是将跨地区和国家的若干网络按某种协议，将广域网和广域网、广域网和局域网、局域网和局域网之间互联起来形成的更大范围的计算机网络。

我们把世界各地区的各种计算机网络，通过通信设备和通信协议互联起来形成的一个遍布全世界的互联网，称为因特网(Internet)。

2. 根据网络通信信道的数据传输速率划分

根据网络通信信道的数据传输速率高低不同，计算机网络可分为低速网络、中速网络和高速网络。有时也可直接按照数据传输速率的具体大小来划分，例如 10 Mbit/s 网络、100 Mbit/s 网络、1000 Mbit/s 网络、10000 Mbit/s 网络。

3. 根据网络传输技术划分

计算机网络根据网络传输技术不同，可以分为广播式网络和点到点网络。

广播式网络：当一个站点发出信息以后，所有其他的站点都可以收到该信息，广播式网络中所有上网计算机都连到一个公共的通信信道上(如总线型网络)。

点到点网络：点到点网络是利用线路把两个站点连接起来，信息只能由发出信息的计算机(信源)发往接收信息的计算机(信宿)，其他站点接收不到这些信息。

8.1.6 计算机网络的体系结构

为了促进互联网的发展，国际标准化组织制定了 OSI 和 TCP/IP 网络体系结构。

1. OSI 模型

OSI 采用了三级抽象,即体系结构、服务定义和协议规格说明。体系结构部分定义 OSI 的层次结构、各层关系及各层可能的服务;服务定义部分详细说明了各层所提供的功能;协议规格部分的各种协议精确定义了每一层在通信中发送控制信息及解释信息的过程。

OSI 将网络划分为 7 个层次,如图 8-4 所示。在该参考模型中,主机之间是通过通信子网进行通信的。每台主机都配备了 7 个层次,其中 1~3 层直接与通信子网相联,一般称它为低层协议;相应的 4~7 层称为高层协议。通信子网通过物理互联媒体进行连接。

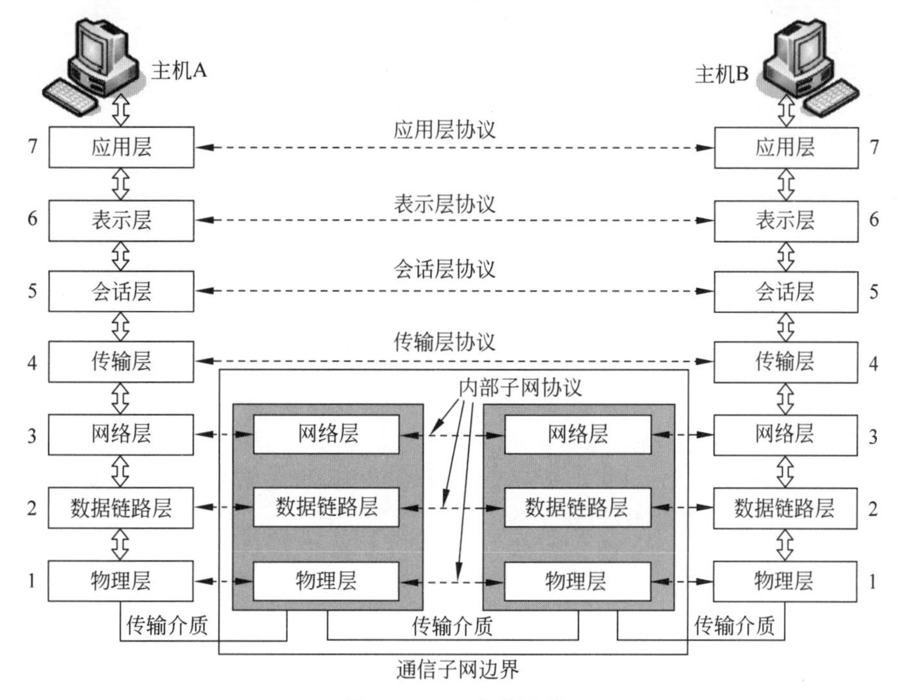

图 8-4　OSI 参考模型

各层次的功能如下。

第一层:物理层,对应于基本硬件,对通信的物理参数作出决定。

第二层:数据链路层,协议规定在网络中可靠地传送数据所需的功能。例如把数据组织成帧,寻址、差错校验及传输介质的访问控制权等。

第三层:网络层,规定如何处理信息包从发送方经由中间节点到达接收方的路径选择,局域网不存在路由选择,只有一条通路。

第四层:传输层,规定如何处理可靠的传输。

第五层:会话层,如何用远程系统建立一个通用会话、安全细节的规范。

第六层:表示层,负责将数据从一种格式转换成另一种格式,以及不同类型计算机、终端设备和数据库之间的转换。

第七层:应用层,处理面向用户的网络应用方面的实用程序,如用户登录、电子邮件协议、分布式数据库存取。

2. TCP/IP 参考模型

TCP/IP 是 Transmission Control Protocol/Internet Protocol 的缩写,中文译名为传输控制协议/因特网互联协议,又称为网络通信协议。这个协议是 Internet 最基本的协议,是

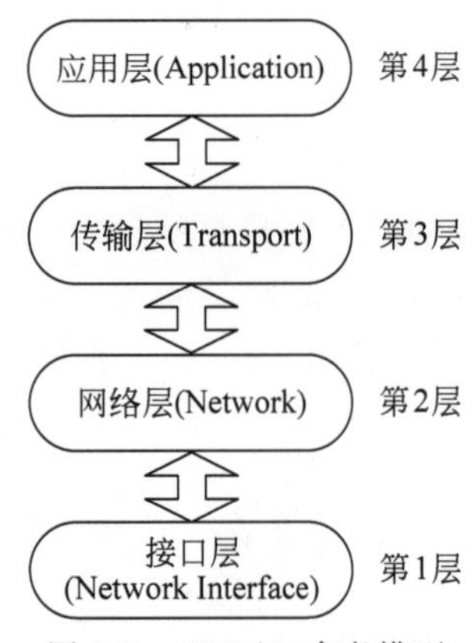

图 8-5 TCP/IP 参考模型

Internet 国际互联网络的基础。OSI 参考模型虽然提出了将网络进行分层的思想,但实现起来比较困难,当 TCP/IP 在 1974 年和 1975 年经过两次修订后正式成为国际标准,同时也就诞生了 TCP/IP 参考模型,如图 8-5 所示。

1) 接口层

接口层又称为主机-网络层,负责对硬件的沟通。接收 IP 数据报并进行传输,从网络上接收物理帧,抽取 IP 数据报转交给下一层,对实际的网络媒体的管理,定义如何使用实际网络(如 Ethernet、Serial Line 等)来传送数据。

2) 网络层

网络层又称为互连网络层,负责提供基本的数据封包传送功能,让每一块数据包都能够到达目的主机(但不检查是否被正确接收),如网际协议(IP)。

3) 传输层

传输层又称为主机对主机层,是整个网络体系结构中的关键层次之一,主要负责向两个主机中进程之间的通信提供服务。由于一个主机同时运行多个进程,因此运输层具有复用和分用功能。传输层在终端用户之间提供透明的数据传输,向上层提供可靠的数据传输服务。传输层在给定的链路上通过流量控制、分段/重组和差错控制来保证数据传输的可靠性。

4) 应用层

应用层是应用程序间进行沟通的层,如简单的电子邮件传送协议(SMTP)、文件传送协议(FTP)、网络远程访问协议(Telnet)等。

8.1.7 局域网基础

1. 局域网的定义与特点

1) 局域网的定义

局域网是指在某一区域内由多台计算机互联成的计算机组,又称为局部区域网络,覆盖范围常在几千米以内,计算机局域网被广泛应用于连接校园、工厂以及机关的个人计算机或工作站,以利于个人计算机或工作站之间共享资源(如打印机)和数据通信。局域网只有和局域网或者广域网互联,进一步扩大应用范围,才能更好地发挥其共享资源的作用。

2) 局域网的特点

(1) 局域网仅工作在有限的地理范围内,采用单一的传输介质。

(2) 数据传输速率快,传统的局域网传输速率为 10~100 Mbit/s,新的局域网传输速率更高,可达到数百兆比特每秒。

(3) 由于数据传输距离短,所以传输延迟低(几十毫秒)且误码率低。

(4) 局域网组网方便、实用灵活,是目前计算机网络中最活跃的一个分支。

2. 网络拓扑结构

计算机网络拓扑研究的是由构成计算机网络的通信线路和节点计算机所表现出的拓扑关系。它反映出计算机网络中各实体之间的结构关系,而不涉及具体的线路。局域网在网络拓扑结构上主要采用了总线、星状和环状拓扑结构。

1) 总线拓扑结构

总线拓扑结构采用单根传输线作为传输介质,所有的站点都通过相应的硬件接口直接连接到传输介质(或总线)上。任何一个站点发送的信号都可以沿着介质传播,而且能被其他所有站点接收,如图 8-6 所示。

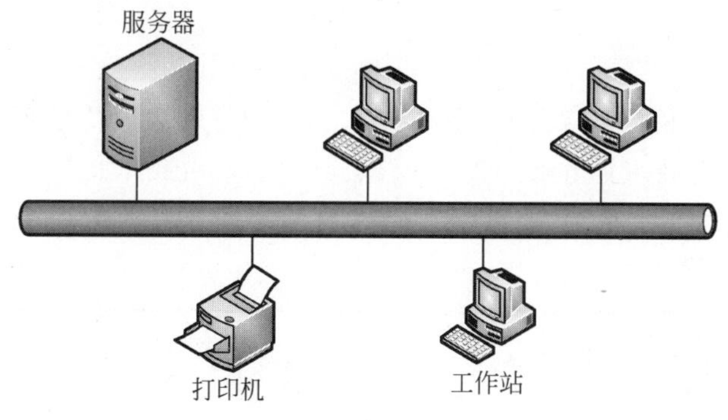

图 8-6　总线拓扑结构

该拓扑结构的特点：

结构简单、易于实现、易于扩展和可靠性较好。单台计算机联网和下网都比较容易,而且对其他计算机影响不大,缺点是数据传输最大等待时间不确定。应用于对时间要求不太高和网络负担不太重的场合,如办公用的网络。

2) 星状拓扑结构

星状拓扑结构是由通过点到点链路连接到中央节点的各节点组成的。星状网络中有一个唯一的转发节点(中央节点),每台计算机都通过单独的通信线路连接到中央节点,由该中央节点向目标的节点传送信息,如图 8-7 所示。

星状拓扑结构的网络具有结构简单、易于实现和便于管理的优点。但是一旦中心节点出现故障就会造成全网的瘫痪。以集线器为核心的交换局域网就属于这种类型。

3) 环状拓扑结构

环状拓扑结构是由连接成封闭回路的网络节点组成,每一个节点与它左右相邻的节点连接,在环状网络中信息流只能是单方向的,收到的每个信息包的节点都向它的下游节点转发该信息包。信息包在环状网络中"旅游"一圈,最后由发送节点进行回收。当信息包经过目标节点时,目标节点根据信息包中的目标地址判断出自己是接收站,并把该信息复制到自己的接收缓冲区中,如图 8-8 所示。

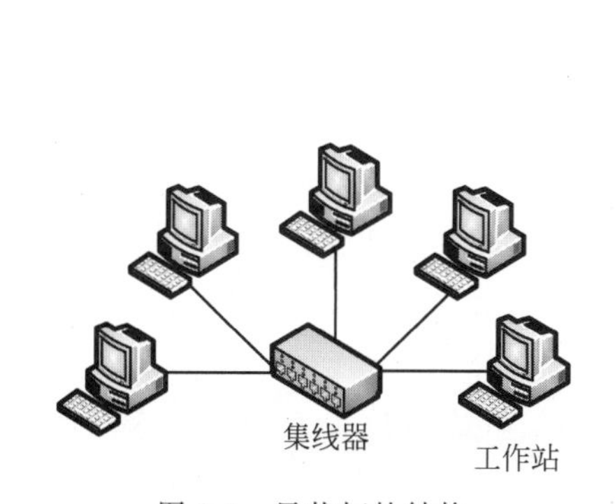

图 8-7　星状拓扑结构

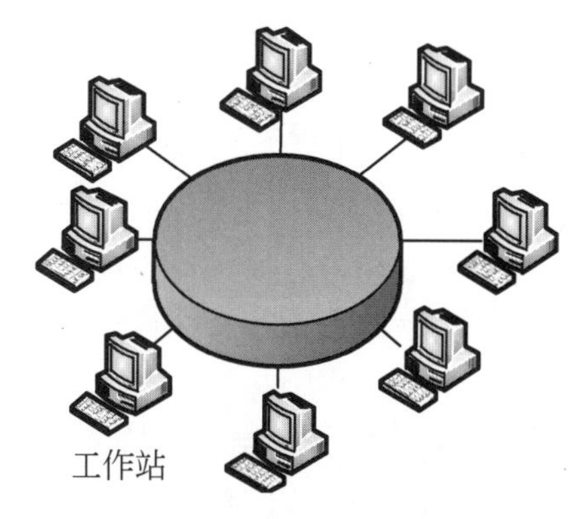

图 8-8　环状拓扑结构

环状拓扑结构的优点是它能高速运行,而且避免冲突的结构相当简单。缺点就是环中任何一段的故障都会使各节点之间的通信受阻。所以在某些环状拓扑结构中(如 FDDI 网络),在各节点之间连接了一个备用环,当主环发生故障时,由备用环继续工作,以保证网络的稳定性。

3. 传输介质

传输介质是计算机网络最基础的通信设施,其性能好坏直接影响网络的性能。传输介质可以分为两大类:有线传输介质(如双绞线、同轴电缆、光缆,如图 8-9 所示)和无线传输介质(如无线电波、微波、红外线、激光等)。衡量传输介质性能的主要技术指标有传输距离、传输宽带、衰减、抗干扰能力、价格等。

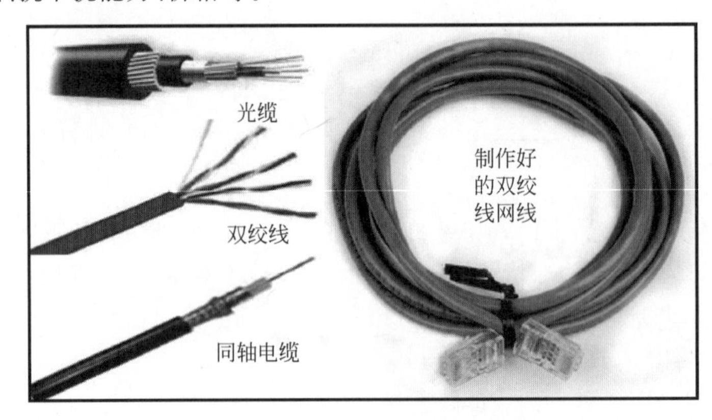

图 8-9　双绞线、同轴电缆、光纤

4. 局域网的应用

网络已经深入到社会的每一个角落,局域网在家庭、学校、企业中也有着不同的用途。

1) 局域网在家庭中的应用

随着计算机整机价格的不断下降,计算机在家庭中的普及率正在不断地提高,而且很多家庭已经或者正在准备购买两台或者两台以上的计算机,这样家庭中的每个成员都可以用自己的计算机来工作,下面就简单介绍一下家庭内局域网的一些主要应用。

(1) 文件的共享。

计算机之间的资源共享是计算机网络的最基本的应用之一。在家庭内部的小型局域网中,计算机之间文件的共享可以使得日常的工作、学习、娱乐更加方便。

通过文件共享,可以把局域网内每台计算机分布存储的资料集中存储,不仅方便管理,也大大节省了宝贵的存储空间。通过文件共享,还可以方便地将一台计算机中的重要资料随时备份到其他计算机上。

(2) 外部设备的共享。

通过局域网,可以在任何一台计算机上使用网络中的各种外部设备,比如打印机、扫描仪等,免去拆装硬件的麻烦。

(3) 应用程序的共享。

许多应用程序提供网络版本或者支持异地运行,这样就可以方便地由多人共同维护某一记录或文件,而且还可以节约本地计算机的磁盘空间。

(4) Internet 共享。

要将局域网内的所有计算机分别通过调制解调器(Modem)或者其他网络设备接入

Internet，将会是一笔不小的开销。但通过局域网内的Internet共享，可以只用一条电话线和一个调制解调器就能让网络内的所有计算机接入Internet，进行WWW浏览、FTP文件传输、BBS讨论、网上聊天以及电子邮件收发。家庭网络和Internet相连接将会极大地挖掘家庭网络的资源，使得每个家庭成员都可以用自己的计算机登录Internet尽情地冲浪。

（5）资源的管理。

通过建立网络，可以把家庭中和计算机有关的资源进行合理的组合、统一的管理，这样就可以有效地利用所有的资源。

（6）多媒体视听。

在家庭内部的局域网中，可以建立小型的电台、电视台，向家庭成员广播流行音乐或者国外大片，给家庭成员开辟了一个更广阔的交流空间。

（7）联机游戏。

现在很多游戏都加入了对网络的支持，比如星际争霸、Diablo、CS……这些经典、刺激的网络游戏数不胜数，还有一些传统的比赛，如围棋、象棋、扑克牌也可以到网络上一决高下，联网游戏对一些朋友来说可能是局域网最吸引人的一个功能。

2）局域网在校园中的应用

局域网在日常教学中的辅助作用也越来越显著，下面就举例说明校园局域网的主要应用：

（1）多媒体教学。

传统意义上的多媒体教学就是利用多媒体的手段由老师向学生展示事先准备好的课件，比如一些图片、动画、3D模型等，在这种教学过程中讲课教师可以根据学生对课程的理解情况来动态地选择教学的具体内容，讲课老师甚至可以进行一些随堂的小测验而及时得到测验结果，这样就可以针对学生实际掌握的情况进行进一步的点拨。

（2）网络学校。

随着网络的日益普及，计算机的便利也越来越为人们所重视，现在很多学校都开展了网络教学工作，学生只要坐在计算机前就可以浏览课堂讲义、完成课堂作业甚至进行考试。

（3）学生信息管理。

在学校教务、后勤等部门之间建立学生信息管理系统，学生档案以电子资源的形式存储，这样各部门就可以随时查看到任何一个学生的详细资料，包括学习成绩、奖惩情况、生源所在地等一系列的信息，学生本人也可以登录到管理系统中查看自己的信息，缓解了某些部门的工作压力。

3）局域网在办公中的应用

建立一个高效的企业内部网络，对于提高企业信息化水平，提高企业工作效率都是十分有益的，对于一个企业局域网来讲，通常需要满足以下要求。

（1）企业内部的文件共享、打印共享服务。

在家庭内部局域网小节中，我们已经提到过局域网内部文件以及打印共享的概念，不过对于一个企业来说，往往具有更多的计算机、更复杂的网络结构，对于文件以及打印共享的需求也更大，此时可能就需要一台单独的文件服务器或者更高速的打印机。

（2）提高企业的办公自动化水平。

作为企业的管理人员，应该要求每个员工及时把自己的工作状况和重要信息反馈到上级的手中,这通过局域网可以方便地实现。管理人员登录到服务器上,就可以查看到自己部门的员工工作情况,还可以进行横向的比较来评估每位员工的工作状况。

(3) 使企业局域网与 Internet 连接。

使企业局域网和 Internet 相连接是很重要的。Internet 是企业及时准确全面地与外界交流信息的一个绝好途径。

8.2 Internet 基础

Internet(因特网)是全球性的、开放性的计算机互联网络。Internet 起源于美国国防部高级研究计划局(ARPA)资助研究的 ARPANET 网络。

Internet 上有丰富的信息资源,我们可以通过 Internet 方便地寻求各种信息。

8.2.1 Internet 基本服务

1. WWW

1) WWW 服务

WWW(World Wide Web)是把存放于全球范围内 Internet 上的众多计算机上的信息以超媒体的方式有机地链接在一起,构成一个世界范围的信息网。用户利用浏览器通过 Internet 浏览 WWW 提供的信息。用户仅需要提出查询要求,而不必关心到什么地方去查询及如何查询,这些均由 WWW 自动完成。利用 WWW,人们还可以建立自己的 Web 站点(又称 Web 网站),在网上向全世界发布信息,宣传自己。

2) WWW 的工作模式

WWW 采用客户机及服务器工作模式,用户只要连接上 Internet,在自己的计算机中运行 WWW 的客户端程序(即 Web 浏览器,如 Internet Explorer)并提出查询请求,这些请求信息就会通过 Internet 传送给相应站点的 Web 服务器(即运行 WWW 服务程序的计算机),Web 服务器按用户的请求做出响应,把结果再通过 Internet 传回送给客户端计算机上的正在运行的浏览器输出。图 8-10 所示为百度搜索服务。

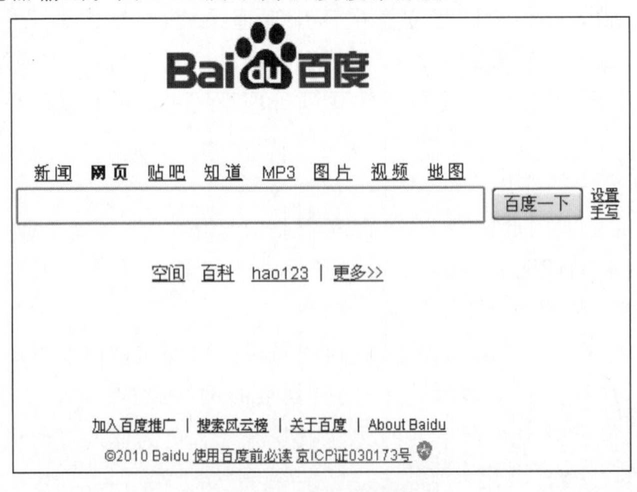

图 8-10 百度搜索首页

2. 电子邮件

1) 电子邮件

电子邮件(E-mail)就是利用计算机网络来交换电子信件。除了作为信件交换工具外,还可以用于传递文件、图形、图像、语音和视频等信息。

2) 电子邮件地址

在 Internet 上,电子邮件系统由电子邮件服务器(Internet 上的一台计算机)和用户使用的电子信箱构成。邮件服务器采用"存储转发"的方式来存储、转发、传递电子邮件,电子信箱是邮件服务器上用于专门为用户存放往来邮件的磁盘存储空间。这个电子信箱号就是电子邮件地址。电子邮件地址的格式是:

<用户名>@<计算机域名>

用户为了收发邮件,必须先向拥有 E-mail 服务器的 ISP(例如新浪、网易等网络服务商)申请一个电子信箱。邮件服务器上包含有大量用户的电子信箱,而每个用户的电子邮件地址是唯一的。

3) 电子邮件的收发方式和协议

收发电子邮件有两种方式:一种是 Web 方式,首先登录提供电子服务的站点(例如新浪、网易等),再通过站点收发邮件,这种方法不需要进行设置,只需知道邮箱账号和密码即可登录邮件服务器;另一种是使用 Outlook、Foxmail 等专门的电子邮件软件,使用这些软件收发电子邮件首先要设置好电子邮件地址(也称为"账户"),然后通过网络连接电子邮件服务器,替用户接收和发送存放在邮件服务器上的电子邮件。

电子邮件服务器包括发信服务器(SMTP)和收信服务器(POP3)两部分,发送电子邮件时,发方使用 SMTP 通过 Internet 先把邮件发送到用户电子邮箱所在发信服务器(SMTP),发信服务器再使用 SMTP 通过 Internet 把邮件发到的收方所在收信服务器。接收电子邮件时,用户使用 POP3 协议通过 Internet 从收信服务器接收邮件。

3. 远程登录

远程登录(Telnet)就是通过 Internet 进入和使用远距离的计算机系统,就像使用本地计算机一样。远端的计算机可以在同一间屋子里,也可以远在数千千米之外,使用的工具是 Telnet。它在接到远程登录的请求后,就试图把你所在的计算机同远端计算机连接起来。一旦连通,你的计算机就成为远端计算机的终端,你可以正式登录(login)进入系统成为合法用户,执行操作命令,提交作业,使用系统资源。在完成操作任务后,通过注销(logout)退出远端计算机系统,同时也退出 Telnet。

4. 文件传输

FTP(文件传送协议)是 Internet 上最早使用的文件传送程序。它同 Telnet 一样,使用户能登录到 Internet 的一台远程计算机,把其中的文件传送回自己的计算机系统,或者反过来,把本地计算机上的文件传送并装载到远方的计算机系统。

8.2.2 Internet 常用术语

1. 浏览器

浏览器是指可以显示网页服务器或者文件系统的 HTML 文件内容,并让用户与这些文件交互的一种软件。网页浏览器主要通过 HTTP 协议与网页服务器交互并获取网页,这些网页由统一资源定位器(URL)指定,文件格式通常为HTML,并由MIME在HTTP协议中指明。一个网页中可以包括多个文档,每个文档都是分别从服务器获取的。大部分的浏览器本身支持除了HTML之外的广泛的格式,例如JPEG、PNG、GIF等图像格式,并且能够扩展支持众多的插件(plug-ins)。另外,许多浏览器还支持其他的URL类型及其相应的协议,如FTP、Gopher、HTTPS(HTTP协议的加密版本)。常见的网页浏览器包括微软的Internet Explorer、Mozilla的Firefox、苹果的Safari、Google Chrome、360安全浏览器、搜狗高速浏览器、百度浏览器、腾讯QQ浏览器等。浏览器是最经常使用到的客户端程序。

2. 主页

主页是一个文档,当一个网站服务器收到一台计算机上网络浏览器的消息连接请求时,便会向这台计算机发送这个文档。当在浏览器的地址栏输入域名,而未指向特定目录或文件时,通常浏览器会打开网站的首页。网站首页往往会被编辑得易于了解该网站提供的信息,并引导互联网用户浏览网站其他部分的内容,这部分内容一般被认为是一个目录性质的内容。

3. WWW

World Wide Web简称WWW或Web,也称万维网。它不是某种具体的计算机网络,而是一个通过网络访问的互连超文件(interlinked hypertext document)系统,是Internet的一种具体应用。从网络体系结构的角度来看,WWW是在应用层使用超文本传送协议(hypertext transfer protocol,HTTP)的远程访问系统,采用客户机/服务器(client/server,C/S)的工作模式,提供统一的接口来访问各种不同类型的信息,包括文字、图形、音频和视频等。所有的客户端和Web服务器统一使用TCP/IP,使得客户端和服务器的逻辑连接变成简单的点对点连接,用户只需要提出查询要求就可自动完成查询操作。

4. HTTP协议

超文本传送协议是一个专门为Web服务器和Web浏览器之间交换数据而设计的网络协议。HTTP使用传输层的TCP,每一个Web服务器运行着服务程序,它不断地监听TCP的80端口,以便发现是否有客户端向它发出建立连接的请求,接到客户端请求后,服务器返回所请求的页面作为响应。

5. HTML

超文本标记语言(HTML)是标准通用标记语言下的一个应用,也是一种规范,一种标准,它通过标记符号来标记要显示的网页中的各个部分。网页文件本身是一种文本文件,通过在文本文件中添加标记符,可以告诉浏览器如何显示其中的内容(如文字如何处理,画面如何安排,图片如何显示等)。浏览器按顺序阅读网页文件,然后根据标记符解释和显示其标记的内容,对书写出错的标记将不指出其错误,且不停止其解释执行过程,编制者只能通过显示效果来分析出错原因和出错部位。但需要注意的是,对于不同的浏览器,对同一标记符可能会有不完全相同的解释,因而可能会有不同的显示效果。

6. URL

简单地说,统一资源定位器(URL)是将各种计算机归类、编组,并提供Internet各种服务的一种有效方式,它使得用户能方便地指明想要获取服务的类型以及服务器和文件的地址。URL的组成为:

<协议类型>://<域名或IP地址>/路径及文件名

其中,协议类型可以是http、ftp、telnet等,如表8-1所示。域名或IP地址指明要访问

的服务器，路径及文件名指明要访问的页面名称。例如，下面是一个典型的 URL：http://home.netscape.com/home/welcom.html

表 8-1 通用 URL 协议及其定义

协议类型	说　明
http	定义全球信息网的系统页面
mailto	定义某个人的电子邮件地址
ftp 或 file	定义一个文件或文件目录
telnet	定义其他计算机的注册地址
news	定义一个 USENET 讨论组

其中，http 表示要求获得 WWW 服务器上的 HTML 文件，含有指定的文件的主机名是"home.netscape.com"（它是 Netscape 公司的一台大型计算机），而该文件在这台主机上的路径名和文件名是"/home/welcome.html"。

8.2.3 IP 地址

Internet 以 TCP/IP 作为标准通信协议，只要计算机系统支持 TCP/IP，它就可以连入 Internet，同时由 IP 子协议为连入 Internet 的计算机分配一个 IP 地址作为唯一标识。

1. IP 地址结构

因特网目前使用的 IP 协议版本为 IPv4，目前采用了分层结构的方式来表示整个 IP 地址空间，IP 地址的长度为四字节（32 bit），整个地址分为两部分，即网络号（network ID）和主机号（host ID），如图 8-11 所示。

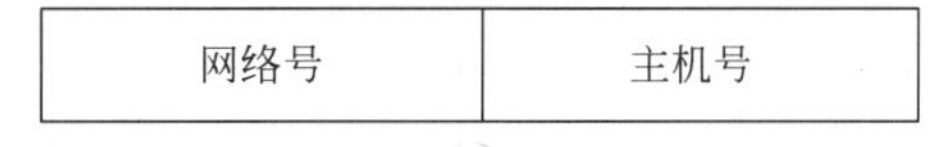

图 8-11 IP 地址结构图

对于 IP 地址的表示方法，目前采用的是点分十进制表示方法，即将 32 bit 的 IP 地址中的每 8 位二进制数用 1 个等效的十进制数表示，并每个十进制数之间加上一个点。某台连在因特网上的计算机的 IP 地址为 11010010 01001001 10001100 00000010，则该 IP 地址用十进制表示为 210.73.140.2。

2. 分类 IP 地址

整个 IPv4 地址空间被分为 A、B、C、D、E 五类，其中 A、B、C 三类为常用类型，D 类为组播地址，E 类为保留地址，如图 8-12 所示。

A 类地址用前 1 字节标识网络地址，后 3 字节标识主机地址，每个网络最多可容纳 ($2^{24}-2$) 台主机，从高位起，前 1 位为 0，第 1 字节用十进制表示的取值范围为 0～127，具有 A 类地址特征的网络总数为 126 个。

B 类地址用前 2 字节标识网络地址，后 2 字节标识主机地址，每个网络最多可容纳 ($2^{16}-2$) 台主机，从高位起，前 2 位为 10，第 1 字节用十进制表示的取值范围为 128～191，具有 B 类地址特征的网络总数为 2^{14} 个。

C 类地址用前 3 字节标识网络地址，后 1 字节标识主机地址，每个网络最多可容纳 254 台主机，从高位起，前 3 位为 110，第 1 字节用十进制表示的取值范围为 192～223，具有 C 类地址特征的网络总数为 2^{21} 个。

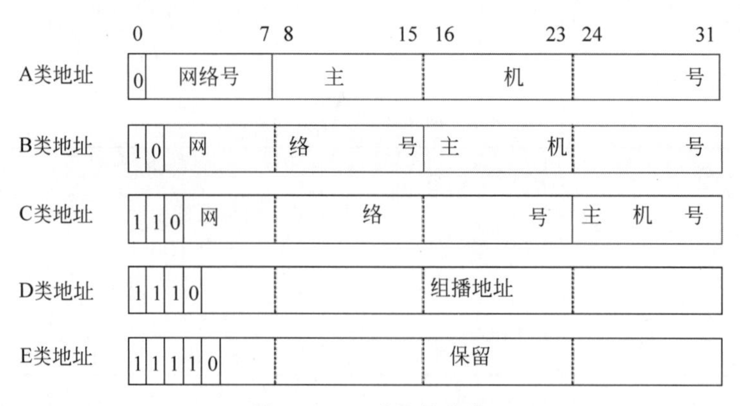

图 8-12 IP 地址的分类

3. 特殊用途的 IP 地址

(1) 主机号为全 0 的 IP 地址为网络地址,表示该网络本身。

例:主机 IP 地址为 212.111.44.136,则它所在网络的地址为 212.111.44.0。

全 0 的网络地址 0.0.0.0,表示网络本身,用于网络初始化。

(2) 主机号为全 1 的地址是广播(broadcast)地址。广播地址又分为直接广播地址和有限广播地址。直接广播地址:主机地址部分为全 1,用于向某个网络的所有主机广播。

例:主机 IP 地址为 212.111.44.136,则它所在网络的广播地址为 212.111.44.255。

有限广播地址:255.255.255.255,表示在未知本网地址情况下用于本网广播。

(3) 任何一个以数字 127 开头的 IP 地址(127.any.any.any)都叫作回送地址(loopback address)。它是一个保留地址,最常见的表示形式为 127.0.0.1。

(4) 内部地址(私用地址)。

IP 地址范围内有一些未被 InterNIC 指定,这些地址可分配给未连接到 Internet 的主机使用,这些主机如果需要访问 Internet,可使用网络代理(proxy)服务器连接到公共网络上。它们是:

A 类:10.0.0.0～10.255.255.255

B 类:172.16.0.0～172.31.255.255

C 类:192.168.0.0～192.168.255.255

4. 子网和子网掩码

为了更充分利用 IP 地址空间,方便管理,TCP/IP 采用了子网技术。子网技术把主机地址空间划分为子网和主机两部分,使得网络被划分为更小的网络-子网。这样一来,IP 地址结构则由网络地址(网络号)、子网地址(子网号)和主机地址(主机号)三部分构成,如图 8-13 所示。

图 8-13 采用子网的 IP 地址结构

为了能够确定哪几位用来表示子网,IP 引入了子网掩码的概念。子网掩码是一个与 IP 地址对应的 32 位数字,由若干个 1 和若干个 0 构成。对于 A 类地址,对应的子网掩码默认值为 255.0.0.0,B 类地址对应的子网掩码默认值为 255.255.0.0,C 类地址对应的子网掩码默认值为 255.255.255.0。

将一台计算机的子网掩码和 IP 地址进行按位"与"运算,可以判定这台计算机是在本地网络内还是在远程网络内。如果两台计算机的 IP 地址和子网掩码的"与"运算结果相同,则表明两台计算机是在同一子网络内。

8.2.4 域名

域名就是 Internet 网上主机的名字,主机只有一个唯一的 IP 地址,但这不容易记忆,而采用域名来表示主机,一方面容易记忆,同时也便于管理。

域名系统采用分层命名的方式,每一层叫作一个域,每个域用小数点分开。一台主机的域名通常由主机名、机构名、网络名和顶层域名组成。最右边的一段称为顶层域名,常用作国家或地区的代码。例如:成都数据通信公司的一台主机的域名为:

public.cd.sc.cn

上述域名可理解为:该机位于中国(cn)四川(sc)成都(cd),主机名字为 public。

域名中的顶层域(域名中最右部分)分为两大类:一类是由三个字母组成的,适用于美国(如表 8-2 所示);一类是由两个字母组成的,适用于美国以外的其他国家(如表 8-3 所示)。随着互联网的发展,顶级域名也在不断扩展。

表 8-2 常见的域名

域名	说明
com	商业机构
edu	教育机构
gov	政府部门
mil	军事部门
net	网络机构
org	其他组织机构

表 8-3 常见的国家地区域名

域名	国家或地区	域名	国家或地区
au	澳大利亚	ca	加拿大
de	德国	fr	法国
it	意大利	jp	日本
ru	俄罗斯联邦	cn	中国
ch	瑞士	dk	丹麦
gb	英国	us	美国

8.2.5 Internet 接入方式

在实践中,人们比较重视的是网络性能和成本,目前可供选择的接入方式很多,它们各有各的优缺点,针对不同的用户和不同的访问需要,可以选择适合的网络接入方式。

1. 局域网接入 Internet

将一个局域网连接到 Internet 主机可以有两种方案:一是通过局域网的服务器、一个高速调制解调器和电话线路把局域网与 Internet 主机连接起来,局域网上的所有微机共享服务器的一个 IP 地址;另一种是通过路由器把局域网与 Internet 主机连接起来,这种方式有自己的 IP 地址。路由器与 Internet 主机的通信虽然要求用户对软硬件的初始投资较高,通信费用也较高,但这是唯一可以满足大信息量 Internet 通信的方式。这种方式最适用于教育科研机构、政府机构及企事业单位中已装有局域网的用户。

2. 通过 DDN 接入 Internet

DDN(digital data network,数字数据网)是一种数字传输网络,具有更高、更稳定的速率在数字信道上传输。目前在国内提供 DDN 专线服务的主要是中国公用数字数据网(CHINADDN)。通过 DDN 专线接入 Internet 时,首先要考虑 DDN 专线的带宽,CHINADDN 向用户提供的带宽线路速率有 64 kbit/s、128 kbit/s、256 kbit/s、2 Mbit/s、4 Mbit/s,相应的月租费和信息流量使用费从几千元到几万元不等,用户应根据自身的条件选择。用户端还需要购置服务器、硬件系统、网络操作系统及路由器等设备。

3. 光纤入户

光纤入户如今已经成为数字化小区和数字化楼宇的标志,目前光纤入户常采用的一种技术是 PON(无源光网络)技术,该技术是一种点对多点的光纤传输和接入技术,下行采用广播方式,上行采用时分多址分时发送上行数据的方式,可以灵活地组成树状、星状、总线等拓扑结构,在光分支点不需要节点设备,只需要安装一个简单的光分支器即可,具有节省光缆资源、带宽资源共享、节省机房投资、设备安全性高、建网速度快、综合建网成本低等优点。

4. 通过 ISDN(一线通)接入 Internet

ISDN 是综合业务数字网的简称,是一个全数字的网络,也就是说,不论原始信号是话音、文字、数据还是图像,只要可以转换成数字信号,都能在 ISDN 网络中进行传输。

通过 ISDN 接入 Internet,需要一个 ISDN“用户网络接口”的设备,然后通过拨号方式接入。

5. 通过 ADSL(网络快车)接入 Internet

ADSL(asymmetric digital subscriber line)意为不对称数字用户线,是一种通过普通铜芯电话线提供宽带数据业务的技术。ADSL 在一对普通的电话线上进行高速传输数据而不影响电话的正常使用;传输速率是普通电话调制解调器的上百倍。

ADSL 接入类型如下。

(1) 专线入网方式:用户获得分配的固定静态 IP 地址,用户 24 小时在线。

(2) 虚拟拨号入网方式:并非是真正的电话拨号,而是用户输入账号、密码,通过身份验证,获得一个动态的 IP 地址,可以掌握上网的主动性。

使用 ADSL 连接网络时,ADSL 调制解调器便在电话线上产生了三个信息通道:一个为标准电话服务的通道、一个速率为 640 kbit/s~1.0 Mbit/s 的中速上行通道、一个速率为 1~8 Mbit/s 的高速下行通道,并且这三个通道可以同时工作,而这一切都是在一根电话线上同时进行的。

在客户端一般都需要有一台个人计算机,一台 ADSL 调制解调器(内嵌滤波器)和一条电话线,如图 8-14 所示。

6. 通过有线电视网接入 Internet

现国内各个城市有线电视网已接入千家万户,最初有线电视网是用来传输有线电视信

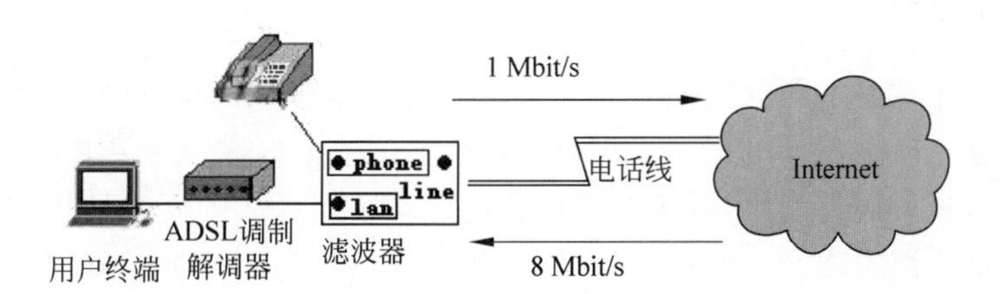

图 8-14 ADSL 接入方式示意图

号的，后来通过对现有有线电视网进行双向化改造。有线电视网除了可以提供有线电视节目外还可以提供电话、Internet 接入，高速数据传输和多媒体传输等宽带数据传输业务。现在许多城市已开始了提供利用有线电视网接入 Internet 的服务，它比 ADSL 提供的宽带数据业务费用更低，是个人接入 Internet 网并享受宽带数据服务的又一选择。

7. 无线接入——WAP

无线接入是指用户通过无线网络接入 Internet，无线接入有两个层面：一是计算机通过无线网络接入 Internet；二是以手机或其他设备为终端登录 Internet 站点。

无线接入已经成为一种新兴的接入方式。无线接入的突出特点则是方便。根据 CNNIC 2012 年 6 月的调查数据，我国居民经常使用的接入方式中，无线接入比例已经突破 1/3(34.3%)，其中又以手机为终端的无线接入占主要方式，接入比例已经达到 70%。无线接入以它的特殊性迎合了网民的某些特定需求，获得了较快的发展。

8.2.6 共享上网

共享上网其中最主要的功能，是针对内部已经实现联网的企业，让所有联网的计算机一起共享上网账号和线路，既满足工作需要又大幅度节约经费。也许有人会问，如果用 56 kbit/s 拨号上网，几个人用一条电话线上网会不会慢呢？答案是并不是绝对的，其实一个人用一条电话线上网浪费了不少资源，例如当您在阅读网页时，其实线路是很空闲的。还有，当您访问一些比较慢的网站，线路传输的速度远远达不到调制解调器的连接速度。所以完全不必担心，如果使用 ADSL 等宽带连接的话那么即使多人共用一条线路也会比独立的 56 kbit/s 拨号要快。

1. 硬件共享方式

通常使用共享上网路由器，该类设备通常除具有共享上网的功能外，还具有集线器的功能。它们通过内置的硬件芯片来完成互联网和局域网之间数据包的交换管理，实质也就是在芯片中固化了共享上网软件，当然功能强大的大型路由器不在此列。由于是硬件工作不依赖于操作系统，所以稳定性较好，但是可更新性相对软件显得差一些，并且需要另外投资购买，据笔者了解，一般的共享上网路由器也就 200 元上下，花销也不是很大。

2. 软件共享方式

软件共享上网就是在办公室局域网中的一台具有互联网连接线路的计算机上安装共享上网软件后实现整个局域网的共享 Internet。软件共享上网的优势在于花费低廉，有些共享上网软件甚至是免费的，而且软件更新较快，可以比较快地适应互联网新的接入技术和应用协议，缺点就是需要专门使用一台计算机来作为共享上网服务器，为其他计算机提供上网能力，并且这台计算机的性能不能太低。另外它依赖于操作系统，是一个标准的应用程序，所以稳定性相对硬件方式略差。

软件方式用于共享上网的软件目前分为两个大的类别,分别是 Proxy 代理服务器类型和 NAT 网络地址转换型,其中 NAT 网络地址转换型通常也称为网关型。

无论是软件还是硬件方式,其工作原理都是把局域网内部的网络请求做转换处理以后从连接互联网的线路发送到互联网,然后把从互联网接收到的数据在处理以后发送到发出该请求的内部计算机上。

由于现在一般的路由器价格便宜,且稳定性较好,所以通过路由器共享上网是目前流行的方式。

8.2.7 远程登录 telnet

远程登录是指在网络通信协议 telnet 的支持下,使用户的计算机通过 Internet 暂时成为远程计算机终端的过程。要在远程计算机上登录,首先要成为该系统的合法用户并有相应的账号和口令。一经登录成功,用户便可以实现使用远程计算机对外开放的全部资源。使用 telnet 的方法是在系统提示符下输入:telnet <主机地址>,如图 8-15 所示。

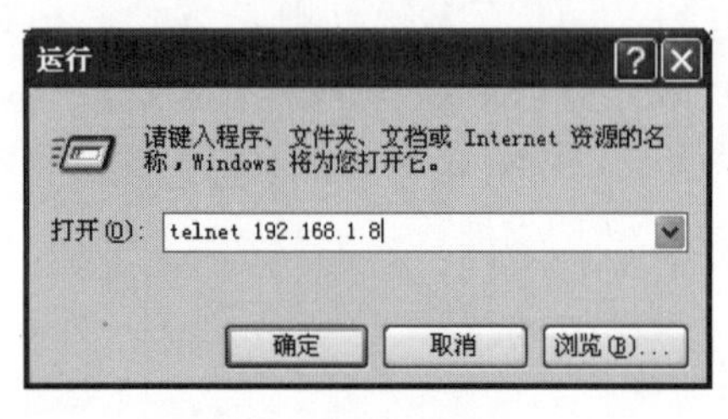

图 8-15　远程登录

远程登录(rlogin)是一个 UNIX 命令,它允许授权用户进入网络中的其他 UNIX 机器并且就像用户在现场操作一样。一旦进入主机,用户可以操作主机允许的任何事情。

每一个远程机器都有一个文件(/etc/hosts.equiv)包括了一个信任主机名及共享用户名的列表。本地用户名和远程用户名相同的用户,可以在/etc/hosts.equiv 文件中列出的任何机器上登录到远程主机,而不需要密码口令。个人用户可以在主目录下设置相似的个人文件(通常叫.rhosts)。此文件中的每一行都包含了两个名字——主机名和用户名,两者用空格分开。.rhosts 文件中的每一行允许一个登录到主机名的名为用户名的用户无须密码就可以登录到远程主机。如果在远程机的/etc/hosts.equiv 文件中找不到本地主机名,并且在远程用户的.rhosts 文件中找不到本地用户名和主机名时,远程机就会提示输入密码。列在/etc/hosts.equiv 和.rhosts 文件中的主机名必须是列在主机数据库中的正式主机名,别名和昵称均不许使用。为安全起见,.rhosts 文件必须归远程用户或根所有。

远程终端类型和本地终端类型(在 TERM 变量环境中给定)相同。如果服务器支持,终端或窗口尺寸会被复制到远程系统中,同时大小的变化也能反映出来。所有的回声现象都发生在远程站点,以至远程登录都是透明的(除了延迟情况)。流控制借助< CTRL-S >和< CTRL-Q >实现,并且输入输出中断也得到了很好的处理。

8.2.8 文件上传与下载

网络中实现文件的上传和下载主要是通过 FTP 服务器,FTP 的全称是 file transfer protocol(文件传送协议),顾名思义,就是专门用来传输文件的协议。FTP 的主要作用,就是让用户连接上一个远程计算机(这些计算机上运行着 FTP 服务器程序)查看远程计算机有哪些文件,然后把文件从远程计算机上复制到本地计算机,或把本地计算机的文件送到远程计算机去。

其实早期在 Internet 上传输文件，并不是一件容易的事，我们知道 Internet 是一个非常复杂的计算机环境，有个人计算机、工作站、MAC、服务器、大型机等，而这些计算机可能运行不同的操作系统，有 UNIX、DOS、Windows、macOS 等，各种操作系统之间的文件交流，需要建立一个统一的文件传送协议，这就是所谓的 FTP。虽然基于不同的操作系统有不同的 FTP 应用程序，而所有这些应用程序都遵守同一种协议，这样用户就可以把自己的文件传送给别人，或者从其他的用户环境中获得文件。

与大多数 Internet 服务一样，FTP 也是一个客户机/服务器(C/S)系统。用户通过一个支持 FTP 的客户机程序，连接到远程主机上的 FTP 服务器程序。用户通过客户机程序向服务器程序发出命令，服务器程序执行用户所发出的命令，并将执行的结果返回到客户机。比如，用户发出一条命令，要求服务器向用户传送某一个文件，服务器会响应这条命令，将指定文件送至用户的机器上。客户机程序代表用户接收到这个文件，将其存放在用户指定目录中。FTP 客户程序有字符界面和图形界面两种。字符界面的 FTP 命令复杂、繁多。图形界面的 FTP 客户程序，操作上要简洁方便得多。

在 FTP 的使用当中，用户经常遇到两个概念：下载(download)和上传(upload)。下载文件就是从远程主机复制文件至自己的计算机上；上传文件就是将文件从自己的计算机中复制至远程主机上。用 Internet 语言来说，用户可通过客户机程序向(从)远程主机上传(下载)文件。

在 FTP 的使用过程中，必须首先登录，在远程主机上获得相应的权限以后，方可上传或下载文件。也就是说，要想同哪一台计算机传送文件，就必须具有哪一台计算机的适当授权。换言之，除非有用户 ID 和口令，否则便无法传送文件。这种情况违背了 Internet 的开放性，Internet 上的 FTP 主机何止千万，不可能要求每个用户在每一台主机上都拥有账号。因此就衍生出了匿名 FTP。

8.2.9 电子邮件系统的使用

电子邮件又称 E-mail，是计算机网络为用户及用户之间提供的信息收发的重要服务之一。可以使用电子邮件发送或接收文字、图像和语音等多种形式的信息。目前，电子邮件已经成为用户之间快速、简便、可靠且成本低廉的现代通信手段，也是 Internet 上使用最广泛、最受欢迎的服务之一。

1. 申请电子邮箱

要想通过 Internet 收发邮件，用户只有先向 E-mail 服务商申请一个属于自己的个人电子信箱，才能通过 Internet 把电子邮件准确传达给每个 Internet 用户。

服务商提供的邮箱有两种：一种是免费邮箱，容量较低，服务也比较少；另一种是收费邮箱，用户必须向服务商支付一定费用，收费邮箱可以向用户提供更好的服务，例如安全性、方便性、邮箱的容量等方面都有很好的保障。

申请收费邮箱时，付费方式有多种：①通过手机付费；②利用银行卡网上支付；③利用第三支付，如支付宝等。根据收费邮箱容量大小，其支付费用也有所不同。目前国内外有很多站点提供免费的电子邮箱服务的网站，都提供免费和收费的邮箱，读者可以根据自己的需要来决定自己使用免费还是付费的邮箱，在这里介绍申请免费邮箱的方法。表 8-4 是部分中文免费电子邮箱服务站点。

表 8-4　部分中文免费电子邮箱服务站点

地　　址	名　　称
http://mail.163 com/	网易免费邮箱
http://www.126.com/	126 免费邮箱
http://mail.sohu.com/	搜狐免费邮箱
http://mail.qq.com/	腾讯免费邮箱
http://mail.sina.com.cn/	新浪免费邮箱
http://mail.china.com/	中华网免费邮箱

用户接入 Internet 后,只要能访问这些站点的免费电子邮箱服务网页,就可以免费申请自己的电子邮箱。腾讯公司将 QQ 号与邮箱绑定,只要你拥有一个 QQ 号就有一个与 QQ 号同名的电子邮箱。

下面介绍在中华网免费邮箱的申请个人免费电子信箱的步骤。

(1) 启动 Internet Explorer 浏览器,在地址栏中输入网址 http://mail.china.com,将打开主页,单击"免费邮箱登录"选项卡,将会打开如图 8-16 所示的"免费邮箱登录"选项卡。单击"注册中华免费邮"按钮,打开免费邮箱注册页面,可以选择"手机注册"和"邮箱注册",这里选择"邮箱注册"。

图 8-16　"中华网"免费邮箱登录选项卡

(2) 在邮箱地址后的文本框内输入想要使用的一个用户名并两次输入密码后输入显示的文字验证码。在邮箱地址后的文本框中输入邮箱地址,服务器自动验证该邮箱地址是否被使用。

(3) 单击"立即注册"按钮,系统注册完成后将提示邮箱中有一封激活邮件,要在 24 小时内单击邮件中的链接来激活邮箱,否则邮箱账号将被删除。

(4) 单击"确定"按钮,打开邮箱。在邮箱界面可以看到左上角"收件箱"有两封未读的邮件,单击它打开"收件箱"。

(5) 在"收件箱"中可以看到第一封邮件的主题是"中华网统一认证用户账户激活",单击此邮件即可打开这封电子邮件,如图 8-17 所示。单击内容的链接部分即可激活邮箱。

china.com 中华网 www.china.com PASSPORT 中华网通行证

亲爱的chuangwai118:

您好！感谢您注册中华网统一通行证。请点击下方网址进行激活。

http://passport.china.com/logon.do?

processID=active&username=chuangwai118@mail.china.com&activeurl=97fcac4f1b1bfd8287a1460489c7a19

图 8-17 “激活邮箱”邮件内容

2. 在网页中收发邮件

收发电子邮件时,有两种方法：一种是使用 Outlook、Foxmail 等专门电子邮件软件；另一种是使用 Web 页面来收发邮件,下面介绍使用浏览器进入邮件系统网站的页面,用户输入用户名和密码通过验证后,就可进入用户自己的电子邮件信箱,处理电子邮件。具体操作如下。

1）登录

首先在浏览器中打开如图 8-17 所示的邮件系统网站页面,然后输入邮箱名和密码,单击“登录”按钮,打开电子邮箱窗口,进入用户邮箱。在该窗口左侧列出所有功能,如收信、写信等,收发电子邮件和访问网页一样方便。

2）写信

邮件各部分的构成如表 8-5 所示。单击左边窗口的“写信”按钮,右边窗口将打开写信窗口。上面部分是邮件头,包括发件人、收件人、主题、附件等,下面部分是邮件体,填写邮件内容,如图 8-18 所示。

表 8-5 邮件各部分构成

邮件头	发件人：指发信人的电子邮箱地址,如：abcd123@mail.china.com,一般由系统自动填写
	收件人：指收信人的电子邮箱地址,如：123456@qq.com
	主题：指这封邮件的大概内容,如：书稿
	附件：指与邮件相关的附加内容
邮件体	是邮件的具体内容,并可以改变字体、信纸格式、插入图片等

3）发信

填写完相关内容后单击左上角的“发送”按钮即可把邮件发送出去。当然如果你想把邮件发给多个人,可以在“收件人”文本框中输入多个邮箱地址,中间用英文逗号分隔开。

4）邮件发送完成

对方可以打开自己的邮箱收取邮件,登录 123456@qq.com 这个邮箱,可以看到有一封新邮件,单击“收信”按钮,可以看到“发件人”和“主题”正好是发信人填写的内容,单击“主题”就可以看到邮件内容了。

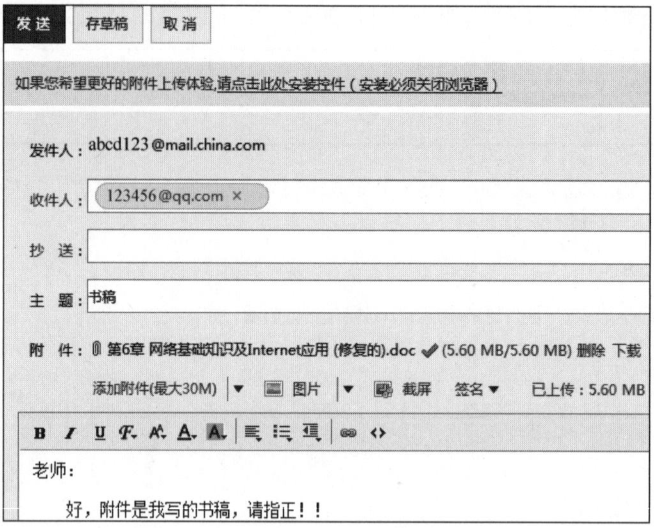

图 8-18 “写信”窗口

本 章 小 结

本章主要内容包括计算机网络和 Internet 应用。计算机网络基础知识包括网络的定义、网络的发展、网络的组成、网络的功能、网络的分类、网络的体系结构以及网络的发展现状和未来。Internet 应用包括 Internet 基本服务、IP 地址、域名、电子邮件等。通过本章的学习可以对网络知识有一个初步的了解,为以后系统学习网络知识打下基础。

习 题 8

一、选择题

1. 下列网络中属于局域网的是(　　)。

   A. Internet　　B. CHINANET

   C. Novell　　D. CERNET

2. www.edu.cn 是 Internet 上一台计算机的(　　)。

   A. 域名　　B. IP 地址

   C. 非法地址　　D. 协议名称

3. 合法的 IP 地址是(　　)。

   A. 202:144:300:65　　B. 202.112.144.70

   C. 202,112,144,7　　D. 202.112.70

4. 电子邮件所包含的信息(　　)。

   A. 只能是文字　　B. 只能是文字与图形信息

   C. 只能是文字与声音信息　　D. 可以是文字、声音、图像信息

5. HTTP 是一种(　　)。

   A. 网址　　B. 超文本传送协议

C. 程序设计语言　　　　　　　　　　D. 域名

6. 网页使用(　　)语言编写而成的。

A. C　　　　　　　　　　　　　　　B. HTML

C. FORTRAN　　　　　　　　　　　D. C++

7. 从接收服务器取回来的新邮件都保存在(　　)。

A. 收件箱　　　　　　　　　　　　B. 已发送邮件箱

C. 发件箱　　　　　　　　　　　　D. 已删除邮件箱

8. 在 Internet 中,传输文件用(　　),远程登录用(　　)。

A. Telnet　　　　　　　　　　　　B. FTP

C. Gopher　　　　　　　　　　　　D. Usenet

9. 在 Internet 中,IP 地址是由(　　)字节组成的。

A. 3　　　　　　　　　　　　　　B. 6

C. 8　　　　　　　　　　　　　　D. 4

10. 下面的 IP 地址中,(　　)是 B 类 IP 地址。

A. 202.113.0.1　　　　　　　　　B. 191.168.0.1

C. 10.10.10.1　　　　　　　　　D. 192.168.0.1

二、填空题

1. 计算机网络按照地理范围分为________、________和________。
2. IP 地址分为________类。
3. URL 的中文名字是________。
4. IP 地址长度为________位。
5. B 类地址的默认子网掩码为__________。
6. 电子邮箱地址的格式为____________。
7. 域名中的.edu 表示 ________,.gov 表示__________。
8. 常见的网络拓扑结构有总线、________和环状。
9. 网络中常见的有线传输介质有__________、光纤和__________。
10. 计算机网络的基本功能是数据通信和____________。

三、思考题

1. 计算机网络中 OSI 参考模型将网络分为哪些层次?
2. 目前网络中暴露出来的问题主要有哪些?
3. 计算机网络有哪些功能?
4. 接入 Internet 有哪些方式?
5. 计算机网络发展分为几个阶段?

第9章 计算机信息安全

传统的计算机安全着眼于单个计算机，主要强调计算机病毒对计算机运行和信息安全的危害，在安全防范方面主要研究计算机病毒的防治。当前，信息技术逐渐渗透到生活中的各行各业，现代社会对信息技术的依赖日益增强，信息安全问题越来越突出，离开网络的单个计算机应用即将退出历史舞台。因此，计算机安全逐渐演变为整个计算机信息系统安全，即信息网络安全。计算机信息安全的核心是通过计算机、网络、密码技术和安全技术，保护在信息系统及公用网络中传输、交换和存储的信息的完整性、保密性、真实性、可用性和可控性等。

在计算机科学中，保障计算机的安全性主要是通过安全立法、安全管理、安全技术手段来实施的。本章围绕这三方面，主要介绍计算机信息安全概述、计算机病毒、网络安全、计算机安全法律和法规。

9.1 计算机信息安全概述

什么是计算机信息安全？国际标准化组织(ISO)将“计算机安全”定义为：“为数据处理系统建立和采取的技术和管理的安全保护，保护计算机硬件、软件数据不因偶然和恶意的原因而遭到破坏、更改和泄露。”从而使系统连续正常运行。主要涉及物理安全(实体安全)、运行安全和信息安全三个方面。当今，计算机信息安全是计算机研究的一个重要领域，也是热门领域。

信息是具有价值的一种资产，包括知识、数据、专利、消息等。如今，信息化已经渗透到社会的很多方面，例如网络游戏、电子商务、企业信息化、电子邮件、无线网络技术、宽带、局域网、ISDN、DDN、ADSL、蓝牙、网吧、信息亭等。信息技术将计算机技术和通信技术结合在一起，存储信息、处理信息、传递信息，实现信息的数字化、多媒体化。信息安全(information security)防止信息财产被故意或偶然地非授权泄露、更改、破坏或使信息被非法的系统辨识、控制，即确保信息的完整性、保密性、可用性、可控性和真实性，避免攻击者利用系统的安全漏洞进行窃听、冒充、诈骗等有损于合法用户的行为，其本质是保护用户的利益和隐私。

9.1.1 有关信息安全大事件

【例9.1】 2014年4月8日，全球最大的计算机软件供应商——美国微软公司正式停止对Windows XP的技术支持，不再修补该系统的安全漏洞。受此影响，我国近两亿用户面临安全风险，大多数自动提款机遭遇黑客和病毒攻击的风险陡增。

【分析】 微软正式发布停止Windows XP的技术支持，这说明微软停止对该系统的安全维护，系统软件升级，漏洞修复等相关维护，即使系统出现了系统漏洞，微软也不再负责这些漏洞的正版修复。微软公司的这一举动，对一般用户影响不大，但是对注重系统安全的企业用户带来安全风险。

【例 9.2】 2014 年 5 月，山寨网银及山寨微信大量窃取网银信息，山寨网银和山寨微信客户端，伪装成正常网银客户端的图标、界面，在手机软件中内嵌钓鱼网站，欺骗网民提交银行卡号、身份证号、银行卡有效期等关键信息，同时部分手机病毒可拦截用户短信，中毒用户将面临网银资金被盗的风险。

【例 9.3】 无线网络存在巨大的安全隐患。在节目中，央视和安全工程师在多个场景实际测验显示，火车站、咖啡馆等公共场所的一些免费 Wi-Fi 热点有可能就是钓鱼陷阱，而家里的路由器也可能被恶意攻击者轻松攻破。

【分析】 例 9.2 和例 9.3 都是黑客利用钓鱼网站骗取用户的个人敏感信息，受害者经常遭受显著的经济损失。所谓“钓鱼网站”是一种网络欺诈行为，指不法分子利用各种手段，仿冒真实网站的 URL 地址以及页面内容，或者利用真实网站服务器程序上的漏洞在站点的某些网页中插入危险的 HTML 代码，以此来骗取用户银行或信用卡账号、密码等私人资料。

【例 9.4】 2014 年 7 月，苹果公司承认 iOS 系统存在安全漏洞。如 iOS 8.0 系统，只要使用 Siri 打开任意程序 8.0 系统就会自动解锁，什么密码指纹都失效。

【例 9.5】 2014 年 8 月，“XX 神器”安卓系统手机病毒在全国蔓延。“XX 神器”是一种很危险的盗取手机信息资料的病毒，会调用安卓手机系统的权限，对手机中的隐私信息进行更改或进行监听。

事实上，信息安全所面临的威胁不止以上这些，要保证计算机信息安全，必须要有效管理和采取必要手段或措施，即信息安全技术。信息安全技术的核心是保证信息在网络的传输过程中，具有保密性、完整性、可用性、可控性和不可否认性，如图 9-1 所示。

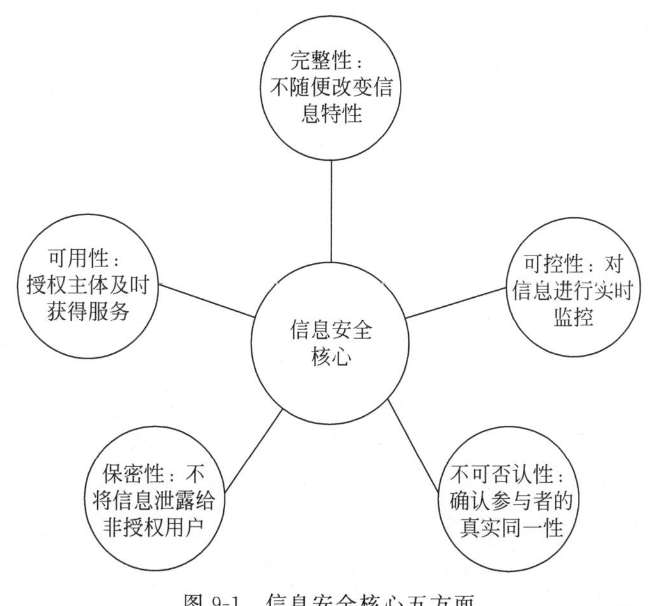

图 9-1　信息安全核心五方面

保密性(confidentiality)：保密性是网络信息不被泄露给非授权用户、实体或过程,及供其利用的特性。

可控性(controllability)：是指对信息和信息系统实施安全监控管理,防止非法利用信息和信息系统。

完整性(integrity)：网络信息未经授权不能进行改变的特性。

不可否认性(non-repudiation)：在网络信息系统的信息交互过程中,确信参与者的真实同一性。

可用性(availability)：是指授权主体在需要信息时能及时得到服务的能力。可用性是在信息安全保护阶段对信息安全提出的新要求,也是在网络化空间中必须满足的一项信息安全要求。

9.1.2 计算机系统所面临的威胁

在现有的信息系统中,随着相关技术的不断发展,威胁的种类是层出不穷。计算机系统面临的主要威胁包含 3 方面。

1. 物理安全

物理安全主要包括环境安全、设备安全、媒体安全等。设备安全主要是指计算机硬件安全。计算机硬件是指各种构成一台计算机的部件,如主板、内存、硬盘、显示器、键盘、鼠标等。影响物理安全有两大因素。

1) 非人为因素

非人为因素包括计算机硬件内在缺陷、自然灾害、电力故障、环境因素等不可抗原因。如物理威胁最为简单,也最容易防范,更容易被忽略,许多信息机构服务被中止仅仅因停电、断网和硬件损毁。例如,某处施工时无意破坏了通信电缆或是供电线路都会导致大规模的损失,所以保障企业信息系统的物理安全至关重要。对计算机信息系统安全构成严重威胁的灾害主要有雷电、鼠害、火灾、水灾、地震等各种自然灾害。

2) 人为因素

(1) 疏忽或使用不当等导致的硬件损坏,如误操作,关键数据采集质量存在缺陷,系统管理员安全配置不当,用户安全意识不强,用户口令选择不慎甚至多个角色共用一个用户口令。

(2) 盗窃等刑事案件。

2. 软件安全

软件安全是指对计算机中所安装的操作系统、应用软件以及存储的相关数据信息的保全、加密、防窃。最典型的例子是微软的操作系统,当今有相当比例的恶意攻击就是利用微软的操作系统缺陷设计和展开的,一些病毒、木马也是盯住其破绽兴风作浪。由此造成的损失实难估量。应用软件的缺陷也可能造成计算机信息系统的故障,降低系统安全性能。

仅次于物理威胁的是漏洞威胁,几乎所有的安全事件都源于漏洞。漏洞主要分系统漏洞、软件漏洞和网络结构漏洞。系统漏洞相对常见,目前企业中常用的操作系统大致分为两种,Windows 和 UNIX/Linux,基于 NT 内核的 Windows Server 2003、Windows Server 2008 都是常见的网络操作系统。Windows 操作系统必须重视 Windows Update,保证系统最新,因为安全漏洞官方会迅速通过 Windows Update 布置到计算机上。另外对于 UNIX/

Linux 系统的企业安全漏洞也不容忽略，采取安全防御措施也相当重要。同 Windows 一样，最基本的措施是及时安装安全补丁，留意近期的安全通告，同时根据业务需要，关闭不必要的系统服务。

3. 网络安全

从狭义的保护角度来看，计算机网络安全是指计算机及其网络系统资源和信息资源不受自然和人为有害因素的威胁和危害。从广义来说，凡是涉及计算机网络上信息的保密性、完整性、可用性、真实性和可控性的相关问题都是计算机网络安全的范畴。在日常网络应用中尤其要注意以下几点：

(1) 注意不断更新操作系统补丁，不要安装使用一些来路不明的软件，不要轻易单击某些问题网站；

(2) 注意安装正版的杀毒软件，并不断升级其病毒库，以防范网络上传播的病毒和木马；

(3) 注意安装防火墙软件，以防范黑客攻击；注意保护个人隐私，网络交友要谨慎。

9.2 计算机病毒

计算机病毒(computer virus)在《中华人民共和国计算机信息系统安全保护条例》中被明确定义为："编制者在计算机程序中插入的破坏计算机功能或者破坏数据，影响计算机使用并且能够自我复制的一组计算机指令或者程序代码。"

计算机病毒是一种由人为编制的起破坏作用的一个程序，一段可执行代码。这种特殊的程序能把自身附着在各种类型的文件上，能够在计算机系统中隐藏地生存，通过自我无限复制来传播，又常常难以根除。在一定条件下被激活并破坏计算机系统，造成不可估量的损失。

9.2.1 计算机病毒的特征

计算机病毒具有以下几个明显的特征。

(1) 传染性。

这是病毒的基本特征，是判断一个程序是否为计算机病毒的最重要的特征，一旦病毒被复制或产生变种，其传染速度之快令人难以想象。传播途径有光盘、U 盘、网络等。

(2) 破坏性。

任何计算机病毒感染了系统后，都会对系统产生不同程度的影响。发作时轻则占用系统资源，影响计算机运行速度，降低计算机工作效率，使用户不能正常使用计算机；重则破坏用户计算机的数据，甚至破坏计算机硬件，给用户带来巨大的损失。

(3) 寄生性。

一般情况下，计算机病毒都不是独立存在的，而是寄生于其他的程序中，当执行这个程序时，病毒代码就会被执行。在正常程序未启动之前，用户是不易发觉病毒的存在的。

(4) 隐蔽性。

计算机病毒具有很强的隐蔽性，它通常附在正常的程序之中或藏在磁盘隐秘的地方，有些病毒采用了极其高明的手段来隐藏自己，如使用透明图标、注册表内的相似字符等，而且有的病毒在感染了系统之后，计算机系统仍能正常工作，用户不会感到有任何异常，在这种情况下,普通用户无法在正常的情况下发现病毒。

(5) 潜伏性与可激活性。

系统感染病毒程序后一般不会立即发作,而是隐藏在系统中潜伏一段时间。此时,潜伏了病毒软件的文件就变为病毒程序的“携带者”。

隐藏在系统中的病毒,就像定时炸弹一样,在满足特定条件时就被触发。例如,黑色星期五病毒,不到预定时间,用户就不会觉察出异常。一旦遇到13日并且是星期五,病毒就会被激活并且对系统进行破坏。

(6) 非授权可执行性。

病毒都是先获取了系统的操控权,在没有得到用户许可的时候就执行并开始破坏行动。

(7) 针对性。

病毒所攻击的目标都是有针对性的,都是针对某一漏洞或者某一程序进行感染。正因为这样,病毒文件大小才会很小。

现在的某些病毒可以在传播过程中改变自己的形态,从而衍生出不同原版病毒的新病毒,这种新病毒称为病毒变种。有变形能力的病毒能更好地在传播过程中隐藏自己,使之不易被反病毒程序发现和清除。

9.2.2 计算机病毒的分类和典型病毒

1. 计算机病毒分类

计算机病毒按划分标准不同,有多种不同的划分方法。一般按照计算机病毒主要的表现形式来分类,如图9-2所示。

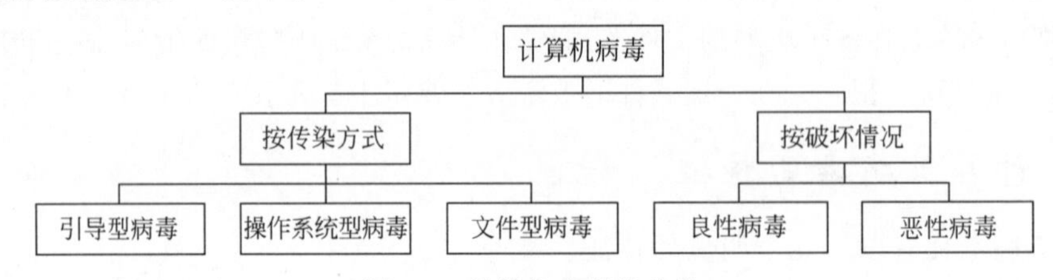

图9-2 计算机病毒的分类

(1) 按传染方式分类,可分为引导型病毒、操作系统型病毒、文件型病毒。

引导型病毒:所有的磁盘都有一个引导区,一般是磁盘上的第一个扇区。在系统启动、引导或运行过程中,病毒利用系统扇区(引导区)及相关功能的疏漏,直接或间接地修改扇区,实现直接或间接的传染、侵害或驻留等。

操作系统型病毒:这是最常见危害最大的病毒。这类病毒把自身贴附到一个或多个操作系统模块或系统设备驱动程序或一些高级的编译程序中,保存主动监视系统的运行,用户一旦调用这些系统软件时,即实施感染和破坏。

文件型病毒:这种病毒一般只传染磁盘上的可执行文件(扩展名为.com或.exe),当用户调用染毒的可执行文件时,病毒首先被运行,然后驻留内存,伺机传染其他文件。

(2) 按破坏情况分类,可分为良性病毒和恶性病毒。

良性病毒:该类病毒发作一般只占用系统开销或干扰计算机系统正常工作。表现形式往往是显示信息、奏乐、发出声响。对计算机系统破坏较小。

恶性病毒:此类病毒不但干扰计算机运行,还会使系统变慢,甚至死机。有些病毒会导致系统崩溃、无法启动，其采用的手段通常是删除系统文件、破坏系统配置等。毁灭性病毒对于用户来说是最可怕的，它通过破坏硬盘分区表、FAT区、引导记录、删除数据文件等行为破坏数据文件，甚至可能破坏计算机硬件。

2. 几种典型的病毒

1）CIH病毒

CIH病毒1998年6月爆发于中国台湾，是公认的有史以来危害程度最高、破坏强度最大的病毒之一。该病毒发作的触发条件是每月26日，但因受设计的限制，只能感染Windows 95/98/ME等操作系统的可执行文件，而对MS-DOS、Windows 2000、Windows NT、Windows XP系统丝毫没有影响。

1999年4月26日，CIH病毒大爆发，全球有超过6 000万台计算机被破坏，2000年CIH病毒再度爆发，全球损失超过10亿美元。CIH病毒是历史上第一个可以破坏计算机硬件的病毒，中毒的计算机的主板和硬盘会被破坏。CIH病毒严重的破坏性表现为：一旦被感染的文件执行，病毒尝试用随机的数据重写系统硬盘，使硬盘分区表被破坏、硬盘所有数据遭毁灭、计算机硬件主板被改写、计算机黑屏死机等，同时可能通过破坏BIOS的数据存储对系统进行永久性的破坏。

2）特洛伊木马

木马程序是目前比较流行的病毒文件，与一般的病毒不同的是，它不会自我繁殖，也并不刻意地去感染其他文件，它通过自身伪装吸引用户下载执行，混入用户的计算机，然后在用户毫无察觉的情况下偷取用户的密码等信息并转发给“木马”的制造者，使黑客们可以访问用户的系统，偷取资料。特洛伊木马程序有很多，大部分的木马程序本身并不具有破坏作用，但是它们可以招致难以想象的后果。

3）“我爱你”病毒

2000年5月3日，“我爱你”病毒首次在香港被发现，通过一封名为“我爱你”的邮件进行传播，“我爱你”病毒能大量复制自身覆盖的音乐和图片文件。“我爱你”病毒在一两天之内迅速传播到世界各地，造成了欧美国家的计算机网络瘫痪。

4）蠕虫病毒

蠕虫病毒不需要附在别的程序内，是一个独立运行的程序，能自我复制或执行，它未必会直接破坏被感染的系统，却几乎都对网络有害。蠕虫病毒在计算机之间进行传播时很少依赖（或者完全不依赖）人的行为，它们往往是一种通过某种网络媒介（电子邮件、TCP/IP协议等）从一台计算机复制到其他计算机。蠕虫病毒程序倾向于在网络上感染更多的计算机，而不是在一台计算机上尽可能多地复制自身。典型的蠕虫病毒只感染目标系统（或运行其代码）一次，在最初感染之后，蠕虫病毒程序就会通过网络自动向其他计算机传播。

蠕虫病毒的破坏性主要体现在通过网络在计算机上产生许多自身的复制，从而消耗大量的计算机和网络传输时间，并可以最终使整个计算机网络系统崩溃。

5）宏病毒

有些应用软件为了方便用户自己编制可用于重复操作的一批命令，提供宏命令编程能力。随着应用软件的进步，宏命令编程语言的功能也越来越强大，其中微软的VBA（Visual Basic for Application）已经成为应用软件宏语言的标准。利用宏语言，可以实现几乎所有的操作，还可以实现一些应用软件原来没有的功能。宏病毒就是利用VBA进行编写的一些宏,这些宏可以自动运行,干扰用户工作。用户一旦打开含有宏病毒的文档,其中的宏就会被执行,于是宏病毒就会被激活,转移到计算机上,并驻留在 Normal 模板上。从此以后,所有自动保存的文档都会"感染"上这种宏病毒,而且如果其他用户打开了感染病毒的文档,宏病毒又会传播到他的计算机上。

9.2.3 常用的反病毒软件

反病毒软件与病毒作为一种对抗长期存在,反病毒技术往往是滞后于病毒的制作,俗话说的好"没有杀毒软件是万万不能的! 但杀毒软件不是万能的"。杀毒软件提供实时监控能力与病毒清除功能,满足大部分网民的安全需求。至今为止,常用的杀毒软件有诺顿(Norton)防病毒软件、金山毒霸(Kingsoft Antivirus)、360 安全卫士等。

诺顿防病毒软件,是赛门铁克(Symantec)公司出品的一款反病毒程序。该项产品发展至今,还有防间谍等网络安全风险的功能。产品优点有全面保护信息资产、病毒分析技术、自我保护机制、攻击防护能力和准确定位攻击源。在美国,诺顿是市场占有率第一的杀毒软件,而与之竞争的 McAfee、Trend Micro 分占第二、三名位置。诺顿 2009 年增加的新技术 Norton Insight,简单来说是一种白名单(但名单规则并不保存于软件当中,而是通过赛门铁克服务平台随时更新),其原理为只扫描不被信任的文件或网站,并略过知名又或者安全的文件及网站,该项技术可让扫描速度大幅提快,并降低误判率。

金山毒霸(Kingsoft Antivirus)是中国的反病毒软件,是金山网络旗下研发的云安全智扫反病毒软件。经业界证明成熟可靠的反病毒技术,以及丰富的经验,使其在查杀病毒种类、查杀病毒速度、未知病毒防治等多方面达到世界先进水平,同时金山毒霸具有病毒防火墙实时监控、压缩文件查毒、查杀电子邮件病毒等多项先进的功能。

360 安全卫士是一款由奇虎 360 公司推出的功能强、效果好、受用户欢迎的安全软件。360 安全卫士拥有查杀木马、清理插件、修复漏洞、计算机体检、计算机救援、保护隐私等多种功能,并独创了"木马防火墙""360 密盘"等功能,依靠抢先侦测和云端鉴别,可全面、智能地拦截各类木马,保护用户的账号、隐私等重要信息。其中,"一键优化"服务可智能扫描用户的系统内存在的可优化项目,用户只需鼠标一点即可轻松执行优化操作。"启动项管理"服务可以帮助用户轻松管理系统开机自启动项目,有效加快系统开机效率。由于 360 安全卫士使用极其方便实用,用户口碑极佳。

9.3 网络安全

网络安全是一门包括计算机科学、网络技术、通信技术、密码技术、信息安全技术、应用数学、数论、信息论等多种学科的综合性内容。网络安全从其本质上来讲就是网络上的信息安全,它涉及的领域相当广泛。这是因为目前的公用通信网络中存在着各种各样的安全漏洞和威胁。

网络安全(network security)的通用定义,是指网络系统的硬件、软件和系统中的数据受到保护,不受偶然的或者恶意的攻击而遭到破坏、更改、泄露,系统连续可靠、正常地运行,网路服务不中断。由此可将计算机网络安全理解为:各种技术和管理措施使网络系统正常运行,从而确保网络数据的可用性、完整性和保密性。计算机网络安全包含两个方面的内容：一方面保护网络数据和程序等资源，以免受到有意或无意地破坏或越权修改占用，称为访问技术；另一方面，为维护用户自身利益而面对某些资源或信息进行加密的密码技术。换句话说，广义上凡是涉及网络信息的保密性、完整性、可用性、真实性和可控性的相关技术和理论都属于网络安全的领域。

保密性：信息不泄露给非授权的个人、实体和过程，或供其使用的特征。

完整性：数据未经授权不能进行改变特性。即信息在存储或传输过程中保持不被修改、不延迟、不乱序、不被破坏和丢失的特性。对网络信息安全进行攻击其最终目的就是破坏信息的完整性。

可用性：合法用户访问并能按要求顺序使用信息的特性，即保证合法用户在需要时可以访问到信息及相关资源。可被授权实体访问并按需求使用的特性。即当需要时能否存取所需的信息。例如网络环境下拒绝服务、破坏网络和有关系统的正常运行等都属于对可用性的攻击。

可控性：授权机构对信息的内容及传播具有控制能力的特性，可以控制授权范围内的信息流向以及方式。

可审查性：在信息交流过程后，通信双方不能抵赖曾经做出的行为，也不能否认曾经接收到对方的信息。

9.3.1 网络安全模式

网络安全系统并非局限于通信保障，对信息加密功能要求等技术问题，它是一项极其复杂的系统工程。一个完整的网络信息安全系统(三角形金字塔)至少包括以下三类措施，并且缺一不可。

(1) 社会的法律政策，企业的规章制度及网络安全教育。

(2) 技术方面的措施，如防火墙技术、防病毒、信息加密、身份确认、授权。

(3) 审计与管理措施，包括技术措施和社会措施。

实际应用中，主要有实时监控、提供安全策略改变的能力以及对安全系统实施漏洞检查的措施。该网络信息安全模型中的政策、法律、法规是安全的基石，它是建立安全管理的基础，其层次如图 9-3 所示。

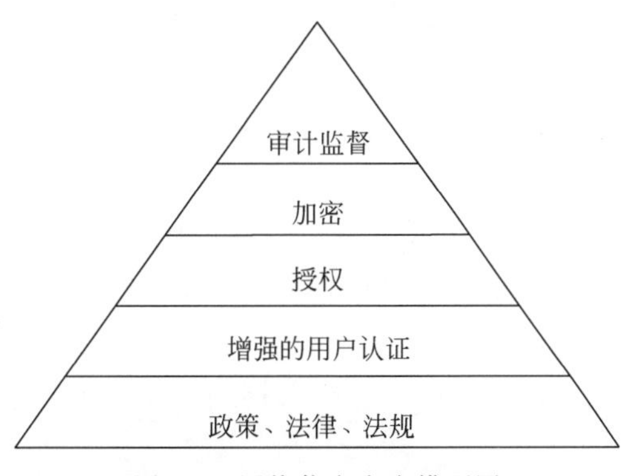

图 9-3　网络信息安全模型图

增强的用户认证，它是安全系统中属于技术措施的首道防线。用户认证的主要目的是提供访问控制。用户认证方法按其层次的不同可以根据以下三种情况提供认证：

(1) 用户持有的证件,如大门钥匙、门卡等。

(2) 用户知道的信息,如密码等。

(3) 用户持有的特征,如指纹、声音和虹膜扫描等。

授权主要是为特许用户提供合适的访问权限,并监控用户的活动,使其不越权使用。

加密的主要满足几方面的需求:认证需求,识别用户身份,提供访问许可;一致性需求,保证数据不被非法篡改;隐秘性需求,保证数据不被非法用户查看;不可抵赖性需求,使信息的接收者无法否认曾经收到的信息。加密是信息安全应用中最早使用的一种行之有效的手段之一,数据通过加密可以保证在存取与传送的过程中不被非法查看,篡改和窃取等。在实际使用中,利用加密技术至少需解决钥匙的管理(包括数据加密钥匙、私人证书和私密等的保证分发措施)、建立权威的钥匙分发机制、数据加密传输、数据存储加密等。

在网络信息模型的顶部是审计与监控,这是系统安全的最后一道防线,它包括数据的备份。系统一旦出现问题,审计与监控可以提供问题的再现、责任追查和重要数据恢复等保障。网络信息安全模型各部分相辅相成,缺一不可。其中底层是上层保障的基础。

9.3.2 网络信息安全的关键技术

网络安全技术是为了保证网络环境中各种应用系统和信息资源的安全,防止未经授权的用户非法登录系统,非法访问网络资源,窃取信息或实施破坏。其关键技术包括数据加密技术、数字证书技术、身份认证技术、防火墙技术、防止黑客和木马技术。

1. 数据加密技术

网络安全的一个重要的手段就是加密技术,其核心是由于网络本身不安全可靠,所有重要信息就必须全部通过加密处理。数据加密的基本过程就是对原来为明文的文件或数据按某种算法进行处理,使其成为不可读的一段代码,通常称为“密文”,使其只能在输入相应的密钥之后才能显示出本来内容,通过这样的途径来达到保护数据不被非法用户窃取、阅读的目的。该过程的逆过程为解密,即将该编码信息转化为其原来数据的过程。根据其加密所采用的变换方法不同,分为对称式加密法和非对称式加密法。

1) 对称式加密法

采用单钥密码系统的加密方法,同一个密钥可以同时用作信息的加密和解密,这种加密方法称为对称加密,也称为单密钥加密,通常在消息发送方需要加密大量数据时使用。

所谓对称,就是采用这种加密方法的双方使用方式用同样的密钥进行加密和解密。密钥是控制加密及解密过程的指令。算法是一组规则,规定如何进行加密和解密。因此对称式加密本身不是安全的。

常用的对称加密有:DES、IDEA、RC2、RC4、SKIPJACK、RC5、AES算法等。

DES(data encryption standard):数据加密标准,速度较快,适用于加密大量数据的场合。

3DES(triple DES):是基于DES,对一块数据用三个不同的密钥进行三次加密,强度更高。

AES(advanced encryption standard):高级加密标准,是下一代的加密算法标准,速度快,安全级别高。

RC4,也是为RSA Data Security,Inc.开发的密码系统的商标名称。

对称密码体制的特征是加密密钥和解密密钥相同，将明文(原文)分为相同长度的比特块，然后分别对每个比特块加密产生一串密文块，解密时，对每一个密文块进行解码得到相应的明文比特块，最后将所有收到的比特块合并起来，如图 9-4 所示。

图 9-4　对称式加密法

对称密钥密码体系的主要问题就是一开始收件者怎么得到密钥呢？如果通过网络传送，那么这个密钥只能是明文，也就失去了保密性。因此必须事先通过一个安全信道交换密钥，所以对称密钥密码体系中密钥的分发和管理非常复杂。

2）非对称式加密法

非对称加密法，是发出信息方采用一种密码对传输文件进行加密，且接收方使用另一种密码对文件进行解密的方法。其核心是每个用户的密钥由“公开密钥”和“私有密钥”组成，两个密钥必须要配对使用才可打开加密文件。公开密钥是公开的，向外界公布，而私有密钥是保密的，只有合法持有者所有，在网络上传输数据之前，发送信息方用公钥对数据加密，接收方使用持有的私有密钥进行解密，保证信息不向外泄露，使得互不认识的人也可进行保密通信。非对称加密法，其加密解密过程如图 9-5 所示。

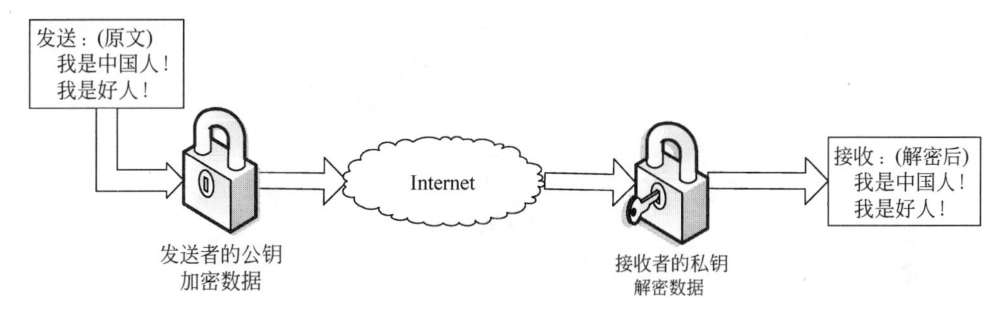

图 9-5　非对称式加密法

非对称加密的优点：由于公钥是公开的，而私钥则由用户自己保存，所以对于非对称密钥，其保密管理相对比较简单。

非对称加密的缺点：因为复杂的加密算法，使得非对称密钥加密速度慢，成本高。例如，网络银行当中所使用的数字签名，就是典型的一种非对称加密技术。

常见的非对称加密算法有：RSA、ECC(移动设备用)、Diffie-Hellman、El Gamal、DSA(数字签名用)。

在实际通信中，网络信息传输的加密通常采用对称密钥密码和非对称密钥密码相结合的混合加密体制，即加密、解密采用对称密钥密码，密钥传递则采用公钥密钥密码，这样解决密钥管理的困难，又解决加密和解密速度慢的问题。

2. 数字证书技术

数字认证技术(digital certificate)是目前国际上最成熟并得到广泛应用的信息安全技术。通俗地讲，数字证书就是个人或单位在网络上的身份证，是由认证机构 CA 发行的一种权威性的电子文档。数字证书以密码学为基础，采用数字签名、数字信封、时间戳服务等技术，在Internet上建立起有效的信任机制。它是一种电子身份证，以保证互联网网上银行和电子交易及支付的双方都必须拥有合法的身份，并且在网上能够有效无误地进行验证。数字证书是包含用户身份信息的一系列数据，是一种由权威机构CA证书授权(certificate authority,CA)中心发行的权威性的电子文档。类似于日常生活中的验证身份证的方式，在互联网交往中用数字证书来识别对方的身份。当然在数字证书授权的过程中，证书授权中心作为权威的、公正的、可信赖的第三方，其作用是至关重要。

授权机构CA是采用公开密钥基础技术，专门提供网络身份认证服务，负责签发和管理数字证书，且具有权威性和公正性的第三方信任机构。它的作用类似于现实生活中办发证件的机构，如身份证办理机构等。通过一个可信任的第三方机构，审核用户的身份信息和公钥信息，然后进行数字签名。其他用户可以利用该可信的第三方机构的公钥进行签名验证，从而确保用户的身份信息和公钥信息是一一对应的。随着Internet的普及，各种电子商务活动和电子政务活动的飞速发展，数字证书具有安全性、保密性等特点，可有效防范电子交易过程中的欺诈行为，已经广泛地应用到各个领域之中，目前主要包括：网上银行、电子商务、电子政务、网上招标投标、网上签约、网上订购、安全网上公文传送、网上缴费、网上缴税、网上炒股等。

3. 身份认证技术

身份认证是指验证某个通信参与者的身份与所申明的一致，确保该通信参与者不是冒名顶替。身份认证是安全系统应具备的最基本功能。图9-6是一个QQ身份认证的实例。

图9-6　身份认证实例

传统的身份认证方法一般是靠用户的登录密码来对用户身份进行认证，但用户的密码在登录时是以明文的方式在网络上传播的，很容易被攻击者在网络上截获，进而仿冒用户的身份，使身份认证机制被攻破。目前，在很多应用场合中，身份认证方式是基于"RSA公钥密码体制"的加密机制，用户必须通过数字签名信息和登录密码检验，只有全部通过，服务器才承认该用户的身份。身份认证的几种机制有OTP、动态口令、生物技术、IC卡等。

身份认证时，设置一个安全有效的口令是至关重要的，对预防"黑客"破解密码相当有用。一个安全有效的口令，要遵循以下规则：

(1) 选择长的口令，口令越长，被猜中的概率就越低。

(2) 最好的口令是英文字母和数字的组合。

(3) 不要使用英文单词，因为很多人喜欢使用英文单词作为口令，口令字典收集了大量的口令,有意义的英文单词在口令字典出现的概率比较大。有效的口令是那些自己知道但不为人知的首字母缩写组成的。

(4) 用户若访问多个系统,则不要使用相同的口令。否则,只要一个系统出了问题,另一个系统也不安全了。

(5) 不要使用自己的名字、家人的名字或宠物的名字等,因为这些可能是冒名者最先尝试的口令。

(6) 避免使用自己不容易记的口令,以免给自己带来麻烦。

4. 防火墙技术

1) 防火墙的定义

防火墙是一个把互联网与内部网隔开的设施,是一种计算机硬件和软件的组合,它使Internet与内部网之间建立起一个安全关卡,从而保护内部网络免受非法用户的侵入,保证网络安全的最重要实施。不同的防火墙侧重点不同。防火墙技术简单说就是一套身份认证、加密、数字签名和内容检查集于一体的安全防范措施。用户使用防火墙防止一些木马、黑客、病毒等破坏数据或者窃取个人信的恶性程序进入计算机,如图9-7所示。

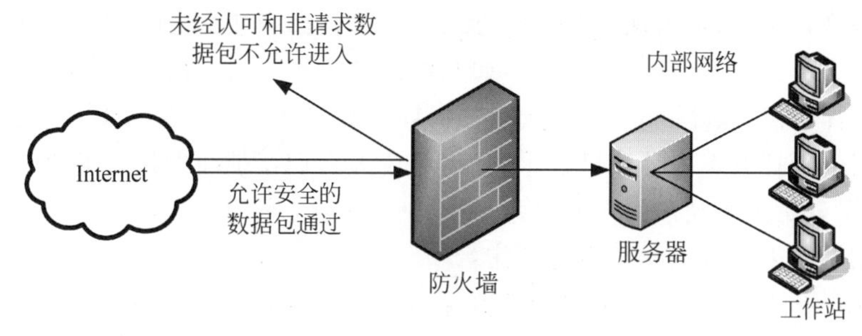

图9-7 防火墙技术

2) 防火墙软件

防火墙有不同的类型。一个防火墙可以是硬件自身的一部分,也可在独立的机器上运行,直接连在因特网机器可使用个人防火墙。常用的个人版防火墙,国内有天网个人版防火墙、蓝盾个人版防火墙、瑞星个人防火墙、江民反黑王等;国外比较有名的有LOCKDOWN、诺顿、ZONEALARM、PC CILLIN、BLACKICE等。在使用防火墙时,应注意对防火墙及时升级并设定合适的访问规则。实现防火墙的技术主要包括两大类:包过滤防火墙(网络级防火墙)和应用代理防火墙(应用级防火墙)。

(1) 包过滤防火墙。

数据包过滤是指网络层对数据包进行分析、筛选和过滤,根据在规则表中定义的各种规则来检查传输层TCP报头的端口号字节就可决定是否同意或拒绝包的转发。包过滤是实现防火墙功能的简洁而有效的方法。它速度快、造价低、由于包过滤在网络层、传输层进行操作,因此这种操作对应用层来说是透明的。实现包过滤的关键是制定包过滤规则,包过滤规则一般是基于源IP地址、目的IP地址、应用或协议类型以及源TCP端口号、目的TCP端口号来判断是否转发或丢弃。包过滤技术有一个重要特点:即防火墙内、外的计算机系统之间的连接是直接连通。由此产生的副作用是外部用户能够获得内部网络的机构和运行情况。

(2) 应用代理防火墙。

代理服务(proxy service)是运行在防火墙主机上的专用应用程序,作用于内部网络上的用户和外部网上的服务之间,二者只能分别与代理服务器"打交道"。应用代理防火墙能克服包过滤在网络层、传输层对数据包的监控,而无法控制用户在应用层对网络资源和服务的访问,它跨越所有防火墙的网络通信链路分为两段,使得内部网络用户不直接与外部服务器通信,都是由代理服务器来实现。应用代理应该是双向的,既可以作为互联网主机用户访问内部网络服务器的代理,也可作为内部网络主机用户访问互联网的代理。代理服务防火墙可配置成要求用户认证后建立连接,这样能够有效地把发起连接的源地址掩藏起来,让其他用户看不到,提高网络的安全性。但因代理服务器是软件形式,需要为每一次通信建立一个新连接,处理速度会变慢,不适合大规模网络,一般适用于安全要求比较高但网络流量不大的环境。

9.3.3 认识黑客和木马

黑客一词,源自英文 Hacker,随着灰鸽子的出现,灰鸽子成为很多假借黑客名义控制他人计算机的黑客技术,于是出现"骇客"和"黑客"分家。在信息安全中,黑客指研究智取计算机安全系统的人员。利用公共通信网络,如互联网和电话系统,在未经许可的情况下,载入对方系统的是黑帽黑客(cracker);调试和分析计算机安全系统为白帽黑客(white hat)。黑客最开始是指一个拥有熟练计算机技术的人,但今天人们习惯将"黑客"作为计算机入侵者的代名词,而微软是黑客经常到访的对象。

黑客利用漏洞来做以下几方面的工作:

(1) 获取系统信息:有些漏洞可以泄露系统信息(如系统口),暴露敏感资料(如银行账号、密码),黑客利用系统漏洞进入系统。

(2) 入侵系统:通过漏洞进入系统内部,取得服务器上的内部资料,甚至完全掌管服务器。

(3) 寻找下一个目标:一个胜利意味着下一个目标的出现,黑客会充分利用自己已经掌管的服务器作为工具,寻找并入侵下一个相似的系统。

木马,原名为"特洛伊木马"(Trojan Horse),其名称取自希腊神话的"特洛伊木马"。在网络中,"木马"是指一些程序设计人员在其可从网络上下载的应用程序或游戏中,隐藏可以控制主机的程序。木马可能使黑客获取计算机系统的最高操作权限,从而窃取信息,随意增删文件或修改系统配置。它是指通过一段特定的程序(木马程序)来控制另一台计算机。

木马是一种基于远程控制的黑客工具,具有隐蔽性和非授权性的特点。通常有两个可执行程序:一个是客户端,即控制端;另一个是服务端,即被控制端。

所谓隐蔽性是指木马的设计者为了防止木马被发现,会采用多种手段隐藏木马,这样服务端即使发现感染了木马,由于不能确定其具体位置,往往只能望"马"兴叹。非授权性是指一旦控制端与服务端连接后,控制端将享有服务端的大部分操作权限,包括修改文件,修改注册表,控制鼠标、键盘,等等,而这些权力并不是服务端赋予的,而是通过木马程序窃取的。

随着病毒编写技术的发展,木马程序对用户的威胁越来越大,尤其是一些木马程序采用了极其狡猾的手段来隐蔽自己,使普通用户很难在中毒后发觉。防治木马的危害,应该采取以下措施:

(1) 安装杀毒软件和个人防火墙，并及时升级。

(2) 把个人防火墙设置好安全等级，防止未知程序向外传送数据。

(3) 可以考虑使用安全性比较好的浏览器和电子邮件客户端工具。

9.4 计算机安全法律与道德

信息安全不仅与安全技术有关，而且与不断建立和完善法律、法规、标准、道德等紧密联系。制定信息安全的法律法规及道德规范，是维护信息安全的基础，每个国家都有相应的法律法规和社会道德标准。我们应该了解和掌握国内外信息安全方面的一些法律法规，做信息社会的合格公民。

道德是自律的规范，法律是他律的规范。法律和道德，相辅相成，仅仅依靠道德或技术进行信息管理，规范人们在信息活动中的行为是不够的，对于一些已经造成重大危害的行为，必须通过法律的手段来制裁。

9.4.1 计算机犯罪及其防治

1. 计算机犯罪的定义

计算机犯罪是指利用计算机作为犯罪工具进行的犯罪活动，比如说利用计算机网络窃取国家机密、盗取其他人信用卡秘密、传播复制色情内容等。广义上说，计算机犯罪是指人为故意地直接对计算机实施侵入或破坏，或者利用计算机实施相关金融诈骗、盗窃贪污、挪用公款、窃取国家机密或其他犯罪行为的总称。

2. 计算机犯罪的特点

(1) 智能性。把计算机作为犯罪工具，以计算机信息系统作为犯罪对象。

(2) 隐藏性。计算机犯罪作案后，不留痕迹，不易发现也不易被侦破。

(3) 危害性。计算机犯罪后果严重，社会危害性大。

(4) 广域性。作案范围不受时间和地点的限制。

(5) 诉讼的困难性。

(6) 司法的滞后性。计算机数字作为证据的有效性和合法性仍然是一个法律难题。

3. 防范计算机犯罪的办法

(1) 制定专门的反计算机犯罪法。

(2) 加强反计算机犯罪机构。

(3) 建立健全国际合作体系。

(4) 强安全防范意思和加强计算机职业道德教育。

(5) 加强防范病毒控制。

(6) 规范用户网上行为。

9.4.2 保护知识产权

"知识产权"是在1967年世界知识产权组织成立后出现的，最近几年才变得常见。知识产权的价值，主要体现在它可能带来巨大的收益，即是说一旦你拥有的某项知识产权，如专利权、商标权、版权或技术秘密等得到应用，那么就会产生效益，这就是知识权带来的财富。

知识产权的应用可以由权利人自己来做,也可由权利人收取许可费或转让费,许可或转让由他人来做。计算机软件版权保护,也是近几年软件产业得以迅速发展的关键原因。

1. 知识产权和知识产权法

知识产权,是指权利人对其所创作的智力劳动成果所享有的专有权利,一般只在有限时间期内有效。各种智力创造比如发明、文学和艺术作品,以及在商业中使用的标志、名称、图像以及外观设计,都可被认为是某一个人或组织所拥有的知识产权。

知识产权法是调整因创造、使用智力成果而产生的,以及在确认、保护与行使智力成果所有人的知识产权的过程中,所发生的各种社会关系的法律规范之总称。按国际惯例,知识产权包括两大部分:工业产权和版权。

2. 软件知识产权

计算机软件是人类知识、经验、智慧和创造性劳动的成果,具有知识密集和智力密集的特点,是一种非常典型的知识产权。我国软件知识产权的四大法律体系为《中华人民共和国著作权法》《计算机软件保护条例》《计算机软件登记法》和《实施国际版权条约的规定》。根据《计算机软件保护条例》第九条的规定,软件著作权人享有以下五项权利:发表权、开发者身份权、使用权、使用许可权和获得报酬权、转让权等。

本章小结

本章主要讲解了计算机安全涉及的3方面:物理安全、运行安全、信息安全。通过学习,读者能了解信息安全和信息系统安全,熟悉并掌握计算机病毒的定义与特征、常见的病毒和反病毒软件,了解网络信息安全的关键技术,包括数据加密技术、数字认证技术、身份认证技术、防火墙技术,以及信息安全相关的问题。

习 题 9

一、选择题

1. 信息安全是要保证在网络中传输的信息具有(　　)。

A. 保密性　　B. 验证性

C. 完整性　　D. 不可否认性

2. 计算机安全包括物理安全、运行安全和(　　)。

A. 实体安全　　B. 系统安全

C. 网络安全　　D. 信息安全

3. 计算机系统所面临的威胁有物理安全、软件安全和(　　)。

A. 运行安全　　B. 网络安全

C. 系统安全　　D. 联网安全

4. 计算机病毒是编制者在计算机程序中插入的破坏计算机功能或者数据的(　　)。

A. 一组计算机指令　　B. 数据

C. 网络　　D. 木马程序

5. 计算机病毒的特征有寄生性、传染性、潜伏性、(　　)和(　　)。

A. 隐藏性　　B. 破坏性
C. 验证性　　D. 保密性

6. 下列关于计算机病毒的叙述中,(　　)是错误的。
   A. 计算机病毒具有传染性、破坏性和潜伏性
   B. 计算机病毒会破坏计算机的显示器
   C. 计算机病毒是一段程序
   D. 一般已知的计算机病毒可以用杀毒软件来清除

二、填空题

1. 数据加密技术就是对数据进行一组可逆的数学变换,加密前的数据称为________,加密后的数据称为________。

2. RSA(Rivest-Shamir-Adleman)加密算法体制是具有代表性的典型公钥密码体制,即________加密体制。

3. 数字证书就是个人或单位在网络上的身份证,是由认证机构 CA 发行的一种权威的________。

4. 防火墙(Fire Wall)是一个把________与内部网(Intranet)隔开的设施,它实际是一种隔离技术。实现防火墙的技术主要包括两大类:________和应用级防火墙。

5. 木马(Trojan Horse),原名为________,其名称取自希腊神话的"特洛伊木马"。

三、思考题

1. 什么是计算机病毒?
2. 简述计算机病毒的特点?
3. 什么是黑客?黑客与木马之间的区别?
4. 防火墙主要的作用是什么?实现防火墙的技术有哪些?
5. 计算机犯罪的特点有哪些?
6. 知识产权是什么?按照国际惯例,知识产权包括哪些?

第10章　常用工具软件简介

常用工具软件是指在日常的工作、学习和生活中，用户经常会使用到的计算机工具软件，本章将介绍几款常用工具软件的使用方法。

随着网络技术的发展与普及，常用工具软件的种类也越来越多，用户可以根据需要，自行选择准备应用的工具软件。为方便用户对常用工具软件进行选择，常用工具软件一般可按获得方式、用途和性质等方式进行分类。

按获得方式分类：免费软件、共享软件和商业软件等种类。

按用途分类：网络聊天、系统工具、网络软件、图像处理、多媒体类、编程开发、教育教学、安全设置和娱乐游戏等种类。

按性质分类：装机软件、必备软件等种类。

10.1　金山词霸

10.1.1　金山词霸软件简介

金山词霸是目前最常用的翻译软件之一，它具有汉英、英汉、英英、汉汉、汉日等多种翻译功能，同时具备单词发音、屏幕取词等众多功能。

10.1.2　金山词霸的使用

金山词霸安装完成以后，系统会自动在桌面上生成金山词霸的图标。双击此图标启动软件，主界面显示如图10-1所示。金山词霸主要有词典、翻译、生词本、背单词等功能。

1. 词典

在输入框中输入要查询的英文单词或词组，按一下Enter键或者选择输入框右侧的“查一下”按钮，即可在显示栏中获得所查询单词或词组的详细解释，如图10-2所示。金山词霸对于汉语字、词也可进行查询。在输入栏中输入汉语，词霸就会给出具有该含义的英文单词、短语及双语例句，如图10-3所示。

2. 翻译

产品内置的在线翻译引擎可以全面支持文章整段或整篇的中英翻译，打开“翻译”对话框，在对话框里输入“Windows 11是微软推出的最新的个人计算机操作系统。”选择“翻译”按钮即可完成翻译，如图10-4所示。同样，也可以实现其他语言之间的切换，只需要选择“源语言”和“目标语言”进行翻译即可。在该功能下，还支持逐句对照以及人工翻译。

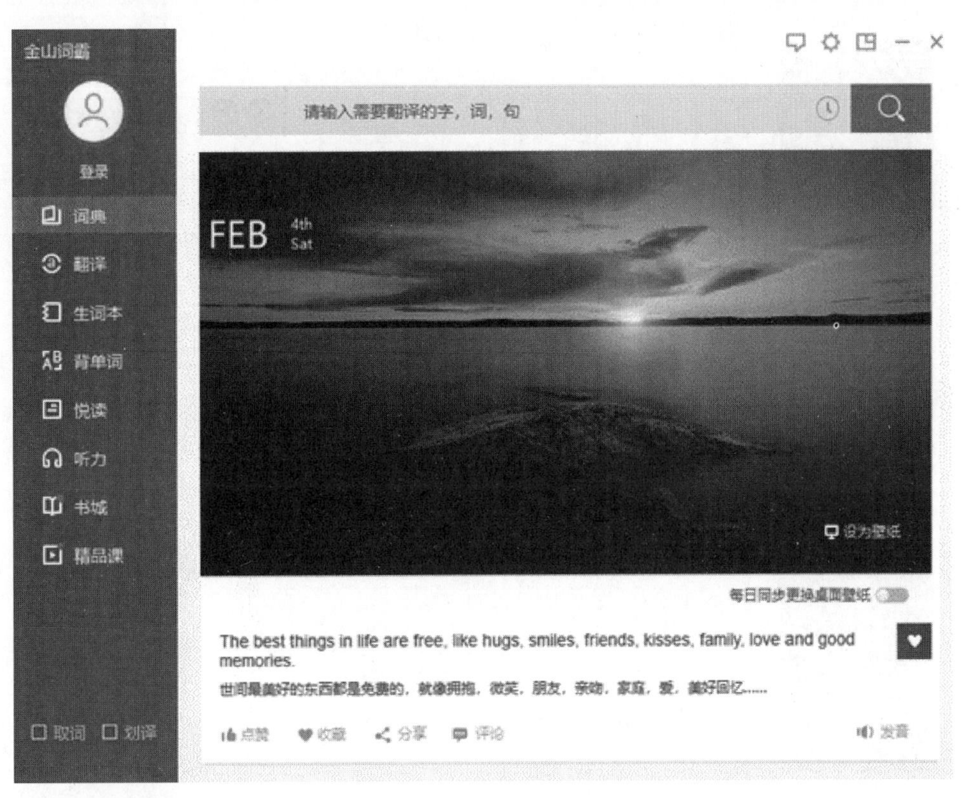

图 10-1　金山词霸主界面

图 10-2　英汉查询界面

图 10-3　汉英查询界面

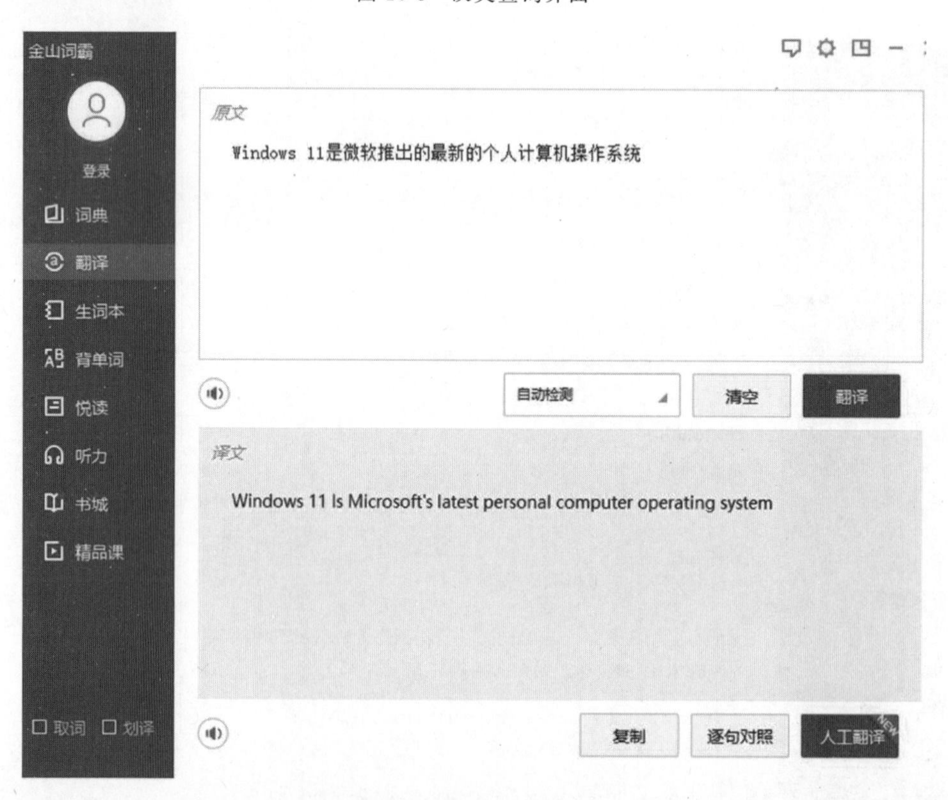

图 10-4　翻译功能界面

10.2 资源下载工具迅雷

10.2.1 迅雷软件简介

迅雷是一款基于多资源、超线程技术的下载软件。作为“宽带时期的下载工具”，它通过有效整合网络资源，构建了一个独特的迅雷网络，可以使通过该网络数据文件能够以最快的速度进行传递。迅雷安装成功后，双击其图标，打开该软件界面。该界面主要由菜单栏、工具栏、任务管理窗格、任务窗格等构成，如图10-5所示。

图10-5 迅雷界面

该下载软件具有以下特点：

(1) 使用全新的P2SP技术，使下载速度显著提升。

(2) 下载失败诊断，帮助用户了解下载失败的原因。

(3) 可以与杀毒软件配合，保障下载资源的安全。

(4) 使用智能缓存技术，有效地防止高速下载时对硬盘的损伤。

P2SP(pear to server&pear)技术，即点对服务器和点的一种通信技术，这里的点是指网络节点或终端。P2SP技术将原本孤立的服务器和其镜像资源以及P2P资源整合到了一起，因此其下载速度和稳定性均高于传统的P2P或P2S。

10.2.2 迅雷软件的使用

1. 在网页中使用右键菜单下载文件

迅雷支持浏览器右键菜单功能，用户在浏览网页时使用右键菜单，可以方便、快捷地下载文件。

在IE浏览器中，打开下载页面，右击下载链接，在弹出的快捷菜单中选择“使用迅雷下载”选项，在打开的“建立新的下载任务”对话框中单击“立刻下载”按钮，即可开始下载，如图10-6所示。

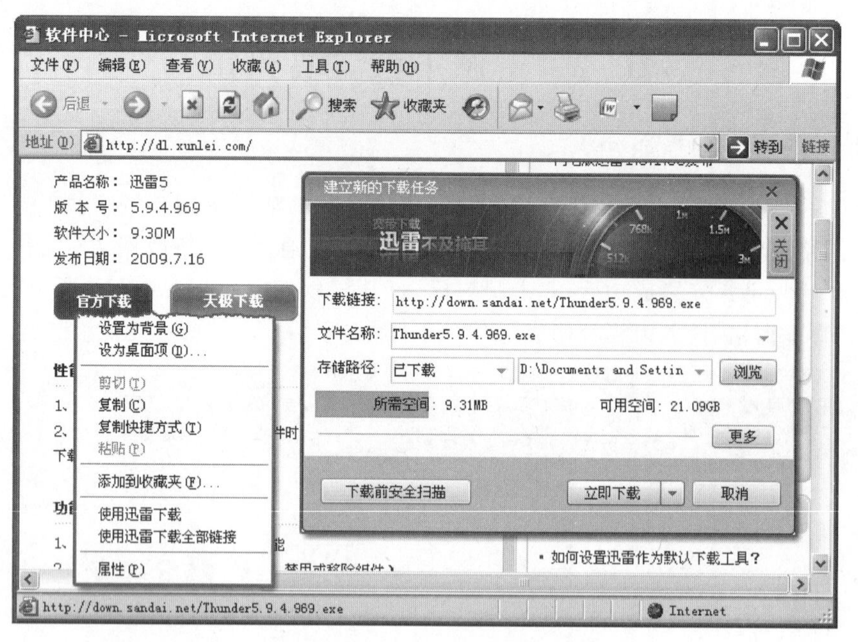

图 10-6　使用迅雷下载

2. 新建任务下载文件

用户如果知道网络资源的具体位置，则可以通过直接新建下载任务来下载文件。

在迅雷界面中，单击“新建”按钮，打开“建立新的下载任务”对话框，设置“下载链接”，单击“立即下载”按钮，即可开始下载，如图 10-7 所示。

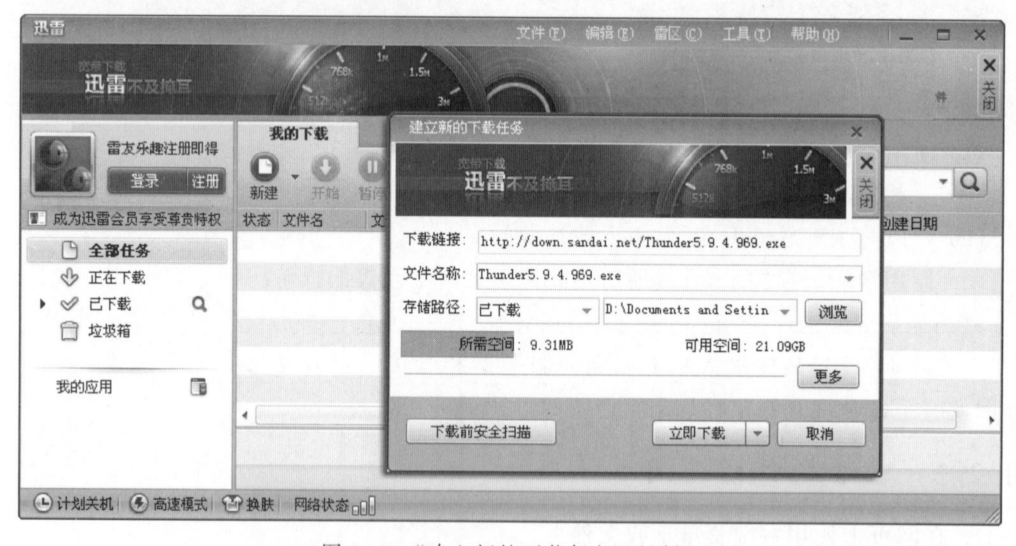

图 10-7　“建立新的下载任务”对话框

3. 管理下载任务

在任务窗格中，使用右键菜单或工具栏按钮均可以对下载任务进行管理，实现下载任务的开始、暂停或删除。

(1) 右击进行中的任务，在弹出的快捷菜单中选择“暂停任务”或“删除任务”选项，即可暂停或删除任务,如图 10-8 所示。

图 10-8　暂停或删除任务

(2) 右击暂停中的任务,在弹出的快捷菜单中选择“开始任务”或“删除任务”选项,即可开始或删除任务,如图 10-9 所示。

图 10-9　开始或删除任务

10.3　压缩工具 WinRAR

10.3.1　WinRAR 软件简介

WinRAR 是 Windows 环境下对 RAR 格式的文件进行压缩和管理的程序,它的特点是压缩率高、用户界面友好、操作简单。它提供了对 RAR 和 ZIP 文件的完整支持,能自解压 7Z、ACE、ARJ、BZ2、CAB、GZ、ISO、JAR、LZH、TAR、UUE、Z 格式文件。

WinRAR 压缩率相当高,而资源占用相对较少,具有强力压缩、分卷、加密、自解压、备份、估计压缩、历史记录、收藏夹和对受损压缩包进行修复的功能。

10.3.2 WinRAR 软件的使用

WinRAR 的官方网站为 http://www.winrar.com.cn，可从该网站下载最新版 WinRAR 软件。本文采用的版本是 WinRAR 5.2.1 简体中文版，支持 Windows 操作系统。下面介绍安装在 Windows 7 操作系统下的 WinRAR 软件的使用。

1. 安装

双击下载后的安装软件，打开“安装”对话框，设置安装路径，单击“安装”按钮，开始复制文件，进入如图 10-10 所示的对话框，在对话框中设置“WinRAR 关联文件”“界面”和“外壳整合设置”。

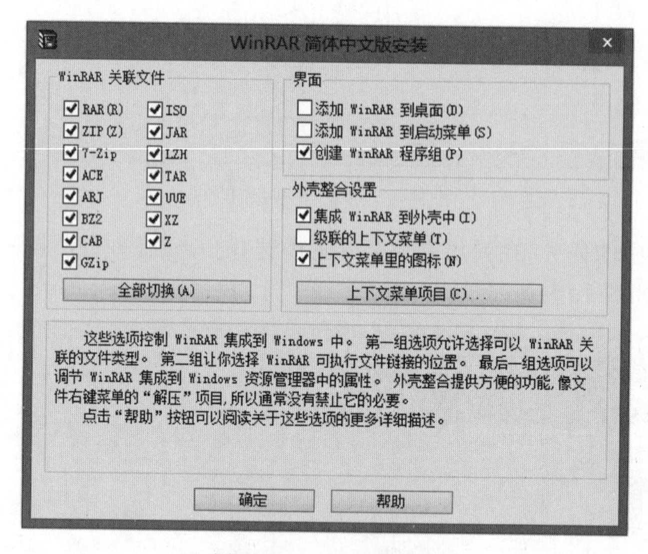

图 10-10 设置对话框

WinRAR 关联文件：可以选择 WinRAR 处理的压缩文件类型，选择项中的文件扩展名就是 WinRAR 支持的多种压缩格式，其中 RAR、ZIP、CAB 和 ISO 压缩格式较为常见。

界面：可以选择放置 WinRAR 快捷方式的地方。

外壳整合设置：可以设置在右键关联菜单中显示图标。

设置完毕后，单击“确定”按钮，进入“完成”对话框，单击“完成”按钮，进入“WinRAR 程序菜单界面”，完成安装。

2. 使用 WinRAR

WinRAR 最常用的操作是压缩或是解压缩文件或是文件夹，用户可以通过 WinRAR 主界面完成操作，也可使用快捷菜单进行操作。

1) 压缩文件/文件夹

(1) 使用 WinRAR 主界面。

双击程序图标即可启动 WinRAR 主界面。在主界面中，选择要压缩的对象，选择菜单栏“命令”中的“添加文件到压缩文件中”命令，或单击“添加”按钮，打开如图 10-11 所示的“压缩文件名和参数”对话框，默认选择“常规”选项卡。

① 压缩文件名：在如图 10-11 所示的对话框中，可手动输入或是单击“浏览”按钮以浏览压缩文件保存在磁盘的具体位置和名称。

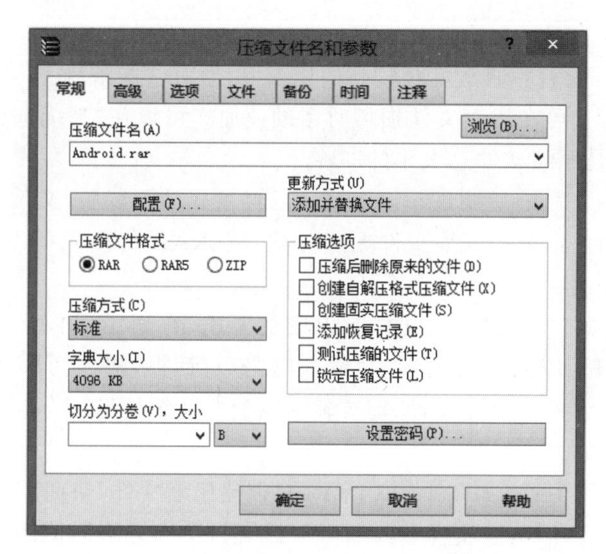

图 10-11 “压缩文件名和参数”对话框

② 配置：配置是指根据不同的压缩要求选择不同的压缩模式，不同的模式会提供不同的配置方式。

③ 压缩文件格式：生成的压缩文件是 RAR 格式、RAR5 格式或 ZIP 格式。

④ 压缩方式：在“存储”“最快”“较快”“标准”“较好”“最好” 模式间选择。“存储”以尽可能快的速度把文件写入压缩文件中并不进行压缩。其他模式从“最快”到“最好”，提供了越来越高的压缩率和越来越低的速度。

⑤ 更新方式：

a. 添加并替换文件(默认)：当添加的文件与压缩文件中文件有同名时，替换压缩文件中的文件。在压缩文件中不存在同名时，添加这些文件。

b. 添加并更新文件：仅在添加的文件较新时才替换已压缩的文件。在压缩文件中不存在该文件时，总是添加这些文件。

c. 仅更新已存在的文件：仅在添加的文件较新时才替换已压缩的文件。在压缩文件中不存在该文件时，不添加这些文件。

d. 覆盖前询问：添加的文件和压缩包中的文件同名，覆盖压缩包中的文件前询问。总是添加在压缩文件中不存在的文件。

e. 跳过已存在的文件：不替换压缩的文件中和要添加文件同名的文件。仅添加在压缩文件中不存在的文件。

f. 同步压缩文件内容：仅在添加的文件较新时才替换已压缩的文件。在压缩文件中不存在时，总是添加这些文件。在添加的文件不存在于压缩文件中时，删除这些文件。这类似创建一个新压缩文件，不同的是，如果在上次备份后，没有文件被修改过，这项操作会比创建新压缩文件还要快。

⑥ 字典大小：处理数据时用于查找和压缩重复数据模式所使用的内存区域的大小。

⑦ 压缩选项：

a. 创建自解压格式压缩文件：自解压文件(.exe 文件)，这是一种不使用任何其他程序便能解压的方式。可以选择自解压模块的类型，并且可以在“高级选项”对话框内设置目标文件夹等参数。

b. 创建固实压缩文件：通常可获较高的压缩率,但有一些限制。

c. 添加恢复记录：可在压缩文件损坏时帮助还原。可以在“高级选项”对话框指定恢复记录的大小,默认值是压缩文件总大小的3%。

e. 测试压缩文件：压缩后测试。压缩文件已经被成功测试后,文件会被删除。

f. 锁定压缩文件：锁定的压缩文件无法再被 WinRAR 修改。可以锁定重要的压缩文件以防止被意外的修改。

⑧ 设置密码：有时对压缩后的文件有保密的要求,在图10-11所示的对话框中,单击“设置密码”按钮,打开如图10-12所示的“输入密码”对话框,输入两次密码,单击“确定”按钮退出。进行密码设置后的压缩文件,需要输入密码才能解压缩。

(2) 使用快捷菜单。

右击文件或文件夹,弹出如图10-13所示的“创建压缩文件”快捷菜单。选择“添加到压缩文件(A)…”选项,打开“压缩文件名和参数”对话框,操作方法同使用主界面压缩文件/文件夹一样。

图10-12 “输入密码”对话框

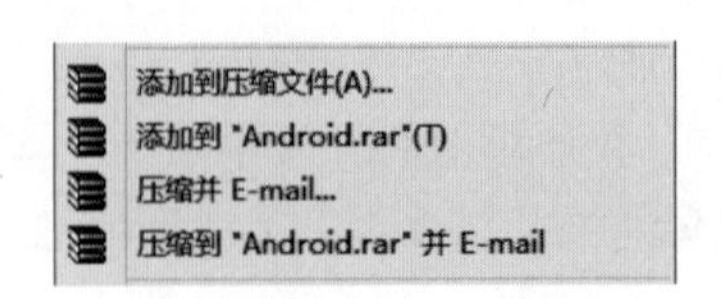

图10-13 “创建压缩文件”快捷菜单

2) 解压缩文件/文件夹

(1) 使用 WinRAR 主界面。

双击压缩文件,进入“解压”界面,选择菜单栏“命令”中的“解压到指定文件夹”命令,或单击“解压到”按钮,打开如图10-14所示的“解压路径和选项”对话框,在对话框中进行目标路径、文件名、更新方式、覆盖方式等设置后,单击“确定”按钮完成解压操作。

若单击“自行解压格式”按钮,可生成 exe 可执行文件,即脱离 WinRAR 环境也可自行解压。各参数含义如下。

① 更新方式：

a. 解压并替换文件(默认)：解压全部选定的文件。

b. 解压并更新文件：解压选定的文件,然后复制目标文件夹不存在的,或是比解压文件还要旧的。

c. 仅刷新已经存在的文件：只解压选定的文件,已存在目标文件夹和比压缩文件还旧的相同文件,如果文件在磁盘不存在,它将会被跳过。

图 10-14 "解压路径和选项"对话框

② 覆盖方式：

a. 覆盖前询问（默认）：覆盖文件之前先提示。

b. 没有提示直接覆盖：直接覆盖文件，而没有任何提示。

c. 跳过已经存在的文件：这些已存在的文件将不会被覆盖。

d. 自动重命名：如果解压的文件存在同名文件则自动重命名它们。重命名文件会生成类似"filename(N).txt"的名字，"filename.txt"是原始的文件名，"N"是一个数字。

e. 其他：

- 解压压缩文件到子文件夹：在一个以上压缩文件被解压时可用。它把解压的每个压缩文件的解压的内容放到单独的文件夹中，名字基于压缩文件名产生。
- 保留损坏的文件：当解压不正确时，WinRAR 不删除损坏的文件，例如在压缩文件已经损坏时（默认时，WinRAR 会删除此类的文件）。
- 在资源管理器中显示文件：解压完成后，WinRAR 打开资源管理器窗口并显示目标文件夹的内容。

③ 保存设置：单击"保存设置"按钮，可以保存解压对话框"常规"和"高级"选项卡的当前状态。保存的设置被作为下一次激活这个对话框的默认配置。WinRAR 保存除了目标路径外的所有设置；如果需要指定默认目标文件夹，则使用"压缩设置"对话框。

（2）使用快捷菜单。

右击压缩文件，在弹出的快捷菜单中可选择需要进行的解压操作。

10.4 即时通信软件腾讯 QQ

即时通信(instant messenger，IM)工具，是指能够即时发送和接收互联网消息的工具。自 1998 年面世以来，即时通信的功能日益丰富，不再是一个单纯的聊天工具，已经发展成集交流、资讯、娱乐、搜索、电子商务、办公协作和企业客户服务等为一体的综合化信息平台。本节以腾讯 QQ 软件为例，介绍即时通信工具的使用方法。

10.4.1 QQ简介

QQ是腾讯计算机系统有限公司开发的一款基于Internet的即时通信软件。腾讯QQ支持在线聊天、视频通话、点对点断点续传文件、共享文件、网络硬盘、自定义面板、QQ邮箱等多种功能,并可与移动通信终端等多种设备相连接。

如图10-15所示,在"联系人"窗口中可以查看联系人分组和列表,在"群聊"窗口中可以查看已加入的QQ群,通过"工具栏"按钮可以快速地打开腾讯QQ提供的相关服务,在"主菜单"中可以对QQ软件和服务进行设置,"应用应用管理器"和"工具栏"类似,提供腾讯互联网服务的快捷方式。

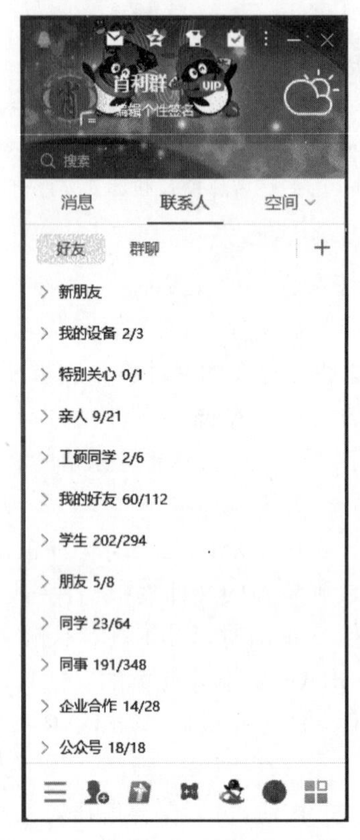

图10-15 腾讯"QQ"软件主界面

10.4.2 QQ的使用

1. 即时通信

在图10-15所示QQ主界面"联系人"窗口中鼠标左键双击联系人,即可发起与QQ联系人(联系人需要事先添加)的即时通信,打开如图10-16所示窗口。在窗口的上方,可以通过相应的按钮发起与联系人的视频会话或音频会话,也可以进行文件发送;窗口的中部,是本次通信记录显示区,可以查看与联系人的本次通信记录;单击"消息记录"按钮,可以查看与当前联系人的过往通信记录;窗口的下方,是信息编辑区域,在这个区域完成对发送信息的编辑操作,可以通过区域上方工具栏编辑发送文字的格式或发送图片;单击"发送"按钮可将信息即时发送给联系人。

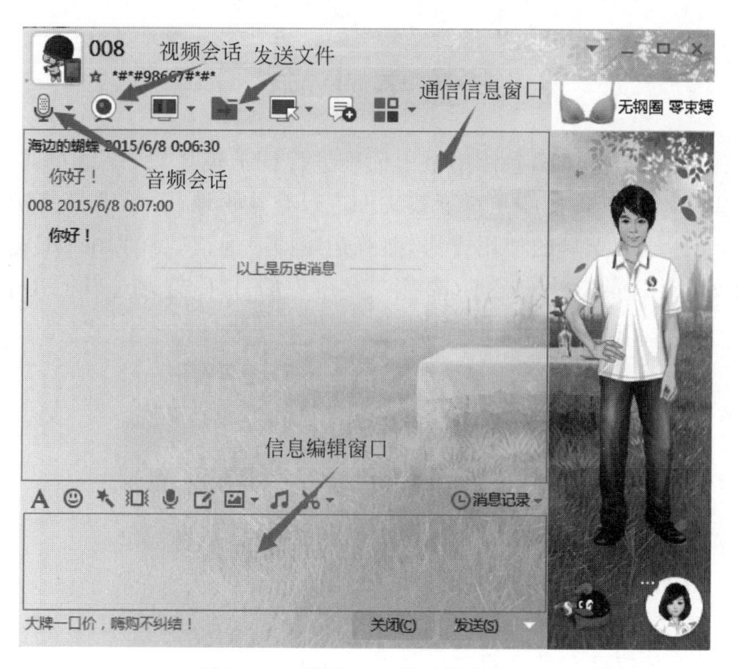

图 10-16　腾讯 QQ 即时通信窗口

2. 群通信窗口

腾讯 QQ 支持 QQ 群通信模式。QQ 群通信模式需要用户先加入相应的 QQ 群中，才可以在该 QQ 群中进行通信。腾讯 QQ 群组通信窗口界面如图 10-17 所示，在该窗口中可以查看“置顶群聊”“我创建的群聊”“我管理的群聊”“我加入的群聊”，软件版本不同窗口有细微差别。

在图 10-17 所示“群组窗口”的“QQ 群”中双击 QQ 群名称，即可打开群聊天窗口。QQ 群通信和与单个联系人进行即时通信类似，窗口界面如图 10-18 所示。QQ 群通信窗口的右下角可以查看该 QQ 群中的所有成员，并且发送的信息所有成员都可以收到。

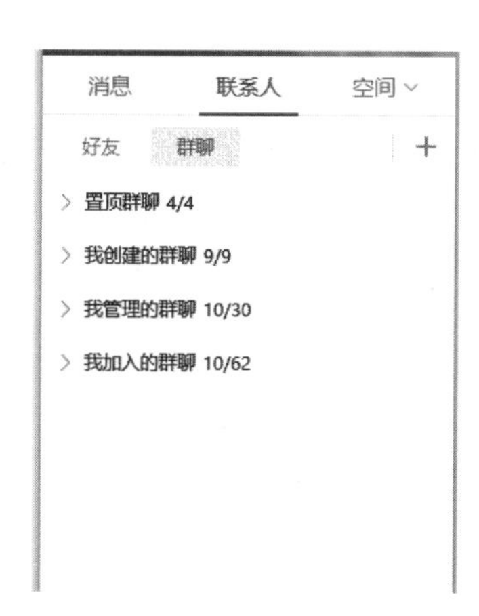

图 10-17　腾讯 QQ 群组窗口

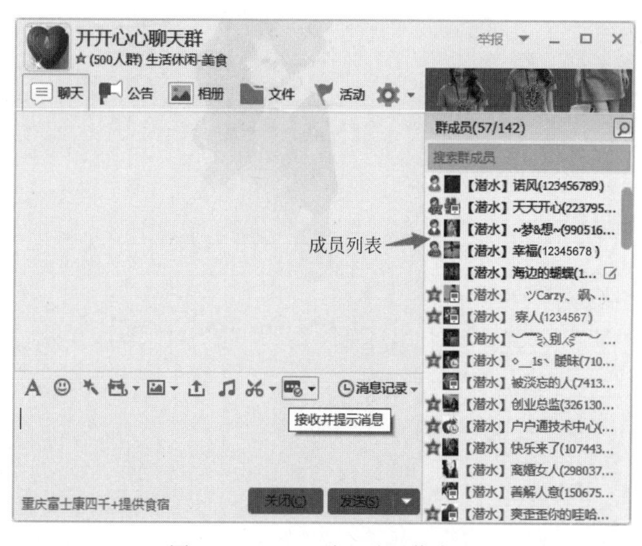

图 10-18　QQ 群即时通信窗口

本章小结

通过本章的学习,学生能熟悉使用金山词霸进行词汇英译汉、汉译英的方法与步骤,熟练掌握运用迅雷从网上下载文件并对下载文件进行有效管理,了解压缩、解压的概念以及压缩工具的特点,掌握压缩工具的使用方法,熟练运用即时通信软件腾讯QQ进行文字、语音、视频聊天以及文件传送的方法。目前,常用工具琳琅满目,希望通过以上几个典型软件的介绍,读者能举一反三,掌握更多软件的应用。

习　题　10

思考题

1. 利用WinRAR可以压缩、解压哪些类型的文件?
2. 使用WinRAR进行分卷压缩的意义是什么?
3. WinRAR具有哪些主要的功能和优点?
4. 限制迅雷下载速度有什么意义?

参考文献

[1] 肖利群，蒋明礼.大学计算机应用基础教程[M].北京：清华大学出版社，2015.

[2] 刘欣亮，高艳平.大学计算机基础[M].北京：电子工业出版社，2017.

[3] 刘益和，李尧.大学计算机[M].北京：高等教育出版社，2014.

[4] 钟晓婷，张鉴新，苑俊英.计算机应用基础[M].北京：电子工业出版社，2017.

[5] 杨明广，刘建伟，曾陈萍.大学计算机基础[M].成都：四川大学出版社，2014.

[6] 耿国华.大学计算机基础[M].2版.北京：高等教育出版社，2013.

[7] 王移芝，许宏丽，魏慧琴，等.大学计算机[M].5版.北京：高等教育出版社，2015.

[8] 陈国良.计算思维导论[M].北京：高等教育出版社，2012.

[9] 龚沛曾，杨志强，肖杨，等.大学计算机[M].6版.北京：高等教育出版社，2013.

[10] 唐良荣，唐建湘，范丰仙，等.计算机导论：计算机思维和应用技术[M].北京：清华大学出版社，2015.

[11] 吴宁，崔舒宁，夏秦.大学计算机：计算、构造与设计[M].2版.北京：清华大学出版社，2016.

[12] 中国计算机学会.2014—2015计算机科学技术 学科发展报告[M].北京：中国科学技术出版社，2016.

[13] 杰诚文化.最新Office 2013高效办公三合一[M].北京：中国青年出版社，2013.

[14] 刘勇，邹广惠.计算机网络基础[M].北京：清华大学出版社，2016.

[15] 孟彩霞.大学计算机基础[M].北京：人民邮电出版社，2017.

图书资源支持

感谢您一直以来对清华版图书的支持和爱护。为了配合本书的使用,本书提供配套的资源,有需求的读者请扫描下方的"书圈"微信公众号二维码,在图书专区下载,也可以拨打电话或发送电子邮件咨询。

如果您在使用本书的过程中遇到了什么问题,或者有相关图书出版计划,也请您发邮件告诉我们,以便我们更好地为您服务。

我们的联系方式:

地　　址:北京市海淀区双清路学研大厦 A 座 714

邮　　编:100084

电　　话:010-83470236　010-83470237

客服邮箱:2301891038@qq.com

QQ:2301891038(请写明您的单位和姓名)

资源下载:关注公众号"书圈"下载配套资源。

资源下载、样书申请

书圈

图书案例

清华计算机学堂

观看课程直播